U0187041

高等代数典型问题研究与实例探析

张清仕　田东霞　吉　蕾　著

中国原子能出版社

图书在版编目(CIP)数据

高等代数典型问题研究与实例探析 / 张清仕，田东霞，吉蕾著. --北京：中国原子能出版社，2020.9

ISBN 978-7-5221-0907-7

Ⅰ. ①高… Ⅱ. ①张… ②田… ③吉… Ⅲ. ①高等代数一研究 Ⅳ. ①O15

中国版本图书馆 CIP 数据核字(2020)第 187604 号

内容简介

本书以讲述线性空间及其线性映射为主线，遵循高等代数知识的内在规律和读者的认知规律安排内容体系，按照数学思维方式展开，着重培养数学思维能力.内容包括：多项式、行列式、矩阵、线性空间和线性变换、特征值、相似标准型、二次型、内积空间和双线性型等.本书将思维与方法渗入到实例分析中，使读者在学习高等代数知识的同时，掌握高等代数的思维方法，提高运用综合知识解决问题的能力和技巧.本书适合供相关专业师生参考使用，也可为科研工作者提供一定的参考.

高等代数典型问题研究与实例探析

出版发行 中国原子能出版社(北京市海淀区阜成路 43 号 100048)
责任编辑 张 琳
责任校对 冯莲凤
印 刷 北京亚吉飞数码科技有限公司
经 销 全国新华书店
开 本 787mm×1092mm 1/16
印 张 19.125
字 数 343 千字
版 次 2021 年 6 月第 1 版 2021 年 6 月第 1 次印刷
书 号 ISBN 978-7-5221-0907-7 定 价 92.00 元

网址：http://www.aep.com.cn E-mail:atomep123@126.com
发行电话:010－68452845

前　言

从数学发展史意义上来说，代数学的本意是“用符号代替数”并参加运算得出解答；后来发展到“用符号代替一般表达式”，现在可以说，代数学是研究各种代数系统的一个数学分支，是“用符号代替各种事物并研究其间关系”的学科.高等代数是数学与应用教学、信息与计算科学、统计学等学科的重要基础，通过高等代数的学习，能够培养一定的计算技能、抽象思维能力和逻辑推理能力.随着科学技术突飞猛进的发展，高等代数知识已经渗透到经济金融信息、社会等各个领域，并充分发挥着自身强大的作用.

高等代数不仅是其他数学课程的基础，也是物理、力学、电路等课程的基础.实际上，任何与数学有关的课程都涉及高等代数知识.尤其是近年来，计算机的飞速发展和广泛应用，使得许多实际问题可以通过离散化的数值计算得到定量的解决，于是作为处理离散问题工具的高等代数，也是从事科学研究和工程设计的科技人员必备的数学基础.使用代数方法去思考，并培养解决实际问题的能力显得尤为重要.为此，作者写作了这本《高等代数典型问题研究与实例探析》.

本书遵循高等代数知识的内在规律和读者的认知规律安排内容体系，按照数学思维方式展开，着重培养数学思维能力.内容包括多项式，行列式，矩阵，线性空间，线性变换，特征值，二次型及其标准型，欧氏空间与酉空间及线性、对偶与双线性函数等.本书将思维与方法渗入到实例分析中，使读者在学习高等代数知识的同时，掌握高等代数的思维方法，提高运用综合知识解决问题的能力和技巧.

本书具有如下特点：

(1)在内容的选择和安排上，遵循由浅入深，由易及难，由具体到抽象的原则，知识的水平和难度逐步提高.从简单的多项式、行列式及矩阵的相关内容出发，逐步展开研究.探究过程符合代数学的发展，也符合人类认识事物总是要经过从具体到抽象再到具体(思维中的具体)的过程.

(2)在内容的处理方法上，注重理论联系实际，在多处安排了不同领域的一些典型范例，利用对实际问题的讨论，加深对抽象概念的理解.

(3)注重课程的自身系统性和科学性，内容处理突出主线.

本书适合用作综合大学、高等师范院校和理工科大学的高等代数课程的教材，也是数学教师和科研工作者高质量的参考书.

本书由张清仕、田东霞、吉蕾共同撰写，具体分工如下：

第3章、第6章：张清仕（吕梁学院汾阳师范分校），共计约12.544万字；

第7章、第8章：田东霞（吕梁学院汾阳师范分校），共计约10.304万字；

第1章、第2章、第4章、第5章、第9章：吉蕾（晋中学院），共计约10.192万字.

本书在编写过程中，得到了学校领导及同事的关心和支持，在此一并表示衷心的感谢.限于作者水平，本书肯定有许多不足，恳请读者批评指正.

作　者

2020年3月

目　　录

第1章　多项式

多项式理论是高等代数理论中的一项重要内容.虽然它相对独立而自成体系,但却为高等代数中一些典型问题的分析提供了理论依据.多项式理论中包含着一些重要的定理和方法,这些都是更深入地学习数学理论并在实际中应用的重要依据.因此,本章对多项式的一些内容,包括数域、一元多项式及其整除性,最大公因式的求解,多元多项式等进行分析探讨.

1.1　数域、一元多项式及其整除性

1.1.1　数　域

设 **P** 是至少含有两个数(或包含0与1)的数集,如果 **P** 中任意两个数的和、差、积、商(除数不为零)仍是 **P** 中的数,则称 **P** 为一个数域.

定理 1.1.1　任何数域都包含有理数域 **Q**.在有理数域 **Q** 与实数域 **R** 之间存在无穷多个数域;在实数域 **R** 与复数域 **C** 之间不存在其他的数域.

1.1.2　一元多项式

定义 1.1.1　设 x 是一个文字(也称不定元),n 是一个非负整数,形如

$$f(x)=a_nx^n+a_{n-1}x^{n-1}+\cdots+a_1x+a_0$$

的表达式称为数域 **P** 上文字 x 的一元多项式,其中 $a_0,a_1,\cdots,a_n\in\mathbf{P}$,$n$ 是非负整数.当 $a_n\neq 0$ 时,称多项式 $f(x)$ 的次数为 n,记为$\partial[f(x)]=n$(或 $\deg[f(x)]=n$),并称 a_nx^n 为 $f(x)$ 的首项,a_n 为 $f(x)$ 的首项系数.a_ix^i 称为 $f(x)$ 的 i 次项,a_i 称为 $f(x)$ 的 i 次项系数.当 $a_n=\cdots=a_1=0,a_0\neq 0$ 时,称多项式 $f(x)$ 为零次多项式,即$\partial[f(x)]=0$;当 $a_n=\cdots=a_1=a_0=0$ 时,称 $f(x)$ 为零多项式,零多项式是唯一不定义次数的多项式.

1.1.3　多项式整除的判定

在一元多项式环 $F[x]$ 中,任意两个多项式的和、差、积仍然是 $F[x]$ 中的一个多项式.但是,由中学代数我们知道,两个多项式相除(除式不为零

多项式)则不一定得多项式. 因此,关于多项式的整除性的研究,在多项式的理论中占有重要的地位.

一元多项式环 $F[x]$ 和整数的全体(即整数环 Z)有很多运算性质是相似的. 特别是整除性理论几乎是平行的,证明也极其类似.

定义 1.1.2 设 $f(x)g(x)\in F(x)$,如果存在 $h(x)\in F(x)$,使

$$f(x)=g(x)h(x), \tag{1-1-1}$$

则称 $g(x)$ 整除 $f(x)$,记为 $g(x)\mid f(x)$. 并称 $g(x)$ 是 $f(x)$ 的因式,$f(x)$ 为 $g(x)$ 的倍式. 当 $g(x)$ 不整除 $f(x)$ 时,记为 $g(x)/f(x)$.

例 1.1.1 令 $f(x)=(x+1)^{2n}+2x(x+1)^{2n-1}+\cdots+2^nx^n(x+1)^n$,证明

$$F(x)=(x-1)f(x)+(x+1)^{2n+1}$$

能被 x^{n+1} 整除.

证明:方法一

$$\begin{aligned}(x-1)f(x)&=(x-1)(x+1)^n[(x+1)^n+2x(x+1)^{n-1}+\cdots+2^{n-1}x^{n-1}(x+1)+2^nx^n]\\&=-(x+1)^n[(x+1)-2x][(x+1)^n+2x(x+1)^{n-1}+\cdots+2^{n-1}x^{n-1}(x+1)+2^nx^n]\\&=-(x+1)^n[(x+1)^{n+1}-(2x)^{n+1}]\\&=-(x+1)^{2n+1}+2^{n+1}x^{n+1}(x+1)^n,\end{aligned}$$

所以

$$F(x)=(x-1)f(x)+(x+1)^{2n+1}=2^{n+1}x^{n+1}(x+1)^n,$$

故

$$x^{n+1}\mid F(x).$$

方法二 将 $f(x)$ 写成和式,即利用等比数列求和公式,其首项为 $(x+1)^{2n}$,公比为 $\dfrac{2x}{x+1}$,得

$$f(x)=\frac{(x+1)^{2n}\left[\dfrac{(2x)^{n+1}}{(x+1)^{n+1}}-1\right]}{\dfrac{2x}{x+1}-1}=\frac{(2x)^{n+1}(x+1)^n-(x+1)^{2n+1}}{x-1},$$

从而

$$(x-1)f(x)+(x+1)^{2n+1}=2^{n+1}x^{n+1}(x+1)^n.$$

故 x^{n+1} 整除 $F(x)=(x-1)f(x)+(x+1)^{2n+1}$.

例 1.1.2 证明:对任意非负整数 n,均有 $x^2+x+1\mid x^{n+2}+(x+1)^{2n+1}$.

证明:方法一 对 n 用数学归纳法:

当 $n=0$ 时,结论成立;假定 $n=k$ 时,结论成立,即

$$x^2+x+1\mid x^{k+2}+(x+1)^{2k+1}.$$

当 $n=k+1$ 时,

$$\begin{aligned}x^{k+3}+(x+1)^{2k+3}&=x^{k+3}+(x+1)^2(x+1)^{2k+1}\\&=x^{k+3}+(x^2+x+1)(x+1)^{2k+1}+x(x+1)^{2k+1}\\&=x[x^{k+2}+(x+1)^{2k+1}]+(x^2+x+1)(x+1)^{2k+1},\end{aligned}$$

所以 $x^2+x+1\mid x^{k+3}+(x+1)^{2k+3}$，即当 $n=k+1$ 时结论成立. 命题得证.

方法二　令 ω 为 x^2+x+1 的任一根，则

$$\omega^2+\omega+1=0,\omega+1=-\omega^2,\omega^3=1,$$

由此得

$$\begin{aligned}\omega^{n+2}+(\omega+1)^{2n+1}&=\omega^{n+2}+(-\omega^2)^{2n+1}\\&=\omega^{n+2}(1-\omega^{3n})=0,\end{aligned}$$

即 x^2+x+1 的根都是 $x^{n+2}+(x+1)^{2n+1}$ 的根，故 $x^2+x+1\mid x^{n-2}+(x+1)^{2n+1}$.

1.2　最大公因式的求解

任意两个多项式 $f(x)$ 与 $g(x)$，是否一定有最大公因式？回答是肯定有，但这个答案不是显然可知的. 我们先指出，如果 $f(x)$ 与 $g(x)$ 有一个最大公因式 $d(x)$，那么 $cd(x)(c\in F,c\neq0)$ 也是最大公因式. 因而除特殊情形外，两个多项式的最大公因式有无穷多个. 进而有以下定理成立.

定理 1.2.1　任意多项式 $f(x)$ 与 $g(x)$ 的任意两个最大公因式只差一个非零常数倍. 换句话说，如果 $d(x)$ 是 $f(x)$ 与 $g(x)$ 的一个最大公因式，那么它们的所有最大公因式都是形如 $cd(x)(c\in F,c\neq0)$ 的多项式.

为了证明任意两个多项式都有最大公因式，先证以下引理.

引理 1.2.1　设 $f(x),g(x),q(x),h(x)\in F[x]$，$g(x)\neq0$，且

$$f(x)=q(x)g(x)+h(x),\tag{1-2-1}$$

则 $f(x)$ 与 $g(x)$ 及 $g(x)$ 与 $h(x)$ 有相同的公因式，因而有相同的最大公因式，且

$$(f(x),g(x))=(g(x),h(x)).$$

证明：由式(1-2-1)知，对 $f(x)$ 与 $g(x)$ 的任一公因式 $m(x)$，有 $m(x)\mid h(x)$，因此，$m(x)$ 是 $g(x)$ 与 $h(x)$ 的公因式. 另一方面，对 $g(x)$ 与 $h(x)$ 的任一公因式 $n(x)$，有 $n(x)\mid f(x)$，因此 $n(x)$ 是 $f(x)$ 与 $g(x)$ 的公因式. 这样 $f(x)$ 与 $g(x)$ 和 $g(x)$ 与 $h(x)$ 有相同的公因式，因而有相同的最大公因式，于是

$$(f(x),g(x))=(g(x),h(x)).$$

引理 1.2.1 告诉我们，只要式(1-2-1)成立，$f(x)$ 与 $g(x)$ 和 $g(x)$ 与 $h(x)$ 这两对多项式中有一对的最大公因式存在，另一对的最大公因式也存在.

定理 1.2.2 $F[x]$的任意两个多项式$f(x)$与$g(x)$一定存在最大公因式.

证明:如果$f(x)$和$g(x)$中有一个是零多项式,可知结论成立.设$f(x)\neq 0$,$g(x)\neq 0$,对$k=\min\{\deg(f(x)),\deg(g(x))\}$用数学归纳法.不妨设$\deg(g(x))=k$,$k=0$时,于是$g(x)\mid f(x)$.可知结论成立.

设$k>0$,并设结论对于小于k的非负整数均成立.根据带余除法,有$q(x),r(x)\in F[x]$使得

$$f(x)=q(x)g(x)+r(x).$$

这里$r(x)=0$或$\deg(r(x))<\deg(g(x))=k$.

由引理1.2.1知,只需证$g(x)$和$r(x)$有最大公因式就行了.

当$r(x)=0$时,知$g(x)$和$r(x)$有最大公因式;当$r(x)\neq 0$时,因为$\deg(r(x))<k$,由归纳假设知$g(x)$和$r(x)$有最大公因式.

上面的引理告诉我们,欲求$f(x)$与$g(x)$的最大公因式.可以用引理1.2.1中的那种变换,化为更简单的一对多项式来求,反复使用引理中的变换,直至一个多项式整除另一个多项式为止.

引理 1.2.2 设c_1,c_2都是数域F中的任意两个非零常数,则

$$(f(x),g(x))=(c_1f(x),c_2g(x)).$$

证 记$d_1=(f(x),g(x))$,$d_2=(c_1f(x),c_2g(x))$.利用最大公因式的定义不难得出

$$d_1(x)\mid d_2(x),d_2(x)\mid d_1(x).$$

利用$d_1(x)$与$d_2(x)$的首项系数都是1,得$d_1(x)=d_2(x)$.

因为$(f(x)+g(x)q(x),g(x))=(f(x),g(x))$,所以,我们可以考虑一种求两个多项式的最大公因式的方法.为此给出定义1.2.3.

定义 1.2.1 由$a_{ij}(x)\in F[x]$$(i=1,2,\cdots,m;j=1,2,\cdots,n)$排成的$m$行$n$列的一个矩阵

$$\begin{bmatrix} a_{11}(x) & a_{12}(x) & \cdots & a_{1n}(x) \\ a_{21}(x) & a_{22}(x) & \cdots & a_{2n}(x) \\ \vdots & \vdots & & \vdots \\ a_{n1}(x) & a_{n2}(x) & \cdots & a_{m}(x) \end{bmatrix}$$

称为数域F上的一元多项式矩阵.用符号$\boldsymbol{A}(x)$,$\boldsymbol{B}(x)$等来表示.

同数矩阵一样,我们可以定义一元多项式矩阵的加法与乘法,它们与数矩阵有相同的运算规律.

由引理1.2.1和引理1.2.2知,对一元多项式矩阵$\begin{bmatrix} f(x) \\ g(x) \end{bmatrix}$施行初等行变换,其最大公因式不变,所以可利用数域上的一元多项式矩阵的初等行

变换的方法,求最大公因式为

$$\boldsymbol{A}(x)=\begin{bmatrix}f(x)\\g(x)\end{bmatrix}\xrightarrow{\text{一系列初等行变换}}\begin{bmatrix}d(x)\\0\end{bmatrix},$$

则 $d(x)=(f(x),g(x))$.

因此,称以下三种矩阵为数域 F 上的 2 阶一元多项式初等矩阵:

(1)换法阵$\begin{bmatrix}0&1\\1&0\end{bmatrix}$.

(2)倍法阵$\begin{bmatrix}c&0\\0&1\end{bmatrix}$或$\begin{bmatrix}1&0\\0&c\end{bmatrix}$,这里 $0\neq c\in F$.

(3)消法阵$\begin{bmatrix}1&q(x)\\0&1\end{bmatrix}$或$\begin{bmatrix}1&0\\q(x)&1\end{bmatrix}$,这里 $q(x)\in F[x]$.

显而易见,对 2×1 阶一元多项式矩阵 $\boldsymbol{A}(x)$施行三种初等行变换的结果分别等于在 $\boldsymbol{A}(x)$的左边乘以相应的数域 F 上的 2 阶一元多项式初等矩阵.

下述定理反映了最大公因式的一个重要性质.

定理 1.2.3 设 $d(x)$是 $f(x)$与 $g(x)$的一个最大公因式,那么存在 $u(x),v(x)\in F[x]$使

$$d(x)=u(x)f(x)+v(x)g(x).\tag{1-2-2}$$

即是说 $f(x)$与 $g(x)$的最大公因式总可以表示成这两个多项式的"倍之和".

证明:以 $f(x),g(x)$为元素排成一个 2×1 阶矩阵

$$\boldsymbol{A}(x)=\begin{bmatrix}f(x)\\d(x)\end{bmatrix},$$

对 $\boldsymbol{A}(x)$施行初等行变换,用逐步消去 $f(x),g(x)$中次数较高的那个多项式的首项的办法,降低其次数,直至有一个多项式变为 0 为止,也即 $\boldsymbol{A}(x)$可以通过一系列初等行变换化为

$$\boldsymbol{B}(x)=\begin{bmatrix}d(x)\\0\end{bmatrix},$$

于是有$(f(x),g(x))=(d(x),0)=d(x)$(可以假定 $d(x)$为首 1).用矩阵等式来表示,即是说存在数域 F 上的 2 阶一元多项式初等矩阵 $\boldsymbol{E}_1(x)$,$\boldsymbol{E}_2(x),\cdots,\boldsymbol{E}_t(x)$,使得

$$\boldsymbol{E}_t(x)\cdots\boldsymbol{E}_2(x)\boldsymbol{E}_1(x)\boldsymbol{A}(x)=\boldsymbol{B}(x)$$

记为

$$\boldsymbol{E}_t(x)\cdots\boldsymbol{E}_2(x)\boldsymbol{E}_1(x)=\begin{bmatrix}u(x)&v(x)\\s(x)&t(x)\end{bmatrix}=\boldsymbol{E}(x),$$

和

$$\begin{bmatrix} u(x) & v(x) \\ s(x) & t(x) \end{bmatrix}\begin{bmatrix} f(x) \\ g(x) \end{bmatrix}=\begin{bmatrix} d(x) \\ 0 \end{bmatrix},$$

所以 $$d(x)=u(x)f(x)+v(x)g(x).$$

上述定理的证明过程说明，定理中的 $u(x)$，$v(x)$ 就是 $\boldsymbol{E}(x)$ 的第一行的两个元素，由等式

$$\boldsymbol{E}(x)=\boldsymbol{E}(x)\boldsymbol{I}=\boldsymbol{E}_t(x)\boldsymbol{E}_{t-1}(x)\cdots\boldsymbol{E}_2(x)\boldsymbol{E}_1(x)\cdot\boldsymbol{I}$$

可知，在对 $\boldsymbol{A}(x)$ 施行一系列初等变换将 $\boldsymbol{A}(x)$ 变成 $\boldsymbol{B}(x)$ 的同时，对单位矩阵 $\boldsymbol{I}$ 施行同样的行初等变换，$\boldsymbol{I}$ 就变成 $\boldsymbol{E}(x)$，从而也就得到，即 $u(x)$，$v(x)$

$$(\boldsymbol{A}(x),\boldsymbol{I})\xrightarrow{\text{一系列初等行变换}}\begin{bmatrix} d(x) & u(x) & v(x) \\ 0 & s(x) & t(x) \end{bmatrix}$$

自然要问，适合等式(1-2-2)的 $u(x)$，$v(x)$ 是否由 $f(x)$，$g(x)$ 唯一确定？

对于 $f(x)=g(x)=0$ 的特殊情形，易知任意的 $u(x)$，$v(x)$ 适合要求，因而不唯一；当 $f(x)$，$g(x)$ 不全为零时，注意到

$$\begin{aligned} u(x)f(x)+v(x)g(x)&=u(x)f(x)+g(x)f(x)-g(x)f(x)+v(x)g(x) \\ &=[u(x)+g(x)]f(x)+[v(x)-f(x)]g(x) \end{aligned}$$

因而适合等式(1-2-2)的 $u(x)$，$v(x)$ 不唯一.

值得注意的是定理 1.2.3 的逆定理不成立. 如 $f(x)=x$，$g(x)=x+1$，则

$$x(x+2)+(x+1)(x-1)=2x^2+2x-1,$$

但 $2x^2+2x-1$ 显然不是 $f(x)$ 与 $g(x)$ 的最大公因式.

定理 1.2.4　若 $d(x)$ 是 $f(x)$，$g(x)$ 在 $F[x]$ 中的公因式，则 $d(x)$ 是 $f(x)$，$g(x)$ 的最大公因式的充分必要条件是存在 $u(x)$，$v(x)\in F[x]$，使得

$$d(x)=u(x)f(x)+v(x)g(x).$$

对于两个多项式的最大公因式是 1 的情形有特别重要的意义，现在我们对这样的多项式作深入的讨论.

定义 1.2.2　如果 $f(x)$，$g(x)\in F[x]$，而 $(f(x),g(x))=1$，那么就说 $f(x)$，$g(x)$ 互素，即两个多项式只有零次公因式时，称为互素.

定义 1.2.2 与定理 1.2.3 联系起来即得定理 1.2.5.

定理 1.2.5　$F[x]$ 中的多项式 $f(x)$，$g(x)$ 互素的充分必要条件是存在 $u(x)$，$v(x)\in F[x]$，使

$$u(x)f(x)+v(x)g(x)=1.$$

证明：若 $(f(x),g(x))=1$，则存在 $u(x)$，$v(x)\in F[x]$，使得 $u(x)f(x)+v(x)g(x)=1$，反之，若 $u(x)f(x)+v(x)g(x)=1$ 成立，则显然 $f(x)$，$g(x)$ 的任一公因式必整除 $u(x)f(x)+v(x)g(x)$，因而必是 1 的因式，这样 $f(x)$

与 $g(x)$ 的公因式必为非零常数. 故 $u(x)f(x)+v(x)g(x)=1$.

由这个定理,我们可以推出互素多项式有以下重要性质,这些性质在多项式理论中经常用到.

(1)若 $(f(x),h(x))=1$,且 $(g(x),h(x))=1$,则 $(f(x)g(x),h(x))=1$.

证明:由定理 1.2.5 知,存在 $u(x),v(x)$ 与 $s(x),t(x)$,使 $u(x)f(x)+v(x)h(x)=1$ 和 $s(x)g(x)+t(x)h(x)=1$ 同时成立,将两个等式两端分别相乘得

$$f(x)g(x)u(x)s(x)+h(x)[f(x)u(x)t(x)+g(x)s(x)v(x)+h(x)v(x)t(x)]=1,$$

所以 $(f(x)g(x),h(x))=1$.

(2)若 $h(x)\mid f(x)g(x)$,且 $(h(x),f(x))=1$,则 $h(x)\mid g(x)$.

证明:因为 $(h(x),f(x))=1$,所以存在 $u(x),v(x)$,使

$$u(x)h(x)+v(x)f(x)=1.$$

用 $g(x)$ 乘上式两端,有

$$u(x)h(x)g(x)+v(x)f(x)g(x)=g(x).$$

显然,由题设 $h(x)$ 整除上式左端的每一项,故 $h(x)\mid g(x)$.

(3)若 $g(x)\mid f(x)$,且 $h(x)\mid f(x)$,而 $(h(x),g(x))=1$,则 $g(x)h(x)\mid f(x)$.

证明:因为 $g(x)\mid f(x)$,所以存在 $u(x)\in F[x]$,使

$$f(x)=g(x)u(x).$$

由 $h(x)\mid f(x)$ 知 $h(x)\mid g(x)u(x)$,但 $(h(x),g(x))=1$,则 $h(x)\mid u(x)$,所以存在 $v(x)\in F[x]$,使 $u(x)=h(x)v(x)$,这样就有 $f(x)=g(x)h(x)v(x)$,即 $g(x)h(x)\mid f(x)$,结论得证.

最大公因式的定义可以推广到 $n(n\geqslant 2)$ 个多项式的情形.

定义 1.2.3 $f_1(x),f_2(x),\cdots,f_n(x)$ 的最大公因式 $d(x)$ 是指满足以下条件:

(1) $d(x)\mid f_i(x),i=1,2,\cdots,n$.

(2)若 $h(x)\mid f_i(x),i=1,2,\cdots,n$,则 $h(x)\mid d(x)$.

在 $F[x]$ 中任意 n 个多项式的最大公因式是存在的,这可对多项式的个数用数学归纳法证明. 同样,可用辗转相除法求出它们的最大公因式. 用符号 $(f_1(x),f_2(x),\cdots,f_n(x))$ 表示它们的最大公因式中首项系数为 1 的那一个,规定 $(0,0,\cdots,0)=0$.

定义 1.2.4 若 $(f_1(x),f_2(x),\cdots,f_n(x))=1$,则说 $f_1(x),f_2(x),\cdots,f_n(x)$ 是互素的. 如果 $(f_i(x),f_j(x))=1,i\neq j,i,j=1,2,\cdots,n$,则称 $f_1(x),f_2(x),\cdots,f_n(x)$ 为两两互素.

多项式 $f_1(x),f_2(x),\cdots,f_n(x)$互素时,并不一定两两互素,如:$f_1(x)=x^2-3x+2,f_2(x)=x^2-5x+6,f_3(x)=x^3-4x+3$ 是互素的,但$(f_1(x),f_2(x))=x-2$.

例 1.2.1 设

$$f(x)=x^4+x^3-3x^2-4x-1,g(x)=x^3+x^2-x-1,$$

求$(f(x),g(x))$,并求 $u(x),v(x)$使

$$(f(x),g(x))=u(x)f(x)+v(x)g(x).$$

解:应用辗转相除法,可按如下的格式来进行:

	$g(x)$	$f(x)$	
$q_2(x)=-\frac{1}{2}x+\frac{1}{4}$	x^3+x^2-x-1 $x^3+\frac{3}{2}x^2+\frac{1}{2}x$	$x^4+x^3-3x^2-4x-1$ $x^4+x^3-x^2-x$	$x=q_1(x)$
	$-\frac{1}{2}x^2-\frac{3}{2}x-1$ $-\frac{1}{2}x^2-\frac{3}{4}x-\frac{1}{4}$	$r_1(x)=-2x^2-3x-1$ $-2x^2-2x$	$\frac{8}{3}x+\frac{4}{3}=q_3(x)$
	$r_2(x)=-\frac{3}{4}x-\frac{3}{4}$	$-x-1$ $-x-1$	
		0	

从而 $r_2(x)=-\frac{3}{4}x-\frac{3}{4}$是 $f(x)$与 $g(x)$的一个最大公因式,故

$$(f(x),g(x))=x+1.$$

又因为

$$f(x)=q_1(x)g(x)+r_1(x)=xg(x)+(-2x^2-3x-1),$$

$$g(x)=q_2(x)r_1(x)+r_2(x)=\left(-\frac{1}{2}x+\frac{1}{4}\right)r_1(x)+r_2(x),$$

所以

$$\begin{aligned}r_2(x)&=g(x)-\left(-\frac{1}{2}x+\frac{1}{4}\right)r_1(x)\\&=g(x)-\left(-\frac{1}{2}x+\frac{1}{4}\right)[f(x)-xg(x)]\\&=\left(\frac{1}{2}x-\frac{1}{4}\right)f(x)+\left(-\frac{1}{2}x^2+\frac{1}{4}x+1\right)g(x),\end{aligned}$$

故$(f(x),g(x))=\left(-\frac{2}{3}x+\frac{1}{3}\right)f(x)+\left(\frac{2}{3}x^2-\frac{1}{3}x-\frac{4}{3}\right)g(x)$.

点评:如果能够对多项式进行因式分解,则用因式分解法求多项式的

最大公因式要比用辗转相除法求最大公因式简便一些. 如对多项式 $f(x)=3(x^2+1)^3(x+1)^2(x-1)x$ 与 $g(x)=9(x^2+1)^4(x+1)x$,直接看出

$$(f(x),g(x))=(x^2+1)^3(x+1)x.$$

但遗憾的是,没有一个一般的方法对多项式进行因式分解. 因此,因式分解法求最大公因式主要具有理论上的用处,它不能代替可以具体求出最大公因式的辗转相除法.

1.3　多元多项式

1.3.1　艾森斯坦因判别法

定理 1.3.1(艾森坦斯(Eisenstein)判别法)　设 $f(x)=a_nx^n+a_{n-1}x^{n-1}+\cdots+a_0$ 是一个整系数多项式,$a_n\neq 0,n\geqslant 1$. 若有一个素数 p,使得(1) $p|a_n$;(2) $p|a_{n-1},a_{n-2},\cdots,a_0$;(3) $p^2|a_0$,则多项式 $f(x)$在有理数域上不可约.

证明:只需证明 $f(x)$在 $\mathbf{Z}$ 上不可约即可. 假设 $f(x)$在 $f(x)$上可约,则

$$f(x)=(b_mx^m+b_{m-1}x^{m-1}+\cdots+b_0)(c_tx^t+c_{t-1}x^{t-1}+\cdots+c_0).$$

其中,$1\leqslant m<n,1\leqslant t<n,m+t=n,b_i,c_j\in\mathbf{Z}$.

显然,$a_n=b_mc_t,a_0=b_0c_0$,因为 $p|a_0$,所以 $p|b_0$ 或 $p|c_0$,但 $p^2|a_0$,所以不能 $p|b_0$ 且 $p|c_0$. 不妨设 $p|b_0$,但 $p|c_0$,又由假设 $p|b_mc_t$,所以 $p|b_m$ 且 $p|c_t$. 设 b_i 是 $b_0,b_1,\cdots,b_m$ 中第一个不被 p 整除者,即 $p|b_0,p|b_1,\cdots,p|b_{i-1}$,但$|b_i$,由多项式乘法知 $a_i=b_ic_0+b_{i-1}c_1+\cdots+b_0c_i$.

又因为 $1\leqslant i\leqslant m<n$,由条件 $p|a_i$且 p 又整除 $a_i=b_ic_0+b_{i-1}c_1+\cdots+b_0c_i$ 右端除 b_ic_0 外的其余各项,从而 $p|b_ic_0$,但由前知 $p|b_ic_0$,矛盾. 即假设不成立,故 $f(x)$在 $\mathbf{Z}$ 上可约,所以多项式 $f(x)$在有理数域上不可约.

艾森斯坦判断法不是对于所有整系数多项式都能应用的,因为满足判断法中条件的素数 p 不总存在. 如果对于某一多项式 $f(x)$找不到这样的素数 p,那么 $f(x)$可能在有理数域上可约也可能不可约. 例如,对于多项式 x^2+3x+2 与 x^2+1 来说,都找不到一个满足判断法的条件的素数 p. 但显然前一个多项式在有理数域上可约,而后一多项式不可约.

有时对于某一多项式 $f(x)$来说,艾森斯坦判断法不能直接应用,但是把 $f(x)$适当变形后,就可以应用这个判断法. 我们看一个例子.

例 1.3.1　设 p 是一个素数,多项式

$$f(x)=x^{p-1}+x^{p-2}+\cdots+x+1$$

叫作一个分圆多项式.

证明:$f(x)$在$\mathbf{Q}[x]$中不可约.

在这里不能直接应用艾森斯坦判别法.但是,如果令 $x=y+1$,那么由于

$$(x-1)f(x)=x^p-1,$$

可得

$$yf(y+1)=(y+1)^p-1=y^p+C_p^1y^{p-1}+C_p^2y^{p-2}+\cdots+C_p^{p-1}y.$$

令

$$g(y)=f(y+1),$$

则

$$g(y)=y^{p-1}+C_p^1y^{p-2}+\cdots+C_p^{p-1}.$$

$g(y)$的最高次项系数不能被 p 整除,其余的系数都是二项式系数,它们都能被 p 整除.事实上,当 $k<p$ 时,

$$C_p^k=\frac{p(p-1)\cdots(p-k-1)}{k!}.$$

因为 C_p^k 是一个整数,所以右端的分子能被 $k!$ 整数.但 $k!$ 与 p 互素,所以 $k!\mid(p-1)\cdots(p-k-1)$,所以 C_p^k 是 p 的一个倍数,但 $g(y)$的常数项 p 不能被 p^2 整数.这样,根据艾森斯坦判别法,$g(y)$在有理数域上不可约,所以 $f(x)$也在有理数域上不可约.因为如果存在 $f_1(x),f_2(x)\in\mathbf{Q}[x]$使得

$$f(x)=f_1(x)f_2(x),$$

那么

$$g(x)=f_1(y+1)f_2(y+1)=g_1(y)g_2(y).$$

式中,$g_i(y)=f_i(y+1)\in\mathbf{Q}(x)$,$i=1,2$.

例 1.3.2 证明:如果有理系数多项式 $f(x)$有无理根 $a+b\sqrt{d}$,其中 a,b,d 是有理数,$\sqrt{d}$是无理数,$b\neq0$,则 $a-b\sqrt{d}$ 也是 $f(x)$的根.

证明:令

$$\begin{aligned}g(x)&=\left[x-(a+b\sqrt{d})\right]\left[x-(a-b\sqrt{d})\right]\\&=x^2-2ax+a^2-ab^2,\end{aligned}$$

则 $g(x)$是有理系数多项式.用 $g(x)$去除 $f(x)$,设

$$f(x)=g(x)q(x)+rx+s,\tag{1-3-1}$$

其中商 $q(x)$及余式 $rx+s$ 都是有理系数多项式.

由于 $a+b\sqrt{d}$是 $f(x)$的根,故由式(1-3-1)得

$$r(a+b\sqrt{d})+s=0.\tag{1-3-2}$$

如果 $r\neq0$,则由上式可得

$$\sqrt{d}=-\frac{s+ra}{rb}.$$

这与$\sqrt{d}$是无理数的假设矛盾，故必 $r=0$. 从而由式(1-3-2)又得 $s=0$. 于是由式(1-3-1)知，$g(x)$整除 $f(x)$，故 $a-b\sqrt{d}$ 也是 $f(x)$的根.

例 1.3.3 求所有整数 m，使 $f(x)=x^5+mx+1$ 在有理数域上可约.

解：分两种情况讨论.

(1)如果 $f(x)$有有理根，使 $f(1)=0$ 或 $f(-1)=0$.

当 $f(1)=1+m+1=0$ 时，得 $m=-2$；

当 $f(-1)=-1-m+1=0$ 时，得 $m=0$.

(2)如果 $f(x)$无有理根，则 $f(x)$可以分解成一个 3 次多项式与一个 2 次多项式的乘积. 设

$$f(x)=(x^3+ax^2+bx+1)(x^2+cx+1)$$

或

$$f(x)=(x^3+ax^2+bx-1)(x^2+cx-1), \tag{1-3-3}$$

其中 a,b,c 都是整数. 现将式(1-3-3)右端展开，并比较两端同次项系数，可得

$$a+c=0,$$
$$ac+b+1=0,$$
$$a+bc+1=0,$$
$$b+c=m,$$

解得

$$a=-1, b=0, c=1, m=1.$$

同理，将式(1-3-3)右端展开并比较两端同次项系数，可得

$$a+c=0,$$
$$ac+b-1=0,$$
$$-a+bc-1=0,$$
$$b+c=-m,$$

求不出整数解.

综上所述，当且仅当 $m=0,1,-2$ 时，$f(x)$在有理数域上可约.

1.3.2 多元多项式及其应用案例分析

多元多项式在实际应用中发挥着重要作用，本章主要分析其在三等分任意角问题、用尺规作线段问题中的应用案例分析. 以期能对多元多项式理论有更加深刻的理解及掌握.

1.3.2.1　三等分任意角问题

任意给定一个角$\angle AOB$,用尺规求作一射线OP,使得$\angle POB=\frac{1}{3}\angle AOB$,如图1-3-1所示.

要证明“不能用尺规三等分任意角”,只需证明“不能用尺规三等分60°角”.如图1-3-2所示,能否用尺规三等分$\angle AOB=60^\circ$,也就是能否作出点P,使$\angle POB=20^\circ$.下面我们逐步将这几何问题转化为代数问题来解决.

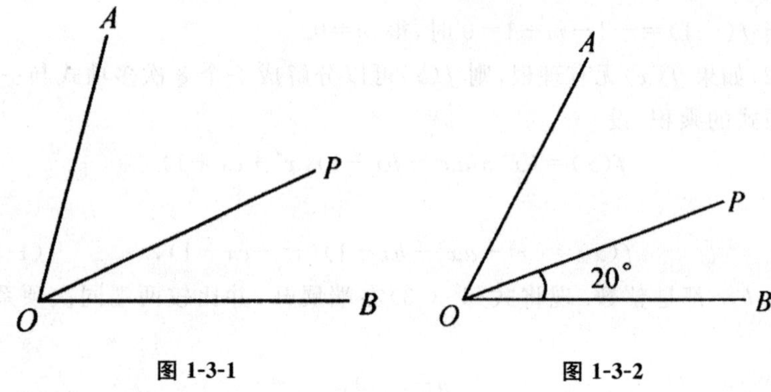

图 1-3-1　　　　图 1-3-2

如图1-3-3(a)所示,建立平面直角坐标系(可以任意指定一条线段,以其长度作为单位),在单位圆内,如果已知$\angle POB=20^\circ$,则点P的横坐标为$x=\cos 20^\circ$.反之,如果已知线段OB的端点B的坐标$(\cos 20^\circ,0)$,那么过B点作x轴的垂线,交单位圆于点P,连接OP,则$\angle POB=20^\circ$,如图1-3-3(b)所示.这样,用尺规不能三等分角60°的问题,就转化为不能用长度为1的线段(即单位圆的半径)尺规作长度为$\cos 20^\circ$的线段的问题,也就是说,三等分60°角的问题已归结为已知实数1,求作实数$\cos 20^\circ$的问题(这里我们对“数a”和长度为a的“线段a”不加区别,并使用同一个符号).

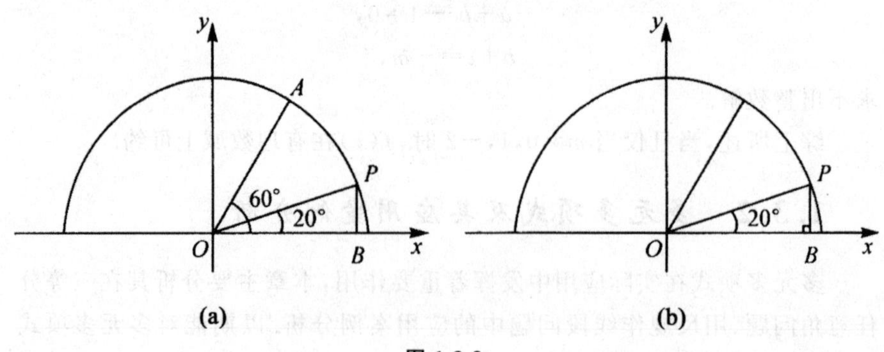

图 1-3-3

由三角函数的三倍角公式知

$$\cos60°=\cos(3\times20°)=4\cos^3 20°-3\cos20°. \quad (1\text{-}3\text{-}4)$$

设

$$\cos20°=y.$$

因为

$$\cos60°=\frac{1}{2},$$

所以根据式(1-3-4)可得

$$\frac{1}{2}=4y^3-3y,$$

即

$$8y^3-6y-1=0. \quad (1\text{-}3\text{-}5)$$

设

$$x=2y,$$

则式(1-3-5)可化为

$$x^3-3x-1=0. \quad (1\text{-}3\text{-}6)$$

于是,问题又归结为:已知 1 和 $\cos60°=\frac{1}{2}$,证明不能用尺规作方程(1-3-6)的根. 于是,我们首先必须搞清尺规究竟能作出什么样的线段.

1.3.2.2 用尺规作线段问题

下面我们思考,已知线段 a,b,如何用尺规作线段 $a+b$,$a-b(a>b)$,ab,$\frac{a}{b}$,和$\sqrt{a}$?

具体作法如图 1-3-4 所示.

在作线段的积、商和开平方时,我们都用到了单位长度的线段,但这条件并不是实质性的,我们可以任意指定一条线段为单位线段.

通过上面的讨论,我们知道,尺规可作已知线段的和、差、积、商和开平方,为了解决三等分角的尺规作图问题,还要知道尺规不能作什么线段,即尺规只能作什么线段.

在尺规作图过程中,要作直线(或线段)需要已知直线上的某两个点(或线段的两个端点),要作圆需要已知圆心和半径(半径是线段,而线段又归结为已知两个端点). 由于任何几何图形都是由一些点所确定的(例如,一个三角形由它的三个顶点所确定),所以一般的几何作图问题,也可以看作是已知一些点,求作另外一些新点,因而整个作图的过程是点生点的过程. 由此可见,对尺规作图而言,分析什么样的线段能够作出来,可以归结为什么样的点能够作出来. 前者用几何方式分析较方便，而后者可用代数方式来分析. 下面我们用代数方式来分析. 我们知道，尺规作图时，新点只能通过求作直线的交点，直线与圆的交点，圆与圆的交点来产生. 我们来分析，建立平面直角坐标系后，在这三种作图形式的点生点的过程中，由已知点只能生成什么样的点，从而得出尺规只能作出什么样的线段.

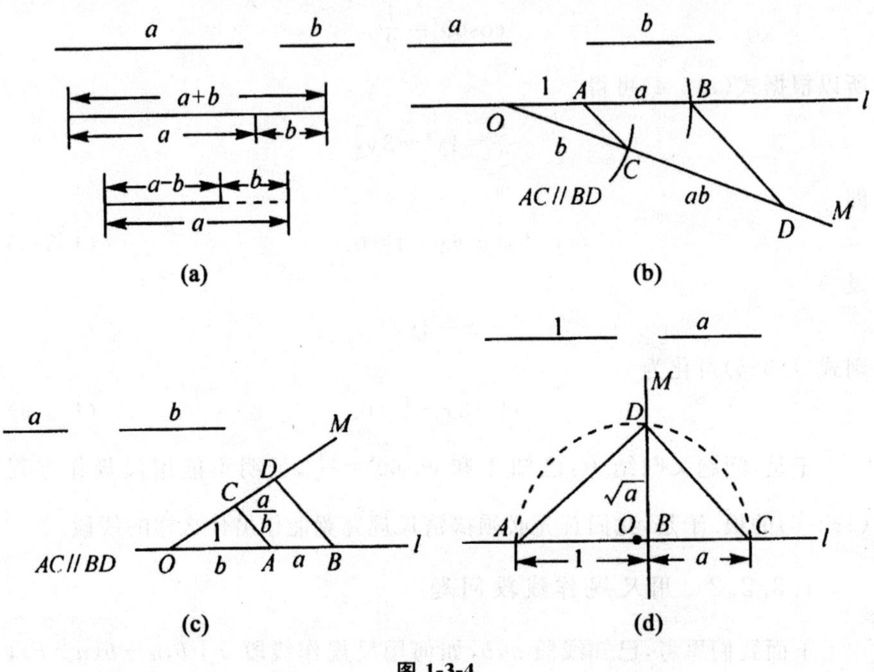

图 1-3-4

(1)直线的交点. 在平面上建立了直角坐标系后，设 $P_1(a_1,b_1)$，$P_2(a_2,b_2)$是两个已知点，那么可以用直尺作经过这两点的直线(图 1-3-5)，这条直线的方程为

$$ax+by+c=0,$$

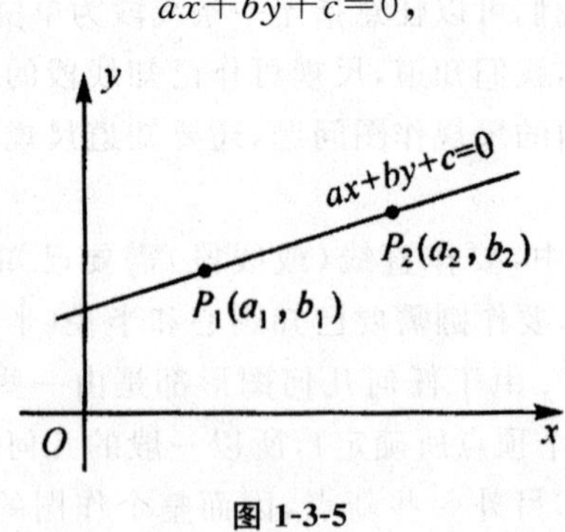

图 1-3-5

其中

$$a=b_1-b_2,b=a_2-a_1,c=a_1b_2-a_2b_1,$$

即这条直线方程的系数 a,b,c 可由已知点坐标 a_1,a_2,b_1,b_2 经过有限次加、减、乘、除运算得到.

如果已知两条直线

$$a_1x+b_1y+c_1=0,$$
$$a_2x+b_2y+c_2=0,$$

相交,即 $a_1b_2-a_2b_1\neq0$,设交点 P 的坐标为 $P(x_0,y_0)$,那么方程组

$$\begin{cases}a_1x+b_1y+c_1=0\\a_2x+b_2y+c_2=0\end{cases}.$$

可得交点坐标为

$$x_0=\frac{b_1c_2-b_2c_1}{a_1b_2-a_2b_1},y_0=\frac{c_1a_2-c_2c_1}{a_1b_2-a_2b_1},$$

即交点 P 的坐标可由 a_1,a_2,b_1,b_2,c_1,c_2 经过有限次加、减、乘、除运算得到,而两条直线方程的系数都可以由已知点的坐标经过有限次加、减、乘、除运算得到. 因此,交点 P 的坐标(x_0,y_0)可以由已知点的坐标经过有限次加、减、乘、除运算得到.

(2)直线与圆的交点. 已知圆心 $P(x_0,y_0)$和线段 r,以点 P 为圆心,r 为半径作圆,如图 1-3-6 所示,则该圆的方程为

$$x^2+y^2+dx+ey+f=0.$$

其中

$$d=-2x_0,e=-2y_0,$$
$$f=x_0^2+y_0^2-r^2,$$

即圆的方程的系数可由已知的三个数 x_0,y_0,r 经过有限次加、减、乘、除运算得到.

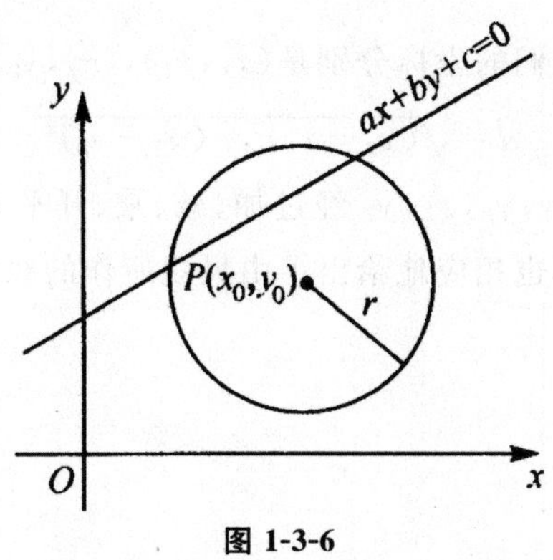

图 1-3-6

设有一条已知直线 $ax+by+c=0$，即其系数都是已知数，如果这条直线与已知圆 $x^2+y^2+dx+ey+f=0$ 有交点(相交或相切)，则交点的坐标可以通过解方程组

$$\begin{cases}x^2+y^2+dx+ey+f=0\\ax+by+c=0\end{cases}$$

求得，显然，交点的坐标可以由已知数 a,b,c,d,e,f 经过有限次加、减、乘、除和开平方运算得到.

(3)圆与圆的交点. 已知圆 $x^2+y^2+d_1x+e_1y+f_1=0$ 和圆 $x^2+y^2+d_2x+e_2y+f_2=0$. 如果它们有交点，则可通过下列方程组解出：

$$\begin{cases}x^2+y^2+d_1x+e_1y+f_1=0\\x^2+y^2+d_2x+e_2y+f_2=0\end{cases},$$

两个方程相减，可得到如下的同解方程组：

$$\begin{cases}x^2+y^2+d_1x+e_1y+f_1=0\\(d_1-d_1)x+(e_1-e_1)y+(f_1-f_1)=0\end{cases}.$$

这样，求两个圆的交点的问题就化为求一条直线与圆的交点的问题，这个问题在(2)中已经解决.

使用尺规，只能作直线(线段)、圆(圆弧)、直线与直线的交点、直线与圆的交点、圆与圆的交点. 于是，由以上讨论可知，尺规作图的点生点过程，在代数上就是通过已知点的坐标，经过有限次加、减、乘、除和开平方运算得到新点坐标的过程，也就是说，根据已知点，使用尺规所作的新点坐标，一定可以由已知点的坐标经过有限次的加、减、乘、除和开平方运算得到.

注意，对于任意两个已知点，可以认为，它们之间的距离 d 也是已知的.

这是因为若设它们的坐标分别是 (x_1,y_1)，(x_2,y_2)，则

$$d=\sqrt{(x_2-x_1)^2+(y_2-y_1)^2}$$

也是由已知点坐标 x_1,y_1,x_2,y_2 经过加、减、乘、开平方运算得出. 同样，由尺规所作的新点坐标也相应地给出了由尺规所作的线段的长度.

第2章 行列式

行列式理论在数学本身及其他的学科中都有广泛的应用，它是解线性方程组的有力工具. 本章将在讨论用二阶、三阶行列式解二元、三元方程组的基础上，进一步建立 n 阶行列式的理论，并介绍用 n 阶行列式的理论求解 n 元线性方程组的克拉默法则，最后对行列式的一些应用实例进行探讨分析.

2.1 行列式定义

2.1.1 排列与逆序

作为定义 n 阶行列式的准备，我们先来讨论一下排列及其性质.

定义 2.1.1 由 $1,2,\cdots,n$ 组成的一个有序数列称为一个 n 级排列.

例如，2431 是一个 4 级排列，43512 是一个 5 级排列，我们知道，n 级排列的总数是

$$n\cdot(n-1)\cdot(n-2)\cdot\cdots\cdot 2\cdot 1=n!$$

显然 $12\cdots n$ 也是一个 n 级排列，这个排列具有自然顺序，就是按递增的顺序排起来的；其他的排列都或多或少地破坏了自然顺序.

定义 2.1.2 在一个排列中，如果两个数的前后位置与大小顺序相反，即前面的数大于后面的数，那么它们就称为一个逆序，一个排列中逆序的总数就称为这个排列的逆序数.

例如，2431 中，只有 21、43、41、31 是逆序，它的逆序数就是 4. 而 43512 的逆序数是 7. 排列 $i_1i_2\cdots i_n$ 的逆序数记为 $\tau(i_1i_2\cdots i_n)$. 设排列中 k 前面比 k 大的数码共有 t_k 个，则

$$\tau(i_1i_2\cdots i_n)=t_1+t_2+\cdots+t_n=\sum_{k=1}^{n}t_k.$$

定义 2.1.3 设 $i_1i_2\cdots i_n$ 是 n 阶排列，如果 $\tau(i_1i_2\cdots i_n)$ 是奇数，则称

$i_1i_2\cdots i_n$ 是奇排列；如果 $\tau(i_1i_2\cdots i_n)$ 是偶数，则称 $i_1i_2\cdots i_n$ 是偶排列.

为了确定 n 阶排列的中奇、偶排列的个数，我们引入对换的概念，并给出它的性质.

定义 2.1.4 把一个排列中某两个数字的位置互相调换，其余数字不变，这样一个调换称为一个对换.

定理 2.1.1 对换改变排列的奇偶性.

证明：先讨论相邻对换的情形. 设排列 $\cdots ij\cdots$，经过对换变成 $\cdots ji\cdots$，显然这样的对换不影响 i,j 与其他数的次序关系，改变的仅是 i,j 的次序. 若在前一式中 i,j 构成逆序，则后一式的逆序数比前一式的逆序数少 1；若在前一式中 i,j 不构成逆序，则后一式的逆序数比前一式的逆序数多 1，所以在此情况下，排列的奇偶性改变.

设排列为 $\cdots ij_1j_2\cdots j_sj\cdots$，经过 i,j 对换得到排列 $\cdots jj_1j_2\cdots j_si\cdots$，则后一排列可由前一排列经过 $2s+1$ 次相邻对换来实现，即 j 依次与 j_s，j_{s-1}，$\cdots$，j_1，i 对换，共 $s+1$ 次，然后 i 再依次与 $j_1j_2\cdots j_s$ 对换，共 s 次. 由于 $2s+1$ 是奇数，故由相邻对换改变排列的奇偶性得到，前后两排列的奇偶性相反.

推论 2.1.1 当 $n>1$ 时，在全体 n 阶排列中，奇排列的个数与偶排列的个数相等，各为 $\frac{n}{2}$.

推论 2.1.2 任一个 n 阶排列都可以经过一系列对换变成自然排列，并且所作的对换的次数与这个排列有相同的奇偶性.

例 2.1.1 求下列排列的逆序数：

(1)23514；(2)$n(n-1)\cdots 21$；(3)$135\cdots(2n-1)246\cdots(2n)$.

解：(1)从排列左边的第 1 个元素开始，每个元素都与它后面的元素比较，即可得到该排列的逆序数

$$\tau(23514)=1+1+2+0=4.$$

当然从排列左边的第 2 个元素开始，每个元素都与它前面的元素比较，也可得到该排列的逆序数

$$\tau(23514)=0+0+3+1=4.$$

(2)$\tau(n(n-1)\cdots 21)=(n-1)+(n-2)+\cdots+2+1=\dfrac{n(n-1)}{2}$.

(3)$\tau(135\cdots(2n-1)246\cdots(2n))=1+2+\cdots+(n-1)=\dfrac{n(n-1)}{2}$.

2.1.2 行列式的定义

2.1.2.1 二阶行列式

行列式起源于解线性方程组，它是研究线性代数的一个重要工具，近代它又被广泛地用于物理、工程技术等多个领域. 对于一个方阵，我们可以求真行列式和逆矩阵. 逆矩阵在很多实际问题中经常遇到，如信息加密、投入产出都要用到逆矩阵.

设对于以下方程组

$$\begin{cases} a_{11}x_1+a_{12}x_2=b_1 \\ a_{21}x_1+a_{22}x_2=b_2 \end{cases}, \tag{2-1-1}$$

利用消元法，可得

$$\begin{cases} (a_{11}a_{22}-a_{12}a_{21})x_1=a_{22}b_1-a_{12}b_2 \\ (a_{11}a_{22}-a_{12}a_{21})x_2=a_{11}b_2-b_1a_{21} \end{cases}.$$

如果已知 $a_{11}a_{22}-a_{12}a_{21}\neq 0$，那么方程组(2-1-1)就有且只有一个解，如下

$$\begin{cases} x_1=\dfrac{b_1a_{22}-a_{12}b_2}{a_{11}a_{22}-a_{12}a_{21}} \\ x_2=\dfrac{a_{11}b_2-b_1a_{21}}{a_{11}a_{22}-a_{12}a_{21}} \end{cases}. \tag{2-1-2}$$

式(2-1-2)中，在某些条件下，x_1，x_2 的表示式具有普适性，但是由于表达复杂，因此记忆起来有些困难，为了解决这一问题，二阶行列式由此诞生.

定义 2.1.5 引入记号

$$D=\begin{vmatrix} a_{11} & a_{12} \\ a_{21} & a_{22} \end{vmatrix}=a_{11}a_{22}-a_{12}a_{21}. \tag{2-1-3}$$

式(2-1-3)即被人们称为二阶行列式. D 中横、竖分别表示行和列. 可以看到，其中共有两行、两列，其中数 a_{ij} 称为行列式的元素，它的第一个下标 i 表示这个元素所在的行，称为行指标；第二个下标 j 表示这个元素所在的列，称为列指标. 行列式展开的形式即为式(2-1-3)的右端部分. 利用该展开式可以计算行列式的值，该值的形式并不是固定的，例如，可以为数值、代数表达式等.

利用二阶行列式，式(2-1-2)可以表示为

$$x_1=\frac{\begin{vmatrix} b_1 & a_{12} \\ b_2 & a_{22} \end{vmatrix}}{\begin{vmatrix} a_{11} & a_{12} \\ a_{21} & a_{22} \end{vmatrix}}, x_2=\frac{\begin{vmatrix} a_{11} & b_1 \\ a_{21} & b_2 \end{vmatrix}}{\begin{vmatrix} a_{11} & a_{12} \\ a_{21} & a_{22} \end{vmatrix}}.$$

其中,分母是由方程组(2-1-1)中未知数的系数按其在方程组中的位置排成的行列式,称为方程组的系数行列式.

按照一定的规则对上式进行处理,有

$$D_1=\begin{vmatrix} b_1 & a_{12} \\ b_2 & a_{22} \end{vmatrix}=b_1a_{22}-a_{12}b_2, D_2=\begin{vmatrix} a_{11} & b_1 \\ a_{21} & b_2 \end{vmatrix}=a_{11}b_2-b_1a_{21}.$$

于是,当 $D\neq 0$ 时,二元一次线性方程组(2-1-1)的解可用二阶行列式表示成

$$x_1=\frac{D_1}{D}, x_2=\frac{D_2}{D}.$$

例 2.1.2 解二元线性方程组$\begin{cases} 3x_1+2x_2=5 \\ 5x_1-7x_2=29 \end{cases}$.

解:由于系数行列式

$$D=\begin{vmatrix} 3 & 2 \\ 5 & -7 \end{vmatrix}=-31\neq 0,$$

有

$$D_1=\begin{vmatrix} 5 & 2 \\ 29 & -7 \end{vmatrix}=-93, D_2=\begin{vmatrix} 3 & 5 \\ 5 & 29 \end{vmatrix}=62,$$

所以方程组的解为

$$x_1=\frac{D_1}{D}=\frac{-93}{-31}=3, x_2=\frac{D_2}{D}=\frac{62}{-31}=-2.$$

例 2.1.3 用行列式解二元线性方程组

$$\begin{cases} 3x+2y=5 \\ 2x+3y=0 \end{cases}.$$

解:由于系数行列式

$$D=\begin{vmatrix} 3 & 2 \\ 2 & 3 \end{vmatrix}=5\neq 0,$$

故方程组有唯一解.又

$$D_1=\begin{vmatrix} 5 & 2 \\ 0 & 3 \end{vmatrix}=15, D_2=\begin{vmatrix} 3 & 5 \\ 2 & 0 \end{vmatrix}=-10,$$

得方程组的解是

$$x=\frac{D_1}{D}=3, y=\frac{D_2}{D}=-2.$$

例 2.1.4　计算 $\begin{vmatrix} x+y & 2y \\ x & x+y \end{vmatrix}$.

解：

$$\begin{aligned}\begin{vmatrix} x+y & 2y \\ x & x+y \end{vmatrix} &=(x+y)^2-4xy \\ &=x^2+y^2-2xy \\ &=(x-y)^2.\end{aligned}$$

2.1.2.2　三阶行列式

对三元一次线性方程组

$$\begin{cases} a_{11}x_1+a_{12}x_2+a_{13}x_3=b_1 \\ a_{21}x_1+a_{22}x_2+a_{23}x_3=b_2 \\ a_{31}x_1+a_{32}x_2+a_{33}x_3=b_3 \end{cases} \tag{2-1-4}$$

利用加减消元法，消去 x_2，x_3 后，得到

$$(a_{11}a_{22}a_{33}+a_{12}a_{23}a_{31}+a_{13}a_{21}a_{32}-a_{11}a_{23}a_{32}-a_{12}a_{21}a_{33}-a_{13}a_{22}a_{31})=$$

$$b_1a_{22}a_{33}+a_{12}a_{23}b_3+a_{13}b_2a_{32}-a_{11}a_{22}b_3-a_{12}b_2a_{33}-b_1a_{23}b_2a_{32}.$$

同样的，消去 x_1，x_3，可以得到 x_2 的完全类似的关系式，消去 x_1，x_2，可以得到 x_3 的完全类似的关系式. 这个结果很难记，为此引进三阶行列式的定义.

定义 2.1.6　对于下列三阶行列式

$$ab^2c^3+bc^2a^3+ca^2b^3-cb^2a^3-ba^2c^3-ac^2b^3$$

其值规定为

$$a_{11}a_{22}a_{33}+a_{12}a_{23}a_{31}+a_{13}a_{21}a_{32}-a_{11}a_{23}a_{32}-a_{12}a_{21}a_{33}-a_{13}a_{22}a_{31},$$

即

$$D=\begin{vmatrix} a_{11} & a_{12} & a_{13} \\ a_{21} & a_{22} & a_{23} \\ a_{31} & a_{32} & a_{33} \end{vmatrix}=a_{11}a_{22}a_{33}+a_{12}a_{23}a_{31}+a_{13}a_{23}a_{32}+a_{12}a_{21}a_{33}-a_{13}a_{22}a_{31}.$$

这里，a_{ij} 称为行列式位于第 i 行第 j 列的元素. 等式右边是一个代数和的形式，共包含 3！=6 项，3 项为正、3 项为负，每项的表现形式为 3 个元素的乘积.

又因为它有方程组(2-1-4)中变元的系数组成，因此又被称为方程组

(2-1-4)的系数矩阵.如果 $D\neq0$,容易算出方程组(2-1-4)有唯一解:

$$x_1=\frac{D_1}{D},x_2=\frac{D_2}{D},x_3=\frac{D_3}{D}.$$

其中

$$D_1=\begin{vmatrix}b_1 & a_{12} & a_{13}.\\ b_2 & a_{22} & a_{23}\\ b_3 & a_{32} & a_{33}\end{vmatrix},D_2=\begin{vmatrix}a_{11} & b_1 & a_{13}\\ b_{21} & b_2 & a_{23}\\ b_{31} & b_3 & a_{33}\end{vmatrix},D_3=\begin{vmatrix}a_{11} & a_{12} & b_1\\ a_{21} & b_{22} & b_2\\ a_{31} & a_{32} & b_3\end{vmatrix}.$$

为了便于记忆,我们可以采取图 2-1-1 的对角线法加以辅助.其中,以实线相连的三个元素的积取正号,以虚线相连的三个元素的积取负号.这种方法就是人们常说的沙路法.

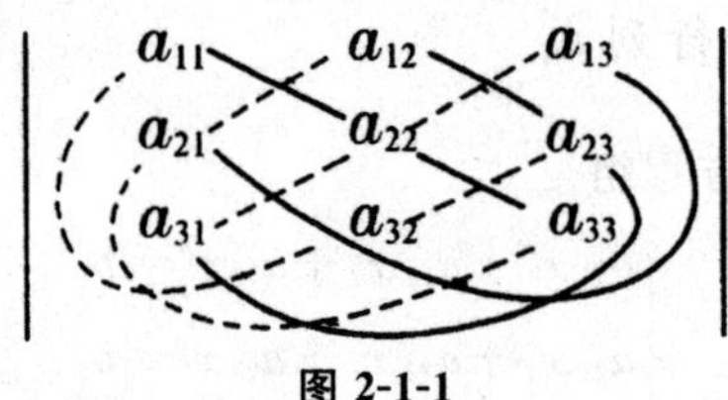

图 2-1-1

例 2.1.5 解线性方程组

$$\begin{cases}3x_1-x_2+x_3=26\\ 2x_1-4x_2-x_3=9.\\ x_1+2x_2+x_3=16\end{cases}$$

解:系数行列式

$$D=\begin{vmatrix}3 & -1 & 1\\ 2 & -4 & -1\\ 1 & 2 & 1\end{vmatrix}=5\neq0,$$

所以方程组有唯一解,计算得

$$D_1=\begin{vmatrix}26 & -1 & 1\\ 9 & -4 & -1\\ 1 & 16 & 1\end{vmatrix}=55,D_2=\begin{vmatrix}3 & 26 & 1\\ 2 & 9 & -1\\ 1 & 16 & 1\end{vmatrix}=20,D_3=\begin{vmatrix}3 & -1 & 26\\ 2 & -4 & 9\\ 1 & 2 & 16\end{vmatrix}=-15,$$

方程组的解为

$$x_1=\frac{55}{5}=11,x_2=\frac{20}{5}=4,x_3=\frac{-15}{5}=-3.$$

例 2.1.6 解三元一次方程组

$$\begin{cases}x_1+2x_2+x_3=2\\ -2x_1+x_2-x_3=1.\\ x_1-4x_2+2x_3=3\end{cases}$$

解:方程组的系数行列式

$$D=\begin{vmatrix}1&2&1\\-2&1&-1\\1&-4&2\end{vmatrix}=1\times1\times2+2\times(-1)\times1+1\times(-2)\times(-4)$$

$$-1\times1\times1-(-1)\times(-4)\times1-2\times(-2)\times2$$

$$=2-2+8-1-4+8=11\neq0.$$

故

$$x_1=\frac{D_1}{D}=-\frac{21}{11},x_2=\frac{D_2}{D}=\frac{4}{11},x_3=\frac{D_3}{D}=\frac{35}{11}.$$

2.2 *n* 阶行列式的性质

设有下列 n 阶行列式

$$D=\begin{vmatrix}a_{11}&a_{12}&\cdots&a_{1n}\\a_{21}&a_{22}&\cdots&a_{2n}\\\vdots&\vdots&&\vdots\\a_{n1}&a_{n2}&\cdots&a_{nn}\end{vmatrix},$$

将 D 中的行、列依次互换后所成的行列式为 D 的转置行列式. 记作 D^{T}. 即

$$D^{\mathrm{T}}=\begin{vmatrix}a_{11}&a_{21}&\cdots&a_{n1}\\a_{12}&a_{22}&\cdots&a_{n2}\\\vdots&\vdots&&\vdots\\a_{1n}&a_{2n}&\cdots&a_{nn}\end{vmatrix}.$$

下面主要介绍行列式的 5 个性质.

性质 2.2.1 交换行列式两行(列)的位置,行列式变号.

证明:交换行列式

$$\begin{vmatrix}a_{11}&a_{12}&\cdots&a_{1n}\\\vdots&\vdots&&\vdots\\a_{s1}&a_{s2}&\cdots&a_{sn}\\\vdots&\vdots&&\vdots\\a_{t1}&a_{t2}&\cdots&a_{tn}\\\vdots&\vdots&&\vdots\\a_{n1}&a_{n2}&\cdots&a_{nn}\end{vmatrix}$$

的第 s、t 行,并令

$$\begin{vmatrix} a_{11} & a_{12} & \cdots & a_{1n} \\ \vdots & \vdots & & \vdots \\ a_{s1} & a_{s2} & \cdots & a_{sn} \\ \vdots & \vdots & & \vdots \\ a_{t1} & a_{t2} & \cdots & a_{tn} \\ \vdots & \vdots & & \vdots \\ a_{n1} & a_{n2} & \cdots & a_{nn} \end{vmatrix} = \begin{vmatrix} b_{11} & b_{12} & \cdots & b_{1n} \\ \vdots & \vdots & & \vdots \\ b_{s1} & b_{s2} & \cdots & b_{sn} \\ \vdots & \vdots & & \vdots \\ b_{t1} & b_{t2} & \cdots & b_{tn} \\ \vdots & \vdots & & \vdots \\ b_{n1} & b_{n2} & \cdots & b_{nn} \end{vmatrix},$$

其中,$a_{ij}=b_{ij}, i\neq s,t, a_{ij}=b_{sj}, i\in\{1,2,\cdots,n\}/\{s,t\}, j=\{1,2,\cdots,n\}$. 由行列式的定义

$$\begin{vmatrix} b_{11} & b_{12} & \cdots & b_{1n} \\ \vdots & \vdots & & \vdots \\ b_{s1} & b_{s2} & \cdots & b_{sn} \\ \vdots & \vdots & & \vdots \\ b_{t1} & b_{t2} & \cdots & b_{tn} \\ \vdots & \vdots & & \vdots \\ b_{n1} & b_{n2} & \cdots & b_{nn} \end{vmatrix} = \sum_{j_1\cdots j_s\cdots j_t\cdots j_n} (-1)^{N(j_1\cdots j_s\cdots j_t\cdots j_n)} b_{1j_1}\cdots b_{sj_s}\cdots b_{tj_t}\cdots b_{nj_n}$$

$$= \sum_{j_1\cdots j_s\cdots j_t\cdots j_n} (-1)^{N(j_1\cdots j_s\cdots j_t\cdots j_n)} a_{1j_1}\cdots a_{sj_s}\cdots a_{tj_t}\cdots a_{nj_n}$$

$$= -\sum_{j_1\cdots j_t\cdots j_s\cdots j_n} (-1)^{N(j_1\cdots j_t\cdots j_s\cdots j_n)} a_{1j_1}\cdots a_{sj_t}\cdots a_{tj_s}\cdots a_{nj_n}$$

$$= \begin{vmatrix} a_{11} & a_{12} & \cdots & a_{1n} \\ \vdots & & & \vdots \\ a_{s1} & a_{s2} & \cdots & a_{sn} \\ \vdots & & & \vdots \\ a_{t1} & a_{t2} & \cdots & a_{tn} \\ \vdots & \vdots & & \vdots \\ a_{n1} & a_{n2} & \cdots & a_{nn} \end{vmatrix}.$$

性质 2.2.2 把行列式某一行(列)的元素都乘以 k,等于用 k 乘以行列式.

证明:根据行列式的定义,有

$$\begin{vmatrix} a_{11} & a_{12} & \cdots & a_{1n} \\ \vdots & \vdots & & \vdots \\ ka_{s1} & ka_{s2} & \cdots & ka_{sn} \\ \vdots & \vdots & & \vdots \\ a_{n1} & a_{n2} & \cdots & a_{nn} \end{vmatrix} = \sum_{j_1 j_2 \cdots j_n} (-1)^{N(j_1 \cdots j_s \cdots j_n)} a_{1j_1} \cdots (ka_{sj_s}) \cdots a_{nj_n}$$

$$= k \sum_{j_1 j_2 \cdots j_n} (-1)^{N(j_1 \cdots j_s \cdots j_n)} a_{1j_1} \cdots (ka_{sj_s}) \cdots a_{nj_n}$$

$$= k \begin{vmatrix} a_{11} & a_{12} & \cdots & a_{1n} \\ \vdots & \vdots & & \vdots \\ a_{s1} & a_{s2} & \cdots & a_{sn} \\ \vdots & \vdots & & \vdots \\ a_{n1} & a_{n2} & \cdots & a_{nn} \end{vmatrix}.$$

性质 2.2.3

$$D = \begin{vmatrix} a_{11} & a_{12} & \cdots & a_{1n} \\ \vdots & \vdots & & \vdots \\ a_{s1} + a'_{s1} & a_{s2} + a'_{s2} & \cdots & a_{sn} + a'_{sn} \\ \vdots & \vdots & & \vdots \\ a_{n1} & a_{n2} & \cdots & a_{nn} \end{vmatrix}$$

$$= \begin{vmatrix} a_{11} & a_{12} & \cdots & a_{1n} \\ \vdots & \vdots & & \vdots \\ a_{s1} & a_{s2} & \cdots & a_{sn} \\ \vdots & \vdots & & \vdots \\ a_{n1} & a_{n2} & \cdots & a_{nn} \end{vmatrix} + \begin{vmatrix} a_{11} & a_{12} & \cdots & a_{1n} \\ \vdots & \vdots & & \vdots \\ a'_{s1} & a'_{s2} & \cdots & a'_{sn} \\ \vdots & \vdots & & \vdots \\ a_{n1} & a_{n2} & \cdots & a_{nn} \end{vmatrix}$$

$$= D_1 + D_2.$$

证明:根据行列式的定义,有

$$D = \sum_{j_1 j_2 \cdots j_s \cdots j_n} (-1)^{N(j_1 j_2 \cdots j_s \cdots j_n)} a_{1j_1} a_{2j_2} \cdots (a_{sj_s} + a'_{sj_s}) \cdots a_{nj_n}$$

$$= \sum_{j_1 j_2 \cdots j_s \cdots j_n} (-1)^{N(j_1 j_2 \cdots j_s \cdots j_n)} a_{1j_1} a_{2j_2} \cdots a_{sj_s} \cdots a_{nj_n} +$$

$$\sum_{j_1 j_2 \cdots j_s \cdots j_n} (-1)^{N(j_1 j_2 \cdots j_s \cdots j_n)} a_{1j_1} a_{2j_2} \cdots a'_{sj_s} \cdots a_{nj_n}$$

$$= D_1 + D_2.$$

性质 2.2.4 把行列式某一行(列)的元素都乘以同一个数后,加到另一行(列)对应元素上,行列式的值不变.

证明:

$$\begin{vmatrix} a_{11} & a_{12} & \cdots & a_{1n} \\ \vdots & \vdots & & \vdots \\ a_{s1} & a_{s2} & \cdots & a_{sn} \\ \vdots & \vdots & & \vdots \\ a_{t1}+ka_{s1} & a_{t2}+ka_{s2} & \cdots & a_{tn}+ka_{sn} \\ \vdots & \vdots & & \vdots \\ a_{n1} & a_{n2} & \cdots & a_{nn} \end{vmatrix}$$

$$=\begin{vmatrix} a_{11} & a_{12} & \cdots & a_{1n} \\ \vdots & \vdots & & \vdots \\ a_{s1} & a_{s2} & \cdots & a_{sn} \\ \vdots & \vdots & & \vdots \\ a_{t1} & a_{t2} & \cdots & a_{tn} \\ \vdots & \vdots & & \vdots \\ a_{n1} & a_{n2} & \cdots & a_{nn} \end{vmatrix}+\begin{vmatrix} a_{11} & a_{12} & \cdots & a_{1n} \\ \vdots & \vdots & & \vdots \\ a_{s1} & a_{s2} & \cdots & a_{sn} \\ \vdots & \vdots & & \vdots \\ ka_{s1} & ka_{s2} & \cdots & ka_{sn} \\ \vdots & \vdots & & \vdots \\ a_{n1} & a_{n2} & \cdots & a_{nn} \end{vmatrix}$$

$$=\begin{vmatrix} a_{11} & a_{12} & \cdots & a_{1n} \\ \vdots & \vdots & & \vdots \\ a_{s1} & a_{s2} & \cdots & a_{sn} \\ \vdots & \vdots & & \vdots \\ a_{t1} & a_{t2} & \cdots & a_{tn} \\ \vdots & \vdots & & \vdots \\ a_{n1} & a_{n2} & \cdots & a_{nn} \end{vmatrix}.$$

推论 2.2.1 若行列式中有两行成正比例,则行列式等于零,即

$$\begin{vmatrix} a_{11} & a_{12} & \cdots & a_{1n} \\ \vdots & \vdots & & \vdots \\ a_{i1} & a_{i2} & \cdots & a_{in} \\ \vdots & \vdots & & \vdots \\ ka_{i1} & ka_{i2} & \cdots & ka_{in} \\ \vdots & \vdots & & \vdots \\ a_{n1} & a_{n2} & \cdots & a_{nn} \end{vmatrix} \begin{matrix} \text{(第 } i \text{ 行)} \\ \text{(第 } j \text{ 行)} \end{matrix} =0.$$

证明:由性质 2.2.2 和性质 2.2.3 可得

$$
\text{左式}=k\begin{vmatrix} a_{11} & a_{12} & \cdots & a_{1n} \\ \vdots & \vdots & & \vdots \\ a_{i1} & a_{i2} & \cdots & a_{in} \\ \vdots & \vdots & & \vdots \\ a_{i1} & a_{i2} & \cdots & a_{in} \\ \vdots & \vdots & & \vdots \\ a_{n1} & a_{n2} & \cdots & a_{nn} \end{vmatrix}=k\cdot 0=0.
$$

推论 2.2.2 设 A 是任意的 n 阶矩阵,那么对 n 阶初等矩阵 E 都有

$$\det(\boldsymbol{EA})=\det(\boldsymbol{E})\det(\boldsymbol{A})\text{及}\det(\boldsymbol{AE})=\det(\boldsymbol{A})\det(\boldsymbol{E}).$$

证明:如果 $\boldsymbol{E}=\boldsymbol{E}(i,j)$,那么 $\det \boldsymbol{E}=-1$,且

$$\det(\boldsymbol{EA})=-\det \boldsymbol{A}=(\det \boldsymbol{E})(\det \boldsymbol{A});$$

如果 $\boldsymbol{E}=\boldsymbol{E}(i(k))$,那么 $\det \boldsymbol{E}=k$,且

$$\det(\boldsymbol{EA})=k\det \boldsymbol{A}=\det(\boldsymbol{E})\det(\boldsymbol{A});$$

如果 $\boldsymbol{E}=\boldsymbol{E}(i(k))$,那么 $\det \boldsymbol{E}=1$,且

$$\det(\boldsymbol{EA})=\det(\boldsymbol{A})=\det(\boldsymbol{E})\det(\boldsymbol{A}).$$

同理可以证明 $\det(\boldsymbol{AE})=\det(\boldsymbol{A})\det(\boldsymbol{E})$.

2.3 行列式按行(列)展开性质及应用

2.3.1 行列式按行(列)展开

很显然,低阶行列式与高阶行列式相比,前者的计算难度要低于后者.为此,我们在对高阶行列式进行计算时,可以将其转化为低阶行列式.为此,有必要引入余子式和代数余子式的概念.

定义 2.3.1 在 n 阶行列式 $D=|a_{ij}|$ 中,划去元素 a_{ij} 所在的第 i 行和第 j 列后,剩下的元素按原来的位置构成的 $n-1$ 阶行列式称为元素 a_{ij} 的余子式,记作 M_{ij};称 $A_{ij}=(-1)^{i+j}M_{ij}$ 为元素 a_{ij} 的代数余子式.

定理 2.3.1 n 阶行列式 $D=|a_{ij}|$ 等于它的任意一行(列)的各元素与其对应的代数余子式乘积之和,即

$$D=a_{i1}A_{i1}+a_{i2}A_{i2}+\cdots+a_{in}A_{in}\ (i=1,2,\cdots,n), \tag{2-3-1}$$

或

$$D=a_{1j}A_{1j}+a_{2j}A_{2j}+\cdots+a_{nj}A_{nj}\ (j=1,2,\cdots,n). \tag{2-3-2}$$

定理 2.3.2 称为行列式的展开定理,式(2-3-1)称为行列式按第 i 行展开公式,式(2-3-2)称为行列式按第 j 列展开公式.

推论 2.3.1 n 阶行列式 $D=|a_{ij}|$ 中某一行(列)的各元素与另一行(列)的对应的代数余子式乘积之和等于零.

综合上述定理及其推论可得

$$a_{i1}A_{j1}+a_{i2}A_{j2}+\cdots+a_{in}A_{jn}=\begin{cases}D, i=j\\0, i\neq j\end{cases},$$

$$a_{1i}A_{1j}+a_{2i}A_{2j}+\cdots+a_{ni}A_{nj}=\begin{cases}D, i=j\\0, i\neq j\end{cases}.$$

2.3.2 行列式展开定理的应用案例分析

例 2.3.1 计算下三角形行列式

$$D=\begin{vmatrix}a_{11} & 0 & \cdots & 0\\a_{21} & a_{22} & & 0\\\vdots & \vdots & \vdots & \vdots\\a_{n1} & a_{n2} & \cdots & a_{nn}\end{vmatrix}.$$

解:根据余子式即行列式展开的相关理论得

$$\begin{aligned}D_n&=\begin{vmatrix}a_{11} & 0 & \cdots & 0\\a_{21} & a_{22} & & 0\\\vdots & \vdots & \vdots & \vdots\\a_{n1} & a_{n2} & \cdots & a_{nn}\end{vmatrix}\\&=a_{11}A_{11}+0\times A_{12}+\cdots+0\times A_{1n}\\&=a_{11}\times(-1)^{1+1}M_{11}\\&=a_{11}\begin{vmatrix}a_{22} & 0 & \cdots & 0\\a_{32} & a_{33} & \cdots & 0\\\vdots & \vdots & \vdots & \vdots\\a_{n2} & a_{n3} & \cdots & a_{nn}\end{vmatrix}\\&=a_{11}a_{22}\cdots a_{nn}.\end{aligned}$$

例 2.3.2 利用行列式的展开定理证明

$$D=\begin{vmatrix}a_{11} & a_{12} & \cdots & a_{1n}\\\vdots\\ka_{i1} & ka_{i2} & \cdots & ka_{in}\\\vdots\\a_{n1} & a_{n2} & \cdots & a_{nn}\end{vmatrix}=k\begin{vmatrix}a_{11} & a_{12} & \cdots & a_{1n}\\\vdots\\a_{i1} & a_{i2} & \cdots & a_{in}\\\vdots\\a_{n1} & a_{n2} & \cdots & a_{nn}\end{vmatrix}=kD_1.$$

其中

$$D_1=\begin{vmatrix}a_{11} & a_{12} & \cdots & a_{1n}\\\vdots\\a_{i1} & a_{i2} & \cdots & a_{in}\\\vdots\\a_{n1} & a_{n2} & \cdots & a_{nn}\end{vmatrix}.$$

证明：当 $n=1, i=1$ 时，有

$$D=|ka|=ka=k|a|,$$

若令 $D_1=|a|$ 则

$$D=kD_1.$$

假设对于所有的 $n-1$ 阶行列式，性质均成立，接下来分析 n 行列式能否满足性质，如果将行列式 D_1 的第一行的各元素都乘以 k，那么，行列式 D 的第一行元素的余子式和行列式 D_1 的第一行元素的余子式相等，则有

$$\begin{vmatrix} ka_{11} & ka_{12} & \cdots & ka_{1n} \\ a_{21} & a_{22} & \cdots & a_{2n} \vdots \\ a_{n1} & a_{n2} & \cdots & a_{nn} \end{vmatrix} = \sum_{j=1}^{n} ka_{1j}(-1)^{1+j}M_{1j}$$

$$= k = \sum_{j=1}^{n} a_{1j}(-1)^{1+j}M_{1j} = kD_1;$$

当 $2\leqslant i\leqslant n$ 时，有

$$D=\begin{vmatrix} a_{11} & a_{12} & \cdots & a_{1n} \vdots \\ ka_{i1} & ka_{i2} & \cdots & ka_{in} \vdots \\ a_{n1} & a_{n2} & \cdots & a_{nn} \end{vmatrix} = \sum_{j=1}^{n} a_{1j}(-1)^{1+j}D_{1j} = \sum_{j=1}^{n} a_{1j}(-1)^{1+j}kM_{1j}$$

$$= k\sum_{j=1}^{n} a_{1j}(-1)^{1+j}M_{1j} = kD.$$

例 2.3.3 证明范德蒙行列式

$$D_n=\begin{vmatrix} 1 & 1 & \cdots & 1 \\ x_1 & x_2 & \cdots & x_n \\ x_1^2 & x_2^2 & \cdots & x_n^2 \\ \vdots & \vdots & & \vdots \\ x_1^{n-1} & x_2^{n-1} & \cdots & x_n^{n-1} \end{vmatrix} = \prod_{1\leqslant j<i\leqslant n}(x_i-x_j).$$

证明：(用数学归纳法证明)当 $n=2$ 时，

$$D_2=\begin{vmatrix} 1 & 1 \\ x_1 & x_2 \end{vmatrix} = x_2-x_1 = \prod_{1\leqslant j<i\leqslant n}(x_i-x_j).$$

现在假设，题设结论对于 $n-1$ 阶范德蒙行列式成立，则

$$D_n=\begin{vmatrix} 1 & 1 & \cdots & 1 \\ x_1 & x_2 & \cdots & x_n \\ x_1^2 & x_2^2 & \cdots & x_n^2 \\ \vdots & \vdots & & \vdots \\ x_1^{n-1} & x_2^{n-1} & \cdots & x_n^{n-1} \end{vmatrix}$$

$$\xlongequal[\substack{\cdots\cdots \\ r_2-x_1r_1}]{\substack{r_n-x_1r_{n-1} \\ r_{n-1}-x_1r_{n-2}}}\begin{vmatrix} 1 & 1 & \cdots & 1 \\ 0 & x_2-x_1 & \cdots & x_n-x_1 \\ 0 & x_2(x_2-x_1) & \cdots & x_n(x_n-x_1) \\ \vdots & \vdots & & \vdots \\ 0 & x_2^{n-2}(x_2-x_1) & \cdots & x_n^{n-2}(x_n-x_1) \end{vmatrix}$$

将行列式按第一列展开有

$$D_n=\begin{vmatrix} x_2-x_1 & x_3-x_1 & \cdots & x_n-x_1 \\ x_2(x_2-x_1) & x_3(x_3-x_1) & \cdots & x_n(x_n-x_1) \\ \vdots & \vdots & & \vdots \\ x_2^{n-2}(x_2-x_1) & x_3^{n-2}(x_3-x_1) & \cdots & x_n^{n-2}(x_n-x_1) \end{vmatrix},$$

根据行列式的性质进行变形有

$$D_n=(x_2-x_1)(x_3-x_1)\cdots(x_n-x_1)\begin{vmatrix} 1 & 1 & \cdots & 1 \\ x_2 & x_3 & \cdots & x_n \\ x_2^2 & x_3^2 & \cdots & x_n^2 \\ \vdots & \vdots & & \vdots \\ x_2^{n-2} & x_3^{n-2} & \cdots & x_n^{n-2} \end{vmatrix},$$

式中的行列式是 $n-1$ 阶范德蒙行列式，由于我们已经假设题设结论对于 $n-1$ 阶范德蒙行列式成立，所以，由数学归纳法可得

$$\begin{vmatrix} 1 & 1 & \cdots & 1 \\ x_2 & x_3 & \cdots & x_n \\ x_2^2 & x_3^2 & \cdots & x_n^2 \\ \vdots & \vdots & & \vdots \\ x_2^{n-2} & x_3^{n-2} & \cdots & x_n^{n-2} \end{vmatrix}=\prod_{2\leqslant j<i\leqslant n}(x_i-x_j),$$

所以

$$\begin{aligned} D_n &= (x_2-x_1)(x_3-x_1)\cdots(x_n-x_1)\prod_{2\leqslant j<i\leqslant n}(x_i-x_j) \\ &= \prod_{1\leqslant j<i\leqslant n}(x_i-x_j). \end{aligned}$$

2.4 拉普拉斯定理

在 $|\boldsymbol{A}|$ 中取定某 k 行和某 k 列，设这 k 行的行号为 $p_1<p_2<\cdots<p_k$，这 k 列的列号为 $q_1<q_2<\cdots<q_k$. 则由这 k 行和这 k 列的交点上的元素按原次序构成的 k 阶行列式就称为 $|\boldsymbol{A}|$ 的一个 k 阶子式，记作 $M\begin{bmatrix} p_1 & p_2 & \cdots & p_k \\ q_1 & q_2 & \cdots & q_k \end{bmatrix}$.

因而有

$$M\begin{bmatrix} p_1 & p_2 & \cdots & p_k \\ q_1 & q_2 & \cdots & q_k \end{bmatrix}=\begin{vmatrix} a_{p_1q_1} & a_{p_2q_1} & \cdots & a_{p_1q_k} \\ a_{p_2q_1} & a_{p_2q_2} & \cdots & a_{p_2q_k} \\ \vdots & \vdots & & \vdots \\ a_{p_kq_1} & a_{p_kq_2} & \cdots & a_{p_kq_k} \end{vmatrix}.$$

设 $\overline{M}\begin{bmatrix} p_1 & p_2 & \cdots & p_k \\ q_1 & q_2 & \cdots & q_k \end{bmatrix}$表示在$|\boldsymbol{A}|$中划去这取定的 k 行和 k 列后剩下的元素按原次序组成的 $n-k$ 阶行列式，称为 $M\begin{bmatrix} p_1 & p_2 & \cdots & p_k \\ q_1 & q_2 & \cdots & q_k \end{bmatrix}$的余子式.令

$$A\begin{bmatrix} p_1 & p_2 & \cdots & p_k \\ q_1 & q_2 & \cdots & q_k \end{bmatrix}=(-1)^{\sum\limits_{s=1}^{k}(p_s+q_s)}\overline{M}\begin{bmatrix} p_1 & p_2 & \cdots & p_k \\ q_1 & q_2 & \cdots & q_k \end{bmatrix},$$

称它为 $M\begin{bmatrix} p_1 & p_2 & \cdots & p_k \\ q_1 & q_2 & \cdots & q_k \end{bmatrix}$的代数余子式.

定理 2.4.1(拉普拉斯定理) 设 $A=(a_{ij})_{n\times n}$，取定 k 行的行号为 $p_1<p_2<\cdots<p_k$，则有

$$|\boldsymbol{A}|=\sum_{(q_1,q_2,\cdots,q_k)}M\begin{bmatrix} p_1 & p_2 & \cdots & p_k \\ q_1 & q_2 & \cdots & q_k \end{bmatrix}A\begin{bmatrix} p_1 & p_2 & \cdots & p_k \\ q_1 & q_2 & \cdots & q_k \end{bmatrix} \tag{2-4-1}$$

其中，$\sum\limits_{(q_1,q_2,\cdots,q_k)}$ 是对所有在$[1,n]=\{1,2,\cdots,n\}$中取 k 个数的组合求和.

证明:只要证明式(2-4-1)中的每一项都是$|\boldsymbol{A}|$中的一项，且共有 $n!$ 项.

从 $M\begin{bmatrix} p_1 & p_2 & \cdots & p_k \\ q_1 & q_2 & \cdots & q_k \end{bmatrix}$中任取一项，应为

$$(-1)^{\tau(j_1,j_2,\cdots,j_k)}a_{p_1j_1}\cdots a_{p_kj_k},$$

其中，$j_1,j_2,\cdots,j_k$ 为 $q_1,q_2,\cdots,q_k$ 的一个排列.

从 $A\begin{bmatrix} p_1 & p_2 & \cdots & p_k \\ q_1 & q_2 & \cdots & q_k \end{bmatrix}$中任取一项，应为

$$(-1)^{\sum\limits_{s=1}^{k}(p_s+q_s)}(-1)^{\tau(j_{k+1},j_{k+2},\cdots,j_{nk})}a_{i_{k+1}j_{k+1}}\cdots a_{i_nj_n},$$

其中，$i_{k+1},i_{k+2},\cdots,i_n$ 为$[1,n]-(p_1,p_2,\cdots,p_k)$的一个顺序排列 $j_{k+1},j_{k+2},\cdots,j_n$ 为$[1,n]-(q_1,q_2,\cdots,q_k)$的一个任意排列.因此，式(2-4-1)中的每一项有以下形式

$$(-1)^{\sum\limits_{s=1}^{k}(p_s+q_s)}(-1)^{\tau(j_1,j_2,\cdots,j_k)}(-1)^{\tau(j_{k+1},j_{k+2},\cdots,j_{nk})}a_{p_1q_1}\cdots a_{i_kj_k}a_{i_{k+1}j_{k+1}}\cdots a_{i_nj_n},$$

其后面的乘积是 n 个取自不同行不同列的元素，经过重新排列后可变为

$$a_{1t_1}a_{2t_2}\cdots a_{nt_n},$$

这样式(2-4-1)中的每一项都是 $|\boldsymbol{A}|$ 中的一项.

k 阶子式展开后有 $\begin{bmatrix}n\\k\end{bmatrix}=\frac{n(n-1)\cdots(n-k+1)}{k!}$ 种取法，每一个 k 阶子式展开后有 $k!$ 项. k 阶余子式展开后有 $(n-k)!$ 项. 因此共有 $\frac{n(n-1)\cdots(n-k+1)}{k!}k!(n-k)!=n!$ 项.

通过上述分析过程，不难得出结论，即定理 2.4.1 成立.

拉普拉斯定理在一些计算方面并没有表现出很明显的优势，但当需要对一些问题进行证明时它将发挥重要作用. 例如，如用拉普拉斯定理证明分块三角形行列式的计算公式时能够大大降低难度：设 $\boldsymbol{A}$ 为 n 阶方阵，$\boldsymbol{D}$ 为 m 阶方阵，则

$$\begin{vmatrix}\boldsymbol{A}&\boldsymbol{0}\\\boldsymbol{C}&\boldsymbol{D}\end{vmatrix}=|\boldsymbol{A}|\,|\boldsymbol{D}|,\begin{vmatrix}\boldsymbol{0}&\boldsymbol{A}\\\boldsymbol{D}&\boldsymbol{C}\end{vmatrix}=(-1)^{nm}|\boldsymbol{A}|\,|\boldsymbol{D}|.$$

2.5　行列式方程的求解

关于行列式的计算，可根据其自身的特点选择不同的方法，下面介绍几种计算行列式的常用方法(图 2-5-1).

(1) 利用行列式的定义计算法.当行列式中非零元素较少时，可用行列式的定义计算.

(2) 降阶法（行列式的展开定理).若行列式中零元素较多，可用行列式的展开定理计算.

(3) 利用行列式的性质化为上（下）三角形行列式计算法.若行列式中各行（列）元素之和相等，把所有行（或列）加到第一行（或第一列)，提取公因子后再化简计算.

(4) 递推公式法.利用行列式的展开定理得到递推关系，进而求出所给的行列式.

(5) 数学归纳法.

图 2-5-1

例 2.5.1 计算 $D=\begin{vmatrix} -2 & -1 & 1 & 0 \\ 3 & 1 & -1 & -1 \\ 1 & 2 & -1 & 1 \\ 4 & 1 & 3 & -1 \end{vmatrix}$.

解:

$$D \xrightarrow{c_1 \leftrightarrow c_2} -\begin{vmatrix} -1 & -2 & 1 & 0 \\ 1 & 3 & -1 & -1 \\ 2 & 1 & -1 & 1 \\ 1 & 4 & 3 & -1 \end{vmatrix} \xrightarrow[\substack{r_2+r_1 \\ r_3+2r_1}]{r_4+r_1} -\begin{vmatrix} -1 & -2 & 1 & 0 \\ 0 & 1 & 0 & -1 \\ 0 & -3 & 1 & 1 \\ 0 & 2 & 4 & -1 \end{vmatrix}$$

$$\xrightarrow[r_3+3r_2]{r_4-2r_2} -\begin{vmatrix} -1 & -2 & 1 & 0 \\ 0 & 1 & 0 & -1 \\ 0 & 0 & 1 & -2 \\ 0 & 0 & 4 & 1 \end{vmatrix} \xrightarrow{r_4-4r_3} -\begin{vmatrix} -1 & -2 & 1 & 0 \\ 0 & 1 & 0 & -1 \\ 0 & 0 & 1 & -2 \\ 0 & 0 & 0 & 9 \end{vmatrix}$$

$=9$.

例 2.5.2 计算

$$D=\begin{vmatrix} 1 & 2 & 3 & 4 \\ 2 & 3 & 4 & 1 \\ 3 & 4 & 1 & 2 \\ 4 & 1 & 2 & 3 \end{vmatrix}.$$

解:这个行列式的元关于主对角线对称,通常称为对称行列式,由于其是各行(列)4 个数之和都是 10,把第 2、3、4 列同时加到第 1 列提出公因式,然后把其化为上三角形行列式计算.

$$D \xrightarrow{c_1+c_2+c_3+c_4} \begin{vmatrix} 10 & 2 & 3 & 4 \\ 10 & 3 & 4 & 1 \\ 10 & 4 & 1 & 2 \\ 10 & 1 & 2 & 3 \end{vmatrix} \xrightarrow{c_1 \div 10} 10\begin{vmatrix} 1 & 2 & 3 & 4 \\ 1 & 3 & 4 & 1 \\ 1 & 4 & 1 & 2 \\ 1 & 1 & 2 & 3 \end{vmatrix}$$

$$\xrightarrow[\substack{r_2-r_1 \\ r_3-r_1}]{r_4-r_1} 10\begin{vmatrix} 1 & 2 & 3 & 4 \\ 0 & 1 & 1 & -3 \\ 0 & 2 & -2 & -2 \\ 0 & -1 & -1 & -1 \end{vmatrix} \xrightarrow{r_3 \div 2} 20\begin{vmatrix} 1 & 2 & 3 & 4 \\ 0 & 1 & 1 & -3 \\ 0 & 1 & -1 & -1 \\ 0 & -1 & -1 & -1 \end{vmatrix}$$

$$\xrightarrow[r_3-r_2]{r_4+r_2} \begin{vmatrix} 1 & 2 & 3 & 4 \\ 0 & 1 & 1 & -3 \\ 0 & 0 & -2 & -2 \\ 0 & 0 & 0 & -4 \end{vmatrix} = 160.$$

例 2.5.3 计算

$$D=\begin{vmatrix}3&1&1&1\\1&3&1&1\\1&1&3&1\\1&1&1&3\end{vmatrix}.$$

解:该行列式的特点是各行 4 个数之和都是 6,因此把第 2、3、4 列同时加到第 1 列,提出公因子 6,再用各列减去第 1 列

$$D\xrightarrow[\substack{c_1+c_2\\c_1+c_3}]{c_1+c_4}\begin{vmatrix}6&1&1&1\\6&3&1&1\\6&1&3&1\\6&1&1&3\end{vmatrix}\xrightarrow{c_1\div 6}\begin{vmatrix}1&1&1&1\\1&3&1&1\\1&1&3&1\\1&1&1&3\end{vmatrix}$$

$$\xrightarrow[\substack{r_2-r_1\\r_3-r_1}]{r_4-r_1}6\begin{vmatrix}1&1&1&1\\0&2&0&0\\0&0&2&0\\0&0&0&2\end{vmatrix}=8.$$

以上几个例子都用到了把几个运算写在一起的省略写法,要注意各运算的次序一般是不能颠倒的,其原因在于后一次的运算是以前一次运算为基础而得来的.因此,得到的结果极有可能会因为运算次序不同而不同,忽略前一次运算作为基础就会出错.另外,不能套用加法交换律,即 r_i+kr_j 也不能写成 r_j+kr_i.

例 2.5.4 已知行列式 $D=\begin{vmatrix}x&y&z\\3&0&2\\1&1&1\end{vmatrix}=1$,根据行列式的性质求下列行列式:

$$(1)D_2=\begin{vmatrix}x+1&y+1&z+1\\3&0&2\\4&1&3\end{vmatrix};(2)D_1=\begin{vmatrix}x&y&z\\3x+3&3y&3z+2\\x+2&y+2&z+2\end{vmatrix}.$$

解:(1)第 1 行的每一个元素均为两个数之和,故有

$$D_2=\begin{vmatrix}x&y&z\\3&0&2\\4&1&3\end{vmatrix}+\begin{vmatrix}1&1&1\\3&0&2\\4&1&3\end{vmatrix}.$$

在第一个行列式中,用第 3 行减去第 2 行就是 D,而对于第二个行列式,将第 1 行加到第 2 行,则与第 3 行完全相同,行列式值为零,于是有

$$D_2=\begin{vmatrix}x&y&z\\3&0&2\\4&1&3\end{vmatrix}\xrightarrow{r_3-r_2}\begin{vmatrix}x&y&z\\3&0&2\\1&1&1\end{vmatrix}=D=1.$$

(2)

$$D_1 \xrightarrow[r_2-3r_1]{r_3-r_1} \begin{vmatrix} x & y & z \\ 3 & 0 & 2 \\ 2 & 2 & 2 \end{vmatrix},$$

将第 3 行提出公因子 2,得

$$D_1 = 2\begin{vmatrix} x & y & z \\ 3 & 0 & 2 \\ 1 & 1 & 1 \end{vmatrix} = 2.$$

例 2.5.5 计算行列式

$$D=\begin{vmatrix} a & b & c & d \\ a & a+b & a+b+c & a+b+c+d \\ a & 2a+b & 3a+2b+c & 4a+3b+2c+d \\ a & 3a+b & 6a+3b+c & 10a+6b+3c+d \end{vmatrix}.$$

解:从第 4 行起,由下而上依次用下一行减去上一行得

$$D \xrightarrow[\substack{r_4-r_3 \\ r_3-r_2}]{r_2-r_1} \begin{vmatrix} a & b & c & d \\ 0 & a & a+b & a+b+c \\ 0 & a & 2a+b & 4a+3b+2c \\ 0 & a & 3a+b & 10a+6b+3c \end{vmatrix} \xrightarrow[r_4-r_3]{r_3-r_2} \begin{vmatrix} a & b & c & d \\ 0 & a & a+b & a+b+c \\ 0 & 0 & a & 2a+b \\ 0 & 0 & 0 & a \end{vmatrix}$$

$$\xrightarrow{r_4-r_3} \begin{vmatrix} a & b & c & d \\ 0 & a & a+b & a+b+c \\ 0 & 0 & a & 2a+b \\ 0 & 0 & a & 3a+b \end{vmatrix} = a^4.$$

例 2.5.6 设

$$D=\begin{vmatrix} a_{11} & \cdots & a_{1k} & & & \\ \vdots & & \vdots & & 0 & \\ a_{k1} & \cdots & a_{kk} & & & \\ c_{11} & \cdots & c_{1k} & b_{11} & \cdots & b_{1n} \\ \vdots & & \vdots & \vdots & & \vdots \\ c_{n1} & \cdots & c_{nk} & b_{n1} & \cdots & b_{nn} \end{vmatrix},$$

$$D_1 = |a_{ij}|_k = \begin{vmatrix} a_{11} & \cdots & a_{1k} \\ \vdots & & \vdots \\ a_{k1} & \cdots & a_{kk} \end{vmatrix}, D_2 = |b_{ij}|_n = \begin{vmatrix} b_{11} & \cdots & b_{1n} \\ \vdots & & \vdots \\ b_{n1} & \cdots & b_{nn} \end{vmatrix},$$

证明 $D=D_1D_2$.

证明:利用运算 r_i+kr_j,把 D_1 化为下三角形行列式

$$D_1=\begin{vmatrix} p_{11} & & 0 \\ \vdots & \ddots & \\ p_{k1} & \cdots & p_{kk} \end{vmatrix}=p_{11}p_{22}\cdots p_{kk}\text{；}$$

利用运算 c_i+kc_j，把 D_2 化为下三角形行列式

$$D_2=\begin{vmatrix} q_{11} & & 0 \\ \vdots & \ddots & \\ q_{n1} & \cdots & q_{nn} \end{vmatrix}=q_{11}q_{22}\cdots q_{nn}\text{；}$$

因此，对 D 的前 k 行做运算 r_i+kr_j，再对后 n 列做运算 c_i+kc_j，把 D 化为下三角形行列式

$$D=\begin{vmatrix} p_{11} & & & & & \\ \vdots & \ddots & & & 0 & \\ p_{k1} & \cdots & p_{kk} & & & \\ c_{11} & \cdots & c_{1k} & q_{11} & & \\ \vdots & & \vdots & \vdots & \ddots & \\ c_{n1} & \cdots & c_{nk} & q_{n1} & \cdots & q_{nn} \end{vmatrix}=p_{11}p_{22}\cdots p_{kk}q_{11}q_{22}\cdots q_{nn},$$

故 $D=D_1D_2$.

利用上题结果，还有结论为：若 $\boldsymbol{A},\boldsymbol{B}$ 是 n 阶方阵，则 $|\boldsymbol{AB}|=|\boldsymbol{A}||\boldsymbol{B}|$.

证明：设 $\boldsymbol{A},\boldsymbol{B}$ 是 n 阶方阵，且 $\boldsymbol{A}=(a_{ij})$，$\boldsymbol{B}=(b_{ij})$，$\boldsymbol{C}=\boldsymbol{AB}=(c_{ij})$. 构造一个 $2n$ 阶行列式

$$D=\begin{vmatrix} a_{11} & \cdots & a_{1n} & & & \\ \vdots & & \vdots & & 0 & \\ a_{nk} & \cdots & a_{nn} & & & \\ -1 & \cdots & 0 & b_{11} & \cdots & b_{1n} \\ \vdots & & \vdots & \vdots & & \vdots \\ 0 & \cdots & -1 & b_{n1} & \cdots & b_{nn} \end{vmatrix}=\begin{vmatrix} \boldsymbol{A} & 0 \\ -\boldsymbol{E} & \boldsymbol{B} \end{vmatrix},$$

利用左下角的 n 个 (-1)，通过行列式的列变换 c_i+kc_j，将右下角的 b_{ij} 全消成 0，这时右上角恰为 $\boldsymbol{C}$ 的元，而这样的列变换不改变行列式的值，从而

$$\begin{vmatrix} \boldsymbol{A} & 0 \\ -\boldsymbol{E} & \boldsymbol{B} \end{vmatrix}=\begin{vmatrix} \boldsymbol{A} & \boldsymbol{C} \\ -\boldsymbol{E} & 0 \end{vmatrix}.$$

由于 $\begin{vmatrix} \boldsymbol{A} & 0 \\ -\boldsymbol{E} & \boldsymbol{B} \end{vmatrix}=|\boldsymbol{A}||\boldsymbol{B}|$，且 $\begin{vmatrix} \boldsymbol{A} & \boldsymbol{C} \\ -\boldsymbol{E} & 0 \end{vmatrix}=(-1)^{n(n-1)}|\boldsymbol{C}|=|\boldsymbol{C}|$，因而有

$$|\boldsymbol{A}||\boldsymbol{B}|=|\boldsymbol{C}|=|\boldsymbol{AB}|,$$

即 $|\boldsymbol{AB}|=|\boldsymbol{A}||\boldsymbol{B}|$.

利用数学归纳法，此性质可推广到有限个方阵的乘积，即 $|\boldsymbol{A}_1\boldsymbol{A}_2\cdots\boldsymbol{A}_s|=$

$|A_1||A_2|\cdots|A_s|$，其中 $A_1,A_2,\cdots,A_s$ 均为方阵.

行列式的计算方法很多，但具体到一个题用什么方法去求解往往不是一件容易的事，有时要综合运用各种方法才能得到答案. 需要掌握行列式的特征，根据特征去寻找合适的方法.

2.6 克拉默法则

定理 2.6.1（克拉默法则） 如果线性方程组

$$\begin{cases} a_{11}x_1+a_{12}x_2+\cdots+a_{1n}x_n=b_1, \\ a_{21}x_1+a_{22}x_2+\cdots+a_{2n}x_n=b_2, \\ \cdots, \\ a_{n1}x_1+a_{n2}x_2+\cdots+a_{nn}x_n=b_n \end{cases} \tag{2-6-1}$$

的系数行列式 $D=\begin{vmatrix} a_{11} & a_{12} & \cdots & a_{1n} \\ a_{21} & a_{22} & \cdots & a_{2n} \\ \vdots & \vdots & & \vdots \\ a_{n1} & a_{n2} & \cdots & a_{nn} \end{vmatrix}\neq 0$

那么线性方程组(2-6-1)有唯一解：

$$x_1=\frac{D_1}{D},x_2=\frac{D_2}{D},\cdots,x_n=\frac{D_n}{D}. \tag{2-6-2}$$

其中，$D_i=\begin{vmatrix} a_{11} & \cdots & a_{1,i-1} & b_1 & a_{1,i+1} & \cdots & a_{1n} \\ a_{21} & \cdots & a_{2,i-1} & b_2 & a_{2,i+2} & \cdots & a_{2n} \\ \vdots & & \vdots & \vdots & \vdots & & ? \\ a_{n1} & \cdots & a_{n,i-1} & b_n & a_{n,i+1} & \cdots & a_{nn} \end{vmatrix}(i=1,2,\cdots,n)$，即 D_i 是把 D 中的第 i 列元素换成方程组(2-6-1)的常数项而得到的行列式.

通过该定理能够得到 3 个重要结论：

第一，方程组有解；

第二，解是唯一的；

第三，解由式(2-6-2)给出.

3 个结论并非是独立的，它们之间存在一定的关系，证明过程分为两步：

证明：第一步：证明式(2-6-2)是方程组(2-6-1)的解. 先将方程组(2-6-1)简写为

$$\sum_{j=1}^{n} a_{ij}x_j = b_i(i=1,2,\cdots,n), \tag{2-6-3}$$

把式(2-6-2)代入式(2-6-3)第 i 个方程的左端，并把 D_j 按照第 j 列展开，

得到

$$\begin{aligned}\sum_{j=1}^{n} a_{ij}x_j &= \sum_{j=1}^{n} a_{ij}\frac{D_j}{D} = \frac{1}{D}\sum_{j=1}^{n} a_{ij}D_j = \frac{1}{D}\sum_{s=1}^{n} b_s A_{sj} \\ &= \frac{1}{D}\sum_{j=1}^{n}\sum_{s=1}^{n} a_{ij}A_{sj}b_s = \frac{1}{D}\sum_{s=1}^{n}\sum_{j=1}^{n} a_{ij}A_{sj}b_s \\ &= \frac{1}{D}\sum_{s=1}^{n}\left(\sum_{j=1}^{n} a_{ij}A_{sj}\right)b_s = \frac{1}{D}\cdot Db_i = b_i.\end{aligned}$$

此时的值等于式(2-6-3)的右端,说明式(2-6-2)是方程组(2-6-1)的解.

第二步:证明解的唯一性.设$(c_1,c_2,\cdots,c_n)$是方程组的解.只需要证明这个解可以表示成式(2-6-2)的形式,即只要证明 $c_j=\dfrac{D_j}{D}(j=1,2,\cdots,n)$ 即可.

由于$(c_1,c_2,\cdots,c_n)$是方程组(2-6-1)的解,因此它满足方程组,将其代入后得到

$$\begin{cases} a_{11}c_1+a_{12}c_2+\cdots+a_{1n}c_n=b_1 \\ a_{21}c_1+a_{22}c_2+\cdots+a_{2n}c_n=b_2 \\ \cdots \\ a_{n1}c_1+a_{n2}c_2+\cdots+a_{nn}c_n=b_n \end{cases}, \tag{2-6-4}$$

现在构造行列式

$$c_1D=\begin{vmatrix} a_{11}c_1 & a_{12} & \cdots & a_{1n} \\ a_{21}c_1 & a_{22} & \cdots & a_{2n} \\ \vdots & \vdots & & \vdots \\ a_{n1}c_1 & a_{n2} & \cdots & a_{nn} \end{vmatrix},$$

将行列式的第 2,3,…,n 列分别乘以 $c_2,c_3,\cdots,c_n$ 后都加到第 1 列,得到

$$c_1D=\begin{vmatrix} a_{11}c_1+a_{12}c_2+\cdots+a_{1n}c_n & a_{12} & \cdots & a1n \\ a_{21}c_1+a_{22}c_2+\cdots+a_{2n}c_n & a_{22} & \cdots & a2n \\ \vdots & \vdots & & \vdots \\ a_{n1}c_1+a_{n2}c_2+\cdots+a_{nn}c_n & a_{n2} & \cdots & ann \end{vmatrix}.$$

由式(2-6-4)得到

$$c_1D=\begin{vmatrix} b_1 & a_{12} & \cdots & a_{1n} \\ b_2 & a_{22} & \cdots & a_{2n} \\ \vdots & \vdots & & \vdots \\ b_n & a_{n2} & \cdots & a_{nn} \end{vmatrix}=D_1.$$

又因 $D\neq0$,所以 $c_1=\dfrac{D_1}{D}$.同理可以证明 $c_2=\dfrac{D_2}{D},c_3=\dfrac{D_3}{D},\cdots,c_n=\dfrac{D_n}{D}$.这样

又可以证明$(c_1,c_2,\cdots,c_n)$就是方程组(2-6-1)的解是唯一的.

类似于方程组(2-6-1)形式的问题,都可以用克拉默法则进行求解.但该方法的使用有一定的限制,如只能在方程组中方程的个数等于未知量的个数,并且系数行列式不等于零时才可以使用;并且,克拉默法则给出的公式解,并不适合 n 过大的情况,因为行列式个数和阶数的增大会导致自然计算量的急剧增大.

线性方程组分齐次线性方程组和非齐次线性方程组,前者常数项全为零,而后者常数项不为零.齐次线性方程组一定有解,可以是 $x_1=0,x_2=0,\cdots,x_n=0$,即零解,也可以有 $x_1=c_1,x_2=c_2,\cdots,x_n=c_n$ 且 $c_1,c_2,\cdots,c_n$ 不全为零,即非零解.

定理 2.6.2 如果齐次线性方程组

$$\begin{cases}a_{11}x_1+a_{12}x_2+\cdots+a_{1n}x_n=0\\a_{21}x_1+a_{22}x_2+\cdots+a_{2n}\end{cases},$$

的系数行列式 $D\neq0$,那么它只有零解.也就是说,如果方程组有非零解,则必有系数行列式 $D=0$.

定理 2.6.3 齐次方程组 $Ax=0$ 没有零解的充分必要条件是其系数行列式 $D\neq0$;等价地,齐次线性方成组 $Ax=0$ 有非零解充分必要条件是其系数行列式 $D=0$.

证明:如果 $D\neq0$,则由克拉默法则可知存在唯一解为

$$x_j=\frac{D_j}{D}\quad(j=1,2,\cdots,n).$$

而对于方程组 $Ax=0$,$D_j=0(j=1,2,\cdots,n)$,故 $x_j=0(j=1,2,\cdots,n)$.

例 2.6.1 求过 $A(1,1)$、$B(1,4)$和 $C(5,1)$三点的圆的方程.

解:设所求圆方程为

$$x^2+y^2+ax+by+c=0,$$

因为 A、B、C 三点在圆上,所以三点的坐标满足所设方程.将坐标代入并整理,得到非齐次线性方程组为

$$\begin{cases}a+b+c=-2\\a+4b+c=-17.\\5a+b+c=-26\end{cases}$$

因为

$$D=\begin{vmatrix}1&1&1\\1&4&1\\5&1&1\end{vmatrix}=-12,D_1=\begin{vmatrix}-2&1&1\\-17&4&1\\-26&1&1\end{vmatrix}=72,$$

$$D_2=\begin{vmatrix}1&-2&1\\1&-17&1\\5&-26&1\end{vmatrix}=60,D_3=\begin{vmatrix}1&1&-2\\1&4&-17\\5&1&-26\end{vmatrix}=-108,$$

所以

$$a=\frac{72}{-12}=-6,b=\frac{60}{-12}=-5,c=\frac{-108}{-12}=9,$$

圆的方程为

$$x^2+y^2-6x-5y+9=0,$$

即

$$(x-3)^2+\left(y-\frac{5}{2}\right)^2=\left(\frac{5}{2}\right)^2.$$

例 2.6.2 试问数 λ、μ 取何值时，齐次线性方程组

$$\begin{cases}\lambda x_1+x_2+x_3=0\\x_1+\mu x_2+x_3=0\\x_1+2\mu x_2+x_3=0\end{cases}$$

有非零解？

解:因为

$$D=\begin{vmatrix}\lambda&1&1\\1&\mu&1\\1&2\mu&1\end{vmatrix}=\begin{vmatrix}\lambda-1&1&1\\0&\mu&1\\0&2\mu&1\end{vmatrix}=-\mu(\lambda-1),$$

要使方程组有非零解，需 $D=0$，所 $\mu=0$ 或 $\lambda=1$ 时方程组有非零解.

2.7 行列式的一些应用实例分析

行列式作为高等代数中的一个重要内容，不仅可以用来求方程组的解，判别矩阵的可逆性，还可以用来进行因式分解、证明等式及不等式以及求通过定点的曲线方程与曲面方程等.

2.7.1 用行列式分解因式

利用行列式分解因式的关键是把所给的多项式写成行列式的形式，并注意行列式的排列规则.下面列举几个例子来说明.

例 2.7.1 分解因式：$(cd-ab)^2-4bc(a-c)(b-d)$.

解:原式$=\begin{vmatrix}cd-ab&2(ab-bc)\\2(bc-cd)&cd-ab\end{vmatrix}$

$$=\begin{vmatrix} cd-ab & ab+cd-2bc \\ 2(bc-cd) & -(ab+cd-2bc) \end{vmatrix}$$

$$=(ab+cd-2bc)\begin{vmatrix} cd-ab & 1 \\ 2(bc-cd) & -1 \end{vmatrix}$$

$$=(ab+cd-2bc)^2.$$

例 2.7.2　分解因式：$ab^2c^3+bc^2a^3+ca^2b^3-cb^2a^3-ba^2c^3-ac^2b^3$.

解：原式 $=abc\,|(bc^2-b^2c)+(a^2c-ac^2)+(ab^2-a^2b)|$

$$=abc\,|bc(c-b)+ab(a-c)+ab(b-a)|$$

$$=abc\left|bc\begin{vmatrix} c & 1 \\ b & 1 \end{vmatrix}+ac\begin{vmatrix} a & 1 \\ c & 1 \end{vmatrix}-ab\begin{vmatrix} a & 1 \\ b & 1 \end{vmatrix}\right|$$

$$=abc\begin{vmatrix} bc & a & 1 \\ ab & c & 1 \\ ac & b & 1 \end{vmatrix}=abc\begin{vmatrix} bc & a & 1 \\ ab-bc & c-a & 0 \\ ac-bc & b-a & 0 \end{vmatrix}$$

$$=abc\,|(ab-bc)(b-a)-(ac-bc)(c-a)|$$

$$=abc\,|b(a-c)(b-a)-c(a-b)(c-a)|$$

$$=abc(a-b)(c-a)(b-c).$$

2.7.2　证明等式和不等式

例 2.7.3　已知 $ax+by=1, bx+cy=1, cx+ay=1$，证明：$ab+bc+ca=a^2+b^2+c^2$.

证明：令 $D=ab+bc+ca-(a^2+b^2+c^2)$，则

$$D=\begin{vmatrix} a & b & -1 \\ c & a & -1 \\ b & c & -1 \end{vmatrix}\xlongequal[c_3+c_1x+c_2y]{}\begin{vmatrix} a & b & ax+by-1 \\ c & a & cx+ay-1 \\ b & c & bx+cy-1 \end{vmatrix}=\begin{vmatrix} a & b & 0 \\ c & a & 0 \\ b & c & 0 \end{vmatrix}=0.$$

于是

$$ab+bc+ca=a^2+b^2.$$

例 2.7.4　已知 $a\geqslant b\geqslant c\geqslant 0$，证明：$b^3a+c^3b+a^3c\leqslant a^3b+b^3c+c^3a$.

证明：令 $D=a^3b+b^3c+c^3a-(b^3a+c^3b+a^3c)$，则

$$D=\begin{vmatrix} ab & bc & ca \\ c^2 & b^2 & a^2 \\ 1 & 1 & 1 \end{vmatrix}\xlongequal[\substack{c_2-c_1 \\ c_3-c_1}]{}\begin{vmatrix} ab & bc-ab & ca-ab \\ c^2 & a^2-c^2 & b^2-c^2 \\ 1 & 0 & 0 \end{vmatrix}=\begin{vmatrix} bc-ab & ca-ab \\ a^2-c^2 & b^2-c^2 \end{vmatrix}$$

$=b(c-a)(b+c)(b-c)-a(c-b)(a+c)(a-c)=(b-c)(a-c)$
$(a+b+c)(a-c)$.

而 $a\geqslant b\geqslant c\geqslant 0$，则 $D\geqslant 0$，于是

$$b^3a+c^3b+a^3c\leqslant a^3b+b^3c+c^3a.$$

2.7.3 平行四边形的面积

设有二阶行列式

$$D=\begin{vmatrix} a & b \\ c & d \end{vmatrix},$$

令向量组

$$\boldsymbol{\alpha}=\begin{bmatrix} a \\ c \end{bmatrix},\boldsymbol{\beta}=\begin{bmatrix} b \\ d \end{bmatrix},$$

α,β 称为二阶行列式 D 的列向量组，如图 2-7-1 所示，向量 $\boldsymbol{\alpha},\boldsymbol{\beta}$ 确定一个平行四边形. 关于二阶行列式与其列向量组有以下定理.

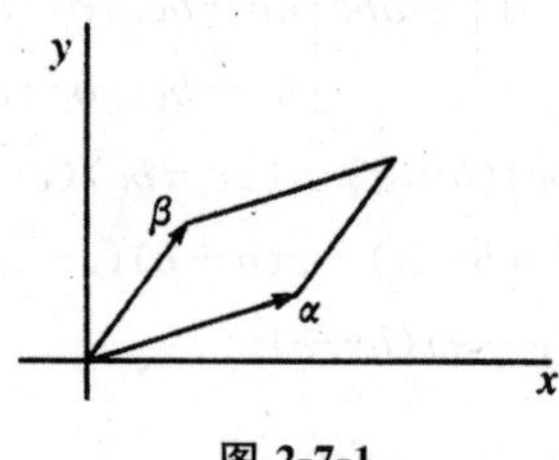

图 2-7-1

二阶行列式 D 的列向量组所确定的平行四边形的面积等于 $|D|$.

例 2.7.5 计算由点(−2,−2),(4,−1),(6,4)和(0,3)确定的平行四边形的面积，见图 2-7-2(a).

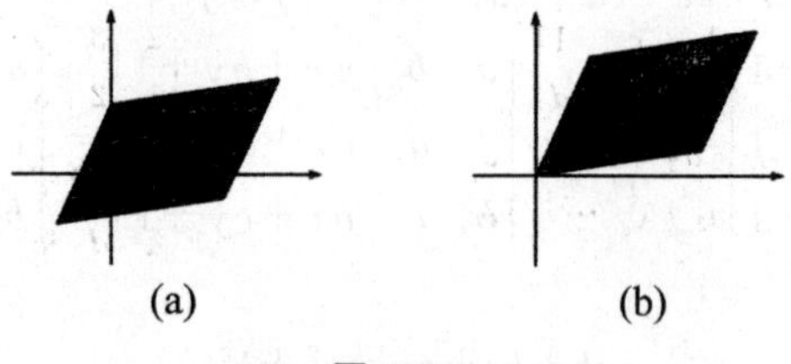

图 2-7-2

解:先将此平行四边形平移到使原点作为内部一点的情形. 例如，可将每个顶点坐标减去顶点(−2,−2)，这样，新的平行四边形面积与原平行四边形面积相同，其顶点为(0,0),(6,1),(8,6)和(2,5)，见图 2-7-2(b). 构造行列式

$$D=\begin{vmatrix} 2 & 6 \\ 5 & 1 \end{vmatrix}=-28,$$

则所求平行四边形的面积为 28.

第3章 矩 阵

在线性方程组的理论中，矩阵是一个极为重要的概念，发挥着关键性的作用. 本章将在矩阵之间引进某些运算. 这些有实际意义的运算，不仅推动了线性代数以及其他数学分支理论的发展，而且使矩阵在许多其他领域获得了广泛的应用. 本章要介绍矩阵的概念及运算，伴随矩阵与逆矩阵，分块矩阵及其应用实例分析，矩阵的初等变换及矩阵的等价，矩阵的分解，矩阵的秩的求法及应用案例分析. 最后探讨了矩阵的应用实例分析.

3.1 矩阵及其运算

3.1.1 矩阵的概念

方程组

$$\begin{cases} y_1=a_{11}x_1+a_{12}x_2+\cdots+a_{1n}x_n \\ y_2=a_{21}x_1+a_{22}x_2+\cdots+a_{2n}x_n \\ \vdots \\ y_m=a_{m1}x_1+a_{m2}x_2+\cdots+a_{mn}x_n \end{cases} \tag{3-1-1}$$

称为由变量 $x_1,x_2,\cdots,x_n$ 到变量 $y_1,y_2,\cdots,y_m$ 的线性变换，将其各系数提取出来并且保持相对位置不变，从而可得一个数表

$$\begin{bmatrix} a_{11} & a_{12} & \cdots & a_{1n} \\ a_{21} & a_{22} & \cdots & a_{2n} \\ \vdots & \vdots & & \vdots \\ a_{m1} & a_{m2} & \cdots & a_{mn} \end{bmatrix}. \tag{3-1-2}$$

易知，方程组(3-1-1)和数表(3-1-2)是一一对应的.

定义 3.1.1 数域 F 上 $m\times n$ 个数 $a_{ij}\,(i=1,2,\cdots,m;j=1,2,\cdots,n)$ 排成的 m 行 n 列数表

$$\boldsymbol{A}=\begin{bmatrix} a_{11} & a_{12} & \cdots & a_{1n} \\ a_{21} & a_{22} & \cdots & a_{2n} \\ \vdots & \vdots & & \vdots \\ a_{m1} & a_{m2} & \cdots & a_{mn} \end{bmatrix} \tag{3-1-3}$$

称为一个 m 行 n 列矩阵，或称为 $m\times n$ 阶矩阵，其中，$a_{ij}(i=1,2,\cdots,m;j=1,2,\cdots,n)$ 称为这个矩阵中第 i 行、第 j 列的元素.

通常用大写英文字母表示矩阵. 上述式(3-1-3)可以简写成

$$A=(a_{ij})_{m\times n} \text{或} A=(a_{ij}).$$

定义 3.1.2 两个矩阵 $\boldsymbol{A},\boldsymbol{B}$ 行数相等、列数也相等时，则称 $\boldsymbol{A},\boldsymbol{B}$ 为同型矩阵.

例如：

$$\text{矩阵}\ \boldsymbol{A}=\begin{bmatrix}1&2&2\\1&3&3\\1&2&1\end{bmatrix}\text{与}\ \boldsymbol{B}=\begin{bmatrix}1&4&4\\1&5&6\\1&2&1\end{bmatrix}\text{为同型矩阵.}$$

定义 3.1.3 对于同型矩阵 $\boldsymbol{A}=(a_{ij})_{m\times n},\boldsymbol{B}=(b_{ij})_{m\times n}$，若它们的对应元素相等，即

$$a_{ij}=b_{ij}(i=1,2,\cdots,m;j=1,2,\cdots,n),$$

则称矩阵 $\boldsymbol{A}$ 和矩阵 $\boldsymbol{B}$ 相等，记作 $\boldsymbol{A}=\boldsymbol{B}$.

当 $\mathbf{F}$ 是实数域时，称为实矩阵；当 $\mathbf{F}$ 是复数域时，称为复矩阵. 除特殊说明外，本书中的矩阵均指实矩阵.

例如：

$$\boldsymbol{A}=\begin{bmatrix}12&3&3\\1&4&4\\2&3&6\end{bmatrix}\text{为一个}\ 3\times3\ \text{实矩阵，}\boldsymbol{B}=\begin{bmatrix}12&13&3i\\2&2&2\\2&3&6\end{bmatrix}\text{为一个}\ 3\times3\ \text{复}$$

矩阵.

除了上述介绍的矩阵，还有其他特殊形式的矩阵.

(1)若 $n=1$，也就是说 $\boldsymbol{A}$ 为 m 行 1 列矩阵，那么 $\boldsymbol{A}$ 为列矩阵. 表示为

$$\boldsymbol{A}=(a_{ij})_{m\times 1}=\begin{bmatrix}a_{11}\\a_{12}\\\vdots\\a_{m1}\end{bmatrix}$$

(2)若 $m=1$，也就是说 $\boldsymbol{A}$ 为 1 行 n 列矩阵，那么 $\boldsymbol{A}$ 为行矩阵. 表示为

$$A=(a_{ij})_{1\times n}=\begin{bmatrix}a_{11}&a_{12}&a_{13}&a_{14}\end{bmatrix}$$

(3)如果 $m=n=1$，那么矩阵只由一个数组成.

(4)如果 $\boldsymbol{A}$ 的所有元素均为零，那么称为零矩阵，记作 $\boldsymbol{O}$. 例如，$\begin{bmatrix}0&0&0\\0&0&0\end{bmatrix}$为一个零矩阵.

需要注意的是，不同型的零矩阵是不相等的.

例如：

$$\begin{bmatrix}0&0&0\\0&0&0\\0&0&0\end{bmatrix}\neq\begin{bmatrix}0&0&0\end{bmatrix}.$$

(5)若 $m=n$，那么称 $\boldsymbol{A}$ 为 n 阶方阵，全体 n 阶方阵的集合记作 $\boldsymbol{M}_n(\mathbf{F})$. $a_{ii}(i=1,2,\cdots,n)$称为矩阵 $\boldsymbol{A}$ 的主对角线元素，简称为对角线元素.

(6)主对角元素都是1的对角阵称为单位矩阵，记作 $\boldsymbol{E}$. 如果要表明阶数 n，可记为 $\boldsymbol{E}_n$. 注意，不同型的两个单位矩阵是不相等的.

$$\begin{bmatrix}1&&&\boldsymbol{0}\\&1&&\\&&\ddots&\\\boldsymbol{0}&&&1\end{bmatrix}$$

(7)主对角线上的元素以外，其他元素全为零的方阵称为对角矩阵，简称对角阵，即 $a_{ij}=0(i\neq j;i,j=1,2,\cdots,n)$，记作

$$\begin{bmatrix}a_1&&&\boldsymbol{0}\\&a_2&&\\&&\ddots&\\\boldsymbol{0}&&&a_n\end{bmatrix}.$$

(8)在 n 阶方阵 $(a_{ij})_n$ 中，如果主对角线下方的元素全为零，即当 $i>j$ 时，$a_{ij}=0(i,j=1,2,\cdots,n)$，称为上三角矩阵；如果主对角线上方的元素全为零，即当 $i<j$ 时，$a_{ij}=0(i,j=1,2,\cdots,n)$，称为下三角矩阵.

例如：

$$\begin{bmatrix}a_{11}&a_{12}&\cdots&a_{1n}\\0&a_{22}&\cdots&a_{2n}\\\vdots&\vdots&&\vdots\\0&0&\cdots&a_{nn}\end{bmatrix},\begin{bmatrix}a_{11}&0&\cdots&0\\a_{21}&a_{22}&\cdots&0\\\vdots&\vdots&&\vdots\\a_{n1}&a_{n2}&\cdots&a_{nn}\end{bmatrix}$$

分别为上三角阵与下三角阵.

(9)在方阵 $(a_{ij})_{m\times n}$，如果 $a_{ij}=a_{ji}(i,j=1,2,\cdots,n)$（相对于对角线，其对称位置的两元素相等），那么称其为对称矩阵；如果 $a_{ij}=-a_{ji}(i,j=1,2,\cdots,n)$（相对于对角线，其对称位置的两元素互为相反数，其对角线上的元素为0），则称且为反对称矩阵.

例如：

$$\begin{bmatrix}1&-1&0\\-1&2&2\\0&2&3\end{bmatrix},\begin{bmatrix}0&1&-2\\-1&0&3\\2&-3&0\end{bmatrix}$$

分别称为对称矩阵和反对称矩阵.

(10)设 $\boldsymbol{A}$ 为方阵,如果有 $\boldsymbol{A}^{\mathrm{T}}\boldsymbol{A}=\boldsymbol{A}\boldsymbol{A}^{\mathrm{T}}=\boldsymbol{E}$,则称 $\boldsymbol{A}$ 为正交矩阵.

(11)$\boldsymbol{A},\boldsymbol{B}$ 是同阶方阵,若 $\boldsymbol{AB}=\boldsymbol{BA}$,则称 $\boldsymbol{A},\boldsymbol{B}$ 为可交换矩阵.

显然,矩阵和行列式的本质区别在于:行列式为一个算式,一个数字行列式经过计算可求其值,然而矩阵仅仅为一个数表,其行数和列数可以不同.

3.1.2 矩阵的线性运算

3.1.2.1 矩阵的加法

定义 3.1.4 设有两个 $m\times n$ 的同型矩阵 $\boldsymbol{A}=(a_{ij})$,$\boldsymbol{B}=(b_{ij})$,矩阵 $\boldsymbol{A}$ 和 $\boldsymbol{B}$ 的加法记作 $\boldsymbol{A}+\boldsymbol{B}$,规定为

$$\boldsymbol{A}+\boldsymbol{B}=(a_{ij}+b_{ij})_{m\times n}.$$

在进行矩阵加法时需特别注意,相加的两个矩阵的行数与列数必须分别对应相等.凡不满足这个条件的矩阵是不可以相加的.

一个 $m\times n$ 矩阵 $\boldsymbol{A}$ 与一个 $m\times n$ 零矩阵相加显然仍等于 $\boldsymbol{A}$,即

$$\boldsymbol{A}+\boldsymbol{0}=\boldsymbol{A}.$$

可见,零矩阵在矩阵加法中的作用与数字 0 在数的加法中的作用类似.

而矩阵的减法则可看作是矩阵加法的逆运算,其对应的行数与列数分别相等的两个矩阵才可以相减.若 $\boldsymbol{A}=(a_{ij})_{m\times n}$,$\boldsymbol{B}=(b_{ij})_{m\times n}$,则

$$\boldsymbol{A}-\boldsymbol{B}=(a_{ij}-b_{ij}).$$

还可以定义负矩阵,设

$$\boldsymbol{A}=(a_{ij}),\text{定义}-\boldsymbol{A}=(-a_{ij}),$$

可知

$$\boldsymbol{A}+(-\boldsymbol{A})=\boldsymbol{0}.$$

可总结矩阵加减法运算规则如下:

(1)交换律:$\boldsymbol{A}+\boldsymbol{B}=\boldsymbol{B}+\boldsymbol{A}$.

(2)结合律:$(\boldsymbol{A}+\boldsymbol{B})+\boldsymbol{C}=\boldsymbol{A}+(\boldsymbol{B}+\boldsymbol{C})$.

(3)$\boldsymbol{0}+\boldsymbol{A}=\boldsymbol{A}+0=\boldsymbol{A}$.

(4)$\boldsymbol{A}+(-\boldsymbol{B})=\boldsymbol{A}-\boldsymbol{B}$.

3.1.2.2 矩阵的数乘

定义 3.1.5 设 $\boldsymbol{A}$ 是一个 $m\times n$ 矩阵,$\boldsymbol{A}=(a_{ij})_{m\times n}$,$c$ 是一个数,定义 $c\boldsymbol{A}=(ca_{ij})_{m\times n}$,$c\boldsymbol{A}$ 称为数 c 与矩阵 $\boldsymbol{A}$ 的数乘.

也就是说一个数与一个矩阵的数乘等于将这个数乘以矩阵的每一项(即每个元素)所得的矩阵. 矩阵 $\boldsymbol{A}$ 的负矩阵也可看作是 -1 与 $\boldsymbol{A}$ 的数乘.

概括矩阵数乘运算的规则如下:

(1)$c(\boldsymbol{A}+\boldsymbol{B})=c\boldsymbol{A}+c\boldsymbol{B}$.

(2)$(c+d)\boldsymbol{A}=c\boldsymbol{A}+d\boldsymbol{A}$.

(3)$(cd)\boldsymbol{A}=c(d\boldsymbol{A})$.

(4)$1\cdot\boldsymbol{A}=\boldsymbol{A}$.

(5)$\boldsymbol{0}\cdot\boldsymbol{A}=0$.

值得注意的是,最后一条规则中左边的零表示数字零,右边的零则表示一个行数、列数都和 $\boldsymbol{A}$ 相同的零矩阵.

3.1.3 矩阵的乘法运算

定义 3.1.6 设 $\boldsymbol{A}$ 是一个 $m\times k$ 矩阵,$\boldsymbol{A}=(a_{ij})_{m\times k}$,$\boldsymbol{B}$ 是 $k\times n$ 矩阵,则 $\boldsymbol{A}$ 和 $\boldsymbol{B}$ 便可以相乘,记为 $\boldsymbol{C}=\boldsymbol{AB}$,$\boldsymbol{C}$ 是一个 $m\times n$ 矩阵,它的第 i 行第 j 列元素为

$$c_{ij}=a_{i1}b_{1j}+a_{i2}b_{2j}+\cdots+a_{ik}b_{kj},$$

也就是说第一个矩阵 $\boldsymbol{A}$ 的第 i 行上每一个元素与第二个矩阵 $\boldsymbol{B}$ 的第 j 列上对应元素乘积之和.

通过对矩阵乘法的定义可以看出,两个矩阵 $\boldsymbol{A}$ 与 $\boldsymbol{B}$ 相乘时,需要注意它们的行数和列数,必须是左边矩阵 $\boldsymbol{A}$ 的列数等于右边矩阵 $\boldsymbol{B}$ 的行数,而且乘积矩阵 $\boldsymbol{C}$ 的行数等于左边矩阵 $\boldsymbol{A}$ 的行数,乘积矩阵 $\boldsymbol{C}$ 的列数等于右边矩阵 $\boldsymbol{B}$ 的列数,所以乘积矩阵 $\boldsymbol{C}$ 的行数和列数可能与 $\boldsymbol{A}$,$\boldsymbol{B}$ 都不同. 图示如下:

$$\boldsymbol{AB}\rightarrow\boldsymbol{AB},$$
$$m\times kk\times n\rightarrow m\times n,$$

即 $\boldsymbol{AB}$ 的行列数只需把 $\boldsymbol{A}$ 与 $\boldsymbol{B}$ 的行列数合并去掉中间的两个 k 就可以了.

概括可验证矩阵乘法应该满足以下规律:

(1)结合律:$(\boldsymbol{AB})\boldsymbol{C}=\boldsymbol{A}(\boldsymbol{BC})$;

(2)乘法对加法的分配律:$\boldsymbol{A}(\boldsymbol{B}_1+\boldsymbol{B}_2\boldsymbol{C})=\boldsymbol{AB}_1+\boldsymbol{AB}_2$,$(\boldsymbol{B}_1+\boldsymbol{B}_2)\boldsymbol{C}=\boldsymbol{B}_1\boldsymbol{C}+\boldsymbol{B}_2\boldsymbol{C}$.

(3)$(k\boldsymbol{A})\boldsymbol{B}=\boldsymbol{A}(k\boldsymbol{B})=k(\boldsymbol{AB})$.

(4)$\boldsymbol{AE}=\boldsymbol{A}$,$\boldsymbol{EB}=\boldsymbol{B}$.

(5)$\boldsymbol{A0}=\boldsymbol{0}$,$\boldsymbol{0B}=0$.

此处 $\boldsymbol{A}$ 是 $s\times n$ 矩阵,$\boldsymbol{B}$、$\boldsymbol{B}_1$、$\boldsymbol{B}_2$ 是 $n\times m$ 矩阵,$\boldsymbol{C}$ 是 $m\times r$ 矩阵.

两个不为零的矩阵的乘积可以是零，例如：

$$\boldsymbol{A}=\begin{bmatrix}1 & 1\\ -1 & -1\end{bmatrix},\boldsymbol{B}=\begin{bmatrix}1 & -1\\ -1 & 1\end{bmatrix},$$

$$\boldsymbol{AB}=\begin{bmatrix}1 & 1\\ -1 & -1\end{bmatrix}\begin{bmatrix}1 & -1\\ -1 & 1\end{bmatrix}=\begin{bmatrix}0 & 0\\ 0 & 0\end{bmatrix}.$$

这是矩阵乘法的一个特点. 由此还可得出矩阵乘法的消去律不成立，即当 $\boldsymbol{AB}=\boldsymbol{AC}$ 时，不一定有 $\boldsymbol{B}=\boldsymbol{C}$.

由乘法的结合律，可归纳定义方阵的方幂. 设 $\boldsymbol{A}$ 使一个 n 阶方阵，定义为

$$\boldsymbol{A}^0=\boldsymbol{E},\boldsymbol{A}^{k+1}=\boldsymbol{A}^k\boldsymbol{A}.$$

这里的 k 是非负整数. 也即是说，$\boldsymbol{A}^k$ 就是 k 个 $\boldsymbol{A}$ 连乘. 方幂只能对行数与列数相等的矩阵来定义. 通过乘法的结合律，不难证明

$$\boldsymbol{A}^k\boldsymbol{A}^l=\boldsymbol{A}^{k+l},(\boldsymbol{A}^k)^l=\boldsymbol{A}^{kl}.$$

其中，k 与 l 都是任意正整数，由于矩阵乘法不适合交换律，所以 $(\boldsymbol{AB})^l$ 和 $\boldsymbol{A}^l\boldsymbol{B}^l$ 一般不相等.

3.1.4 矩阵运算的实例

例 3.1.1 设 $\boldsymbol{A}=\begin{bmatrix}12 & 3 & -5\\ 1 & -9 & 0\\ 3 & 6 & 8\end{bmatrix}$，$\boldsymbol{B}=\begin{bmatrix}1 & 8 & 9\\ 6 & 5 & 4\\ 3 & 2 & 1\end{bmatrix}$，试求 $\boldsymbol{A}+\boldsymbol{B}$.

解：
$$\boldsymbol{A}+\boldsymbol{B}=\begin{bmatrix}12 & 3 & -5\\ 1 & -9 & 0\\ 3 & 6 & 8\end{bmatrix}+\begin{bmatrix}1 & 8 & 9\\ 6 & 5 & 4\\ 3 & 2 & 1\end{bmatrix}$$
$$=\begin{bmatrix}12+1 & 3+8 & -5+9\\ 1+6 & -9+5 & 0+4\\ 3+3 & 6+2 & 8+1\end{bmatrix}$$
$$=\begin{bmatrix}13 & 11 & 4\\ 7 & -4 & 4\\ 6 & 8 & 9\end{bmatrix}.$$

例 3.1.2 求矩阵 $\boldsymbol{X}$，满足

$$\begin{bmatrix}1 & 2 & 3 & -1\\ 2 & -1 & 0 & 2\\ 1 & -1 & 1 & 0\end{bmatrix}+\boldsymbol{X}=\begin{bmatrix}0 & -1 & 2 & 3\\ 3 & 0 & 1 & -1\\ 1 & -2 & 2 & 0\end{bmatrix}.$$

$$\text{解}:\boldsymbol{X}=\begin{bmatrix}0&-1&2&3\\3&0&1&-1\\1&-2&2&0\end{bmatrix}-\begin{bmatrix}1&2&3&-1\\2&-1&0&2\\1&-1&1&0\end{bmatrix}$$

$$=\begin{bmatrix}-1&-3&-1&4\\1&1&1&-3\\0&-1&1&0\end{bmatrix}.$$

例 3.1.3 设矩阵 $\boldsymbol{A}=\begin{bmatrix}1&-2&0\\4&3&5\end{bmatrix}$，$\boldsymbol{B}=\begin{bmatrix}8&2&6\\5&3&4\end{bmatrix}$，满足 $2\boldsymbol{A}+\boldsymbol{X}=\boldsymbol{B}-2\boldsymbol{X}$，试求 $\boldsymbol{X}$.

解：因为

$$2\boldsymbol{A}+\boldsymbol{X}=\boldsymbol{B}-2\boldsymbol{X},$$

所以解得

$$\boldsymbol{X}=\frac{1}{3}(\boldsymbol{B}-2\boldsymbol{A}).$$

由于

$$\boldsymbol{B}-2\boldsymbol{A}=\begin{bmatrix}8&2&6\\5&3&4\end{bmatrix}-\begin{bmatrix}2&-4&0\\8&6&10\end{bmatrix}$$

$$=\begin{bmatrix}6&6&6\\-3&-3&-6\end{bmatrix},$$

则有

$$X=\frac{1}{3}(B-2A)$$

$$=\frac{1}{3}\begin{bmatrix}6&6&6\\-3&-3&-6\end{bmatrix}=\begin{bmatrix}2&2&2\\-1&-1&-2\end{bmatrix}.$$

例 3.1.4 设 $\boldsymbol{A}=\begin{bmatrix}2&1&3\\-1&5&4\end{bmatrix}$，$\boldsymbol{B}=\begin{bmatrix}3&1\\-4&2\\0&7\end{bmatrix}$，$\boldsymbol{X}=\begin{bmatrix}x_1\\x_2\end{bmatrix}$，求 $\boldsymbol{AB}$ 与 $\boldsymbol{BA}$.

$$\text{解}:\boldsymbol{AB}=\begin{bmatrix}2&1&3\\-1&5&4\end{bmatrix}\begin{bmatrix}3&1\\-4&2\\0&7\end{bmatrix}$$

$$=\begin{bmatrix}2\times3+1\times(-4)+3\times0&2\times1+1\times2+3\times7\\(-1)\times3+5\times(-4)+4\times0&(-1)\times1+5\times2+4\times7\end{bmatrix}=\begin{bmatrix}2&25\\-23&37\end{bmatrix}.$$

$$\boldsymbol{BA}=\begin{bmatrix}3&1\\-4&2\\0&7\end{bmatrix}\begin{bmatrix}2&1&3\\-1&5&4\end{bmatrix}=\begin{bmatrix}-5&8&13\\-10&6&-4\\-7&35&28\end{bmatrix}.$$

例 3.1.5 已知 $\boldsymbol{A}=\begin{bmatrix}\cos\alpha & -\sin\alpha\\ \sin\alpha & \cos\alpha\end{bmatrix},\boldsymbol{B}=\begin{bmatrix}\cos\beta & -\sin\beta\\ \sin\beta & \cos\beta\end{bmatrix}$,试求 $\boldsymbol{AB}$.

解:将 $\boldsymbol{A}$ 的两行

$$\boldsymbol{A}_1=[\cos\alpha \quad -\sin\alpha],\boldsymbol{A}_2=[\cos\alpha \quad -\sin\alpha]$$

与 $\boldsymbol{B}$ 的两列

$$\boldsymbol{B}_1=\begin{bmatrix}\cos\beta\\ \sin\beta\end{bmatrix},\boldsymbol{B}_2=\begin{bmatrix}-\sin\beta\\ \cos\beta\end{bmatrix}$$

相乘,可得到的 4 个数则为 $\boldsymbol{AB}$ 的 4 个元素,即

$$\boldsymbol{A}_1\boldsymbol{B}_1=\cos\alpha\cos\beta-\sin\alpha\sin\beta=\cos(\alpha+\beta),$$
$$\boldsymbol{A}_1\boldsymbol{B}_2=\cos\alpha(-\sin\beta)+(-\sin\alpha)\cos\beta=-\sin(\alpha+\beta),$$
$$\boldsymbol{A}_2\boldsymbol{B}_1=\sin\alpha\cos\beta+\cos\alpha\sin\beta=\sin(\alpha+\beta),$$
$$\boldsymbol{A}_2\boldsymbol{B}_2=\sin\alpha(-\sin\beta)-\cos\alpha\sin\beta=\cos(\alpha+\beta).$$

因此

$$\boldsymbol{AB}=\begin{bmatrix}\boldsymbol{A}_1\boldsymbol{B}_1 & \boldsymbol{A}_1\boldsymbol{B}_2\\ \boldsymbol{A}_2\boldsymbol{B}_1 & \boldsymbol{A}_2\boldsymbol{B}_2\end{bmatrix}=\begin{bmatrix}\cos(\alpha+\beta) & -\sin(\alpha+\beta)\\ \sin(\alpha+\beta) & \cos(\alpha+\beta)\end{bmatrix}.$$

例 3.1.6 已知 $\boldsymbol{A}=\begin{bmatrix}\lambda & 1 & 0\\ 0 & \lambda & 1\\ 0 & 0 & \lambda\end{bmatrix}$,

(1)求 $\boldsymbol{A}^5$;

(2)当 $\lambda=1$ 时,求一个 3 阶方阵 $\boldsymbol{X}$ 使 $\boldsymbol{AX}=\boldsymbol{E}$.

解:(1) 设 $\boldsymbol{A}=\lambda\boldsymbol{E}+\boldsymbol{N}$,其中 $\boldsymbol{E}$ 为 3 阶单位阵,$\boldsymbol{N}=\begin{bmatrix}0 & 1 & 0\\ 0 & 0 & 1\\ 0 & 0 & 0\end{bmatrix}$.从而 $\boldsymbol{A}^5=(\lambda\boldsymbol{E}+\boldsymbol{N})^5$,显然对方阵 $\boldsymbol{E},\boldsymbol{N}$ 作乘法时均可交换.易知

$$\boldsymbol{A}^5=(\lambda\boldsymbol{E}+\boldsymbol{N})^5=(\lambda\boldsymbol{E})^5+5(\lambda\boldsymbol{E})^4\boldsymbol{N}+10(\lambda\boldsymbol{E})^3\boldsymbol{N}^2+10(\lambda\boldsymbol{E})^2\boldsymbol{N}^3+\cdots$$

又因为

$$\boldsymbol{N}^2=\begin{bmatrix}0 & 0 & 1\\ 0 & 0 & 0\\ 0 & 0 & 0\end{bmatrix},\boldsymbol{N}^3=\boldsymbol{N}^4=\boldsymbol{N}^5=\boldsymbol{0}$$

所以

$$\boldsymbol{A}^5=\lambda^5\boldsymbol{E}+5\lambda^4\boldsymbol{N}+10\lambda^3\boldsymbol{N}^2=\begin{bmatrix}\lambda^5 & 5\lambda^4 & 10\lambda^3\\ 0 & \lambda^5 & 5\lambda^4\\ 0 & 0 & \lambda^5\end{bmatrix}.$$

(2)当 $\lambda=1$ 时,$\boldsymbol{A}=\boldsymbol{E}+\boldsymbol{N}$,由于 $\boldsymbol{N}^3=\boldsymbol{0}$,$(\boldsymbol{E}+\boldsymbol{N})(\boldsymbol{E}-\boldsymbol{N}+\boldsymbol{N}^2)=\boldsymbol{E}+\boldsymbol{N}^3=\boldsymbol{E}$,因此

$$X=E-N+N^2=\begin{bmatrix}1&-1&1\\0&1&-1\\0&0&1\end{bmatrix}.$$

例 3.1.7 设矩阵 $A=\begin{bmatrix}1&1\\0&1\end{bmatrix}$,试求与 A 可交换的一切矩阵.

解:设与 A 可交换的矩阵为 $B=\begin{bmatrix}a&b\\c&d\end{bmatrix}$,

从而有

$$AB=\begin{bmatrix}1&1\\0&1\end{bmatrix}\begin{bmatrix}a&b\\c&d\end{bmatrix}=\begin{bmatrix}a+c&b+d\\c&d\end{bmatrix},$$

$$BA=\begin{bmatrix}a&b\\c&d\end{bmatrix}\begin{bmatrix}1&1\\0&1\end{bmatrix}=\begin{bmatrix}a&a+b\\c&c+d\end{bmatrix}.$$

因为

$$BA=AB,$$

所以有

$$\begin{cases}a+c=a\\b+d=a+b\\c=c\\d=c=d\end{cases},$$

从而解得

$$c=0,a=d.$$

所以与 A 可交换的一切矩阵为

$$B=\begin{bmatrix}a&b\\0&a\end{bmatrix}.$$

例 3.1.8 设对角矩阵

$$A=\begin{bmatrix}\lambda_1&&&\\&\lambda_2&&\\&&\ddots&\\&&&\lambda_n\end{bmatrix},$$

证明 $A^k=\begin{bmatrix}\lambda_1&&&\\&\lambda_2&&\\&&\ddots&\\&&&\lambda_n\end{bmatrix}^k=\begin{bmatrix}\lambda_1^k&&&\\&\lambda_2^k&&\\&&\ddots&\\&&&\lambda_n^k\end{bmatrix}.$

证明:根据数学归纳法.当 $k=2$ 时,

$$A^2=\begin{bmatrix}\lambda_1 & & & \\ & \lambda_2 & & \\ & & \ddots & \\ & & & \lambda_n\end{bmatrix}^2=\begin{bmatrix}\lambda_1 & & & \\ & \lambda_2 & & \\ & & \ddots & \\ & & & \lambda_n\end{bmatrix}\begin{bmatrix}\lambda_1 & & & \\ & \lambda_2 & & \\ & & \ddots & \\ & & & \lambda_n\end{bmatrix}$$

$$=\begin{bmatrix}\lambda_1^2 & & & \\ & \lambda_2^2 & & \\ & & \ddots & \\ & & & \lambda_n^2\end{bmatrix},$$

等式显然成立.假设当 k 时等式成立,则有

$$A^k=\begin{bmatrix}\lambda_1 & & & \\ & \lambda_2 & & \\ & & \ddots & \\ & & & \lambda_n\end{bmatrix}^k=\begin{bmatrix}\lambda_1^k & & & \\ & \lambda_2^k & & \\ & & \ddots & \\ & & & \lambda_n^k\end{bmatrix}.$$

需证明当 $k+1$ 时等式也成立,则此时有

$$A^{k+1}=\begin{bmatrix}\lambda_1 & & & \\ & \lambda_2 & & \\ & & \ddots & \\ & & & \lambda_n\end{bmatrix}^{k+1}=\begin{bmatrix}\lambda_1 & & & \\ & \lambda_2 & & \\ & & \ddots & \\ & & & \lambda_n\end{bmatrix}^k\begin{bmatrix}\lambda_1 & & & \\ & \lambda_2 & & \\ & & \ddots & \\ & & & \lambda_n\end{bmatrix}$$

$$=\begin{bmatrix}\lambda_1^k & & & \\ & \lambda_2^k & & \\ & & \ddots & \\ & & & \lambda_n^k\end{bmatrix}\begin{bmatrix}\lambda_1 & & & \\ & \lambda_2 & & \\ & & \ddots & \\ & & & \lambda_n\end{bmatrix}$$

$$=\begin{bmatrix}\lambda_1^{k+1} & & & \\ & \lambda_2^{k+1} & & \\ & & \ddots & \\ & & & \lambda_n^{k+1}\end{bmatrix}.$$

从而等式得证.

例 3.1.9 设

$$A=\begin{bmatrix}1 & 1 & 0\\ 0 & -1 & 0\\ 1 & 1 & 1\end{bmatrix},B=\begin{bmatrix}2 & -4 & 1\\ 1 & -5 & 0\\ 0 & -1 & -1\end{bmatrix},$$

求 $\left|\frac{1}{2}(AB)^3\right|$.

解:

$$|\boldsymbol{A}|=\begin{vmatrix}1 & 1 & 0\\0 & -1 & 0\\1 & 1 & 1\end{vmatrix}=-1,$$

$$|\boldsymbol{B}|=\begin{vmatrix}2 & -4 & 1\\1 & -5 & 0\\0 & -1 & -1\end{vmatrix}=\begin{vmatrix}2 & -4 & 1\\1 & -5 & 0\\2 & -5 & 0\end{vmatrix}=5,$$

$$\left|\frac{1}{2}(\boldsymbol{AB})^3\right|=\left(\frac{1}{2}\right)^3|(\boldsymbol{AB})^3|=\frac{1}{8}(|\boldsymbol{A}||\boldsymbol{B}|)^3$$

$$=\frac{1}{8}(-125)=-\frac{125}{8}.$$

例 3.1.10 设

$$\boldsymbol{A}=\begin{bmatrix}1 & 0\\2 & 3\\4 & 5\end{bmatrix},\boldsymbol{B}=\begin{bmatrix}2 & 4\\4 & 3\end{bmatrix},$$

求 $\boldsymbol{B}^T\boldsymbol{A}^T$.

解:因为

$$\boldsymbol{A}^{\mathrm{T}}=\begin{bmatrix}1 & 2 & 4\\0 & 3 & 5\end{bmatrix},\boldsymbol{B}^{\mathrm{T}}=\begin{bmatrix}2 & 4\\1 & 3\end{bmatrix},$$

所以

$$\boldsymbol{B}^{\mathrm{T}}\boldsymbol{A}^{\mathrm{T}}=\begin{bmatrix}2 & 4\\1 & 3\end{bmatrix}\begin{bmatrix}1 & 2 & 4\\0 & 3 & 5\end{bmatrix}=\begin{bmatrix}2 & 16 & 28\\1 & 11 & 19\end{bmatrix}.$$

例 3.1.11 设 $\boldsymbol{A}$ 为 $m\times n$ 实矩阵,证明 $\boldsymbol{A}^{\mathrm{T}}\boldsymbol{A}=\boldsymbol{O}$ 的充分必要条件为 $\boldsymbol{A}=\boldsymbol{O}$.

证明:$\boldsymbol{A}=\boldsymbol{O}$ 易知 $\boldsymbol{A}^{\mathrm{T}}\boldsymbol{A}=\boldsymbol{O}$.

接下来我们证明必要性.

设

$$\boldsymbol{A}=\begin{bmatrix}a_{11} & a_{12} & \cdots & a_{1n}\\a_{21} & a_{22} & \cdots & a_{2n}\\\vdots & \vdots & & \vdots\\a_{m1} & a_{m2} & \cdots & a_{mn}\end{bmatrix},$$

那么 $\boldsymbol{A}^{\mathrm{T}}\boldsymbol{A}$ 的主对角元素为

$$a_{1j}^2+a_{2j}^2+\cdots+a_{mj}^2(j=1,2,\cdots,n).$$

因为 $\boldsymbol{A}^{\mathrm{T}}\boldsymbol{A}=\boldsymbol{O}$,则有

$$a_{1j}^2+a_{2j}^2+\cdots+a_{mj}^2=0(j=1,2,\cdots,n).$$

所以有 $a_{ij}=0,i=1,2,\cdots,m;j=1,2,\cdots,n$,因此可得

$$\boldsymbol{A}=\boldsymbol{O}.$$

3.2 伴随矩阵与逆矩阵

3.2.1 伴随矩阵

定义 3.2.1 设 $\boldsymbol{A}_{ij}(i,j=1,\cdots,n)$ 为 n 阶方阵 $\boldsymbol{A}=(a_{ij})_{n\times n}$ 的行列式 $|\boldsymbol{A}|$ 中元素 a_{ij} 的代数余子式，由它们组成的一个 n 阶方阵.

$$\boldsymbol{A}^*=\begin{bmatrix}\boldsymbol{A}_{11} & \boldsymbol{A}_{21} & \cdots & \boldsymbol{A}_{n1}\\ \boldsymbol{A}_{12} & \boldsymbol{A}_{22} & \cdots & \boldsymbol{A}_{n2}\\ \vdots & \vdots & & \vdots\\ \boldsymbol{A}_{1n} & \boldsymbol{A}_{2n} & \cdots & \boldsymbol{A}_{nn}\end{bmatrix}$$

称为 $\boldsymbol{A}$ 的伴随矩阵.

对任意 n 阶矩阵 $\boldsymbol{A}$，成立以下重要的关系

$$\boldsymbol{A}\boldsymbol{A}^*=\boldsymbol{A}^*\boldsymbol{A}=|\boldsymbol{A}|\boldsymbol{E}=\begin{bmatrix}|\boldsymbol{A}| & 0 & \cdots & 0\\ 0 & |\boldsymbol{A}| & \cdots & 0\\ \vdots & \vdots & & \vdots\\ 0 & 0 & \cdots & |\boldsymbol{A}|\end{bmatrix}.$$

并由此关系式可以推出：

(1)若 $\boldsymbol{A}$ 可逆，则 $\boldsymbol{A}^{-1}=\dfrac{1}{|\boldsymbol{A}|}\boldsymbol{A}^*$.

(2)若 $\boldsymbol{A}$ 可逆，则 $\boldsymbol{A}^*$ 也可逆，且 $(\boldsymbol{A}^*)^{-1}=(\boldsymbol{A}^{-1})^*=\dfrac{1}{|\boldsymbol{A}|}\boldsymbol{A}$.

(3)$(k\boldsymbol{A})^*=k^{n-1}\boldsymbol{A}^*(n\geqslant 2)$.

(4)$(\boldsymbol{A}^T)^*=(\boldsymbol{A}^*)^T$.

(5)设 $\boldsymbol{A},\boldsymbol{B}$ 是同阶方阵，则 $(\boldsymbol{A}\boldsymbol{B})^*=\boldsymbol{B}^*\boldsymbol{A}^*$.

(6)$(\boldsymbol{A}^*)^*=|\boldsymbol{A}|^{n-2}\boldsymbol{A}(n\geqslant 2)$.

引理 3.2.1 设 $\boldsymbol{A}$ 为 n 阶方阵，$\boldsymbol{A}^*$ 为 $\boldsymbol{A}$ 的伴随矩阵，则有

$$\boldsymbol{A}\boldsymbol{A}^*=\boldsymbol{A}^*\boldsymbol{A}=|\boldsymbol{A}|\boldsymbol{E}.$$

证明：设 $\boldsymbol{A}=(a_{ij})$，根据矩阵乘法的定义和行列式的性质可知：

$$\boldsymbol{A}\boldsymbol{A}^*=\begin{bmatrix}a_{11} & a_{12} & \cdots & a_{1n}\\ a_{21} & a_{22} & \cdots & a_{2n}\\ \vdots & \vdots & & \vdots\\ a_{n1} & a_{n2} & \cdots & a_{nn}\end{bmatrix}\begin{bmatrix}\boldsymbol{A}_{11} & \boldsymbol{A}_{21} & \cdots & \boldsymbol{A}_{n1}\\ \boldsymbol{A}_{12} & \boldsymbol{A}_{22} & \cdots & \boldsymbol{A}_{n2}\\ \vdots & \vdots & & \vdots\\ \boldsymbol{A}_{1n} & \boldsymbol{A}_{2n} & \cdots & \boldsymbol{A}_{nn}\end{bmatrix}$$

$$=\begin{bmatrix} \sum_{i=1}^{n} a_{1i}\boldsymbol{A}_{1i} & 0 & \cdots & 0 \\ 0 & \sum_{i=1}^{n} a_{2i}\boldsymbol{A}_{2i} & \cdots & 0 \\ \vdots & \vdots & & \vdots \\ 0 & 0 & \cdots & \sum_{i=1}^{n} a_{ni}\boldsymbol{A}_{ni} \end{bmatrix}$$

$$=\begin{bmatrix} |\boldsymbol{A}| & & & \\ & |\boldsymbol{A}| & & \\ & & \vdots & \\ & & & |\boldsymbol{A}| \end{bmatrix}$$

$$=|\boldsymbol{A}|\begin{bmatrix} 1 & & & \\ & 1 & & \\ & & \vdots & \\ & & & 1 \end{bmatrix}=|\boldsymbol{A}|\boldsymbol{E}.$$

同理可证 $\boldsymbol{A}^*\boldsymbol{A}=|\boldsymbol{A}|\boldsymbol{E}$.

定理 3.2.1 n 阶方阵 $\boldsymbol{A}$ 可逆的充分必要条件为 $|\boldsymbol{A}|\neq 0$；如果 $\boldsymbol{A}$ 可逆，则有 $\boldsymbol{A}^{-1}=\dfrac{\boldsymbol{A}^*}{|\boldsymbol{A}|}$.

证明：必要性：如果 n 阶方阵 $\boldsymbol{A}$ 可逆，则存在方阵 $\boldsymbol{B}$，使得 $\boldsymbol{AB}=\boldsymbol{E}_n$，两边取行列式，可得

$$|\boldsymbol{AB}|=|\boldsymbol{A}||\boldsymbol{B}|=|\boldsymbol{E}_n|=1.$$

所以，$|\boldsymbol{A}|\neq 0$.

充分性：根据引理可知 $\boldsymbol{AA}^*=\boldsymbol{A}^*\boldsymbol{A}=|\boldsymbol{A}|\boldsymbol{E}$，因为 $|\boldsymbol{A}|\neq 0$，所以有

$$\boldsymbol{A}\left(\frac{1}{|\boldsymbol{A}|}\boldsymbol{A}^*\right)=\left(\frac{1}{|\boldsymbol{A}|}\boldsymbol{A}^*\right)\boldsymbol{A}=\boldsymbol{E},$$

所以 $\boldsymbol{A}$ 为可逆的，并且 $\boldsymbol{A}^{-1}=\dfrac{\boldsymbol{A}^*}{|\boldsymbol{A}|}$.

定义 3.2.2 当方阵 $\boldsymbol{A}$ 的行列式 $|\boldsymbol{A}|=0$ 时，则称 $\boldsymbol{A}$ 为奇异矩阵，否则称为非奇异矩阵.

例 3.2.1 设矩阵 $\boldsymbol{A}$ 的伴随矩阵

$$\boldsymbol{A}^*=\begin{bmatrix} 1 & 0 & 0 & 0 \\ 0 & 1 & 0 & 0 \\ 1 & 0 & 1 & 0 \\ 0 & -3 & 0 & 8 \end{bmatrix},$$

且 $AXA^{-1}=XA^{-1}+3E_4$，求矩阵 X.

解：根据关系式 $AXA^{-1}=XA^{-1}+3E_4$，可得

$$X=3(A-E)^{-1}A.$$

因为 A 为 4 阶矩阵，所以

$$A^*=|A|A^{-1},$$

从而

$$|A^*|=||A|A^{-1}|=|A|^4|A^{-1}|=|A|^3.$$

又因为 $|A^*|=8$，因此 $|A|=2$，从而

$$A^*=2A^{-1}.$$

两边取逆，可得

$$A=2(A^*)^{-1}=\begin{bmatrix}2&0&0&0\\0&2&0&0\\-2&0&2&0\\0&6&0&\frac{1}{4}\end{bmatrix},$$

从而有

$$X=3(A-E)^{-1}A=\begin{bmatrix}6&0&0&0\\0&6&0&0\\6&0&6&0\\0&24&0&-1\end{bmatrix}.$$

例 3.2.2 设 n 阶方阵 A 满足

$$A^2+A-2E_n=0,$$

证明 A 和 $A-2E_n$ 均可逆，并且求出它们的逆矩阵.

证明：因为

$$A^2+A-2E_n=0$$

所以有

$$A(A+E_n)=2E_n,$$

即有

$$A\left[\frac{1}{2}(A+E_n)\right]=E_n,$$

则根据定理 3.2.3 的推论可知，A 可逆，并且有

$$A^{-1}=\frac{1}{2}(A+E_n).$$

又因为

$$A^2+A-2E_n=0,$$

则有

$$(\boldsymbol{A}-2\boldsymbol{E}_n)+(\boldsymbol{A}+3\boldsymbol{E}_n)+4\boldsymbol{E}_n=\boldsymbol{0},$$

即有

$$(\boldsymbol{A}-2\boldsymbol{E}_n)\left[\frac{-1}{4}(\boldsymbol{A}+3\boldsymbol{E}_n)\right]=\boldsymbol{E}_n,$$

所以 $\boldsymbol{A}-2\boldsymbol{E}_n$ 可逆，并且

$$(\boldsymbol{A}-2\boldsymbol{E}_n)^{-1}=-\frac{1}{4}(\boldsymbol{A}-3\boldsymbol{E}_n).$$

例 3.2.3 求满足方程 $\boldsymbol{AX}=\boldsymbol{B}$ 的矩阵 $\boldsymbol{X}$，其中

$$\boldsymbol{A}=\begin{bmatrix}1 & 2 & 2\\ 2 & 1 & -2\\ 2 & -2 & 1\end{bmatrix},\boldsymbol{B}=\begin{bmatrix}8 & 3\\ -5 & 9\\ 2 & 15\end{bmatrix}.$$

解：由于

$$\boldsymbol{A}=\begin{vmatrix}1 & 2 & 2\\ 2 & 1 & -2\\ 2 & -2 & 1\end{vmatrix}=-27\neq 0,$$

则矩阵 $\boldsymbol{A}$ 可逆，并且

$$\boldsymbol{A}^{-1}=\frac{\boldsymbol{A}^*}{|\boldsymbol{A}|}=-\frac{1}{27}\begin{bmatrix}-3 & -6 & -6\\ -6 & 3 & 3\\ -6 & 6 & -3\end{bmatrix}$$

$$=\frac{1}{9}\begin{bmatrix}1 & 2 & 2\\ 2 & 1 & -2\\ 2 & -2 & 1\end{bmatrix}.$$

将 $\boldsymbol{A}^{-1}$ 左乘方程 $\boldsymbol{AX}=\boldsymbol{B}$ 两边，可得

$$\boldsymbol{X}=\boldsymbol{A}^{-1}\boldsymbol{B}=\frac{1}{9}\begin{bmatrix}1 & 2 & 2\\ 2 & 1 & -2\\ 2 & -2 & 1\end{bmatrix}\begin{bmatrix}8 & 3\\ -5 & 9\\ 2 & 15\end{bmatrix}$$

$$=\begin{bmatrix}\frac{2}{9} & \frac{17}{3}\\ \frac{7}{9} & -\frac{5}{3}\\ \frac{28}{9} & \frac{1}{3}\end{bmatrix}.$$

3.2.2 逆矩阵

定义 3.2.3 对于一个 n 阶矩阵 $\boldsymbol{A}$，如果有一个 n 阶矩阵 $\boldsymbol{B}$，使得

$$\boldsymbol{AB}=\boldsymbol{BA}=\boldsymbol{E},$$

则称 $\boldsymbol{A}$ 为可逆的(或非奇异的),而 $\boldsymbol{B}$ 是 $\boldsymbol{A}$ 的逆矩阵.

从逆矩阵的定义可以看出:

(1) 矩阵 $\boldsymbol{A}$ 与 $\boldsymbol{B}$ 可交换,所以可逆矩阵 $\boldsymbol{A}$ 一定为方阵,且逆矩阵 $\boldsymbol{B}$ 也是同阶方阵.

(2)单位矩阵 $\boldsymbol{E}$ 为可逆的,即有 $\boldsymbol{E}^{-1}=\boldsymbol{E}$.

(3)零矩阵为不可逆的,即取不到 $\boldsymbol{B}$,使得 $\boldsymbol{0B}=\boldsymbol{B0}=\boldsymbol{E}$.

定理 3.2.2 如果矩阵 $\boldsymbol{A}$ 可逆,则它的逆矩阵一定为唯一的.

证明:设 $\boldsymbol{B}_1,\boldsymbol{B}_2$ 均为 $\boldsymbol{A}$ 的逆矩阵,则有

$$\boldsymbol{AB}_1=\boldsymbol{B}_1\boldsymbol{A}=\boldsymbol{E},$$

$$\boldsymbol{AB}_2=\boldsymbol{B}_2\boldsymbol{A}=\boldsymbol{E},$$

$$\boldsymbol{B}_1=\boldsymbol{B}_1\boldsymbol{E}=\boldsymbol{B}_1(\boldsymbol{AB}_2)=(\boldsymbol{B}_1\boldsymbol{A})\boldsymbol{B}_2=\boldsymbol{EB}_2=\boldsymbol{B}_2,$$

所以矩阵 $\boldsymbol{A}$ 的逆矩阵为唯一的.

定理 3.2.3 设 $\boldsymbol{A}$ 为 n 阶方阵

(1)若 $\boldsymbol{A}$ 为可逆的,则 $\boldsymbol{A}^{-1}$ 也为可逆的,有

$$(\boldsymbol{A}^{-1})^{-1}=\boldsymbol{A};$$

(2)若 $\boldsymbol{A}$ 与 $\boldsymbol{B}$ 为同阶可逆,则 $\boldsymbol{AB}$ 也可逆,有

$$(\boldsymbol{AB})^{-1}=\boldsymbol{B}^{-1}\boldsymbol{A}^{-1};$$

(3)若 $\boldsymbol{A}$ 为可逆的,数 $k\neq0$,则 $k\boldsymbol{A}$ 也可逆,有

$$(k\boldsymbol{A})^{-1}=\frac{1}{k}\boldsymbol{A}^{-1};$$

(4)若 $\boldsymbol{A}$ 为可逆的,$\boldsymbol{A}^{\mathrm{T}}$ 也可逆,有

$$(\boldsymbol{A}^{\mathrm{T}})^{-1}=(\boldsymbol{A}^{-1})^{\mathrm{T}};$$

(5)若 $\boldsymbol{A}$ 为可逆的,则有 $|\boldsymbol{A}^{-1}|=\dfrac{1}{|\boldsymbol{A}|}$.

证明:因为结论(1)、(3)、(5)显然成立.因此在这里我们只证明结论(2)、(4).

(2)由于

$$(\boldsymbol{AB})(\boldsymbol{B}^{-1}\boldsymbol{A}^{-1})=\boldsymbol{A}(\boldsymbol{BB}^{-1})\boldsymbol{A}^{-1}=\boldsymbol{AE}_n\boldsymbol{A}^{-1}=\boldsymbol{AA}^{-1}=\boldsymbol{E}_n$$

及其

$$(\boldsymbol{B}^{-1}\boldsymbol{A}^{-1})(\boldsymbol{AB})=\boldsymbol{B}^{-1}(\boldsymbol{A}^{-1}\boldsymbol{A})\boldsymbol{B}=\boldsymbol{B}^{-1}\boldsymbol{E}_n\boldsymbol{B}=\boldsymbol{B}^{-1}\boldsymbol{B}=\boldsymbol{E}_n,$$

所以 $\boldsymbol{AB}$ 可逆,并且有

$$(\boldsymbol{AB})^{-1}=\boldsymbol{B}^{-1}\boldsymbol{A}^{-1}.$$

(4)根据转置矩阵的性质可知

$$\boldsymbol{A}^{\mathrm{T}}(\boldsymbol{A}^{-1})^{\mathrm{T}}=(\boldsymbol{A}^{-1}\boldsymbol{A})^{\mathrm{T}}=\boldsymbol{E}^{\mathrm{T}}=\boldsymbol{E}_n$$

及其

$$(\boldsymbol{A}^{-1})^{\mathrm{T}}\boldsymbol{A}^{\mathrm{T}}=(\boldsymbol{A}\boldsymbol{A}^{-1})^{\mathrm{T}}=\boldsymbol{E}_n{}^{\mathrm{T}}=\boldsymbol{E}_n,$$

所以 $\boldsymbol{A}^{\mathrm{T}}$ 也可逆,并且有

$$(\boldsymbol{A}^{T})^{-1}=(\boldsymbol{A}^{-1})^{\mathrm{T}}.$$

推论 3.2.1 设 $\boldsymbol{A}_1,\boldsymbol{A}_2,\cdots,\boldsymbol{A}_m$ 为 m 个 n 阶可逆矩阵,那么 $\boldsymbol{A}_1\boldsymbol{A}_2\cdots\boldsymbol{A}_m$ 也可逆,并且有

$$(\boldsymbol{A}_1\boldsymbol{A}_2\cdots\boldsymbol{A}_m)^{-1}=\boldsymbol{A}_m^{-1}\boldsymbol{A}_{m-1}^{-1}\cdots\boldsymbol{A}_1^{-1}.$$

例 3.2.4 设 $f(x)=x^3-2x^2+3x-1$,n 阶方阵 $\boldsymbol{A}$ 满足 $f(\boldsymbol{A})=\boldsymbol{0}$,即

$$\boldsymbol{A}^3-2\boldsymbol{A}^2+3\boldsymbol{A}-\boldsymbol{E}_n=\boldsymbol{0}$$

证明:$\boldsymbol{A}$ 与 $\boldsymbol{A}-2E$ 可逆,并用 $\boldsymbol{A}$ 的多项式表示 $\boldsymbol{A}^{-1}$ 及$(\boldsymbol{A}-2\boldsymbol{E}_n)^{-1}$.

证明:根据题意可知

$$\boldsymbol{A}(\boldsymbol{A}^2-2\boldsymbol{A}+3\boldsymbol{E}_n)=\boldsymbol{E}_n,$$

可得,$\boldsymbol{A}$ 可逆,且 $\boldsymbol{A}^{-1}=\boldsymbol{A}^2-2\boldsymbol{A}+\boldsymbol{E}_n$.

利用整除法,用 $x-2$ 除 x^3-2x^2+3x-1 所得商式为 x^2+3,而余式为 5,见下列竖式:

$$\begin{array}{r}
x^2+3 \\
x-2\overline{\big)\,x^3-2x^2+3x-1} \\
\underline{x^3-2x^2} \\
3x-1 \\
\underline{3x-6} \\
5
\end{array}$$

表示为多项式形式,得

$$(x-2)(x^2+3)=(x^3-2x^2+3x-1)-5.$$

以 $\boldsymbol{A}$ 代替 x 且利用矩阵的运算律,则有

$$(\boldsymbol{A}-2\boldsymbol{E}_n)(\boldsymbol{A}^2+3\boldsymbol{E}_n)=(\boldsymbol{A}^3-2\boldsymbol{A}^2+3\boldsymbol{A}-\boldsymbol{E}_n)-5\boldsymbol{E}_n=-\boldsymbol{E}_n,$$

所以 $\boldsymbol{A}-2\boldsymbol{E}_n$ 可逆,且$(\boldsymbol{A}-2\boldsymbol{E}_n)^{-1}=-\dfrac{1}{5}(\boldsymbol{A}^2+3\boldsymbol{E}_n)$.

例 3.2.5 下列矩阵是否可逆?如果可逆求其逆矩阵.

(1)$\boldsymbol{A}=\begin{bmatrix}1&3&1\\2&6&1\\0&0&1\end{bmatrix}$;(2)$\boldsymbol{B}=\begin{bmatrix}1&3&1\\2&5&1\\0&0&1\end{bmatrix}$.

解:(1) $\begin{bmatrix}1&3&1&1&0&0\\2&6&1&0&1&0\\0&0&1&0&0&1\end{bmatrix}\to\begin{bmatrix}1&3&1&1&0&0\\0&0&-1&-2&1&0\\0&0&1&0&0&1\end{bmatrix}$

易知矩阵 **A** 不可逆.

$$(2)\begin{bmatrix}1&3&1&1&0&0\\2&5&1&0&1&0\\0&0&1&0&0&1\end{bmatrix}\rightarrow\begin{bmatrix}1&3&1&1&0&0\\0&-1&-1&-2&1&0\\0&0&1&0&0&1\end{bmatrix}$$

$$\rightarrow\begin{bmatrix}1&0&-2&-5&3&0\\0&-1&-1&-2&1&0\\0&0&1&0&0&1\end{bmatrix}\rightarrow\begin{bmatrix}1&0&0&-5&3&2\\0&-1&0&-2&1&1\\0&0&1&0&0&1\end{bmatrix}$$

$$\rightarrow\begin{bmatrix}1&0&0&-5&3&2\\0&1&0&2&-1&-1\\0&0&1&0&0&1\end{bmatrix},$$

所以矩阵 **B** 为可逆的,其逆矩阵为

$$\boldsymbol{B}^{-1}=\begin{bmatrix}-5&3&2\\2&-1&-1\\0&0&1\end{bmatrix}.$$

例 3.2.6 n 阶对角矩阵

$$\boldsymbol{A}=\begin{bmatrix}a_1&0&0&\cdots&0\\0&a_2&0&\cdots&0\\\vdots&\vdots&\vdots&&\vdots\\0&0&0&\cdots&a_n\end{bmatrix},$$

且 $a_i\neq0(i=1,2,\cdots,n)$,**证明:A** 可逆,且

$$\boldsymbol{A}^{-1}=\begin{bmatrix}\frac{1}{a_1}&0&0&\cdots&0\\0&\frac{1}{a_2}&0&\cdots&0\\\vdots&\vdots&\vdots&&\vdots\\0&0&0&\cdots&\frac{1}{a_n}\end{bmatrix}.$$

证明:由于

$$\begin{bmatrix}a_1&0&0&\cdots&0\\0&a_2&0&\cdots&0\\\vdots&\vdots&\vdots&&\vdots\\0&0&0&\cdots&a_n\end{bmatrix}\begin{bmatrix}\frac{1}{a_1}&0&0&\cdots&0\\0&\frac{1}{a_2}&0&\cdots&0\\\vdots&\vdots&\vdots&&\vdots\\0&0&0&\cdots&\frac{1}{a_n}\end{bmatrix}$$

$$=\begin{bmatrix}\frac{1}{a_1} & 0 & 0 & \cdots & 0\\ 0 & \frac{1}{a_2} & 0 & \cdots & 0\\ \vdots & \vdots & \vdots & & \vdots\\ 0 & 0 & 0 & \cdots & \frac{1}{a_n}\end{bmatrix}\begin{bmatrix}a_1 & 0 & 0 & \cdots & 0\\ 0 & a_2 & 0 & \cdots & 0\\ \vdots & \vdots & \vdots & & \vdots\\ 0 & 0 & 0 & \cdots & a_n\end{bmatrix}=\boldsymbol{E}$$

从而可得

$$\boldsymbol{A}^{-1}=\begin{bmatrix}\frac{1}{a_1} & 0 & 0 & \cdots & 0\\ 0 & \frac{1}{a_2} & 0 & \cdots & 0\\ \vdots & \vdots & \vdots & & \vdots\\ 0 & 0 & 0 & \cdots & \frac{1}{a_n}\end{bmatrix}.$$

例 3.2.7 求矩阵

$$\boldsymbol{A}=\begin{bmatrix}0 & a_1 & & \\ & 0 & \ddots & \\ & & \ddots & a_{n-1}\\ a_n & & & 0\end{bmatrix}$$

的逆矩阵,其中 $a_1a_2\cdots a_n\neq 0$.

解:
$$\begin{bmatrix}0 & a_1 & & \\ & 0 & \ddots & \\ & & \ddots & a_{n-1}\\ a_n & & & 0\\ 1 & & & \\ & 1 & & \\ & & \ddots & \\ & & & 1\end{bmatrix}\rightarrow\begin{bmatrix}a_1 & & & \\ & a_2 & & \\ & & \ddots & \\ & & & a_n\\ 0 & & & 1\\ 1 & 0 & & \\ & \ddots & \ddots & \\ & & 1 & 0\end{bmatrix}$$

$$\rightarrow\begin{bmatrix}1 & & & \\ & 1 & & \\ & & \ddots & \\ & & & 1\\ 0 & & & 1\\ a_1^{-1} & 0 & & a_n^{-1}\\ & \ddots & \ddots & \\ & & a_{n-1}^{-1} & 0\end{bmatrix},$$

所以

$$A^{-1}=\begin{bmatrix} 0 & & & a_n^{-1} \\ a_1^{-1} & 0 & & \\ & \ddots & \ddots & \\ & & a_{n-1}^{-1} & 0 \end{bmatrix}.$$

3.3 分块矩阵及其应用实例分析

在矩阵的讨论和运算中，常遇到阶数很高或结构特殊的矩阵，为了便于分析计算，常把所讨论的矩阵看成是由一些小矩阵组成的，这些小矩阵就叫作子阵或子快，原矩阵分块后就称为分块矩阵.

3.3.1 分块矩阵的定义

将一个大型矩阵分成若干小块，从而构成一个分块矩阵，这是矩阵运算中一个重要技巧. 所谓的矩阵分块，就是使用若干条纵线和横线把矩阵 $\boldsymbol{A}$ 分成许多小矩阵，每个小矩阵称之为 $\boldsymbol{A}$ 的子块，以子块作为元素，该种形式上的矩阵我们称之为分块矩阵.

对于一个矩阵可有许多种分块的方法.

例如：

$$\boldsymbol{A}=\begin{bmatrix} a_{11} & a_{12} & a_{13} & a_{14} \\ a_{21} & a_{22} & a_{23} & a_{24} \\ a_{31} & a_{32} & a_{33} & a_{34} \end{bmatrix},$$

我们在这里仅给出矩阵 $\boldsymbol{A}$ 的 5 种分块方法.

分法一：

$$\boldsymbol{A}=\left[\begin{array}{cc:cc} a_{11} & a_{12} & a_{13} & a_{14} \\ a_{21} & a_{22} & a_{23} & a_{24} \\ \hdashline a_{31} & a_{32} & a_{33} & a_{34} \end{array}\right].$$

分法二：

$$\boldsymbol{A}=\left[\begin{array}{c:c:c:c} a_{11} & a_{12} & a_{13} & a_{14} \\ \hdashline a_{21} & a_{22} & a_{23} & a_{24} \\ \hdashline a_{31} & a_{32} & a_{33} & a_{34} \end{array}\right].$$

分法三：

$$A=\left[\begin{array}{c:c:c:c} a_{11} & a_{12} & a_{13} & a_{14} \\ \hdashline a_{21} & a_{22} & a_{23} & a_{24} \\ \hdashline a_{31} & a_{32} & a_{33} & a_{34} \end{array}\right].$$

分法四：

$$A=\left[\begin{array}{c:c:c:c} a_{11} & a_{12} & a_{13} & a_{14} \\ a_{21} & a_{22} & a_{23} & a_{24} \\ a_{31} & a_{32} & a_{33} & a_{34} \end{array}\right].$$

分法五：

$$A=\left[\begin{array}{cccc} a_{11} & a_{12} & a_{13} & a_{14} \\ \hdashline a_{21} & a_{22} & a_{23} & a_{24} \\ \hdashline a_{31} & a_{32} & a_{33} & a_{34} \end{array}\right].$$

分法一可记作：

$$\boldsymbol{A}=\begin{bmatrix} \boldsymbol{A}_{11} & \boldsymbol{A}_{12} \\ \boldsymbol{A}_{21} & \boldsymbol{A}_{22} \end{bmatrix},$$

其中

$$\boldsymbol{A}_{11}=\begin{bmatrix} a_{11} & a_{12} \\ a_{21} & a_{22} \end{bmatrix},\boldsymbol{A}_{12}=\begin{bmatrix} a_{13} & a_{14} \\ a_{23} & a_{24} \end{bmatrix},$$
$$\boldsymbol{A}_{21}=\begin{bmatrix} a_{31} & a_{32} \end{bmatrix},\boldsymbol{A}_{22}=\begin{bmatrix} a_{33} & a_{34} \end{bmatrix}.$$

分法四可记作：

$$\boldsymbol{A}=\begin{bmatrix} \boldsymbol{A}_{11} & \boldsymbol{A}_{12} & \boldsymbol{A}_{13} & \boldsymbol{A}_{14} \end{bmatrix},$$

其中

$$\boldsymbol{A}_{11}=\begin{bmatrix} a_{11} \\ a_{21} \\ a_{31} \end{bmatrix},\boldsymbol{A}_{12}=\begin{bmatrix} a_{12} \\ a_{22} \\ a_{32} \end{bmatrix},\boldsymbol{A}_{13}=\begin{bmatrix} a_{13} \\ a_{23} \\ a_{33} \end{bmatrix},\boldsymbol{A}_{14}=\begin{bmatrix} a_{14} \\ a_{24} \\ a_{34} \end{bmatrix}.$$

分法五可记作：

$$\boldsymbol{A}=\begin{bmatrix} \boldsymbol{A}_{11} \\ \boldsymbol{A}_{12} \\ \boldsymbol{A}_{13} \end{bmatrix},$$

其中

$$\boldsymbol{A}_{11}=\begin{bmatrix} a_{11} & a_{12} & a_{13} & a_{14} \end{bmatrix},$$
$$\boldsymbol{A}_{12}=\begin{bmatrix} a_{21} & a_{22} & a_{23} & a_{24} \end{bmatrix},$$
$$\boldsymbol{A}_{13}=\begin{bmatrix} a_{31} & a_{32} & a_{33} & a_{34} \end{bmatrix}.$$

按照该种分法，如果把矩阵 $\boldsymbol{A}$ 的每个元素作为一个子块，此时 $\boldsymbol{A}$ 的分块依然记作

$$A=\begin{bmatrix}a_{11}&a_{12}&a_{13}&a_{14}\\a_{21}&a_{22}&a_{23}&a_{24}\\a_{31}&a_{32}&a_{33}&a_{34}\end{bmatrix}.$$

3.3.2 分块矩阵的应用实例分析

矩阵分块后矩阵之间的相互关系可以看的更加清楚，在定义矩阵的行秩和列秩时已经应用了分块的思想.

例 3.3.1 将矩阵 $\boldsymbol{A}_{5\times5}$ 和 $\boldsymbol{B}_{5\times4}$ 分成 2×2 的分块矩阵，并用分块矩阵计算 $\boldsymbol{AB}$，其中

$$\boldsymbol{A}=\begin{bmatrix}-1&0&2&2&3\\0&-1&-2&0&1\\0&0&3&0&0\\0&0&0&3&0\\0&0&0&0&3\end{bmatrix},\boldsymbol{B}=\begin{bmatrix}1&3&0&-1\\2&1&-1&0\\-1&2&0&0\\3&1&0&0\\2&3&0&0\end{bmatrix}.$$

解：易知，矩阵 $\boldsymbol{A}$ 可分成

$$\boldsymbol{A}=\left[\begin{array}{cc:ccc}-1&0&1&2&3\\0&-1&-2&0&1\\\hdashline0&0&3&0&0\\0&0&0&3&0\\0&0&0&0&3\end{array}\right]=\begin{bmatrix}-\boldsymbol{E}_2&\boldsymbol{A}_{12}\\\boldsymbol{0}&3\boldsymbol{E}_3\end{bmatrix},$$

其中

$$\boldsymbol{A}_{12}=\begin{bmatrix}1&2&3\\-2&0&1\end{bmatrix}.$$

根据分块矩阵乘法，矩阵 $\boldsymbol{B}$ 的分法应与 $\boldsymbol{A}$ 的分法一致，即

$$\boldsymbol{B}=\left[\begin{array}{cc:cc}1&3&0&-1\\2&1&-1&0\\\hdashline-1&2&0&0\\3&1&0&0\\2&3&0&0\end{array}\right]=\begin{bmatrix}\boldsymbol{B}_{11}&-\boldsymbol{E}_2\\\boldsymbol{B}_{21}&\boldsymbol{0}\end{bmatrix},$$

其中

$$\boldsymbol{B}_{11}=\begin{bmatrix}1&3\\2&1\end{bmatrix},\boldsymbol{B}_{21}=\begin{bmatrix}-1&2\\3&1\\2&3\end{bmatrix}.$$

于是

$$\boldsymbol{AB}=\begin{bmatrix}-\boldsymbol{E}_2 & \boldsymbol{A}_{12}\\ \boldsymbol{0} & 3\boldsymbol{E}_3\end{bmatrix}\begin{bmatrix}\boldsymbol{B}_{11} & -\boldsymbol{E}_2\\ \boldsymbol{B}_{21} & \boldsymbol{0}\end{bmatrix}=\begin{bmatrix}-\boldsymbol{B}_{11}+\boldsymbol{A}_{12}\boldsymbol{B}_{21} & -\boldsymbol{E}_2(-\boldsymbol{E}_2)\\ 3\boldsymbol{E}_3\boldsymbol{B}_{21} & \boldsymbol{0}\end{bmatrix}.$$

因此

$$\boldsymbol{AB}=\begin{bmatrix}10 & 10 & 1 & 0\\ 2 & -2 & 0 & 1\\ -3 & 6 & 0 & 0\\ 9 & 3 & 0 & 0\\ 6 & 9 & 0 & 0\end{bmatrix}.$$

例 3.3.2 证明

$$\begin{vmatrix}\boldsymbol{A} & \boldsymbol{0}\\ \boldsymbol{C} & \boldsymbol{B}\end{vmatrix}=|\boldsymbol{A}|\,|\boldsymbol{B}|.$$

其中 $\boldsymbol{A},\boldsymbol{B}$ 分别是 k 阶和 r 阶的可逆矩阵，$\boldsymbol{C}$ 是 $r\times k$ 矩阵，$\boldsymbol{0}$ 是 $k\times r$ 零矩阵.

证明：由于

$$\boldsymbol{D}=\begin{bmatrix}\boldsymbol{A} & \boldsymbol{0}\\ \boldsymbol{C} & \boldsymbol{B}\end{bmatrix}=\begin{bmatrix}\boldsymbol{A} & \boldsymbol{0}\\ \boldsymbol{0} & \boldsymbol{E}\end{bmatrix}\begin{bmatrix}\boldsymbol{E} & \boldsymbol{0}\\ \boldsymbol{C} & \boldsymbol{E}\end{bmatrix}\begin{bmatrix}\boldsymbol{E} & \boldsymbol{0}\\ \boldsymbol{0} & \boldsymbol{B}\end{bmatrix},$$

所以

$$|\boldsymbol{D}|=\begin{vmatrix}\boldsymbol{A} & \boldsymbol{0}\\ \boldsymbol{C} & \boldsymbol{B}\end{vmatrix}=\begin{vmatrix}\boldsymbol{A} & \boldsymbol{0}\\ \boldsymbol{0} & \boldsymbol{E}\end{vmatrix}\begin{vmatrix}\boldsymbol{E} & \boldsymbol{0}\\ \boldsymbol{C} & \boldsymbol{E}\end{vmatrix}\begin{vmatrix}\boldsymbol{E} & \boldsymbol{0}\\ \boldsymbol{0} & \boldsymbol{B}\end{vmatrix}.$$

而

$$\begin{vmatrix}\boldsymbol{A} & \boldsymbol{0}\\ \boldsymbol{0} & \boldsymbol{E}\end{vmatrix}=\boldsymbol{A},\begin{vmatrix}\boldsymbol{E} & \boldsymbol{0}\\ \boldsymbol{C} & \boldsymbol{E}\end{vmatrix}=1,\begin{vmatrix}\boldsymbol{E} & \boldsymbol{0}\\ \boldsymbol{0} & \boldsymbol{B}\end{vmatrix}=|\boldsymbol{B}|.$$

所以

$$|\boldsymbol{D}|=|\boldsymbol{A}|\,|\boldsymbol{B}|,$$

同样可以证明

$$\begin{vmatrix}\boldsymbol{A} & \boldsymbol{C}\\ \boldsymbol{0} & \boldsymbol{B}\end{vmatrix}=|\boldsymbol{A}|\,|\boldsymbol{B}|,$$

其中 $\boldsymbol{A},\boldsymbol{B}$ 分布是 k 阶和 r 阶的可逆矩阵，$\boldsymbol{C}$ 是 $k\times r$ 矩阵，$\boldsymbol{0}$ 是 $r\times k$ 零矩阵.

定理 3.3.1 两个矩阵的和秩不超过这两个矩阵的秩的和，即

$$r(\boldsymbol{A}+\boldsymbol{B})\leqslant r(\boldsymbol{A})+r(\boldsymbol{B}).$$

证明：设 $\boldsymbol{A},\boldsymbol{B}$ 是两个 $s\times n$ 矩阵，用 $a_1,a_2,\cdots,a_s$ 和 $b_1,b_2,\cdots,b_s$ 来表示 $\boldsymbol{A}$ 和 $\boldsymbol{B}$ 的行向量，于是可将 $\boldsymbol{A},\boldsymbol{B}$ 表示为分块矩阵：

$$A=\begin{bmatrix}a_1\\a_2\\\vdots\\a_s\end{bmatrix},B=\begin{bmatrix}b_1\\b_2\\\vdots\\b_s\end{bmatrix},$$

于是

$$A+B=\begin{bmatrix}a_1+b_1\\a_2+b_2\\\vdots\\a_s+b_s\end{bmatrix},$$

表明 $\boldsymbol{A}+\boldsymbol{B}$ 的行向量组可以由向量组 $a_1,a_2,\cdots,a_s$ 和 $b_1,b_2,\cdots,b_s$ 线性表示,因此

$$\begin{aligned}r(\boldsymbol{A}+\boldsymbol{B})&\leqslant r\{a_1,a_2,\cdots,a_s,b_1,b_2,\cdots,b_s\}\\&\leqslant r\{a_1,a_2,\cdots,a_s\}+r\{b_1,b_2,\cdots,b_s\}\\&=r(\boldsymbol{A})+r(\boldsymbol{B}).\end{aligned}$$

推广 一般 $r(\boldsymbol{A}_1+\boldsymbol{A}_2+\cdots+\boldsymbol{A}_t)\leqslant r(\boldsymbol{A}_1)+r(\boldsymbol{A}_2)+\cdots+r(\boldsymbol{A}_t)$.

定理 3.3.2 矩阵乘积的秩不超过各因子的秩,即

$$r(\boldsymbol{AB})\leqslant\min\{r(\boldsymbol{A}),r(\boldsymbol{B})\}.$$

证明:设

$$\boldsymbol{A}=(a_{ij})_{s\times n},\boldsymbol{B}=(b_{ij})_{n\times m},$$

用 $b_1,b_2,\cdots,b_n$ 表示 $\boldsymbol{B}$ 的行向量,则

$$\boldsymbol{B}=\begin{bmatrix}b_1\\b_2\\\vdots\\b_n\end{bmatrix},$$

于是

$$\boldsymbol{AB}=\begin{bmatrix}a_{11}&a_{12}&\cdots&a_{1n}\\a_{21}&a_{22}&\cdots&a_{2n}\\\vdots&\vdots&&\vdots\\a_{s1}&a_{s2}&\cdots&a_{sn}\end{bmatrix}\begin{bmatrix}b_1\\b_2\\\vdots\\b_n\end{bmatrix}$$

$$=\begin{bmatrix} a_{11}b_1 & a_{12}b_2 & \cdots & a_{1n}b_n \\ a_{21}b_1 & a_{22}b_2 & \cdots & a_{2n}b_n \\ \vdots & \vdots & & \vdots \\ a_{s1}b_1 & a_{s2}b_2 & \cdots & a_{sn}b_n \end{bmatrix}.$$

说明 $\boldsymbol{AB}$ 的行向量可由 $\boldsymbol{B}$ 的行向量线性表示，故

$$r(\boldsymbol{AB})\leqslant r(\boldsymbol{B}).$$

$a_1,a_2,\cdots,a_s$ 表示 $\boldsymbol{A}$ 的列向量，则 $\boldsymbol{A}$ 的分块矩阵为

$$\boldsymbol{A}=[a_1 \quad a_2 \quad \cdots \quad a_n],$$

故

$$\boldsymbol{AB}=[a_1 \quad a_2 \quad \cdots \quad a_n]\begin{bmatrix} b_{11} & b_{12} & \cdots & b_{1m} \\ b_{21} & b_{22} & \cdots & a_{2m} \\ \vdots & \vdots & & \vdots \\ b_{n1} & b_{n2} & \cdots & a_{nm} \end{bmatrix}$$

$$=(\sum_{k=1}^{n} b_{k1}a_k,\sum_{k=1}^{n} b_{k2}a_k,\cdots,\sum_{k=1}^{n} b_{\mathrm{km}}a_k).$$

说明 $\boldsymbol{AB}$ 的列向量可由 $\boldsymbol{A}$ 的列向量线性表示，故

$$r(\boldsymbol{AB})\leqslant r(\boldsymbol{A}).$$

综上可得证，

$$r(\boldsymbol{AB})\leqslant \min\{r(\boldsymbol{A}),r(\boldsymbol{B})\}.$$

推广 一般 $r(\boldsymbol{A}_1\boldsymbol{A}_2\cdots\boldsymbol{A}_t)\leqslant \min\{r(\boldsymbol{A}_1),r(\boldsymbol{A}_2),\cdots,r(\boldsymbol{A}_t)\}$.

定理 3.3.3 矩阵乘积的行列式等于矩阵因子的行列式的乘积，即

$$|\boldsymbol{AB}|=|\boldsymbol{A}|\cdot|\boldsymbol{B}|.$$

证明：设

$$\boldsymbol{A}=(a_{ij})_{n\times n},\boldsymbol{B}=(b_{ij})_{n\times n},$$

其乘积为

$$\boldsymbol{C}=\boldsymbol{AB}=(c_{ij})_{n\times n},$$

其中

$$c_{ij}=a_{i1}b_{1j}+a_{i2}b_{2j}+\cdots+a_{in}b_{nj}.$$

另一方面通过 Laplace 定理可知 $2n$ 阶矩阵

$$\boldsymbol{D}=\begin{bmatrix} \boldsymbol{A} & \boldsymbol{0} \\ -\boldsymbol{E} & \boldsymbol{B} \end{bmatrix}$$

的行列式

$$|\boldsymbol{D}|=|\boldsymbol{A}|\cdot|\boldsymbol{B}|,$$

所以只要证得$|\boldsymbol{D}|=|\boldsymbol{C}|$即可.

推广 一般$|\boldsymbol{A}_1\boldsymbol{A}_2\cdots\boldsymbol{A}_t|=|\boldsymbol{A}_1||\boldsymbol{A}_2|\cdots|\boldsymbol{A}_t|$.其中,$\boldsymbol{A}_t$ 是 n 矩阵($i=1,2,\cdots,t$).

3.4 初等矩阵及矩阵的等价

3.4.1 初等变换的定义

定义 3.4.1 对某一矩阵施行的初等变换是指对该矩阵的行或列进行的如下三种变换的统称:

(1)倍法变换:将矩阵 $\boldsymbol{A}$ 第 i 行(列)的各元素分别乘以 $\lambda(\neq 0)$,其余行(列)不动,得矩阵 $\boldsymbol{B}$,则称对 $\boldsymbol{A}$ 施行了一次倍法变换,可记为 $Ld_i(\lambda)\boldsymbol{A}=\boldsymbol{B}$ ($Rd_i(\lambda)\boldsymbol{A}=\boldsymbol{B}$).

(2)消法变换:将矩阵 $\boldsymbol{A}$ 的第 j 行(列)乘以 μ 加于第 $i(\neq j)$ 行(列),其余行(列)不动,得矩阵 $\boldsymbol{B}$,则称对 $\boldsymbol{A}$ 施行了一次消法变换,记为 $L\tau_{ij}(\mu)\boldsymbol{A}=\boldsymbol{B}$($R\tau_{ji}(\mu)\boldsymbol{A}=\boldsymbol{B}$).

(3)换法变换:将矩阵 $\boldsymbol{A}$ 的第 i 行(列)与第 $j(\neq i)$ 行(列)对调位置,其余行(列)不动,得矩阵 $\boldsymbol{B}$,则称对 $\boldsymbol{A}$ 施行了一次换法变换,记为 $Lp_{ij}\boldsymbol{A}=\boldsymbol{B}$ ($Rp_{ij}\boldsymbol{A}=\boldsymbol{B}$).

定义 3.4.2 对矩阵的行(列)进行的倍法变换、消法变换和换法变换统称为初等行(列)变换.

实际上,三种初等变换本质上并不是相互独立的,有如下命题:

命题 3.4.1 任意一次换法变换可由三次消法变换和一次倍法变换实现.

证明:只证列变换的情况,行的情形是类似的.设

$$\boldsymbol{A}=(a_1,a_2,\cdots,a_n),$$

由此可见

$$R\tau_{ji}(1)\boldsymbol{A}=(a_1\cdots \overset{(i)}{a_i+a_j}\cdots \overset{(j)}{a_j}\cdots a_n)=\boldsymbol{B},$$

$$R\tau_{ij}(-1)\boldsymbol{B}=(a_1\cdots \overset{(i)}{a_i+a_j}\cdots \overset{(j)}{-a_i}\cdots a_n)=\boldsymbol{C},$$

$$R\tau_{ji}(1)\boldsymbol{C}=(a_1\cdots \overset{(i)}{a_j}\cdots \overset{(j)}{-a_i}\cdots a_n)=\boldsymbol{D},$$

$$Rd_j(-1)\boldsymbol{D}=(a_1\cdots \overset{(i)}{a_j}\cdots \overset{(j)}{a_i}\cdots a_n)=Rp_{ij}\boldsymbol{A}.$$

3.4.2 矩阵的初等变换与初等矩阵

矩阵的初等变换为线性代数理论中的一个重要工具.

定义 3.4.3 对矩阵 $\boldsymbol{A}$ 施行以下三种变换称为矩阵的初等变换:

(1)互换矩阵 $\boldsymbol{A}$ 的第 i 行与第 j 行(或第 i 列与第 j 列)的位置,记作 $r_i \leftrightarrow r_j$(或 $c_i \leftrightarrow c_j$).

(2)用常数 $k \neq 0$ 去乘以矩阵 $\boldsymbol{A}$ 的第 i 行(或第 j 列),记作 kr_i(或 kc_j).

(3)将矩阵 $\boldsymbol{A}$ 的第 j 行(或第 j 列)各元素的 k 倍加到第 i 行(或第 i 列)的对应元素上去,记作 $r_i + kr_j$(或 $c_i + kc_j$).

这三种初等变换分别简称为互换、倍乘、倍加.

定义 3.4.4 如果矩阵 $\boldsymbol{A}$ 经过有限次初等变换成矩阵 $\boldsymbol{B}$,则称矩阵 $\boldsymbol{A}$ 与 $\boldsymbol{B}$ 等价.

等价为矩阵间的一种关系,满足如下性质:

(1)自反性:矩阵 $\boldsymbol{A}$ 与自身等价.

(2)对称性:如果矩阵 $\boldsymbol{A}$ 与 $\boldsymbol{B}$ 等价,则 $\boldsymbol{B}$ 与 $\boldsymbol{A}$ 等价.

(3)传递性:如果矩阵 $\boldsymbol{A}$ 与 $\boldsymbol{B}$ 等价,并且 $\boldsymbol{B}$ 与 $\boldsymbol{C}$ 等价,则 $\boldsymbol{A}$ 与 $\boldsymbol{C}$ 等价.

定义 3.4.5 任意矩阵 $\boldsymbol{A}$ 都与一个形如 $\begin{bmatrix} \boldsymbol{E}_r & \boldsymbol{0} \\ \boldsymbol{0} & \boldsymbol{0} \end{bmatrix}$ 的矩阵等价. 则称 $\begin{bmatrix} \boldsymbol{E}_r & \boldsymbol{0} \\ \boldsymbol{0} & \boldsymbol{0} \end{bmatrix}$ 为矩阵 $\boldsymbol{A}$ 的等价标准形.

定义 3.4.6 对单位矩阵 $\boldsymbol{E}$ 实施一次初等变换后可得到的矩阵称之为初等矩阵.

对应于三种初等变换,可得以下三种初等矩阵.

(1)变换 n 阶单位矩阵 $\boldsymbol{E}$ 的第 i,j 行,所得初等矩阵可记作 $\boldsymbol{E}(i,j)$,即有

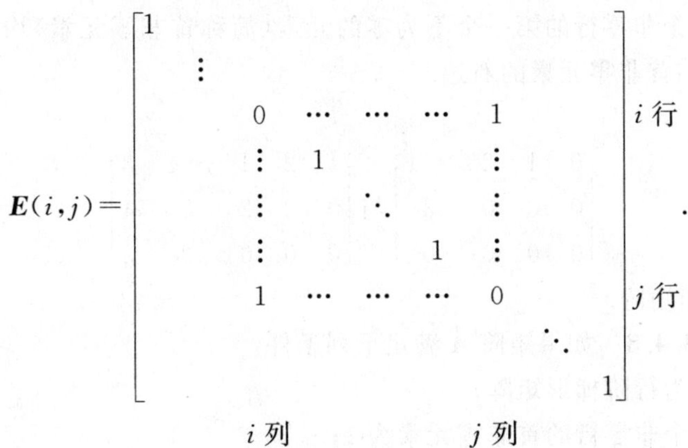

显然，把单位矩阵 $\boldsymbol{E}$ 的第 i 列与第 j 列交换，所得初等矩阵仍然为 $\boldsymbol{E}(i,j)$.

(2)用常数 $k\neq 0$ 乘以 $\boldsymbol{E}$ 的第 i 行，所得初等矩阵记作 $\boldsymbol{E}(i(k))$，即有

$$\boldsymbol{E}(i(k))=\begin{bmatrix}1 & & & & & \\ & \ddots & & & & \\ & & 1 & & & \\ & & & k & & \\ & & & & 1 & \\ & & & & & \ddots & \\ & & & & & & 1\end{bmatrix} i\text{行}.$$

$$i\text{列}$$

显然，把单位矩阵 $\boldsymbol{E}$ 的第 i 列乘以非零数 k，所得初等矩阵仍然为 $\boldsymbol{E}(i(k))$.

(3)把单位矩阵 $\boldsymbol{E}$ 的第 j 行的 k 倍加到第 i 行，所得初等矩阵记作 $\boldsymbol{E}(i,j(k))$，即有

$$\boldsymbol{E}(i,j(k))=\begin{bmatrix}1 & & & & & \\ & \vdots & & & & \\ & & 1 & \cdots & k & & \\ & & & \ddots & \vdots & & \\ & & & & 1 & & \\ & & & & & \ddots & \\ & & & & & & 1\end{bmatrix}\begin{matrix} \\ \\ i\text{行} \\ \\ j\text{行} \\ \\ \\ \end{matrix}.$$

$$i\text{列}\qquad j\text{列}$$

显然，把单位矩阵 $\boldsymbol{E}$ 的第 i 列的 k 倍加到第 j 列，所得初等矩阵仍然为 $\boldsymbol{E}(i,j(k))$.

定义 3.4.7 阶梯形矩阵是指满足如下条件的矩阵：

(1)零行在下方；

(2)各个非零行的第一个不为零的元素(简称首非零元素)均位于上一个非零行的首非零元素的右边.

例如：

$$\begin{bmatrix}0 & 1 & 2 & -1\\ 0 & 0 & 0 & 3\\ 0 & 0 & 0 & 0\end{bmatrix}\text{与}\begin{bmatrix}1 & 2 & 1 & -1 & 3\\ 0 & 0 & 2 & 0 & 4\\ 0 & 0 & 0 & 2 & 3\end{bmatrix}$$

均为阶梯形矩阵.

定义 3.4.8 如果矩阵 $\boldsymbol{A}$ 满足下列条件：

(1)它为行阶梯形矩阵；

(2)每个非零行的首非零元素为 1；

(3)包含首非零元素的列中其他元素都为 0.
则称 $\boldsymbol{A}$ 为简化阶梯形矩阵.

任意矩阵均可经过一系列初等行变换变成阶梯形矩阵,或者再经过一系列初等行变换变成简化的阶梯形矩阵.

定理 3.4.1 设矩阵 $\boldsymbol{A}=(a_{ij})_{m\times n}$,则有

(1)对 $\boldsymbol{A}$ 施行一次初等行变换,相当于在 $\boldsymbol{A}$ 的左边乘上一个相应的 m 阶初等矩阵;

(2)对 $\boldsymbol{A}$ 施行一次初等列变换,相当于在 $\boldsymbol{A}$ 的右边乘上一个相应的 n 阶初等矩阵.

证明:在这里我们仅对第三种初等行变化进行证明.

将矩阵 $\boldsymbol{A}$ 和 m 阶单位矩阵按行分块,记作

$$\boldsymbol{A}=\begin{bmatrix}\boldsymbol{A}_1\\ \vdots\\ \boldsymbol{A}_i\\ \vdots\\ \boldsymbol{A}_j\\ \vdots\\ \boldsymbol{A}_m\end{bmatrix},\boldsymbol{E}=\begin{bmatrix}\varepsilon_1\\ \vdots\\ \varepsilon_i\\ \vdots\\ \varepsilon_j\\ \vdots\\ \varepsilon_m\end{bmatrix},$$

使得

$$\boldsymbol{A}_k=[a_{k1}\quad a_{k2}\quad \cdots\quad a_{kn}]$$
$$\varepsilon_k=[0\quad 0\quad \cdots\quad 1\quad \cdots\quad 0]$$

其中,$k=1,2,\cdots,m$,ε_k 表示第 k 个元素为 1,其余元素为零的 $1\times m$ 矩阵.

将矩阵 $\boldsymbol{A}$ 的第 j 行乘以 k 加到第 i 行上,即有

$$\boldsymbol{A}=\begin{bmatrix}\boldsymbol{A}_1\\ \vdots\\ \boldsymbol{A}_i\\ \vdots\\ \boldsymbol{A}_j\\ \vdots\\ \boldsymbol{A}_m\end{bmatrix}\xrightarrow{r_i+kr_j}\begin{bmatrix}\boldsymbol{A}_1\\ \vdots\\ \boldsymbol{A}_i+k\boldsymbol{A}_j\\ \vdots\\ \boldsymbol{A}_j\\ \vdots\\ \boldsymbol{A}_m\end{bmatrix},$$

其相应的初等矩阵为

$$E(i,j(k))=\begin{bmatrix}\varepsilon_1\\ \vdots\\ \varepsilon_i+k\varepsilon_j\\ \vdots\\ \varepsilon_j\\ \vdots\\ \varepsilon_m\end{bmatrix}.$$

根据分块矩阵的乘法可得

$$E(i,j(k))A=\begin{bmatrix}\varepsilon_1\\ \vdots\\ \varepsilon_i+k\varepsilon_j\\ \vdots\\ \varepsilon_j\\ \vdots\\ \varepsilon_m\end{bmatrix}A=\begin{bmatrix}\varepsilon_1 A\\ \vdots\\ (\varepsilon_i+k\varepsilon_j)A\\ \vdots\\ \varepsilon_j A\\ \vdots\\ \varepsilon_m A\end{bmatrix}=\begin{bmatrix}A_1\\ \vdots\\ A_i+kA_j\\ \vdots\\ A_j\\ \vdots\\ A_m\end{bmatrix}.$$

上述表明施行上述的初等行变换，则相当于在矩阵 A 的左边乘一个相应的 m 阶初等矩阵.

定理 3.4.2 可逆矩阵经过初等行变换变成的简化阶梯形矩阵一定为单位矩阵.

定理 3.4.3 矩阵 A 可逆$\Leftrightarrow A$ 可以表示成一系列初等矩阵的乘积.

证明：当矩阵 A 可逆时，则有初等矩阵 $P_1,\cdots,P_m$ 使得

$$P_m\cdots P_1A=E,$$

即有

$$A=P_1^{-1}P_2^{-1}\cdots P_m^{-1}.$$

由于 $P_1^{-1},P_2^{-1},\cdots,P_m^{-1}$ 也是初等矩阵，从而说明可逆矩阵可以表示成为初等矩阵的乘积.

3.4.3 初等变换方法在矩阵中的应用实例分析

3.4.3.1 在求矩阵的逆中的应用

若$[A\quad I]$可经初等行变换化为$[I\quad B]$，则存在可逆矩阵 P，使得

$$P(AI)=(IB),$$

则 $PA=I$ 且 $B=P$，因而 $B=A^{-1}$.

利用矩阵的初等变换方法求解矩阵的逆的具体方法为：将$[A\quad I]$经一系列初等行变换化为$[I\quad B]$，则 $B=A^{-1}$.

例 3.4.1 已知下列矩阵可逆的充要条件，在可逆时求解其逆矩阵

$$A=\begin{bmatrix}1 & \cdots & 0 & b_1 & 0 & \cdots & 0\\ \vdots & & \vdots & \vdots & \vdots & & \vdots\\ 0 & \cdots & 1 & b_{i-1} & 0 & \cdots & 0\\ a_1 & \cdots & a_{i-1} & 1 & a_{i+1} & \cdots & a_n\\ 0 & \cdots & 0 & b_{i+1} & 1 & \cdots & 0\\ \vdots & & \vdots & \vdots & \vdots & & \vdots\\ 0 & \cdots & 0 & b_n & 0 & \cdots & 1\end{bmatrix}.$$

解:对$[A \quad I_n]$进行一系列初等行变换得到$[A_1,B]$,其中

$$A_1=\begin{bmatrix}1 & \cdots & 0 & b_1 & 0 & \cdots & 0\\ \vdots & & \vdots & \vdots & \vdots & & \vdots\\ 0 & \cdots & 1 & b_{i-1} & 0 & \cdots & 0\\ 0 & \cdots & 0 & \Delta & 0 & \cdots & 0\\ 0 & \cdots & 0 & b_{i+1} & 1 & \cdots & 0\\ \vdots & & \vdots & \vdots & \vdots & & \vdots\\ 0 & \cdots & 0 & b_n & 0 & \cdots & 1\end{bmatrix},$$

$$B=\begin{bmatrix}1 & 0 & \cdots & \cdots & \cdots & \cdots & 0\\ \vdots & \vdots & \vdots & \cdots & \cdots & \cdots & \vdots\\ 0 & \cdots & 1 & 0 & \cdots & \cdots & 0\\ -a_1 & \cdots & -a_{i-1} & 1 & -a_{i+1} & \cdots & -a_n\\ 0 & \cdots & \cdots & 0 & 1 & \cdots & 0\\ \vdots & \cdots & \cdots & \cdots & \vdots & \vdots & \vdots\\ 0 & \cdots & \cdots & \cdots & \cdots & 0 & 1\end{bmatrix},$$

$\Delta=1-\sum\limits_{\substack{k=1\\k\neq i}}^{n}b_ka_k$. 由此可知,$A$可逆的充要条件是$\Delta\neq 0$. 进一步在进行初等变换,可求得

$$A^{-1}=\begin{bmatrix}\delta_{11} & \cdots & \delta_{i-11} & -\dfrac{b_1}{\Delta} & \delta_{i+11} & \cdots & \delta_{n1}\\ \vdots & & \vdots & \vdots & \vdots & & \vdots\\ \delta_{1i-1} & \cdots & \delta_{i-1i-1} & -\dfrac{b_{i-1}}{\Delta} & \delta_{i+1i-1} & \cdots & \delta_{ni-1}\\ -\dfrac{a_1}{\Delta} & \cdots & -\dfrac{a_{i-1}}{\Delta} & \dfrac{1}{\Delta} & -\dfrac{a_{i+1}}{\Delta} & \cdots & -\dfrac{a_n}{\Delta}\\ \delta_{1i+1} & \cdots & \delta_{i-1i+1} & -\dfrac{b_{i+1}}{\Delta} & \delta_{i+1i+1} & \cdots & \delta_{ni+1}\\ \vdots & & \vdots & \vdots & \vdots & & \vdots\\ \delta_{1n} & \cdots & \delta_{i-1n} & -\dfrac{b_n}{\Delta} & \delta_{i+1n} & \cdots & \delta_{nn}\end{bmatrix},$$

其中,

$$\delta_{jk}=\begin{cases}\dfrac{a_jb_k}{\Delta},j\neq k\\ 1+\dfrac{a_jb_k}{\Delta},j=k\end{cases}\quad j,k=1,\cdots,i-1,i+1,\cdots,n.$$

3.4.3.2 在求矩阵的秩中的应用

由于矩阵的秩是矩阵初等变换下的不变量,因而求矩阵的秩的方法:将矩阵 $\boldsymbol{A}$ 经一系列初等行变换化成阶梯形阵,其中非零行数即为 $\boldsymbol{A}$ 的秩.

例 3.4.2 证明

$$秩(\boldsymbol{ABC})\geqslant秩(\boldsymbol{AB})+秩(\boldsymbol{BC})-秩\,\boldsymbol{B}$$

证明:设计如下分块矩阵 $\boldsymbol{D}$,并进行块初等变换有

$$\boldsymbol{D}=\begin{bmatrix}\boldsymbol{B}&\boldsymbol{0}\\ \boldsymbol{0}&\boldsymbol{ABC}\end{bmatrix}\xrightarrow{列}\begin{bmatrix}\boldsymbol{B}&\boldsymbol{BC}\\ \boldsymbol{0}&\boldsymbol{ABC}\end{bmatrix}$$

$$\xrightarrow{行}\begin{bmatrix}\boldsymbol{B}&\boldsymbol{BC}\\ -\boldsymbol{AB}&\boldsymbol{0}\end{bmatrix}\xrightarrow{列}\begin{bmatrix}\boldsymbol{BC}&\boldsymbol{B}\\ \boldsymbol{0}&-\boldsymbol{AB}\end{bmatrix}$$

$$\xrightarrow{行}\begin{bmatrix}\boldsymbol{BC}&\boldsymbol{B}\\ \boldsymbol{0}&\boldsymbol{AB}\end{bmatrix}.$$

故

$$秩\,\boldsymbol{B}+秩(\boldsymbol{ABC})=秩\,\boldsymbol{D}=秩\begin{bmatrix}\boldsymbol{BC}&\boldsymbol{B}\\ \boldsymbol{0}&\boldsymbol{AB}\end{bmatrix}\geqslant秩(\boldsymbol{BC})+秩(\boldsymbol{AB}),$$

其中不等号由例 3.4.4 得到,于是原不等式成立.

例 3.4.3 设 $\boldsymbol{A}$ 为 $m\times n$ 矩阵,证明:

(1)$秩(\boldsymbol{I}_m-\boldsymbol{AA}')-秩(\boldsymbol{I}_n-\boldsymbol{A}'\boldsymbol{A})=m-n$;

(2)$|\boldsymbol{I}_m-\boldsymbol{AA}'|=|\boldsymbol{I}_n-\boldsymbol{A}'\boldsymbol{A}|$.

证明:设 $\boldsymbol{B}=\begin{bmatrix}\boldsymbol{I}_m&\boldsymbol{A}\\ \boldsymbol{A}'&\boldsymbol{I}_n\end{bmatrix}$,对 $\boldsymbol{B}$ 进行块初等变换得

$$\boldsymbol{B}\xrightarrow{列}\begin{bmatrix}\boldsymbol{I}_m-\boldsymbol{AA}'&\boldsymbol{A}\\ \boldsymbol{0}&\boldsymbol{I}_n\end{bmatrix}\xrightarrow{行}\begin{bmatrix}\boldsymbol{I}_m-\boldsymbol{AA}'&\boldsymbol{0}\\ \boldsymbol{0}&\boldsymbol{I}_n\end{bmatrix},$$

$$\boldsymbol{B}\xrightarrow{行}\begin{bmatrix}\boldsymbol{I}_m&\boldsymbol{A}\\ \boldsymbol{0}&\boldsymbol{I}_n-\boldsymbol{AA}'\end{bmatrix}\xrightarrow{列}\begin{bmatrix}\boldsymbol{I}_m&\boldsymbol{0}\\ \boldsymbol{0}&\boldsymbol{I}_n-\boldsymbol{AA}'\end{bmatrix}.$$

由于初等变换不改变秩,容易看出(1)成立. 再细察可知,所有变换均块消法变换,故行列式值不变,于是有(2)成立.

例 3.4.2 和例 3.4.3 介绍了一种证明关于矩阵的秩、行列式的等式和不等式的一种方法. 这种方法就是设计适当的块阵,然后经初等变换改变

其形式，前后对比则可得到一些关系.

3.4.3.3 在求解矩阵方程中的应用

例 3.4.4 设 $m\times n$ 矩阵 $\boldsymbol{A}$ 有等价分解 $\boldsymbol{A}=\begin{bmatrix}\boldsymbol{I}_r & \boldsymbol{0}\\ \boldsymbol{0} & \boldsymbol{0}\end{bmatrix}\boldsymbol{Q}$，求矩阵方程 $\boldsymbol{AXA}=\boldsymbol{A}$ 的解 $\boldsymbol{X}$.

解：由 $\boldsymbol{AXA}=\boldsymbol{A}$ 可得

$$\boldsymbol{P}\begin{bmatrix}\boldsymbol{I}_r & \boldsymbol{0}\\ \boldsymbol{0} & \boldsymbol{0}\end{bmatrix}\boldsymbol{QXP}\begin{bmatrix}\boldsymbol{I}_r & \boldsymbol{0}\\ \boldsymbol{0} & \boldsymbol{0}\end{bmatrix}\boldsymbol{Q}=\boldsymbol{P}\begin{bmatrix}\boldsymbol{I}_r & \boldsymbol{0}\\ \boldsymbol{0} & \boldsymbol{0}\end{bmatrix}\boldsymbol{Q}.$$

令 $\boldsymbol{QXP}\begin{bmatrix}\boldsymbol{X}_1 & \boldsymbol{X}_2\\ \boldsymbol{X}_3 & \boldsymbol{X}_4\end{bmatrix}$，其中 $\boldsymbol{X}_1$ 为 r 阶方阵，从而

$$\begin{bmatrix}\boldsymbol{I}_r & \boldsymbol{0}\\ \boldsymbol{0} & \boldsymbol{0}\end{bmatrix}\begin{bmatrix}\boldsymbol{X}_1 & \boldsymbol{X}_2\\ \boldsymbol{X}_3 & \boldsymbol{X}_4\end{bmatrix}\begin{bmatrix}\boldsymbol{I}_r & \boldsymbol{0}\\ \boldsymbol{0} & \boldsymbol{0}\end{bmatrix}=\begin{bmatrix}\boldsymbol{I}_r & \boldsymbol{0}\\ \boldsymbol{0} & \boldsymbol{0}\end{bmatrix},$$

于是 $\boldsymbol{X}_1=\boldsymbol{I}_r$，故有

$$\boldsymbol{X}=\boldsymbol{Q}^{-1}\begin{bmatrix}\boldsymbol{I}_r & \boldsymbol{X}_2\\ \boldsymbol{X}_3 & \boldsymbol{X}_4\end{bmatrix}\boldsymbol{P}^{-1},$$

其中，$\boldsymbol{X}_2,\boldsymbol{X}_3,\boldsymbol{X}_4$ 任意.

为了得到 $\boldsymbol{Q}^{-1},\boldsymbol{P}^{-1}$ 可以采用如下方法：

对矩阵 $\begin{bmatrix}\boldsymbol{A} & \boldsymbol{I}_m\\ \boldsymbol{I}_n & \boldsymbol{0}\end{bmatrix}$ 的前 m 行施行初等变换且前 n 列施行初等变换，当 $\boldsymbol{A}$ 的位置处化为 $\begin{bmatrix}\boldsymbol{I}_r & \boldsymbol{0}\\ \boldsymbol{0} & \boldsymbol{0}\end{bmatrix}$ 时在 $\boldsymbol{I}_m$ 和 $\boldsymbol{I}_n$ 的位置分别得到 $\boldsymbol{P}^{-1},\boldsymbol{Q}^{-1}$，即

$$\begin{bmatrix}\boldsymbol{A} & \boldsymbol{I}_m\\ \boldsymbol{I}_n & 0\end{bmatrix}\to\begin{bmatrix}\begin{bmatrix}\boldsymbol{I}_r & \boldsymbol{0}\\ \boldsymbol{0} & \boldsymbol{0}\end{bmatrix} & \boldsymbol{P}^{-1}\\ \boldsymbol{Q}^{-1} & \boldsymbol{0}\end{bmatrix}.$$

例 3.4.5 设 $m\times n$ 矩阵 $\boldsymbol{A}$ 有等价分解 $\boldsymbol{A}=\boldsymbol{P}\begin{bmatrix}\boldsymbol{I}_r & \boldsymbol{0}\\ \boldsymbol{0} & \boldsymbol{0}\end{bmatrix}\boldsymbol{Q}$，$\boldsymbol{B}$ 为 $m\times s$ 矩阵，求矩阵方程 $\boldsymbol{AX}=\boldsymbol{B}$ 的解 $\boldsymbol{X}$.

解：由 $\boldsymbol{AX}=\boldsymbol{B}$ 得 $\boldsymbol{P}\begin{bmatrix}\boldsymbol{I}_r & \boldsymbol{0}\\ \boldsymbol{0} & \boldsymbol{0}\end{bmatrix}\boldsymbol{QX}=\boldsymbol{B}$，令 $\boldsymbol{P}^{-1}\boldsymbol{B}=\begin{bmatrix}\boldsymbol{C}\\ \boldsymbol{D}\end{bmatrix}$ 及 $\boldsymbol{QX}=\begin{bmatrix}\boldsymbol{X}_1\\ \boldsymbol{X}_2\end{bmatrix}$，其中 $\boldsymbol{X}_1,\boldsymbol{C}$ 的行数均为 r，则 $\begin{bmatrix}\boldsymbol{I}_r & \boldsymbol{0}\\ \boldsymbol{0} & \boldsymbol{0}\end{bmatrix}\begin{bmatrix}\boldsymbol{X}_1\\ \boldsymbol{X}_2\end{bmatrix}=\begin{bmatrix}\boldsymbol{C}\\ \boldsymbol{D}\end{bmatrix}$，故

$$\boldsymbol{AX}=\boldsymbol{B}\text{ 有解}\Leftrightarrow\boldsymbol{D}=\boldsymbol{0}.$$

当有解时，容易证得 $\boldsymbol{X}_1=\boldsymbol{C}$，即

$$\boldsymbol{X}=\boldsymbol{Q}^{-1}\begin{bmatrix}\boldsymbol{C}\\ \boldsymbol{X}_2\end{bmatrix},$$

其中，X_2 为任意的$(n-r)\times s$ 阶矩阵. 由上式可知，只需求出 Q^{-1} 及 C($P^{-1}B$ 的前 r 行)即可.

对矩阵$\begin{bmatrix} A & B \\ I_n & 0 \end{bmatrix}$的前 m 行施行初等行变换且前 n 列施行初等列变换，当 A 的位置处化为$\begin{bmatrix} I_r & 0 \\ 0 & 0 \end{bmatrix}$时在 B 和 I_n 的位置分别得到 $P^{-1}B$ 和 Q^{-1}，即

$$\begin{bmatrix} A & B \\ I_n & 0 \end{bmatrix} \to \begin{bmatrix} \begin{bmatrix} I_r & 0 \\ 0 & 0 \end{bmatrix} & P^{-1} \\ Q^{-1} & 0 \end{bmatrix}.$$

由该实例的解法可知

$AX=B$ 有解 $B \Leftrightarrow D=0$

$$\Leftrightarrow 秩\left(\begin{bmatrix} I_r & 0 \\ 0 & 0 \end{bmatrix} Q \begin{bmatrix} C \\ D \end{bmatrix}\right)=r=秩 A$$

$$\Leftrightarrow 秩 P\left(\begin{bmatrix} I_r & 0 \\ 0 & 0 \end{bmatrix} Q \begin{bmatrix} C \\ D \end{bmatrix}\right)=秩 A$$

$$\Leftrightarrow 秩(AB)=秩 A,$$

由此，若要判断 $AX=B$ 是否有解，只需对$[A \quad B]$施行初等行变换，当 A 所处的位置化为阶梯形的同时，$[A \quad B]$也化成了阶梯形矩阵，且两个阶梯形的非零行相同，则 $AX=B$ 有解；否则，无解.

3.4.3.4 利用合同初等变换将数域 F 上的对称矩阵化为对角矩阵

设 A 为 n 阶对称矩阵，欲求可逆矩阵 C，使得 $C'AC$ 为对角矩阵，可对$\begin{bmatrix} A \\ I_n \end{bmatrix}$的列及前 n 行施行系列合同初等变换，当 A 所在位置化为对角矩阵时，I_n 处就化为变换矩阵 C. 其原理为

$$\begin{bmatrix} C' & 0 \\ 0 & I_n \end{bmatrix}\begin{bmatrix} A \\ I_n \end{bmatrix}=\begin{bmatrix} C'AC \\ C \end{bmatrix}.$$

例 3.4.6 设

$$A=\begin{bmatrix} 0 & \frac{1}{2} & -2 & 1 \\ \frac{1}{2} & 0 & 3 & 0 \\ -2 & 3 & 0 & 1 \\ 1 & 0 & 1 & 0 \end{bmatrix},$$

求可逆矩阵 C，使得 $C'AC$ 为对角矩阵.

$$\begin{bmatrix}A\\I_4\end{bmatrix}=\begin{bmatrix}0&\frac{1}{2}&-2&1\\\frac{1}{2}&0&3&0\\-2&3&0&1\\1&0&1&0\\1&0&0&0\\0&1&0&0\\0&0&1&0\\0&0&0&1\end{bmatrix}\to\begin{bmatrix}\frac{1}{2}&\frac{1}{2}&1&1\\\frac{1}{2}&0&3&0\\-2&3&0&1\\1&0&1&0\\1&0&0&0\\0&1&0&0\\0&0&1&0\\0&0&0&1\end{bmatrix}$$

$$\to\begin{bmatrix}1&\frac{1}{2}&1&1\\\frac{1}{2}&0&3&0\\1&3&0&1\\1&0&1&0\\1&0&0&0\\1&1&0&0\\0&0&1&0\\0&0&0&1\end{bmatrix}\to\begin{bmatrix}1&\frac{1}{2}&1&1\\0&-\frac{1}{4}&\frac{5}{2}&-\frac{1}{2}\\0&\frac{5}{2}&-1&0\\0&-\frac{1}{2}&0&-1\\1&0&0&0\\1&1&0&0\\0&0&1&0\\0&0&0&1\end{bmatrix}$$

$$\to\begin{bmatrix}1&0&0&0\\0&-\frac{1}{4}&\frac{5}{2}&-\frac{1}{2}\\0&\frac{5}{2}&-1&0\\0&-\frac{1}{2}&0&-1\\1&-\frac{1}{2}&-1&-1\\1&\frac{1}{2}&-1&-1\\0&0&1&0\\0&0&0&1\end{bmatrix}\to\begin{bmatrix}1&0&0&0\\0&-\frac{1}{4}&\frac{5}{2}&-\frac{1}{2}\\0&0&24&-5\\0&0&-5&0\\1&-\frac{1}{2}&-1&-1\\1&\frac{1}{2}&-1&-1\\0&0&1&0\\0&0&0&1\end{bmatrix}$$

$$\rightarrow\begin{bmatrix}1&0&0&0\\0&-\frac{1}{4}&0&0\\0&0&24&-5\\0&0&-5&0\\1&-\frac{1}{2}&-6&0\\1&\frac{1}{2}&4&-2\\0&0&1&0\\0&0&0&1\end{bmatrix}\rightarrow\begin{bmatrix}1&0&0&0\\0&-\frac{1}{4}&0&0\\0&0&24&0\\0&0&0&-\frac{25}{24}\\1&-\frac{1}{2}&-6&-\frac{5}{4}\\1&\frac{1}{2}&4&-\frac{7}{6}\\0&0&1&\frac{5}{24}\\0&0&0&1\end{bmatrix},$$

于是

$$\boldsymbol{C}=\begin{bmatrix}1&-\frac{1}{2}&-6&-\frac{5}{4}\\1&\frac{1}{2}&4&-\frac{7}{6}\\0&0&1&\frac{5}{24}\\0&0&0&1\end{bmatrix},$$

且

$$\boldsymbol{C}'\boldsymbol{A}\boldsymbol{C}=\mathrm{diag}\begin{bmatrix}1&-\frac{1}{4}&24&-\frac{25}{24}\end{bmatrix}.$$

类似地，可以用合同初等变换化反对称矩阵为

$$\mathrm{diag}\begin{bmatrix}\begin{bmatrix}0&1\\-1&0\end{bmatrix}&\cdots&\begin{bmatrix}0&1\\-1&0\end{bmatrix}&0&\cdots&0\end{bmatrix}$$

3.4.4 矩阵的等价

(1)若矩阵 $\boldsymbol{A}$ 经过一系列初等变换化成矩阵 $\boldsymbol{B}$，$\boldsymbol{B}$ 与 $\boldsymbol{A}$ 必是同型的，称矩阵 $\boldsymbol{A}$ 与 $\boldsymbol{B}$ 等价.

(2)对任何一个矩阵，均可以经过一系列初等行变换化成阶梯形矩阵，或再经过一系列初等行变换化成简化阶梯形矩阵. 即任何一个矩阵都行等价于一个简化阶梯形矩阵，而且后者是唯一的.

例 3.4.7 设

$$\boldsymbol{A}=\begin{bmatrix}0 & 1 & 2\\ 1 & 1 & 4\\ 2 & -1 & 0\end{bmatrix},$$

试用初等行变换法求 $\boldsymbol{A}^{-1}$.

解:对$[\boldsymbol{A} \vdots \boldsymbol{E}]$作初等行变换:

$$[\boldsymbol{A} \vdots \boldsymbol{E}]=\begin{bmatrix}0 & 1 & 2 & 1 & 0 & 0\\ 1 & 1 & 4 & 0 & 1 & 0\\ 2 & -1 & 0 & 0 & 0 & 1\end{bmatrix}$$

$$\xrightarrow{r_1\leftrightarrow r_2}\begin{bmatrix}1 & 1 & 4 & 0 & 1 & 0\\ 0 & 1 & 2 & 1 & 0 & 0\\ 2 & -1 & 0 & 0 & 0 & 1\end{bmatrix}$$

$$\xrightarrow{r_3-2r_1}\begin{bmatrix}1 & 1 & 4 & 0 & 1 & 0\\ 0 & 1 & 2 & 1 & 0 & 0\\ 0 & -3 & -8 & 0 & -2 & 1\end{bmatrix}$$

$$\xrightarrow{r_3+3r_2}\begin{bmatrix}1 & 1 & 4 & 0 & 1 & 0\\ 0 & 1 & 2 & 1 & 0 & 0\\ 0 & 0 & -2 & 3 & -2 & 1\end{bmatrix}$$

$$\xrightarrow[r_2+r_3]{r_1-2r_2}\begin{bmatrix}1 & 0 & 0 & 2 & -1 & 1\\ 0 & 1 & 0 & 4 & -2 & 1\\ 0 & 0 & -2 & 3 & -2 & 1\end{bmatrix}$$

$$\xrightarrow{\left(-\frac{1}{2}\right)r_3}\begin{bmatrix}1 & 0 & 0 & 2 & -1 & 1\\ 0 & 1 & 0 & 4 & -2 & 1\\ 0 & 0 & 1 & -\frac{3}{2} & 1 & -\frac{1}{2}\end{bmatrix},$$

于是

$$\boldsymbol{A}^{-1}=\begin{bmatrix}2 & -1 & 1\\ 4 & -2 & 1\\ -\frac{3}{2} & 1 & -\frac{1}{2}\end{bmatrix}.$$

点评:也可以利用初等列变换的方法求逆矩阵.

$$\begin{bmatrix}\boldsymbol{A}\\ \cdots\\ \boldsymbol{E}\end{bmatrix}\xrightarrow{\text{初等列变换}}\begin{bmatrix}\boldsymbol{E}\\ \cdots\\ \boldsymbol{A}^{-1}\end{bmatrix}$$

此式表明:经初等列变换将 $\boldsymbol{A}$ 变成单位矩阵 $\boldsymbol{E}$ 时,则下边的单位矩阵 $\boldsymbol{E}$ 就变成 $\boldsymbol{A}^{-1}$,下面用列初等变换计算 $\boldsymbol{A}^{-1}$.

$$\begin{bmatrix} A \\ E \end{bmatrix}=\begin{bmatrix} 0 & 1 & 2 \\ 1 & 1 & 4 \\ 2 & -1 & 0 \\ 1 & 0 & 0 \\ 0 & 1 & 0 \\ 0 & 0 & 1 \end{bmatrix} \xrightarrow{c_1 \leftrightarrow c_2} \begin{bmatrix} 1 & 0 & 2 \\ 1 & 1 & 4 \\ -1 & 2 & 0 \\ 0 & 1 & 0 \\ 1 & 0 & 0 \\ 0 & 0 & 1 \end{bmatrix}$$

$$\xrightarrow{c_3-2c_1} \begin{bmatrix} 1 & 0 & 0 \\ 1 & 1 & 2 \\ -1 & 2 & 0 \\ 0 & 1 & 0 \\ 1 & 0 & -2 \\ 0 & 0 & 1 \end{bmatrix} \xrightarrow{c_3-2c_2}$$

$$\begin{bmatrix} 1 & 0 & 0 \\ 1 & 1 & 2 \\ -1 & 2 & -2 \\ 0 & 1 & -2 \\ 1 & 0 & -2 \\ 0 & 0 & 1 \end{bmatrix} \xrightarrow{c_2+c_3} \begin{bmatrix} 1 & 0 & 0 \\ 1 & 1 & 0 \\ -1 & 0 & -2 \\ 0 & -1 & -2 \\ 1 & -2 & -2 \\ 0 & 1 & 1 \end{bmatrix}$$

$$\xrightarrow{c_1-c_2} \begin{bmatrix} 1 & 0 & 0 \\ 0 & 1 & 0 \\ -1 & 0 & -2 \\ 1 & -1 & -2 \\ 3 & -2 & -2 \\ -1 & 1 & 1 \end{bmatrix} \xrightarrow{c_1-\frac{1}{2}c_3} \begin{bmatrix} 1 & 0 & 0 \\ 0 & 1 & 0 \\ 0 & 0 & -2 \\ 2 & -1 & -2 \\ 4 & -2 & -2 \\ -\frac{3}{2} & 1 & 1 \end{bmatrix}$$

$$\xrightarrow{\left(-\frac{1}{2}\right)c_3} \begin{bmatrix} 1 & 0 & 0 \\ 0 & 1 & 0 \\ 0 & 0 & 1 \\ 2 & -1 & 1 \\ 4 & -2 & 1 \\ -\frac{3}{2} & 1 & -\frac{1}{2} \end{bmatrix},$$

故

$$A^{-1}=\begin{bmatrix}2 & -1 & 1\\ 4 & -2 & 1\\ -\frac{3}{2} & 1 & -\frac{1}{2}\end{bmatrix}.$$

例 3.4.8 设 $\boldsymbol{AX}=\boldsymbol{B}$,求 $\boldsymbol{X}$,其中

$$A=\begin{bmatrix}1 & 1 & \cdots & 1\\ 0 & 1 & \cdots & 1\\ \vdots & \vdots & & \vdots\\ 0 & 0 & \cdots & 1\end{bmatrix},B=\begin{bmatrix}1 & 2 & \cdots & n\\ 0 & 1 & \cdots & n-1\\ \vdots & \vdots & & \vdots\\ 0 & 0 & \cdots & 1\end{bmatrix}.$$

解:方法一 先求 $\boldsymbol{A}^{-1}$.

$$[A\vdots E]=\begin{bmatrix}1 & 1 & \cdots & 1 & 1 & 0 & \cdots & 0\\ 0 & 1 & \cdots & 1 & 0 & 1 & \cdots & 0\\ \vdots & \vdots & & \vdots & \vdots & \vdots & & \vdots\\ 0 & 0 & \cdots & 1 & 0 & 0 & \cdots & 1\end{bmatrix}$$

$$\xrightarrow[r_{n-1}-r_n]{\substack{r_1-r_2\\ r_2-r_3\\ \cdots}}\left[\begin{array}{c|ccccc}E & 1 & -1 & 0 & \cdots & 0\\ & 0 & 1 & -1 & \cdots & 0\\ & \vdots & \vdots & \vdots & & \vdots\\ & 0 & 0 & 0 & \cdots & 1\end{array}\right],$$

故

$$A^{-1}=\begin{bmatrix}1 & -1 & 0 & \cdots & 0\\ 0 & 1 & -1 & \cdots & 0\\ \vdots & \vdots & \vdots & & \vdots\\ 0 & 0 & 0 & \cdots & 1\end{bmatrix}.$$

易见,$\boldsymbol{A}^{-1}\boldsymbol{B}=\boldsymbol{A}$,故 $\boldsymbol{X}=\boldsymbol{A}^{-1}\boldsymbol{B}=\boldsymbol{A}$ 为所求.

方法二 构造一个 $n\times 2n$ 型矩阵,并对它作行初等变换,将 $\boldsymbol{A}$ 变成 $\boldsymbol{E}$.

$$[A\vdots B]=\begin{bmatrix}1 & 1 & \cdots & 1 & 1 & 2 & \cdots & n\\ 0 & 1 & \cdots & 1 & 0 & 1 & \cdots & n-1\\ \vdots & \vdots & & \vdots & \vdots & \vdots & & \vdots\\ 0 & 0 & \cdots & 1 & 0 & 0 & \cdots & 1\end{bmatrix}$$

$$\xrightarrow[r_{n-1}-r_n]{\substack{r_1-r_2\\ r_2-r_3\\ \cdots}}\begin{bmatrix}1 & 0 & \cdots & 1 & 1 & 1 & \cdots & 1\\ 0 & 1 & \cdots & 0 & 0 & 1 & \cdots & 1\\ \vdots & \vdots & & \vdots & \vdots & \vdots & & \vdots\\ 0 & 1 & \cdots & 1 & 0 & 0 & \cdots & 1\end{bmatrix}.$$

通过上述行初等变换,将 $\boldsymbol{A}$ 变成 $\boldsymbol{E}$ 的同时,已将 $\boldsymbol{B}$ 变成 $\boldsymbol{X}$,结果为 $\boldsymbol{X}=\boldsymbol{A}$.

3.5 矩阵分解

矩阵分解可以使矩阵的结构简单明了，从而减少矩阵的各种相关运算量. 另外，把矩阵分解成具有某种特征的因子的乘积，无论是在矩阵的理论分析还是实际应用中都是十分重要的. 本章就一些在矩阵理论和数值计算中具有广泛应用的矩阵分解作简单介绍.

3.5.1 矩阵的满秩分解

将矩阵分解成一个列满秩矩阵与一个行满秩矩阵的乘积，对于广义逆矩阵的问题的学习具有十分重要的意义. 本节主要讨论矩阵的满秩分解及其分解的方法.

3.5.1.1 矩阵的满秩分解

定义 3.5.1 设 $\boldsymbol{A}\in \mathrm{C}_r^{m\times n}(r>0)$，若存在矩阵 $\boldsymbol{F}\in \mathrm{C}_r^{m\times r}$ 和 $\boldsymbol{G}\in \mathrm{C}_r^{r\times n}$，即 $\boldsymbol{F}$ 为列满秩阵，$\boldsymbol{G}$ 为行满秩阵，使得

$$\boldsymbol{A}=\boldsymbol{F}\boldsymbol{G}, \tag{3-5-1}$$

则称式(3-5-1)为矩阵 $\boldsymbol{A}$ 的满秩分解.

定理 3.5.1 设 $\boldsymbol{A}\in \mathrm{C}_r^{m\times n}$，则 $\boldsymbol{A}$ 有满秩分解式(3-5-1).

证明：由 $\mathrm{rank}\boldsymbol{A}=r$，故存在 $\boldsymbol{P}\in \mathrm{C}_m^{m\times m}$，$\boldsymbol{Q}\in \mathrm{C}_n^{n\times n}$，使

$$\boldsymbol{PAQ}=\begin{bmatrix}\boldsymbol{I}_r & \boldsymbol{O}\\ \boldsymbol{O} & \boldsymbol{O}\end{bmatrix}=\begin{bmatrix}\boldsymbol{I}_r\\ \boldsymbol{O}_{(m-r)\times r}\end{bmatrix}[\boldsymbol{I}_r,\boldsymbol{O}_{r\times(n-r)}],$$

于是

$$\boldsymbol{A}=\boldsymbol{P}^{-1}\begin{bmatrix}\boldsymbol{I}_r\\ \boldsymbol{O}\end{bmatrix}[\boldsymbol{I}_r\quad \boldsymbol{O}]\boldsymbol{Q}^{-1}=\boldsymbol{FG}.$$

其中

$$\boldsymbol{F}=\boldsymbol{P}^{-1}\begin{bmatrix}\boldsymbol{I}_r\\ \boldsymbol{O}\end{bmatrix},\quad \boldsymbol{G}=[\boldsymbol{I}_r\quad \boldsymbol{O}]\boldsymbol{Q}^{-1}.$$

很显然，$\boldsymbol{F}\in \mathrm{C}_r^{m\times r}$，$\boldsymbol{G}\in \mathrm{C}_r^{r\times n}$.

定理 3.5.1 的证明过程给出了 $\boldsymbol{F}$，$\boldsymbol{G}$ 的求法，但是比较麻烦，为此首先给出以下定义.

定义 3.5.2 设 $\boldsymbol{H}\in \mathrm{C}_r^{m\times n}(r>0)$，并且满足：

(1)$\boldsymbol{H}$ 的前 r 行中每行至少含有一个非零元素，并且第一个非零元素是 1，后 $m-r$ 行元素皆为零；

(2)若 $\boldsymbol{H}$ 的第 i 行的第一个非零元素在第 j_i 列($i=1,2,\cdots,r$),则 $j_1<j_2<\cdots<j_r$;

(3)$\boldsymbol{H}$ 中的 $j_1,j_2,\cdots,j_r$ 列为单位阵 I_m 的前 r 列.

则称 $\boldsymbol{H}$ 为 Hermite 标准形.

显然,$\forall \boldsymbol{A}\in \mathrm{C}_r^{m\times n}$,可以由初等行变换将 $\boldsymbol{A}$ 化为 Hermite 标准形,并且使 $\boldsymbol{H}$ 的前 r 行线性无关.

定义 3.5.3 设 $\boldsymbol{I}_n=(e_1,e_2,\cdots,e_n)$,则 $S=(e_{j_1},e_{j_2},\cdots,e_{j_n})$称为置换矩阵,这里的 $j_1,j_2,\cdots,j_n$ 为 $1,2,\cdots,n$ 的一个排列.

定理 3.5.2 设 $\boldsymbol{A}\in \mathrm{C}_r^{m\times n}$ 的 Hermite 标准形为 $\boldsymbol{H}$,那么在 $\boldsymbol{A}$ 的满秩分解式(3-5-1)中,$\boldsymbol{F}$ 可取为 $\boldsymbol{A}$ 的第 $j_1,j_2,\cdots,j_r$ 列构成的 $m\times r$ 矩阵,$\boldsymbol{G}$ 为 $\boldsymbol{H}$ 的前 r 行的 $r\times n$ 矩阵.

例 3.5.1 设矩阵

$$A=\begin{bmatrix}1 & 3 & 2 & 1 & 4\\ 2 & 6 & 1 & 0 & 7\\ 3 & 9 & 3 & 1 & 11\end{bmatrix},$$

求它的满秩分解.

$$\textbf{解}:\boldsymbol{A}=\begin{bmatrix}1 & 3 & 2 & 1 & 4\\ 2 & 6 & 1 & 0 & 7\\ 3 & 9 & 3 & 1 & 11\end{bmatrix}\xrightarrow{\text{行}}\begin{bmatrix}1 & 3 & 0 & -\frac{1}{3} & \frac{10}{3}\\ 0 & 0 & 1 & \frac{2}{3} & \frac{1}{3}\\ 0 & 0 & 0 & 0 & 0\end{bmatrix}=\boldsymbol{H},$$

于是

$$\boldsymbol{F}=\begin{bmatrix}1 & 2\\ 2 & 1\\ 3 & 3\end{bmatrix},\boldsymbol{G}=\begin{bmatrix}1 & 3 & 0 & -\frac{1}{3} & \frac{10}{3}\\ 0 & 0 & 1 & \frac{2}{3} & \frac{1}{3}\end{bmatrix}.$$

很容易验证 $\boldsymbol{FG}=\boldsymbol{A}$.

若 $\boldsymbol{A}=\boldsymbol{FG}$,则 $\forall \boldsymbol{F}\in \mathrm{C}_r^{r\times r}$,从而

$\boldsymbol{A}=(\boldsymbol{FP})(\boldsymbol{P}^{-1}\boldsymbol{G})=\boldsymbol{F}_1\boldsymbol{G}_1,\boldsymbol{F}_1\in \mathrm{C}_r^{m\times r},\boldsymbol{G}_1\in \mathrm{C}_r^{r\times n}$,其中,$\boldsymbol{F}_1=\boldsymbol{FP},\boldsymbol{G}_1=\boldsymbol{P}^{-1}\boldsymbol{G}$.

可见满秩分解并不是唯一的,虽然满秩分解不唯一,但是不同的分解间也存在着以下密切的联系.

定理 3.5.3 设 $\boldsymbol{A}\in \mathrm{C}_r^{m\times n}$,并且 $\boldsymbol{A}$ 有两种不同形式的满秩分解,$\boldsymbol{A}=\boldsymbol{F}_1\boldsymbol{G}_1=\boldsymbol{F}_2\boldsymbol{G}_2$,则

(1)存在矩阵 $\boldsymbol{Q}\in \mathrm{C}_r^{r\times r}$,使得 $\boldsymbol{F}_1=\boldsymbol{F}_2\boldsymbol{Q},\boldsymbol{G}_1=\boldsymbol{Q}^{-1}\boldsymbol{G}_2$;

(2)$\boldsymbol{G}_1^{\mathrm{H}}(\boldsymbol{G}_1\boldsymbol{G}_1^{\mathrm{H}})^{-1}(\boldsymbol{F}_1^{\mathrm{H}}\boldsymbol{F}_1)^{-1}\boldsymbol{F}_1^{\mathrm{H}}=\boldsymbol{G}_2^{\mathrm{H}}(\boldsymbol{G}_2\boldsymbol{G}_2^{\mathrm{H}})^{-1}(\boldsymbol{F}_2^{\mathrm{H}}\boldsymbol{F}_2)^{-1}\boldsymbol{F}_2^{\mathrm{H}}$. (3-5-2)

证明：(1)，由 $F_1G_1=F_2G_2$，右乘 G_1^H 有

$$F_1G_1G_1^H=F_2G_2G_1^H \tag{3-5-3}$$

因为 $\operatorname{rank}G_1G_1^H=\operatorname{rank}G_1=r, G_1G_1^H\in \mathbb{C}_r^{r\times r}$，所以 $G_1G_1^H$ 是可逆的，在式(3-5-3)两端同时右乘$(G_1G_1^H)^{-1}$，可得

$$F_1=F_2G_2G_1^H(G_1G_1^H)^{-1}=F_2Q_1. \tag{3-5-4}$$

其中，$Q_1=G_2G_1^H(G_1G_1^H)^{-1}$，同理可得

$$G_1=(F_1^HF_1)^{-1}F_1^HF_2G_2=Q_2G_2 \tag{3-5-5}$$

将式(3-5-4)、式(3-5-5)代入 $F_1G_1=F_2G_2$，可得

$$F_2G_2=F_2Q_1Q_2G_2.$$

上式两端左乘 F_2^H，右乘 G_2^H，可得

$$F_2^HF_2G_2G_2^H=F_2^HF_2Q_1Q_2G_2G_2^H.$$

由于 $F_2^HF_2, G_2G_2^H$ 均为可逆阵，上式两端分别左乘$(F_2^HF_2)^{-1}$，$(G_2G_2^H)^{-1}$，可得

$$I_r=Q_1Q_2$$

又因为 Q_1, Q_2 都是 r 阶方阵，令 $Q_1=Q$，则 $Q_2=Q^{-1}$，即知(1)是成立的.

现在证明(2)，将 $G_1=Q^{-1}G_2$、$F_1=F_2Q$ 代入式(3-5-2)左端，有

$$\begin{aligned}
&G_1^H(G_1G_1^H)^{-1}(F_1^HF_1)^{-1}F_1^H\\
=&(Q^{-1}G_2)^H[(Q^{-1}G_2)(Q^{-1}G_2)^H]^{-1}[(F_2Q)^H(F_2Q)]^{-1}(F_2Q)^H\\
=&G_2^H(Q^{-1})^H[Q^{-1}(G_2G_2^H)(Q^{-1})^H]^{-1}[Q^H(F_2^HF_2)Q]^{-1}Q^HF_2^H\\
=&G_2^H(Q^{-1})^H[Q^H(F_2^HF_2)QQ^{-1}(G_2G_2^H)(Q^{-1})^H]^{-1}Q^HF_2^H\\
=&G_2^H(Q^{-1})^H[(Q^{-1})^H]^{-1}(G_2G_2^H)^{-1}(F_2^HF_2)^{-1}(Q^H)^{-1}Q^HF_2^H\\
=&G_2^H(G_2G_2^H)^{-1}(F_2^HF_2)^{-1}F_2^H.
\end{aligned}$$

即(2)成立.

这一结果表明，尽管满秩分解不是唯一的，但是乘积

$$G^H(GG^H)^{-1}(F^HF)^{-1}F^H$$

保持形式不变.

3.5.1.2 满秩分解方法

下面介绍两种具体求满秩分解式(3-5-1)中 F 与 G 的方法.

(1)利用初等行变换求 A 的满秩分解. 设 A 的秩为 r，则 A 有 r 个线性无关的列向量. 不妨设其前 r 个列向量线性无关，那么其后 $n-r$ 个列向量必可分别表示为前 r 个列向量的线性组合. 用分块矩阵表示，即为

$$A=[A_1 \vdots A_2]=[A_1 \vdots A_1Q]$$

其中，A_1 为 A 的前 r 列生成的 $m\times r$ 列满秩矩阵，Q 为 $r\times(n-r)$矩阵. 于是

$$A=A_1[E_r \mid Q]=FG \tag{3-5-6}$$

其中，$F=A_1$，$G=[E_r \mid Q]$，即为所求之满秩分解矩阵.

通过式(3-5-6)很容易发现，对 A 作初等变换求行满秩矩阵 G 时，必须将 A 先化为行最简形 $\begin{bmatrix} G \\ 0 \end{bmatrix}$，再去掉全为零的后 $n-r$ 行，即得 G；然后根据行最简形中对应的满秩列写出矩阵 A 的列的极大线性无关组 $\alpha_1,\alpha_2,\cdots,\alpha_r$，又得到 $F=[\alpha_1 \quad \alpha_2 \quad \cdots \quad \alpha_r]$，从而有 $A=FG$.

例 3.5.2 利用初等变换求矩阵

$$A=\begin{bmatrix} 2 & 1 & 6 & 0 & 1 \\ 3 & 2 & 10 & 0 & 1 \\ 2 & 3 & 10 & 3 & 2 \\ 4 & 4 & 16 & 1 & 1 \end{bmatrix}$$

的满秩分解.

解：将 A 进行初等变换化为行最简形

$$A\sim\begin{bmatrix} 1 & 1 & 4 & 0 & 0 \\ 0 & 1 & 2 & 0 & -1 \\ 0 & 0 & 0 & 1 & 1 \\ 0 & 0 & 0 & 0 & 0 \end{bmatrix}\sim\begin{bmatrix} 1 & 0 & 2 & 0 & 1 \\ 0 & 1 & 2 & 0 & -1 \\ 0 & 0 & 0 & 1 & 1 \\ 0 & 0 & 0 & 0 & 0 \end{bmatrix},$$

所以 A 的秩为 3，并且它的第一、二和四列是线性无关的. 于是取

$$G=\begin{bmatrix} 1 & 0 & 2 & 0 & 1 \\ 0 & 1 & 2 & 0 & -1 \\ 0 & 0 & 0 & 1 & 1 \end{bmatrix},F=\begin{bmatrix} 2 & 1 & 0 \\ 3 & 2 & 0 \\ 2 & 3 & 3 \\ 4 & 4 & 1 \end{bmatrix},$$

则 $A=FG$ 即为所求之满秩分解.

(2)A 的满秩分解的记录列方法. 设 A 的秩为 r，不妨设 A 的前 r 行线性无相关，则 A 可表示为下面的分块矩阵形式：

$$A=\begin{bmatrix} A_1 \\ \vdots \\ A_r \\ A_{r+1} \\ \vdots \\ A_m \end{bmatrix}=\begin{bmatrix} B_1 \\ B_2 \end{bmatrix}=\begin{bmatrix} B_1 \\ PB_1 \end{bmatrix}=\begin{bmatrix} E_r \\ P \end{bmatrix}B_1,$$

其中，$B_2=\begin{bmatrix} A_{r+1} \\ \vdots \\ A_m \end{bmatrix}$ 为 A 的后 $m-r$ 行所成之$(m-r)\times n$ 矩阵. 设

$$\boldsymbol{P}=(p_{ij})_{(m-r)\times r},$$

则

$$\boldsymbol{A}_i=\sum_{j=1}^{r}p_{i-r,j}\boldsymbol{A}_j,$$

或

$$\boldsymbol{A}_i-\sum_{j=1}^{r}p_{i-r,j}\boldsymbol{A}_j=\boldsymbol{0}\quad(i=r+1,\cdots,m),\tag{3-5-7}$$

于是,只要取

$$\boldsymbol{F}=\begin{bmatrix}\boldsymbol{E}_r\\ \boldsymbol{P}\end{bmatrix},\boldsymbol{G}=\boldsymbol{B}_1,\tag{3-5-8}$$

则 $\boldsymbol{A}=\boldsymbol{FG}$ 即为所求之满秩分解.

由式(3-5-8),现在考虑

$$[\boldsymbol{A}\vdots\text{“记录列”}]=\begin{bmatrix} & \vdots & \boldsymbol{A}_1\\ \boldsymbol{A} & \vdots & \vdots\\ & \vdots & \boldsymbol{A}_m\end{bmatrix}\to\begin{bmatrix}* & \vdots & *\\ \cdots & \cdots & \cdots\\ 0 & \vdots & \boldsymbol{B}_2-\boldsymbol{PB}_1\end{bmatrix}$$

在进行初等变换的时候,“记录列”的变化需要用式(3-5-12)代替上式中的 $\boldsymbol{B}_2-\boldsymbol{PB}_1$ 具体给出.

值得指出的是,上述两种方法均可以由分解过程直接给出 $\boldsymbol{A}$ 的秩,而不需要事先求得. 前一种方法适用于低阶矩阵情形,可以较为方便地推求出 $\boldsymbol{F}$ 与 $\boldsymbol{G}$;后一种方法则适用于计算机编程处理高阶矩阵分解情形.

定理 3.5.4 设 $\boldsymbol{A}$ 是非零的实对称矩阵,则 $\boldsymbol{A}$ 为幂矩阵的充分必要条件是存在满秩矩阵 $\boldsymbol{F}$,使得

$$\boldsymbol{A}=\boldsymbol{F}(\boldsymbol{F}^{\mathrm{T}}\boldsymbol{F})^{-1}\boldsymbol{F}^{\mathrm{T}}$$

证明:当 $\boldsymbol{A}=\boldsymbol{F}(\boldsymbol{F}^{\mathrm{T}}\boldsymbol{F})^{-1}\boldsymbol{F}^{\mathrm{T}}$ 时,易知 $\boldsymbol{A}^2=\boldsymbol{A}$;反之,将 $\boldsymbol{A}$ 作满秩分解得 $\boldsymbol{A}=\boldsymbol{FG}$,因为 $\boldsymbol{A}^{\mathrm{T}}=\boldsymbol{A}$,所以 $\boldsymbol{A}=\boldsymbol{FG}=\boldsymbol{G}^{\mathrm{T}}\boldsymbol{F}^{\mathrm{T}}$,于是存在非奇异矩阵 $\boldsymbol{P}$,使得

$$\boldsymbol{G}^{\mathrm{T}}=\boldsymbol{FP},\boldsymbol{A}=\boldsymbol{FP}^{\mathrm{T}}\boldsymbol{F}^{\mathrm{T}}$$

又因为 $\boldsymbol{A}^2=\boldsymbol{A}$,即

$$\boldsymbol{FP}^{\mathrm{T}}\boldsymbol{F}^{\mathrm{T}}\boldsymbol{FP}^{\mathrm{T}}\boldsymbol{F}^{\mathrm{T}}=\boldsymbol{FP}^{\mathrm{T}}\boldsymbol{F}^{\mathrm{T}}$$

左乘 $(\boldsymbol{P}^{\mathrm{T}})^{-1}(\boldsymbol{F}^{\mathrm{T}}\boldsymbol{F})^{-1}\boldsymbol{F}^{\mathrm{T}}$,右乘 $\boldsymbol{F}(\boldsymbol{F}^{\mathrm{T}}\boldsymbol{F})^{-1}$,可得

$$\boldsymbol{F}^{\mathrm{T}}\boldsymbol{FP}^{\mathrm{T}}=\boldsymbol{E}$$

所以,$\boldsymbol{P}^{\mathrm{T}}=(\boldsymbol{F}^{\mathrm{T}}\boldsymbol{F})^{-1}$,代入 $\boldsymbol{A}=\boldsymbol{FP}^{\mathrm{T}}\boldsymbol{F}^{\mathrm{T}}$,即可得

$$\boldsymbol{A}=\boldsymbol{F}(\boldsymbol{F}^{\mathrm{T}}\boldsymbol{F})^{-1}\boldsymbol{F}^{\mathrm{T}}.$$

3.5.2 矩阵的三角分解

设$A=(a_{ij})$是n阶矩阵，如果A的对角线下（上）方的元素全部为零，即对$i>j, a_{ij}=0$（对$i<j, a_{ij}=0$），则称矩阵为上（下）三角矩阵.上三角矩阵和下三角矩阵统称为三角矩阵.对角元全为1的上（下）三角矩阵称为单位上（下）三角矩阵.

A,B是两个n阶上（下）三角矩阵，很容易能够验证：$A+B, AB$仍是上（下）三角矩阵，并且A可逆的充分必要条件是A的对角元均非零.当A可逆时，其逆矩阵也是上（下）三角矩阵.特别低，两个单位上（下）三角矩阵的乘积仍然为单位上（下）三角矩阵，并且单位上（下）三角矩阵的逆矩阵也是单位上（下）三角矩阵.

设A是n阶矩阵，如果有下三角矩阵L和上三角矩阵U使得$A=LU$，则称A能作三角分解，并且称$A=LU$为A的三角分解或LU分解.

3.5.2.1 LU分解定理

定理3.5.5（LU分解定理） 设A是n阶非奇异矩阵，则存在唯一的单位下三角矩阵L和上三角矩阵U使得

$$A=LU \tag{3-5-9}$$

的充分必要条件是A的所有顺序主子式均非零，即

$$\Delta_k=A\begin{bmatrix}1 & k\\ 1 & k\end{bmatrix}\neq 0, k=1,\cdots,n-1.$$

证明：首先证明必要性.如果存在单位下三角矩阵L和上三角矩阵U使得$A=LU$，记为

$$U=\begin{bmatrix}u_{11} & u_{12} & \cdots & u_{1n}\\ 0 & u_{22} & \cdots & u_{2n}\\ \vdots & \vdots & \ddots & \vdots\\ 0 & \cdots & 0 & u_{nn}\end{bmatrix},$$

则$|A|=|LU|=|U|=u_{11}u_{22}\cdots u_{nn}$.由于$A$非奇异，所以$u_{ii}\neq 0$.将$A=LU$分块写成

$$\begin{bmatrix}A_{11} & A_{12}\\ A_{21} & A_{22}\end{bmatrix}=\begin{bmatrix}L_{11} & 0\\ L_{21} & L_{22}\end{bmatrix}\begin{bmatrix}U_{11} & U_{12}\\ 0 & U_{22}\end{bmatrix}.$$

其中，A_{11}，L_{11}，U_{11}分别为A，L，U的k阶顺序主子矩阵，从而

$$A_{11}=L_{11}U_{11}.$$

于是$|A_{11}|=\Delta_k=|U_{11}|=u_{11}\cdots u_{kk}\neq 0(k=1,\cdots,n)$，并且有

$$u_{11}=a_{11},u_{kk}=\frac{\Delta_k}{\Delta_{k-1}},k=2,\cdots,n. \tag{3-5-10}$$

下面证明充分性.对矩阵的阶数作归纳法证明分解式(3-5-9)是存在的.当矩阵的阶为1时，显然结论成立.设对$n-1$阶矩阵有分解式(3-5-9).对n阶矩阵A，记

$$A=\begin{bmatrix} A_{n-1} & \boldsymbol{\beta} \\ \boldsymbol{\alpha} & a_{nn} \end{bmatrix}.$$

其中，A_{n-1}为A的$n-1$阶顺序主子矩阵.根据定理的条件，A_{n-1}是非奇异矩阵，那么就有

$$\begin{bmatrix} I_{n-1} & 0 \\ -\alpha A_{n-1}^{-1} & 1 \end{bmatrix}A=\begin{bmatrix} I_{n-1} & 0 \\ -\alpha A_{n-1}^{-1} & 1 \end{bmatrix}\begin{bmatrix} A_{n-1} & \beta \\ \alpha & a_{nn} \end{bmatrix}=\begin{bmatrix} A_{n-1} & \beta \\ 0 & a_{nn}-\alpha A_{n-1}^{-1}\beta \end{bmatrix},$$

从而

$$A=\begin{bmatrix} I_{n-1} & 0 \\ \alpha A_{n-1}^{-1} & 1 \end{bmatrix}\begin{bmatrix} A_{n-1} & \beta \\ 0 & a_{nn}-\alpha A_{n-1}^{-1}\beta \end{bmatrix}.$$

由归纳假设，存在$n-1$阶单位下三角矩阵L_{n-1}和上三角矩阵U_{n-1}使得$A_{n-1}=L_{n-1}U_{n-1}$，从而得到

$$A=\begin{bmatrix} I_{n-1} & 0 \\ \alpha A_{n-1}^{-1} & 1 \end{bmatrix}\begin{bmatrix} L_{n-1}U_{n-1} & \beta \\ 0 & a_{nn}-\alpha A_{n-1}^{-1}\beta \end{bmatrix}=\begin{bmatrix} I_{n-1} & 0 \\ \alpha A_{n-1}^{-1} & 1 \end{bmatrix}$$

$$\begin{bmatrix} L_{n-1} & 0 \\ 0 & 1 \end{bmatrix}\begin{bmatrix} U_{n-1} & L_{n-1}^{-1}\beta \\ 0 & a_{nn}-\alpha A_{n-1}^{-1}\beta \end{bmatrix},$$

$$L=\begin{bmatrix} I_{n-1} & 0 \\ \alpha A_{n-1}^{-1} & 1 \end{bmatrix}\begin{bmatrix} L_{n-1} & 0 \\ 0 & 1 \end{bmatrix},U=\begin{bmatrix} U_{n-1} & L_{n-1}^{-1}\beta \\ 0 & a_{nn}-\alpha A_{n-1}^{-1}\beta \end{bmatrix}.$$

即可得出$A=LU$，其中的L是单位下三角矩阵，U是上三角矩阵.因此，矩阵的阶为n时分解式(3-5-9)也是存在的.

下面对唯一性进行证明.如果

$$A=LU=\widetilde{L}\widetilde{U},$$

其中的L，$\widetilde{L}$为n阶单位下三角矩阵，U，$\widetilde{U}$为n阶可逆上三角矩阵，则

$$\widetilde{L}^{-1}L=\widetilde{U}U^{-1}.$$

上式的左边的矩阵是单位下三角矩阵，而右边的矩阵是上三角矩阵.因此，

$\widetilde{L}^{-1}L=\widetilde{U}U^{-1}=I$. 于是 $L=\widetilde{L}, U=\widetilde{U}$. 这就证明了唯一性.

因为非奇异上三角矩阵

$$\begin{bmatrix} u_{11} & u_{12} & u_{13} & \cdots & u_{1n} \\ 0 & u_{22} & u_{23} & \cdots & u_{2n} \\ & & \ddots & \ddots & \vdots \\ & & & u_{n-1,n-1} & u_{n-1,n} \\ 0 & \cdots & & 0 & u_{nn} \end{bmatrix}$$

$$=\begin{bmatrix} u_{11} & & & & \\ & u_{22} & & 0 & \\ & & \ddots & & \\ & 0 & & u_{n-1,n-1} & \\ & & & & u_{nn} \end{bmatrix}\begin{bmatrix} 1 & \frac{u_{12}}{u_{11}} & \frac{u_{13}}{u_{11}} & \cdots & \frac{u_{1n}}{u_{11}} \\ & 1 & \frac{u_{23}}{u_{22}} & \cdots & \frac{u_{2n}}{u_{22}} \\ & & \ddots & \ddots & \vdots \\ & 0 & & 1 & \frac{u_{n-1,n}}{u_{n-1,n-1}} \\ & & & & 1 \end{bmatrix}. \tag{3-5-11}$$

例 3.5.3 将矩阵

$$A=\begin{bmatrix} 1 & 0 & 7 \\ 3 & 2 & 0 \\ 1 & 1 & 1 \end{bmatrix}$$

进行 LU 分解.

解:

$$[A,E]=\begin{bmatrix} 1 & 0 & 7 & 1 & 0 & 0 \\ 3 & 2 & 0 & 0 & 1 & 0 \\ 1 & 1 & 1 & 0 & 0 & 1 \end{bmatrix}$$

$$\to\begin{bmatrix} 1 & 0 & 7 & 1 & 0 & 0 \\ 0 & 2 & -21 & -3 & 1 & 0 \\ 0 & 1 & -6 & -1 & 0 & 1 \end{bmatrix}$$

$$\to\begin{bmatrix} 1 & 0 & 7 & 1 & 0 & 0 \\ 0 & 2 & -21 & -3 & 1 & 0 \\ 0 & 0 & \frac{9}{2} & \frac{1}{2} & -\frac{1}{2} & 1 \end{bmatrix},$$

从而

$$P=\begin{bmatrix}1&0&0\\-3&1&0\\\frac{1}{2}&-\frac{1}{2}&1\end{bmatrix},U=\begin{bmatrix}1&0&-7\\0&2&-21\\0&0&\frac{9}{2}\end{bmatrix},$$

$$PA=U.$$

由于

$$P^{-1}=\begin{bmatrix}1&0&0\\3&1&0\\1&\frac{1}{2}&1\end{bmatrix},$$

所以

$$A=\begin{bmatrix}1&0&0\\3&1&0\\1&\frac{1}{2}&1\end{bmatrix}\begin{bmatrix}1&0&-7\\0&2&-21\\0&0&\frac{9}{2}\end{bmatrix}=LU.$$

另外,通过定理 3.5.1 和式(3-5-10),式(3-5-11)还很容易能够得到下面的定理.

3.5.2.2 *LDU* 分解定理

定理 3.5.6(*LDU* 分解定理) 设 $\boldsymbol{A}$ 是 n 阶非奇异矩阵,则存在唯一的单位下三角矩阵 $\boldsymbol{L}$,对角矩阵 $D=\mathrm{diag}[d_1\quad d_2\quad \cdots\quad d_n]$ 和单位上三角矩阵 $\boldsymbol{U}$ 使得

$$A=LDU \tag{3-5-12}$$

的充分必要条件是 $\boldsymbol{A}$ 的所有顺序主子式均非零,即 $\Delta_k\neq 0(k=1,\cdots,n-1)$,并且

$$d_1=a_{11},d_k=\frac{\Delta_k}{\Delta_{k-1}},k=2,\cdots,n.$$

分解式(3-5-11)称为矩阵 $\boldsymbol{A}$ 的 *LDU* 分解.

由上述两个定理可知,即使矩阵 $\boldsymbol{A}$ 非奇异,$\boldsymbol{A}$ 未必能作 $\boldsymbol{LU}$ 分解和 *LDU* 分解.例如,矩阵 $A=\begin{bmatrix}0&4&6\\0&-3&-5\\1&-3&-6\end{bmatrix}$ 非奇异,但是 $\boldsymbol{A}$ 不能作 $\boldsymbol{LU}$ 分解和 *LDU* 分解.不过,适当的改变非奇异矩阵 $\boldsymbol{A}$ 的行的次序,使改变后的矩阵可以作 $\boldsymbol{LU}$ 分解.为此,我们还要引进排列矩阵的概念.

定义 3.5.4 设 e_i 是 n 阶单位矩阵的第 i 列($i=1,2,\cdots,n$),以 $e_1,e_2,\cdots,e_n$ 为列作成的矩阵$[e_{i_1}\quad e_{i_2}\quad \cdots\quad e_{i_n}]$称为 n 阶排列矩阵,其中 $i_1,i_2,\cdots,i_n$ 是

的一个排列.

很明显,初等交换矩阵 $\boldsymbol{P}(i,j)$ 是特殊的排列矩阵,并且初等交换矩阵的乘积是排列矩阵.

也很容易证明:排列矩阵的转置仍为排列矩阵,并且排列矩阵是正交矩阵,排列矩阵的逆是排列矩阵.

以排列矩阵 $[e_{i_1} \quad e_{i_2} \quad \cdots \quad e_{i_n}]^{\mathrm{T}}$ 左乘 n 阶矩阵 $\boldsymbol{A}$,就是将 $\boldsymbol{A}$ 的行按照 $i_1,i_2,\cdots,i_n$ 的次序重排;以排列矩阵 $[e_{i_1} \quad e_{i_2} \quad \cdots \quad e_{i_n}]$ 右乘矩阵 $\boldsymbol{A}$,就是将 $\boldsymbol{A}$ 的列按照 $i_1,i_2,\cdots,i_n$ 的次序重排.

定理 3.5.7 设 $\boldsymbol{A}$ 是 n 阶非奇异矩阵,则存在排列矩阵 $\boldsymbol{P}$ 使得

$$\boldsymbol{PA}=\boldsymbol{L}\widetilde{\boldsymbol{U}}=\boldsymbol{LDU}. \tag{3-5-13}$$

其中,$\boldsymbol{L}$ 是单位下三角矩阵,$\widetilde{\boldsymbol{U}}$ 是上三角矩阵,$\boldsymbol{U}$ 是单位上三角矩阵,$\boldsymbol{D}$ 是对角矩阵.

证明:因为 $\boldsymbol{A}$ 非奇异,所以 $\operatorname{rank}(\boldsymbol{A})=r=n$. 又因为 $\boldsymbol{A}^{(n-1)}=\widetilde{\boldsymbol{U}}$ 是上三角矩阵,则

$$\boldsymbol{A}^{(n-1)}=\widetilde{\boldsymbol{U}}=\boldsymbol{L}_{n-1}\boldsymbol{P}(n-1,i_{n-1})\cdots\boldsymbol{L}_1\boldsymbol{P}(1,i)\boldsymbol{A}$$

其中,$\boldsymbol{L}_i(i=1,2,\cdots,n-1)$ 是初等下三角矩阵,$\boldsymbol{P}(j,i_j)(j=1,2,\cdots,n-1)$ 是初等交换矩阵. 因为 $\boldsymbol{P}(i,j)^{-1}=\boldsymbol{P}(i,j)$,所以

$$\boldsymbol{A}=\boldsymbol{P}(1,i_1)\boldsymbol{L}_1^{-1}\cdots\boldsymbol{P}(n-1,i_{n-1})\boldsymbol{L}_{n-1}^{-1}\widetilde{\boldsymbol{U}}.$$

令 $\widetilde{\boldsymbol{L}}=\boldsymbol{P}(1,i_1)\boldsymbol{L}_1^{-1}\cdots\boldsymbol{P}(n-1,i_{n-1})\boldsymbol{L}_{n-1}^{-1}$,发现

$$\begin{aligned}
&\boldsymbol{P}(n-1,i_{n-1})\cdots\boldsymbol{P}(2,i_2)\boldsymbol{P}(1,i_1)\widetilde{\boldsymbol{L}}\\
=&(\boldsymbol{P}(n-1,i_{n-1})\cdots\boldsymbol{P}(2,i_2)\boldsymbol{L}_1^{-1}\boldsymbol{P}(2,i_2)\cdots\boldsymbol{P}(n-1,i_{n-1}))\\
&(\boldsymbol{P}(n-1,i_{n-1})\cdots\boldsymbol{P}(3,i_3)\boldsymbol{L}_2^{-1}\boldsymbol{P}(3,i_3)\cdots\boldsymbol{P}(n-1,i_{n-1}))\\
&\cdots(\boldsymbol{P}(n-1,i_{n-1})\boldsymbol{L}_{n-2}^{-1}\boldsymbol{P}(n-1,i_{n-1}))\boldsymbol{L}_{n-1}^{-1}\\
=&\widetilde{\boldsymbol{L}}_1\widetilde{\boldsymbol{L}}_2\cdots\widetilde{\boldsymbol{L}}_{n-2}\widetilde{\boldsymbol{L}}_{n-1}
\end{aligned}$$

其中,$\widetilde{\boldsymbol{L}}_{n-1}=\boldsymbol{L}_{n-1}^{-1}$,

$$\begin{aligned}
\widetilde{\boldsymbol{L}}_j=&\boldsymbol{P}(n-1,i_{n-1})\cdots\boldsymbol{P}(j+1,i_{j+1})\boldsymbol{L}_j^{-1}\boldsymbol{P}(j+1,i_{j+1})\cdots\\
&\boldsymbol{P}(n-1,i_{n-1}),j=1,\cdots,n-2.
\end{aligned}$$

因为初等下三角矩阵的逆仍为初等下三角矩阵,则 $\widetilde{\boldsymbol{L}}_1,\widetilde{\boldsymbol{L}}_2,\cdots,\widetilde{\boldsymbol{L}}_{n-1}$ 都是单位下三角矩阵. 令

$$\boldsymbol{P}=\boldsymbol{P}(n-1,i_{n-1})\cdots\boldsymbol{P}(1,i),\widetilde{\boldsymbol{L}}=\widetilde{\boldsymbol{L}}_1\widetilde{\boldsymbol{L}}_2\cdots\widetilde{\boldsymbol{L}}_{n-1},\widetilde{\boldsymbol{U}}=\boldsymbol{A}^{(n-1)},$$

所以 $\boldsymbol{P}$ 是排列矩阵,$\boldsymbol{L}$ 是单位下三角矩阵,$\widetilde{\boldsymbol{U}}$ 是非奇异上三角矩阵,并且

$$\boldsymbol{PA}=\boldsymbol{L}\widetilde{\boldsymbol{U}}.$$

由上式及式(3-5-5)即可得到式(3-5-13)的第二个等式.

3.5.2.3 *LU* 分解在求解线性方程组中的应用

设 $\boldsymbol{A}$ 是 n 阶非奇异矩阵,$\boldsymbol{b}$ 是 n 维向量,对线性方程组

$$\boldsymbol{A}x=\boldsymbol{b}, \tag{3-5-14}$$

如果 $\boldsymbol{A}$ 的顺序主子式都不等于零,由定理 3.5.1 可知 $\boldsymbol{A}$ 有三角分解 $\boldsymbol{A}=\boldsymbol{LU}$,其中 $\boldsymbol{L}$ 是单位下三角矩阵,$\boldsymbol{U}$ 是上三角矩阵. 所以方程组(3-5-14)等价于如下方程组

$$\begin{cases}\boldsymbol{Ly}=\boldsymbol{b}\\ \boldsymbol{Ux}=\boldsymbol{y}\end{cases}. \tag{3-5-15}$$

可以先从(3-5-15)的第一组方程解出 $\boldsymbol{y}$,然后将其代入第二组方程再求 $\boldsymbol{x}$. 这就是求解线性方程组的直接三角分解法.

若 $\boldsymbol{A}$ 的顺序主子式中有等于零,由定理 3.5.3,可以考虑如下方程组

$$\boldsymbol{PAx}=\boldsymbol{Pb},$$

其中 $\boldsymbol{P}$ 的是适当的排列矩阵. 对此方程组可以应用直接三角分解法.

3.5.3 矩阵的 QR 分解

3.5.3.1 QR 分解

QR 分解定理为计算特征值的数值方法提供了重要的理论依据.

定理 3.5.8 设满秩方阵 $\boldsymbol{A}\in\mathbf{R}^{n\times n}$,则存在正交矩阵 $\boldsymbol{Q}$ 及正线(主对角线上元为正)上三角阵 $\boldsymbol{R}$,满足 $\boldsymbol{A}=\boldsymbol{QR}$,并且分解是唯一的.

证明:$\mathrm{rank}(\boldsymbol{A})=n$,故 $\boldsymbol{A}$ 的 n 个列向量 $\boldsymbol{x}_1,\boldsymbol{x}_2,\cdots,\boldsymbol{x}_n$ 线性无关,$\boldsymbol{A}=[x_1\quad x_2\quad\cdots\quad x_n]$,由正交化的过程:

$$y_k=x_k-\sum_{i=1}^{k-1}\frac{(x_k,y_i)}{(y_i,y_i)}y_i\quad(k=1,\cdots,n),$$

标准化

$$z_k=\frac{1}{\|y_k\|}y_k\quad(k=1,\cdots,n),$$

则$[z_1\quad\cdots\quad z_n]$为 $\boldsymbol{R}^n$ 中的一组标准正交基,并且有

$$[x_1\quad\cdots\quad x_n]=[z_1\quad\cdots\quad z_n]\begin{bmatrix}\|y_1\| & (x_2,z_1) & \cdots & (x_n,z_1)\\ 0 & \|y_2\| & \cdots & (x_n,z_2)\\ & & \ddots & \vdots\\ & & 0 & \|y_n\|\end{bmatrix}$$

令 $\boldsymbol{Q}=(z_1,\cdots,z_n)$,另一因子为 $\boldsymbol{R}$,则 $\boldsymbol{A}=\boldsymbol{QR}$. 而

$$\boldsymbol{Q}^{\mathrm{T}}\boldsymbol{Q}=(z_1,\cdots,z_n)^{\mathrm{T}}(z_1,\cdots,z_n)=(z_i^{\mathrm{T}}z_j)_{n\times n}=(z_i,z_j)_{n\times n}=\boldsymbol{I}_n$$

所以说 $\boldsymbol{Q}$ 为正交分解矩阵.

唯一性:设 $\boldsymbol{A}=\boldsymbol{Q}_1\boldsymbol{R}_1=\boldsymbol{Q}_2\boldsymbol{R}_2$,由 $\boldsymbol{Q}_1=\boldsymbol{Q}_2(\boldsymbol{R}_2\boldsymbol{R}_1^{-1})=\boldsymbol{Q}_2\boldsymbol{D}$,$\boldsymbol{D}=\boldsymbol{R}_2\boldsymbol{R}_1^{-1}$,这里的 $\boldsymbol{D}$ 仍然为正线上三角阵. 而

$$\boldsymbol{I}=\boldsymbol{Q}_1^{\mathrm{T}}\boldsymbol{Q}_1=(\boldsymbol{Q}_2\boldsymbol{D})^{\mathrm{T}}(\boldsymbol{Q}_2\boldsymbol{D})=\boldsymbol{D}^{\mathrm{T}}\boldsymbol{Q}_2^{\mathrm{T}}\boldsymbol{Q}_2\boldsymbol{D}=\boldsymbol{D}^{\mathrm{T}}\boldsymbol{D}$$

因而 $\boldsymbol{D}$ 为正交矩阵，但又是正线上三角矩阵，故 $\boldsymbol{D}=\boldsymbol{I}$. 所以 $\boldsymbol{R}_1=\boldsymbol{R}_2$，进而 $\boldsymbol{Q}_1=\boldsymbol{Q}_2$.

例 3.5.4　设 $\boldsymbol{A}=\begin{bmatrix}1&2&2\\2&1&2\\1&2&1\end{bmatrix}$，求 $\boldsymbol{QR}$ 分解.

解：$\boldsymbol{A}=[x_1\quad x_2\quad x_3]$ $(\mathrm{rank}(\boldsymbol{A})=3)$，$x_1=[1\quad 2\quad 1]^{\mathrm{T}}$，$x_2=[2\quad 1\quad 2]^{\mathrm{T}}$，$x_3=[2\quad 2\quad 1]^{\mathrm{T}}$. 由正交化过程可得

$$\boldsymbol{y}_1=[1\quad 2\quad 1]^{\mathrm{T}},\boldsymbol{y}_2=[1\quad -1\quad 1]^{\mathrm{T}},\boldsymbol{y}_3=\left[\frac{1}{2},0,-\frac{1}{2}\right]^{\mathrm{T}}.$$

单位化，

$$\boldsymbol{z}_1=\begin{bmatrix}\frac{1}{\sqrt{6}} & \frac{2}{\sqrt{6}} & \frac{1}{\sqrt{6}}\end{bmatrix}^{\mathrm{T}},\boldsymbol{z}_2=\begin{bmatrix}\frac{1}{\sqrt{3}} & -\frac{1}{\sqrt{3}} & \frac{1}{\sqrt{3}}\end{bmatrix}^{\mathrm{T}},\boldsymbol{z}_3=\begin{bmatrix}\frac{1}{\sqrt{2}} & 0 & -\frac{1}{\sqrt{2}}\end{bmatrix}^{\mathrm{T}},$$

再令 $\boldsymbol{Q}=[z_1\quad z_2\quad z_3]$，则

$$\boldsymbol{R}=\begin{bmatrix}\|y_1\| & (x_2,z_1) & (x_3,z_1)\\ 0 & \|y_2\| & (x_3,z_2)\\ 0 & 0 & \|y_n\|\end{bmatrix}=\begin{bmatrix}\sqrt{6} & \sqrt{6} & \frac{7\sqrt{6}}{6}\\ 0 & \sqrt{3} & \frac{\sqrt{3}}{3}\\ 0 & 0 & \frac{\sqrt{2}}{2}\end{bmatrix},$$

所以

$$\boldsymbol{A}=\boldsymbol{QR}=\begin{bmatrix}\frac{1}{\sqrt{6}} & \frac{1}{\sqrt{3}} & \frac{1}{\sqrt{2}}\\ \frac{2}{\sqrt{6}} & -\frac{1}{\sqrt{3}} & 0\\ \frac{1}{\sqrt{6}} & \frac{1}{\sqrt{3}} & -\frac{1}{\sqrt{2}}\end{bmatrix}\begin{bmatrix}\sqrt{6} & \sqrt{6} & \frac{7\sqrt{6}}{6}\\ 0 & \sqrt{3} & \frac{\sqrt{3}}{3}\\ 0 & 0 & \frac{\sqrt{2}}{2}\end{bmatrix}.$$

3.5.3.2　Householder 变换

对于不是满秩的矩阵，也可以使用所谓的 Householder 方法得到矩阵的 $\boldsymbol{QR}$ 分解.

定义 3.5.5　设 $\boldsymbol{u}\in \mathrm{C}^n$ 是单位向量，令

$$\boldsymbol{H}=\boldsymbol{E}-2\boldsymbol{u}\boldsymbol{u}^{\mathrm{H}}$$

称 $\boldsymbol{H}$ 为 Householder 矩阵或 Householder 变换.

定理 3.5.9　设 $\boldsymbol{H}$ 是 n 阶 Householder 矩阵，则

(1) $\boldsymbol{H}^{\mathrm{H}}=\boldsymbol{H}$；

(2) $\boldsymbol{H}^2=\boldsymbol{E}$；

(3)$\boldsymbol{H}$ 以 1 为 $n-1$ 重特征值，-1 为单特征值；

(4)$\widetilde{\boldsymbol{H}}=\begin{bmatrix}1 & 0^{\mathrm{T}}\\ 0 & \boldsymbol{H}\end{bmatrix}$是 $n+1$ 阶 Householder 矩阵，其中 $0\in \mathrm{C}^n$.

证明:(1)和(2)利用定义很容易能够证明.下面对(3)与(4)进行证明.

先对(3)进行证明.当 $n=1$ 时，$\boldsymbol{H}=(-1)$结论成立.假定 $n\geqslant 2$，若 λ 为 $\boldsymbol{H}$ 的一个特征值，$\boldsymbol{\alpha}$ 为对应于 λ 的特征向量，则

$$\boldsymbol{H}\lambda=\boldsymbol{\alpha}\lambda.$$

上式左乘 $\boldsymbol{H}$，由(2)可得

$$(\lambda^2-1)\boldsymbol{\alpha}=0.$$

因为 $\alpha\neq 0$，所以 $\lambda=\pm 1$.

设特征值 1 与 -1 的重数分别为 r_1,r_2，则

$$r_1+r_2=n.$$

令 $\boldsymbol{u}=[\xi_1\quad \xi_2\quad \cdots\quad \xi_n]^{\mathrm{T}}$ 是单位向量，使得 $\boldsymbol{H}=\boldsymbol{E}-2\boldsymbol{u}\boldsymbol{u}^{\mathrm{H}}$，则

$$\begin{aligned}\mathrm{Tr}(\boldsymbol{H})&=(1-2|\xi_1|^2)+(1-2|\xi_2|^2)+\cdots+(1-2|\xi_n|^2)\\&=n-2\sum_{i=1}^{n}|\xi_i|^2\\&=n-2\boldsymbol{u}^{\mathrm{H}}\boldsymbol{u}\\&=n-2\\&=r_1-r_2.\end{aligned}$$

所以 r_1,r_2 满足方程组

$$\begin{cases}r_1+r_2=n\\ r_1-r_2=n-2\end{cases},$$

解该方程组即可得

$$r_1=n-1,r_2=1.$$

接下来对(4)进行证明.

$$\begin{aligned}\widetilde{\boldsymbol{H}}&=\begin{bmatrix}1 & \mathbf{0}^{\mathrm{T}}\\ \mathbf{0} & \boldsymbol{H}\end{bmatrix}=\begin{bmatrix}1 & \mathbf{0}^{\mathrm{T}}\\ \mathbf{0} & \boldsymbol{E}_n-2\boldsymbol{u}\boldsymbol{u}^{\mathrm{H}}\end{bmatrix}=\begin{bmatrix}1 & \mathbf{0}^{\mathrm{T}}\\ \mathbf{0} & \boldsymbol{E}_n\end{bmatrix}-\begin{bmatrix}1 & \mathbf{0}^{\mathrm{T}}\\ \mathbf{0} & -2\boldsymbol{u}\boldsymbol{u}^{\mathrm{H}}\end{bmatrix}\\&=\boldsymbol{E}_{n+1}-2\begin{bmatrix}\mathbf{0}\\ u\end{bmatrix}[0,\boldsymbol{u}^{\mathrm{H}}],\end{aligned}$$

令

$$\tilde{\boldsymbol{u}}=\begin{bmatrix}\mathbf{0}\\ u\end{bmatrix},$$

则 $\tilde{\boldsymbol{u}}\in \mathrm{C}^{n+1}$，并且 $\tilde{\boldsymbol{u}}^{\mathrm{H}}\tilde{\boldsymbol{u}}=[\mathbf{0}\quad \boldsymbol{u}^{\mathrm{H}}]\begin{bmatrix}\mathbf{0}\\ \boldsymbol{u}\end{bmatrix}=\boldsymbol{u}^{\mathrm{H}}\boldsymbol{u}=1$，所以 $\tilde{\boldsymbol{u}}$ 是 $n+1$ 维单位向量.

所以

$$\widetilde{\boldsymbol{H}}=\boldsymbol{E}_{n+1}-2\widetilde{\boldsymbol{u}}\widetilde{\boldsymbol{u}}^{\mathrm{H}}$$

是 $n+1$ 阶 Householder 矩阵.

通过定理 3.5.2 立即可得：$|\boldsymbol{H}|=-1$，$\begin{bmatrix}\boldsymbol{E}_r & \boldsymbol{0}\\ \boldsymbol{0} & \boldsymbol{H}\end{bmatrix}$仍为 Householder 矩阵.

一般来说，对矩阵进行 $\boldsymbol{QR}$ 分解，主要利用 Householder 矩阵的下列结果.

定理 3.5.10 设 $e_1=[1\ \ 0\ \ \cdots\ \ 0]^{\mathrm{T}}\in\mathrm{C}^n$，$\boldsymbol{\beta}=[x_1\ \ x_2\ \ \cdots\ \ x_n]^{\mathrm{T}}\in\mathrm{C}^n$，$\boldsymbol{\beta}\neq\boldsymbol{0}$. 令

$$\boldsymbol{\mu}=\begin{cases}\dfrac{\|\boldsymbol{\beta}\|}{|\boldsymbol{x}_1|}\boldsymbol{x}_1, & x_1\neq 0\\ \|\boldsymbol{\beta}\|, & x_1=0\end{cases},$$

$$\boldsymbol{u}=\frac{\boldsymbol{\beta}+\boldsymbol{\mu}\boldsymbol{e}_1}{\|\boldsymbol{\beta}+\boldsymbol{\mu}\boldsymbol{e}_1\|},$$

则 $\boldsymbol{H}=\boldsymbol{E}-2\boldsymbol{u}\boldsymbol{u}^{\mathrm{H}}$ 是 n 阶 Householder 矩阵，并且有

$$\boldsymbol{H}\boldsymbol{\beta}=-\boldsymbol{\mu}\boldsymbol{e}_1.$$

证明：首先注意到，由于

$$\boldsymbol{\beta}+\boldsymbol{\mu}\boldsymbol{e}_1=\begin{cases}\left[\left(1+\dfrac{\|\boldsymbol{\beta}\|}{|x_1|}\right)x_1,x_2,\cdots,x_n\right]^{\mathrm{T}}, & x_1\neq 0\\ (\|\boldsymbol{\beta}\|,x_2,\cdots,x_n)^{\mathrm{T}}, & x_1=0\end{cases}$$

故

$$\boldsymbol{\beta}+\boldsymbol{\mu}\boldsymbol{e}_1\neq 0.$$

因此，$\boldsymbol{u}$ 是有定义的单位向量. 又

$$\boldsymbol{\mu}\boldsymbol{\beta}^{\mathrm{H}}\boldsymbol{e}_1=\boldsymbol{\mu}\,\overline{\boldsymbol{x}_1}=\begin{cases}|\boldsymbol{x}_1|\,\|\boldsymbol{\beta}\|, & x_1\neq 0\\ 0, & x_1=0\end{cases}$$

故 $\boldsymbol{\mu}\boldsymbol{\beta}^{\mathrm{H}}\boldsymbol{e}_1$ 是实数，并且 $|\boldsymbol{\mu}|=\boldsymbol{\beta}$. 于是

$$\boldsymbol{H}\boldsymbol{\beta}=\boldsymbol{\beta}-2\boldsymbol{u}\boldsymbol{u}^{\mathrm{H}}\boldsymbol{\beta}=\boldsymbol{\beta}-(\boldsymbol{\beta}+\boldsymbol{\mu}\boldsymbol{e}_1)\frac{2(\boldsymbol{\beta}+\boldsymbol{\mu}\boldsymbol{e}_1)^{\mathrm{H}}\boldsymbol{\beta}}{\|\boldsymbol{\beta}+\boldsymbol{\mu}\boldsymbol{e}_1\|^2}.$$

由于

$$\begin{aligned}(\boldsymbol{\beta}+\boldsymbol{\mu}\boldsymbol{e}_1)^{\mathrm{H}}(\boldsymbol{\beta}+\boldsymbol{\mu}\boldsymbol{e}_1)&=(\boldsymbol{\beta}^{\mathrm{H}}+\overline{\boldsymbol{\mu}}\boldsymbol{e}_1^{\mathrm{H}})(\boldsymbol{\beta}+\boldsymbol{\mu}\boldsymbol{e}_1)\\&=\boldsymbol{\beta}^{\mathrm{H}}\boldsymbol{\beta}+\overline{\boldsymbol{\mu}}\boldsymbol{e}_1^{\mathrm{H}}\boldsymbol{\beta}+\boldsymbol{\mu}\boldsymbol{\beta}^{\mathrm{H}}\boldsymbol{e}_1+|\boldsymbol{\mu}|^2\\&=2\boldsymbol{\beta}^{\mathrm{H}}\boldsymbol{\beta}+2\,\overline{\boldsymbol{\mu}}\boldsymbol{e}_1^{\mathrm{H}}\boldsymbol{\beta}\\&=2(\boldsymbol{\beta}+\boldsymbol{\mu}\boldsymbol{e}_1)^{\mathrm{H}}\boldsymbol{\beta},\end{aligned}$$

所以

$$\boldsymbol{H}\boldsymbol{\beta}=\boldsymbol{\beta}-(\boldsymbol{\beta}+\boldsymbol{\mu}\boldsymbol{e}_1)=-\boldsymbol{\mu}\boldsymbol{e}_1.$$

定理 3.5.10 反映了 Householder 变换的作用,即可以将非零向量 $\boldsymbol{\alpha}$ 变成与 $\boldsymbol{e}_1$ 共线的向量 $-\boldsymbol{\sigma}\boldsymbol{e}_1$,而且 $|\boldsymbol{\sigma}|=\|\boldsymbol{\alpha}\|$.

定理 3.5.11 设 $\boldsymbol{A}$ 为任一 n 阶矩阵,则必定存在 n 阶酉矩阵 $\boldsymbol{Q}$ 和 n 阶上三角矩阵 $\boldsymbol{R}$,使得

$$\boldsymbol{A}=\boldsymbol{QR}$$

证明:第一步,先将矩阵 $\boldsymbol{A}$ 按列分块写成 $\boldsymbol{A}=[\boldsymbol{\alpha}_1 \quad \boldsymbol{\alpha}_2 \quad \cdots \quad \boldsymbol{\alpha}_n]$. 若 $\boldsymbol{\alpha}_1\neq 0$,则由定理 3.5.10 可知,存在 n 阶 Householder 矩阵 $\boldsymbol{H}_1$,使得

$$\boldsymbol{H}_1\boldsymbol{\alpha}_1=-\boldsymbol{a}_1\boldsymbol{e}_1,\quad |\boldsymbol{a}_1|=\|\boldsymbol{\alpha}_1\|,\boldsymbol{e}_1\in \mathrm{C}^n.$$

所以有

$$\boldsymbol{H}_1\boldsymbol{A}=[\boldsymbol{H}_1\boldsymbol{\alpha}_1 \quad \boldsymbol{H}_1\boldsymbol{\alpha}_2 \quad \cdots \quad \boldsymbol{H}_1\boldsymbol{\alpha}_n]=\left[\begin{array}{c|ccc} -\boldsymbol{a}_1 & * & \cdots & * \\ \hline 0 & & & \\ \vdots & & \boldsymbol{A}_{n-1} & \\ 0 & & & \end{array}\right].$$

如果 $\boldsymbol{\alpha}_1=\boldsymbol{0}$,则直接进入下一步,此时相当于取 $\boldsymbol{H}_1=\boldsymbol{E}_n$,而 $\boldsymbol{a}_1=\boldsymbol{0}$.

第二步,将 $\boldsymbol{A}_{n-1}$ 按列分块写成 $\boldsymbol{A}_{n-1}=[\boldsymbol{\beta}_2 \quad \boldsymbol{\beta}_3 \quad \cdots \quad \boldsymbol{\beta}_n]$,如果 $\boldsymbol{\beta}_2\neq 0$,则存在 $n-1$ 阶 Householder 矩阵 $\widetilde{\boldsymbol{H}}_2$,使得

$$\widetilde{\boldsymbol{H}}_2\boldsymbol{\beta}_2=-\boldsymbol{a}_2\tilde{\boldsymbol{e}}_1,|\boldsymbol{a}_2|=\|\boldsymbol{\beta}_1\|,\tilde{\boldsymbol{e}}_1\in \mathrm{C}^{n-1}.$$

所以有

$$\widetilde{\boldsymbol{H}}_2\boldsymbol{A}_{n-1}=[\widetilde{\boldsymbol{H}}_2\boldsymbol{\beta}_2 \quad \widetilde{\boldsymbol{H}}_2\boldsymbol{\beta}_3 \quad \cdots \quad \widetilde{\boldsymbol{H}}_2\boldsymbol{\beta}_n]=\left[\begin{array}{c|ccc} -\boldsymbol{a}_2 & * & \cdots & * \\ \hline 0 & & & \\ \vdots & & \boldsymbol{A}_{n-2} & \\ 0 & & & \end{array}\right].$$

此时,令

$$\boldsymbol{H}_2=\begin{bmatrix} 1 & \boldsymbol{0}^{\mathrm{T}} \\ \boldsymbol{0} & \widetilde{\boldsymbol{H}}_2 \end{bmatrix},$$

则 $\boldsymbol{H}_2$ 是 n 阶 Householder 矩阵,并且使

$$\boldsymbol{H}_2\boldsymbol{H}_1\boldsymbol{A}=\left[\begin{array}{c|cccc} -\boldsymbol{a}_1 & * & * & \cdots & * \\ \hline 0 & -\boldsymbol{a}_2 & * & \cdots & * \\ 0 & & & \boldsymbol{A}_{n-2} & \end{array}\right],$$

当 $\boldsymbol{\beta}_2=0$ 时,直接进入下一步.

第三步,对 $n-2$ 阶矩阵继续进行类似的变换,如此下去,至多在第 $n-1$ 步,我们就可以找到 Householder 矩阵 $\boldsymbol{H}_1,\boldsymbol{H}_2,\cdots,\boldsymbol{H}_{n-1}$,使得

$$H_{n-1}\cdots H_2H_1A=\begin{bmatrix} a_1 & & & & \\ & -a_2 & & & \\ & & \ddots & & \\ & & & -a_{n-1} & \\ & & & & a_n \end{bmatrix}=R.$$

其中,可能有一些

$$H_j=E_n.$$

令 $Q^{-1}=H_{n-1}\cdots H_2H_1$,则 Q 是酉矩阵之积,从而必定为酉矩阵,并且

$$A=QR.$$

例 3.5.5 利用 Householder 方法对矩阵

$$A=\begin{bmatrix} 1 & 1 & 0 \\ 2 & 1 & 1 \\ 2 & 0 & 2 \end{bmatrix}$$

进行 QR 分解.

解:对向量 $\alpha_1=[1 \quad 2 \quad 2]^{\mathrm{T}}$,取 $a_1=-3$,令

$$u_1=\frac{\alpha_1+a_1e_1}{\|\alpha_1+a_1e_1\|}=\frac{1}{\sqrt{3}}(-1,1,1)^{\mathrm{T}},$$

由此作 Householder 矩阵

$$H_1=E-2u_1u_1^{\mathrm{H}}=\frac{1}{3}\begin{bmatrix} 1 & 2 & 2 \\ 2 & 1 & -2 \\ 2 & -2 & 1 \end{bmatrix},$$

因而

$$H_1A=\begin{bmatrix} 3 & 1 & 2 \\ 0 & 1 & -1 \\ 0 & 0 & 0 \end{bmatrix}=R.$$

所以,矩阵 A 的 QR 分解为

$$A=\begin{bmatrix} \frac{1}{3} & \frac{2}{3} & \frac{2}{3} \\ \frac{2}{3} & \frac{1}{3} & -\frac{2}{3} \\ \frac{2}{3} & -\frac{2}{3} & \frac{1}{3} \end{bmatrix}\begin{bmatrix} 3 & 1 & 2 \\ 0 & 1 & -1 \\ 0 & 0 & 0 \end{bmatrix}=QR.$$

3.5.4 矩阵的奇异值分解

矩阵的奇异值分解具有广泛的应用,矩阵的奇异值分解定理是在讨论

最小二乘问题和广义逆矩阵计算以及很多领域中都有着关键作用的一个定理.为了引进矩阵的奇异值,首先介绍两个引理.

引理 3.5.1 对于任何一个矩阵 $\boldsymbol{A}$ 都有

$$\operatorname{rank}(\boldsymbol{A}\boldsymbol{A}^{\mathrm{H}})=\operatorname{rank}(\boldsymbol{A}^{\mathrm{H}}\boldsymbol{A})=\operatorname{rank}\boldsymbol{A}$$

证明:如果 $x\in \boldsymbol{C}^n$ 是 $\boldsymbol{A}^{\mathrm{H}}\boldsymbol{A}x=\boldsymbol{0}$ 的解,则 $x^{\mathrm{H}}\boldsymbol{A}^{\mathrm{H}}\boldsymbol{A}x=0$,即 $(\boldsymbol{A}x)^{\mathrm{H}}(\boldsymbol{A}x)=0$,因此 $\boldsymbol{A}x=0$,这表明了 x 也是 $\boldsymbol{A}x=0$ 的解.反之,如果 x 是 $\boldsymbol{A}x=0$ 的解,也必定是 $\boldsymbol{A}^{\mathrm{H}}\boldsymbol{A}x=0$ 的解.所以 $\boldsymbol{A}x=0$ 与是 $\boldsymbol{A}^{\mathrm{H}}\boldsymbol{A}x=0$ 同解方程组.故 $\operatorname{rank}(\boldsymbol{A}^{\mathrm{H}}\boldsymbol{A})=\operatorname{rank}\boldsymbol{A}$.

又因 $\operatorname{rank}\boldsymbol{A}=\operatorname{rank}\boldsymbol{A}^{\mathrm{H}}$.证明完毕.

引理 3.5.2 对于任何一个矩阵 $\boldsymbol{A}$ 都有 $\boldsymbol{A}^{\mathrm{H}}\boldsymbol{A}$ 与 $\boldsymbol{A}\boldsymbol{A}^{\mathrm{H}}$ 是半正定 Hermite 矩阵.

关于该定理的证明此处不再赘述.

设 $\boldsymbol{A}\in \mathrm{C}_r^{m\times n}$,$\lambda_i$ 是 $\boldsymbol{A}\boldsymbol{A}^{\mathrm{H}}$ 的特征值,μ_i 是 $\boldsymbol{A}^{\mathrm{H}}\boldsymbol{A}$ 的特征值,它们都是实数.并且设

$$\lambda_1\geqslant\lambda_2\geqslant\cdots\geqslant\lambda_r>\lambda_{r+1}=\lambda_{r+2}=\cdots=\lambda_m=0,$$

$$\mu_1\geqslant\mu_2\geqslant\cdots\geqslant\mu_r>\mu_{r+1}=\mu_{r+2}=\cdots=\mu_m=0,$$

特征值 λ_i 与 μ_i 之间存在如下定理.

定理 3.5.12 设 $\boldsymbol{A}\in \mathrm{C}_r^{m\times n}$,则

$$\lambda_i=\mu_i>0\quad(i=1,2,\cdots,r).$$

证明:由 $\boldsymbol{A}\boldsymbol{A}^{\mathrm{H}}x=\lambda_i x$ 可得 $\boldsymbol{A}^{\mathrm{H}}\boldsymbol{A}\boldsymbol{A}^{\mathrm{H}}x=\lambda_i\boldsymbol{A}^{\mathrm{H}}x$,这表明 λ_i 既是 $\boldsymbol{A}\boldsymbol{A}^{\mathrm{H}}$ 的特征值,又是 $\boldsymbol{A}^{\mathrm{H}}\boldsymbol{A}$ 的特征值.同理可证 μ_i 也是 $\boldsymbol{A}\boldsymbol{A}^{\mathrm{H}}$ 的特征值(但不能因此认为 $\lambda_i=\mu_i$).

设 $x_1,x_2,\cdots,x_p$ 是 $\boldsymbol{A}\boldsymbol{A}^{\mathrm{H}}$ 对应于 $\lambda_i\neq0$ 的线性无关特征向量,由上述讨论可知,$\boldsymbol{A}^{\mathrm{H}}x_1,\boldsymbol{A}^{\mathrm{H}}x_2,\cdots,\boldsymbol{A}^{\mathrm{H}}x_p$ 是 $\boldsymbol{A}^{\mathrm{H}}\boldsymbol{A}$ 的特征值为 λ_i 的特征向量,很容易证明它们是线性无关的.这说明 $\boldsymbol{A}\boldsymbol{A}^{\mathrm{H}}$ 的 p 重特征值也是 $\boldsymbol{A}^{\mathrm{H}}\boldsymbol{A}$ 的 p 重特征值.因此 $\lambda_i=\mu_i>0$.

定义 3.5.6 设 $\boldsymbol{A}\in \boldsymbol{C}_r^{m\times n}$,$\boldsymbol{A}\boldsymbol{A}^{\mathrm{H}}$ 的正特征值 λ_i,$\boldsymbol{A}^{\mathrm{H}}\boldsymbol{A}$ 的正特征值 μ_i,称

$$\alpha_i=\sqrt{\lambda_i}=\sqrt{\mu_i}\quad(i=1,2,\cdots,r)$$

是 $\boldsymbol{A}$ 的正奇异值,简称奇异值.

例 3.5.6 已知

$$\boldsymbol{A}=\begin{bmatrix}1&2\\0&0\\0&0\end{bmatrix},$$

求 $\boldsymbol{A}$ 的奇异值.

解:因为

$$AA^{\mathrm{H}}=\begin{bmatrix}5&0&0\\0&0&0\\0&0&0\end{bmatrix},$$

AA^{H} 的特征值为 5,0,0,所以 A 的奇异值为$\sqrt{5}$.

定理 3.5.13 若 A 为正规矩阵,那么 A 的奇异值是 A 的非零特征值的模长.

证明:对于正规矩阵 A,存在酉矩阵 U,满足

$$A=U\mathrm{diag}[\lambda_1\quad\lambda_2\quad\cdots\quad\lambda_n]U^{\mathrm{H}}$$

$$A^{\mathrm{H}}=U\mathrm{diag}(\bar{\lambda}_1,\bar{\lambda}_2,\cdots,\bar{\lambda}_n)U^{\mathrm{H}},$$

所以

$$AA^{\mathrm{H}}=U\mathrm{diag}(\lambda_1\bar{\lambda}_1,\lambda_2\bar{\lambda}_2,\cdots,\lambda_n\bar{\lambda}_n)U^{\mathrm{H}},$$

于是 AA^{H} 的特征值为 $\lambda_1\bar{\lambda}_1,\lambda_2\bar{\lambda}_2,\cdots,\lambda_n\bar{\lambda}_n$. 证明完毕.

定理 3.5.14 若 $A\in\mathbb{C}_r^{m\times n}$,$\delta_1\geqslant\delta_2\geqslant\cdots\geqslant\delta_r$ 是 A 的 r 个正奇异值,则存在 m 阶酉矩阵 U 和 n 阶酉矩阵 V,满足

$$A=UDV^{\mathrm{H}}=U\begin{bmatrix}\Delta&0\\0&0\end{bmatrix}V^{\mathrm{H}},$$

其中的 $\Delta=\mathrm{diag}(\delta_1,\delta_2,\cdots,\delta_r)$,$U$ 满足 $U^{\mathrm{H}}AA^{\mathrm{H}}U$ 是对角矩阵,V 满足 $V^{\mathrm{H}}AA^{\mathrm{H}}V$ 是对角矩阵.

证明:AA^{H} 是 Hermite 矩阵,故存在 m 阶酉矩阵 U,满足

$$U^{\mathrm{H}}AA^{\mathrm{H}}U=\begin{bmatrix}\Delta\Delta^{\mathrm{H}}&O\\O&O\end{bmatrix}.$$

令 $U=(U_1,U_2)$,其中 U_1 是 $m\times r$ 矩阵,U_2 是 $m\times(m-r)$矩阵,则有

$$\begin{bmatrix}U_1^{\mathrm{H}}\\U_2^{\mathrm{H}}\end{bmatrix}AA^{\mathrm{H}}[U_1,U_2]=\begin{bmatrix}\Delta\Delta^{\mathrm{H}}&O\\O&O\end{bmatrix}.$$

比较上式两端可得

$$U_1^{\mathrm{H}}AA^{\mathrm{H}}U_1=\Delta\Delta^{\mathrm{H}}\quad(1),\quad U_1^{\mathrm{H}}AA^{\mathrm{H}}U_2=0\quad(2),$$

$$U_2^{\mathrm{H}}AA^{\mathrm{H}}U_1=0\qquad(3),\quad U_2^{\mathrm{H}}AA^{\mathrm{H}}U_2=0\quad(4),$$

令,$V_1=A^{\mathrm{H}}U_1\Delta^{-H}$,则

$$V_1^{\mathrm{H}}V_1=\Delta^{-1}U_1^{\mathrm{H}}AA^{\mathrm{H}}U_1\Delta^{-H}=E_r.$$

所以,V_1 是 $n\times r$ 的次酉矩阵,$V_1\in U_r^{n\times r}$. 因此存在 V_2,使得 $V=(V_1,V_2)$为 n 阶酉矩阵. 故

$$U^{\mathrm{H}}AV=\begin{bmatrix}U_1^{\mathrm{H}}\\U_2^{\mathrm{H}}\end{bmatrix}A(V_1,V_2)=\begin{bmatrix}U_1^{\mathrm{H}}AV_1&U_1^{\mathrm{H}}AV_2\\U_2^{\mathrm{H}}AV_1&U_2^{\mathrm{H}}AV_2\end{bmatrix},$$

而 $U_1^{\mathrm{H}}AV_1=U_1^{\mathrm{H}}AA^{\mathrm{H}}U_1\Delta^{-H}=\Delta\Delta^{\mathrm{H}}\Delta^{-H}=\Delta$,又因为 $0=V_1^{\mathrm{H}}V_2=\Delta^{-1}U_1^{\mathrm{H}}AV_2$,

所以$\boldsymbol{U}_1^{\mathrm{H}}\boldsymbol{A}\boldsymbol{V}_2=\boldsymbol{0}$，由式(4)可得$\boldsymbol{U}_2^{\mathrm{H}}\boldsymbol{A}=\boldsymbol{0}$，$\boldsymbol{U}_2^{\mathrm{H}}\boldsymbol{A}\boldsymbol{V}_2=\boldsymbol{0}$，最后可得

$$\boldsymbol{U}^{\mathrm{H}}\boldsymbol{A}\boldsymbol{V}=\begin{bmatrix}\boldsymbol{\Delta} & \boldsymbol{0}\\ \boldsymbol{0} & \boldsymbol{0}\end{bmatrix}.$$

这里有三点需要注意：

一是，通过定理 3.5.13 的证明过程可以看出，虽然酉矩阵$\boldsymbol{U}$的列向量是$\boldsymbol{A}\boldsymbol{A}^{\mathrm{H}}$的特征向量，酉矩阵$\boldsymbol{V}$的列向量是$\boldsymbol{A}^{\mathrm{H}}\boldsymbol{A}$的特征向量，但绝对不是任意取$n$个$\boldsymbol{A}^{\mathrm{H}}\boldsymbol{A}$的两两正交单位长的特征向量都可以作为$\boldsymbol{V}$的列向量，而必须要与$\boldsymbol{U}$的列向量所“匹配”，它们之间的匹配关系由关系式$\boldsymbol{V}_1=\boldsymbol{A}^{\mathrm{H}}\boldsymbol{U}_1\boldsymbol{\Delta}^{-H}$保证.这是求$\boldsymbol{A}$的奇异值分解时所不能忽视的.

二是，定理 3.5.14 中的次酉矩阵$\boldsymbol{U}_1$和次酉矩阵$\boldsymbol{V}_1$的列向量分别为$\boldsymbol{A}\boldsymbol{A}^{\mathrm{H}}$与$\boldsymbol{A}^{\mathrm{H}}\boldsymbol{A}$非零特征值所对应的特征向量.并且$\boldsymbol{V}_1=\boldsymbol{A}^{\mathrm{H}}\boldsymbol{U}_1\boldsymbol{\Delta}^{-H}$.

三是，由定理 3.5.14 的证明可以看出，定理 3.5.14 的次酉矩阵$\boldsymbol{U}_2$与$\boldsymbol{V}_2$中的列向量分别是$\boldsymbol{A}\boldsymbol{A}^{\mathrm{H}}$与$\boldsymbol{A}^{\mathrm{H}}\boldsymbol{A}$零特征值所对应的特征向量.

对以上三点加以注意，对于以后阅读例题及求矩阵的奇异值分解会有很大的帮助.

定理 3.5.15 若$\boldsymbol{A}\in\mathrm{C}_r^{m\times n}$，$\delta_1\geqslant\delta_2\geqslant\cdots\geqslant\delta_r$是$\boldsymbol{A}$的正奇异值，则总存在次酉矩阵$\boldsymbol{U}_r\in\boldsymbol{U}_r^{m\times r}$，$\boldsymbol{V}_1\in\boldsymbol{U}_r^{n\times r}$满足

$$\boldsymbol{A}=\boldsymbol{U}_r\boldsymbol{\Delta}\boldsymbol{V}_r^{\mathrm{H}},$$

其中，$\boldsymbol{\Delta}=\mathrm{diag}(\delta_1,\delta_2,\cdots,\delta_r)$.

证明：由定理 3.5.14 可知

$$\boldsymbol{A}=\boldsymbol{U}\boldsymbol{D}\boldsymbol{V}^{\mathrm{H}}.$$

如果设$\boldsymbol{U}=(u_1,u_2,\cdots,u_m)$，$\boldsymbol{V}=(v_1,v_2,\cdots,v_n)$，则

$$\begin{aligned}\boldsymbol{A}&=(u_1,u_2,\cdots,u_m)\begin{bmatrix}\delta_1 &&&&& \\ & \delta_2 &&&& \\ && \ddots &&& \\ &&& \delta_r && \\ &&&& \ddots & \\ &&&&& 0\end{bmatrix}\begin{bmatrix}\boldsymbol{V}_1^{\mathrm{H}}\\ \boldsymbol{V}_2^{\mathrm{H}}\\ \vdots\\ \boldsymbol{V}_n^{\mathrm{H}}\end{bmatrix}\\ &=\delta_1u_1\boldsymbol{V}_1^{\mathrm{H}}+\delta_2u_2\boldsymbol{V}_2^{\mathrm{H}}+\cdots+\delta_ru_r\boldsymbol{V}_r^{\mathrm{H}}\\ &=(u_1,u_2,\cdots,u_r)\begin{bmatrix}\delta_1 &&& \\ & \delta_2 && \\ && \vdots & \\ &&& \delta_r\end{bmatrix}\begin{bmatrix}\boldsymbol{V}_1^{\mathrm{H}}\\ \boldsymbol{V}_2^{\mathrm{H}}\\ \ddots\\ \boldsymbol{V}_n^{\mathrm{H}}\end{bmatrix}\\ &=\boldsymbol{U}_r\boldsymbol{\Delta}\boldsymbol{V}_r^{\mathrm{H}}.\end{aligned}$$

例 3.5.7 已知

$$A=\begin{bmatrix}1 & 1\\ 0 & 0\\ 1 & 1\end{bmatrix},$$

求 A 的奇异值分解.

解:$AA^{H}=\begin{bmatrix}2 & 0 & 2\\ 0 & 0 & 0\\ 2 & 0 & 2\end{bmatrix}$,$|\lambda E-AA^{H}|=\lambda^{2}(\lambda-4)$,因此 AA^{H} 的特征值 $\lambda_1=4,\lambda_2=\lambda_3=0$,$A$ 的奇异值 $\alpha=2$,$\Delta=2$.

AA^{H} 的特征值 $\lambda_1=4$ 的单位特征向量 $u_1=\left(\frac{1}{\sqrt{2}},0,\frac{1}{\sqrt{2}}\right)^{T}U_1=u_1=\left(\frac{1}{\sqrt{2}},0,\frac{1}{\sqrt{2}}\right)^{T}$,故

$$V_1=A^{H}U_1\Delta^{-H}=\begin{bmatrix}1 & 0 & 1\\ 1 & 0 & 1\end{bmatrix}\begin{bmatrix}\frac{1}{\sqrt{2}}\\ 0\\ \frac{1}{\sqrt{2}}\end{bmatrix}\cdot\frac{1}{2}=\begin{bmatrix}\frac{1}{\sqrt{2}}\\ \frac{1}{\sqrt{2}}\end{bmatrix},$$

由此不难验证

$$A=U_1\Delta V_1^{H}=\begin{bmatrix}\frac{1}{\sqrt{2}}\\ 0\\ \frac{1}{\sqrt{2}}\end{bmatrix}2\begin{bmatrix}\frac{1}{\sqrt{2}}\\ \frac{1}{\sqrt{2}}\end{bmatrix}^{H}.$$

下面我们介绍定理 3.5.15 的表述形式.

又 AA^{H} 的零特征向量所对应的次酉矩阵

$$U_2=\begin{bmatrix}-\frac{1}{\sqrt{2}} & 0\\ 0 & 1\\ \frac{1}{\sqrt{2}} & 0\end{bmatrix}.$$

$A^{H}A$ 的零特征向量所对应的次酉矩阵

$$V_2=\begin{bmatrix}-\frac{1}{\sqrt{2}}\\ \frac{1}{\sqrt{2}}\end{bmatrix}.$$

于是，AA^H 的酉矩阵 U 与 A^HA 的酉矩阵 V 分别为

$$U=\begin{bmatrix}\frac{1}{\sqrt{2}} & -\frac{1}{\sqrt{2}} & 0\\ 0 & 0 & 1\\ \frac{1}{\sqrt{2}} & \frac{1}{\sqrt{2}} & 0\end{bmatrix},\quad V=\begin{bmatrix}\frac{1}{\sqrt{2}} & -\frac{1}{\sqrt{2}}\\ \frac{1}{\sqrt{2}} & \frac{1}{\sqrt{2}}\end{bmatrix},$$

并且

$$D=\begin{bmatrix}\boldsymbol{\Delta} & \\ & \mathbf{0}\end{bmatrix}=\begin{bmatrix}2 & 0\\ 0 & 0\\ 0 & 0\end{bmatrix}.$$

很容易验证 $A=UDV^H$.

例 3.5.8 已知矩阵

$$A=\begin{bmatrix}2 & 0\\ 0 & -i\\ 0 & 0\end{bmatrix},$$

求其奇异分解表达式.

解：$AA^H=\begin{bmatrix}4 & 0 & 0\\ 0 & 1 & 0\\ 0 & 0 & 0\end{bmatrix}$，$|\lambda E-AA^H|=\lambda(\lambda-1)(\lambda-4)$，$AA^H$ 的特征值 $\lambda_1=4,\lambda_2=1,\lambda_3=0$.

所以，A 的奇异值为 $\alpha_1=2,\alpha_2=1,\boldsymbol{\Delta}=\begin{bmatrix}2 & \\ & 1\end{bmatrix}$.

AA^H 的特征值为 4 的单位特征向量

$$u_1=(1\quad 0\quad 0)^T,$$

AA^H 的特征值为 1 的单位特征向量

$$u_2=(0\quad 1\quad 0)^T,$$

因此

$$U_1=(u_1\quad u_2)=\begin{bmatrix}1 & 0\\ 0 & 1\\ 0 & 0\end{bmatrix},$$

因而

$$V_1=A^HU_1\boldsymbol{\Delta}^{-H}=\begin{bmatrix}1 & 0\\ 0 & i\end{bmatrix},$$

所以

$$A=U_1\Delta V_1^H=\begin{bmatrix}1&0\\0&1\\0&0\end{bmatrix}\Delta=\begin{bmatrix}2&\\&1\end{bmatrix}\begin{bmatrix}1&0\\0&i\end{bmatrix}^H,$$

如果要写成定理 3.5.15 的形式还要计算 U,V.

AA^H 特征值为 0 的单位特征向量

$$u_3=\begin{bmatrix}0\\0\\1\end{bmatrix}=U_2,$$

故

$$U=(U_1\quad U_2)=\begin{bmatrix}1&0&0\\0&1&0\\0&0&1\end{bmatrix}\quad V=V_1=\begin{bmatrix}1&0\\0&i\end{bmatrix},$$

所以

$$A=UDV=\begin{bmatrix}1&0&0\\0&1&0\\0&0&1\end{bmatrix}\begin{bmatrix}2&0\\0&1\\0&0\end{bmatrix}\begin{bmatrix}1&0\\0&i\end{bmatrix}^H.$$

3.5.5 矩阵的极分解

定义 3.5.7 设 $A\in C^{n\times n}$,如果存在酉矩阵 U 与 Hermite 矩阵 H_1 与 H_2,使得

$$A=H_1U=UH_2. \tag{3-5-16}$$

则称分解式(3-5-16)为矩阵 A 的极分解.

特别地,任意一个非零的复数 z 总是可以写作

$$z=\rho(\cos\theta+i\sin\theta) \tag{3-5-17}$$

的形式,式中($\rho>0$)是 z 的模,θ 是 z 的幅角,把复数 z 写成这样的形式是唯一的,它也称为复数 z 的极分解.若把复数 z 看成是一个阶矩阵,则 ρ 是一阶正定 Hermite 矩阵,并且 $\cos\theta+i\sin\theta$ 是一阶酉矩阵,故式(3-5-17)是一阶复矩阵的极分解.一般地,我们还有:

定理 3.5.16 设 $A\in C^{n\times n}$,并且 A 是可逆的,则存在酉矩阵 U 与正定 Hermite 矩阵 H_1 与 H_2,使得分解式(3-5-16)唯一成立,并且有

$$H_1^2=AA^H,H_2^2=A^HA.$$

证明:因为 A 是可逆的,故 A^HA 是正定矩阵,于是存在唯一的正定 Hermite 矩阵 H_2,使得

$$A^HA=H_2^2,$$

并且

$$(AH_2^{-1})^{\mathrm{H}}(AH_2^{-1})=E.$$

这表明了 AH_2^{-1} 是酉矩阵，若记 $AH_2^{-1}=U$，则有

$$A=UH_2.$$

因此，又有

$$A=UH_2=UH_2U^{\mathrm{H}}U=(UH_2U^{\mathrm{H}})U=H_1U.$$

其中，$H_1=UH_2U^{\mathrm{H}}$ 于是正定 Hermite 矩阵. 由于 H_2 是唯一的，所以 U 也是确定的，因此极分解是唯一的.

定理 3.5.17 设 $A\in \mathrm{C}^{n\times n}$，则存在酉矩阵 U 与 Hermite 矩阵 H_1 与 H_2，使得

$$A=H_1U=UH_2,$$

并且 $H_1^2=AA^{\mathrm{H}}, H_2^2=A^{\mathrm{H}}A$.

证明：由矩阵 A 的奇异值分解可知，存在酉矩阵 U_1, V_1，使得

$$A=U_1\begin{bmatrix}\lambda_1 & & & \\ & \lambda_2 & & \\ & & \ddots & \\ & & & \lambda_n\end{bmatrix}.$$

其中，$\lambda_1\geqslant\lambda_2\geqslant\cdots\geqslant\lambda_n\geqslant 0$ 是矩阵 A 的 n 个正的奇异值. 于是

$$A=\left(U_1\begin{bmatrix}\lambda_1 & & & \\ & \lambda_2 & & \\ & & \ddots & \\ & & & \lambda_n\end{bmatrix}U_1^{\mathrm{H}}\right)(U_1V_1^{\mathrm{H}}),$$

或者

$$A=(U_1V_1^{\mathrm{H}})\left(V_1\begin{bmatrix}\lambda_1 & & & \\ & \lambda_2 & & \\ & & \ddots & \\ & & & \lambda_n\end{bmatrix}V_1^{\mathrm{H}}\right).$$

若记

$$H_1=U_1\begin{bmatrix}\lambda_1 & & & \\ & \lambda_2 & & \\ & & \ddots & \\ & & & \lambda_n\end{bmatrix}U_1^{\mathrm{H}}, H_2=V_1\begin{bmatrix}\lambda_1 & & & \\ & \lambda_2 & & \\ & & \ddots & \\ & & & \lambda_n\end{bmatrix}V_1^{\mathrm{H}},$$

并且

$$U=U_1V_1^{\mathrm{H}},$$

则

$$A=H_1U=UH_2.$$

其中，$\boldsymbol{H}_1,\boldsymbol{H}_2$ 是正定 Hermite 矩阵，$\boldsymbol{U}$ 是酉矩阵. 唯一性显然.

3.5.6 矩阵的谱分解

3.5.6.1 矩阵的谱分解

矩阵的谱分解是一种重要的和分解.

设 $\boldsymbol{A}$ 为 n 阶方阵，λ 为 $\boldsymbol{A}$ 的特征值，则由

$$|\lambda \boldsymbol{E}-\boldsymbol{A}|=|\lambda \boldsymbol{E}-\boldsymbol{A}^{\mathrm{T}}|.$$

可知，λ 也是 $\boldsymbol{A}^{\mathrm{T}}$ 的特征值，于是存在非零向量 $\boldsymbol{\alpha},\boldsymbol{\beta}$，使得

$$\boldsymbol{A\alpha}=\lambda\boldsymbol{\alpha},\boldsymbol{A}^{\mathrm{T}}\boldsymbol{\beta}=\lambda\boldsymbol{\beta}.$$

即 $\boldsymbol{\alpha}$ 与 $\boldsymbol{\beta}$ 分别为 $\boldsymbol{A}$ 及 $\boldsymbol{A}^{\mathrm{T}}$ 的属于特征值 λ 的特征向量. 若 $\boldsymbol{A}$ 相似于对角矩阵，则对 $\boldsymbol{A}$ 的特征值 $\lambda_1,\lambda_2,\cdots,\lambda_n$，存在非奇异矩阵 $\boldsymbol{P}$，使得

$$\boldsymbol{P}^{-1}\boldsymbol{AP}=\mathrm{diag}(\lambda_1,\lambda_2,\cdots,\lambda_n), \tag{3-5-18}$$

并且

$$\boldsymbol{P}^{\mathrm{T}}\boldsymbol{A}^{\mathrm{T}}(\boldsymbol{P}^{\mathrm{T}})^{-1}=\mathrm{diag}(\lambda_1,\lambda_2,\cdots,\lambda_n), \tag{3-5-19}$$

设 $\boldsymbol{P}=(\boldsymbol{\alpha}_1,\boldsymbol{\alpha}_2,\cdots,\boldsymbol{\alpha}_n),(\boldsymbol{P}^{\mathrm{T}})^{-1}=(\boldsymbol{\beta}_1,\boldsymbol{\beta}_2,\cdots,\boldsymbol{\beta}_n)$，

则

$$\boldsymbol{A\alpha}_i=\lambda_i\boldsymbol{\alpha}_i,\boldsymbol{A}^{\mathrm{T}}\boldsymbol{\beta}_i=\lambda_i\boldsymbol{\beta}_i\,(i=1,2,\cdots,n). \tag{3-5-20}$$

由上式(3-5-18)～(3-5-20)有

$$\boldsymbol{A}=\boldsymbol{P}\mathrm{diag}(\lambda_1,\lambda_2,\cdots,\lambda_n)\boldsymbol{P}^{-1}=\sum_{i=1}^{n}\lambda_i\boldsymbol{\alpha}_i\boldsymbol{\beta}_i^{\mathrm{T}}. \tag{3-5-21}$$

上式(3-5-21)即称为矩阵 $\boldsymbol{A}$ 的谱分解，相应地，特征值 $\{\lambda_1,\lambda_2,\cdots,\lambda_n\}$ 也称为矩阵 $\boldsymbol{A}$ 的谱.

特别地，当 $\boldsymbol{A}$ 为实对称方阵时，$\boldsymbol{A}$ 必定相似于对角矩阵，从而 $\boldsymbol{A}$ 必有谱分解.

例 3.5.9 求三阶方阵

$$\boldsymbol{A}=\begin{bmatrix}5 & 6 & -3\\ -1 & 0 & 1\\ 1 & 2 & -1\end{bmatrix}$$

的谱分解.

解：$\boldsymbol{A}$ 的特征多项式

$$f(\lambda)=|\lambda\boldsymbol{E}-\boldsymbol{A}|=(\lambda-2)(\lambda-1-\sqrt{3})(\lambda-1+\sqrt{3}),$$

所以 $\boldsymbol{A}$ 的特征值

$$\lambda_1=2,\lambda_2=1+\sqrt{3},\lambda_3=1-\sqrt{3}.$$

故而 $\boldsymbol{A}$ 相似于对角矩阵，并且 $\boldsymbol{A}$ 的属于 $\lambda_1,\lambda_2,\lambda_3$ 的线性无关特征向量分别为

$$\boldsymbol{\alpha}_1=(2,-1,0)^{\mathrm{T}},\boldsymbol{\alpha}_2=(3,-1,2-\sqrt{3})^{\mathrm{T}},\boldsymbol{\alpha}_3=(3,-1,2+\sqrt{3})^{\mathrm{T}}.$$

从而也就有非奇异矩阵

$$\boldsymbol{P}=\begin{bmatrix}2 & 3 & 3\\ -1 & -1 & -1\\ 0 & 2-\sqrt{3} & 2+\sqrt{3}\end{bmatrix},$$

$$\boldsymbol{P}^{-1}=\begin{bmatrix}-1 & -3 & 0\\ \dfrac{3+2\sqrt{3}}{3} & \dfrac{3+2\sqrt{3}}{3} & -\dfrac{\sqrt{3}}{6}\\ \dfrac{3-2\sqrt{3}}{6} & \dfrac{3-2\sqrt{3}}{3} & \dfrac{\sqrt{3}}{6}\end{bmatrix}.$$

因此，由式(3-5-4)可得 $\boldsymbol{A}$ 的谱分解为

$$\boldsymbol{A}=\boldsymbol{P}\mathrm{diag}(2,1+\sqrt{3},\cdots,1-\sqrt{3})\boldsymbol{P}^{-1}=2\boldsymbol{\alpha}_1\boldsymbol{\beta}_1^{\mathrm{T}}+(1+\sqrt{3})\boldsymbol{\alpha}_2\boldsymbol{\beta}_2^{\mathrm{T}}+(1-\sqrt{3})\boldsymbol{\alpha}_3\boldsymbol{\beta}_3^{\mathrm{T}}.$$

需要指出的是，如果取 $\boldsymbol{P}$ 为正交矩阵(即先将 $\boldsymbol{\alpha}_1,\boldsymbol{\alpha}_2,\cdots,\boldsymbol{\alpha}_n$ 正交单位化)，则 $\boldsymbol{P}^{-1}=\boldsymbol{P}^{\mathrm{T}}$. 于是显然有 $\boldsymbol{\beta}_i=\boldsymbol{\alpha}_i(i=1,2,\cdots,n)$这种表示的形式更加简洁，但是正交化过程有时候是很麻烦的.

3.5.6.2 单纯矩阵的谱分解

单纯矩阵相似于对角阵，它有特殊的谱分解.

定理 3.5.18 设 $\boldsymbol{A}\in\mathrm{C}^{n\times n}$ 是单纯矩阵，$\lambda_1,\cdots,\lambda_i,\cdots,\lambda_s$ 是它的互异特征根，m_i,r_i 分别为 λ_i 的代数重数与几何重数，则存在 $\boldsymbol{E}_i\in\mathrm{C}^{n\times n},i=1,2,\cdots,s$，使得

① $\boldsymbol{A}=\sum\limits_{i=1}^{s}\lambda_i\boldsymbol{E}_i$；

② $\boldsymbol{E}_i\boldsymbol{E}_j=\begin{cases}\boldsymbol{E}_i & i=j\\ \boldsymbol{0} & i\neq j\end{cases}$；

③ $\sum\limits_{i=1}^{s}\boldsymbol{E}_i=I_n$；

④ $\boldsymbol{E}_i\boldsymbol{A}=\boldsymbol{A}\boldsymbol{E}_i=\lambda_i\boldsymbol{E}_i$；

⑤ $\mathrm{rank}\boldsymbol{E}_i=m_i=r_i$；

⑥满足以上性质的 $\boldsymbol{E}_i$ 是唯一的，称为投影矩阵.

证明：对于 $\forall\boldsymbol{A}\in\mathrm{C}^n$，$\exists\boldsymbol{P}\in\mathrm{C}_n^{n\times n}$，使 $\boldsymbol{P}^{-1}\boldsymbol{A}\boldsymbol{P}=J=\mathrm{diag}(J_1,\cdots,J_i,\cdots,J_s)$.

现 $\boldsymbol{A}$ 为单纯矩阵,故 J 是对角阵,所以 $J_i=\mathrm{diag}(\lambda_i,\cdots,\lambda_i)$,$J_i$ 是 m_i 阶对角元素为 λ_i 的对角阵,$i=1,2,\cdots,s$.

将 $\boldsymbol{P}$ 按 J_i 列数分块,$\boldsymbol{P}=(\boldsymbol{P}_1,\cdots,\boldsymbol{P}_i,\cdots,\boldsymbol{P}_s)$,其中 $\boldsymbol{P}_i\in\mathrm{C}^{n\times m_i}$.

记作

$$\boldsymbol{P}^{-1}=(\widetilde{\boldsymbol{P}}_1,\cdots,\widetilde{\boldsymbol{P}}_i,\cdots,\widetilde{\boldsymbol{P}}_s)^{\mathrm{T}}=\begin{bmatrix}\widetilde{\boldsymbol{P}}_1^{\mathrm{T}}\\ \vdots\\ \widetilde{\boldsymbol{P}}_i^{\mathrm{T}}\\ \vdots\\ \widetilde{\boldsymbol{P}}_s^{\mathrm{T}}\end{bmatrix}.$$

因此有

$$\boldsymbol{P}\boldsymbol{P}^{-1}=(\boldsymbol{P}_1,\cdots,\boldsymbol{P}_i,\cdots,\boldsymbol{P}_s)^{\mathrm{T}}\begin{bmatrix}\widetilde{\boldsymbol{P}}_1^{\mathrm{T}}\\ \vdots\\ \widetilde{\boldsymbol{P}}_i^{\mathrm{T}}\\ \vdots\\ \widetilde{\boldsymbol{P}}_s^{\mathrm{T}}\end{bmatrix}=\boldsymbol{P}_1\widetilde{\boldsymbol{P}}_1^{\mathrm{T}}+\cdots+\boldsymbol{P}_i\widetilde{\boldsymbol{P}}_i^{\mathrm{T}}+\cdots+\boldsymbol{P}_s\widetilde{\boldsymbol{P}}_s^{\mathrm{T}}=\boldsymbol{I}_n,$$

$$\boldsymbol{P}^{-1}\boldsymbol{P}=\begin{bmatrix}\widetilde{\boldsymbol{P}}_1^{\mathrm{T}}\\ \vdots\\ \widetilde{\boldsymbol{P}}_i^{\mathrm{T}}\\ \vdots\\ \widetilde{\boldsymbol{P}}_s^{\mathrm{T}}\end{bmatrix}(\boldsymbol{P}_1,\cdots,\boldsymbol{P}_i,\cdots,\boldsymbol{P}_s)=\begin{bmatrix}\widetilde{\boldsymbol{P}}_1^{\mathrm{T}}\boldsymbol{P}_1 & \cdots & \widetilde{\boldsymbol{P}}_1^{\mathrm{T}}\boldsymbol{P}_i & \cdots & \widetilde{\boldsymbol{P}}_1^{\mathrm{T}}\boldsymbol{P}_s\\ \cdots & & & & \\ \widetilde{\boldsymbol{P}}_i^{\mathrm{T}}\boldsymbol{P}_1 & \cdots & \widetilde{\boldsymbol{P}}_i^{\mathrm{T}}\boldsymbol{P}_i & \cdots & \widetilde{\boldsymbol{P}}_i^{\mathrm{T}}\boldsymbol{P}_s\\ \cdots & & & & \\ \widetilde{\boldsymbol{P}}_s^{\mathrm{T}}\boldsymbol{P}_1 & \cdots & \widetilde{\boldsymbol{P}}_s^{\mathrm{T}}\boldsymbol{P}_i & \cdots & \widetilde{\boldsymbol{P}}_s^{\mathrm{T}}\boldsymbol{P}_s\end{bmatrix}$$

$$=\begin{bmatrix}\boldsymbol{I}_{m_1} & & & & \\ & \ddots & & & \\ & & \boldsymbol{I}_{m_i} & & \\ & & & \ddots & \\ & & & & \boldsymbol{I}_{m_s}\end{bmatrix}=\boldsymbol{I}_n.$$

①由于 $\boldsymbol{P}^{-1}\boldsymbol{A}\boldsymbol{P}=\mathrm{diag}(\lambda_1,\cdots,\lambda_n)$,可知

$$\boldsymbol{A}=\boldsymbol{P}\begin{bmatrix}\lambda_1 & & \\ & \ddots & \\ & & \lambda_n\end{bmatrix}\boldsymbol{P}^{-1}=(\boldsymbol{P}_1,\cdots,\boldsymbol{P}_i,\cdots,\boldsymbol{P}_s)\begin{bmatrix}\lambda_1 & & \\ & \ddots & \\ & & \lambda_n\end{bmatrix}\begin{bmatrix}\widetilde{\boldsymbol{P}}_1^{\mathrm{T}}\\ \vdots\\ \widetilde{\boldsymbol{P}}_i^{\mathrm{T}}\\ \vdots\\ \widetilde{\boldsymbol{P}}_s^{\mathrm{T}}\end{bmatrix}$$

$$=(\boldsymbol{P}_1,\cdots,\boldsymbol{P}_i,\cdots,\boldsymbol{P}_s)\begin{bmatrix}\lambda_1\widetilde{\boldsymbol{P}}_1^{\mathrm{T}}\\ \vdots\\ \lambda_i\widetilde{\boldsymbol{P}}_i^{\mathrm{T}}\\ \vdots\\ \lambda_s\widetilde{\boldsymbol{P}}_s^{\mathrm{T}}\end{bmatrix}$$

$$=\sum_{i=1}^{s}\lambda_i\boldsymbol{P}_i\widetilde{\boldsymbol{P}}_i^{\mathrm{T}}.$$

令 $\boldsymbol{P}_i\widetilde{\boldsymbol{P}}_i^{\mathrm{T}}=\boldsymbol{E}_i$，那么 $\boldsymbol{A}=\sum_{i=1}^{s}\lambda_i\boldsymbol{E}_i$，也就是说 ① 是成立的.

②$\boldsymbol{E}_i\boldsymbol{E}_j=(\boldsymbol{P}_i\widetilde{\boldsymbol{P}}_i^{\mathrm{T}})(\boldsymbol{P}_j\widetilde{\boldsymbol{P}}_j^{\mathrm{T}})=\boldsymbol{P}_i(\widetilde{\boldsymbol{P}}_i^{\mathrm{T}}\boldsymbol{P}_j)\widetilde{\boldsymbol{P}}_j^{\mathrm{T}}=\delta_{ij}\boldsymbol{E}_i$.

③$\sum_{i=1}^{s}\boldsymbol{E}_i=\sum_{i=1}^{s}\boldsymbol{P}_i\widetilde{\boldsymbol{P}}_i^{\mathrm{T}}=(\boldsymbol{P}_1,\cdots,\boldsymbol{P}_i,\cdots,\boldsymbol{P}_s)\begin{bmatrix}\widetilde{\boldsymbol{P}}_1^{\mathrm{T}}\\ \vdots\\ \widetilde{\boldsymbol{P}}_i^{\mathrm{T}}\\ \vdots\\ \widetilde{\boldsymbol{P}}_s^{\mathrm{T}}\end{bmatrix}=\boldsymbol{P}\boldsymbol{P}^{-1}=\boldsymbol{I}_n$.

④$\boldsymbol{A}\boldsymbol{E}_i=(\sum_{j=1}^{s}\lambda_j\boldsymbol{E}_j)\boldsymbol{E}_i=(\lambda_i\boldsymbol{E}_i)\boldsymbol{E}_i=\lambda_i\boldsymbol{E}_i$，$\boldsymbol{E}_i\boldsymbol{A}=\boldsymbol{E}_i(\sum_{j=1}^{s}\lambda_j\boldsymbol{E}_j)=\boldsymbol{E}_i\lambda_i\boldsymbol{E}_i=\lambda_i\boldsymbol{E}_i$，所以 $\boldsymbol{A}\boldsymbol{E}_i=\boldsymbol{E}_i\boldsymbol{A}=\lambda_i\boldsymbol{E}_i(1,2,\cdots,s)$.

⑤由 $\boldsymbol{E}_i=\boldsymbol{P}_i\widetilde{\boldsymbol{P}}_i^{\mathrm{T}}$ 可知 $\mathrm{rank}\boldsymbol{E}_i\leqslant\mathrm{rank}\boldsymbol{P}_i=m_i$，

$$\sum_{i=1}^{s}\boldsymbol{E}_i=\boldsymbol{I}_n,$$

又由

$$\sum_{i=1}^{s}\mathrm{rank}\boldsymbol{E}_i\geqslant\mathrm{rank}(\sum_{i=1}^{s}\boldsymbol{E}_i)=\mathrm{rank}\boldsymbol{I}_n=n=\sum_{i=1}^{s}m_i,$$

$$\boldsymbol{E}_i\geqslant m_i$$

所以 $\mathrm{rank}\boldsymbol{E}_i=m_i=r_i$.

⑥如果还有 $\boldsymbol{F}_i,i=1,2,\cdots,s$ 也满足以上结论，则通过考察

$$\begin{aligned}(\lambda_j-\lambda_i)\boldsymbol{E}_i\boldsymbol{F}_j&=\lambda_j\boldsymbol{E}_i\boldsymbol{F}_j-\lambda_i\boldsymbol{E}_i\boldsymbol{F}_j=\boldsymbol{E}_i(\lambda_j\boldsymbol{F}_j)-(\lambda_i\boldsymbol{E}_i)\boldsymbol{F}_j\\&=\boldsymbol{E}_i\boldsymbol{A}\boldsymbol{F}_j-\boldsymbol{A}\boldsymbol{E}_i\boldsymbol{F}_j=\boldsymbol{A}\boldsymbol{E}_i\boldsymbol{F}_j-\boldsymbol{A}\boldsymbol{E}_i\boldsymbol{F}_j=\boldsymbol{0}.\end{aligned}$$

说明了当 $i\neq j$ 时，一定有 $\boldsymbol{E}_i\boldsymbol{F}_j=\boldsymbol{0}$.

于是对于 $i=1,2,\cdots,s$，有

$$\boldsymbol{E}_i=\boldsymbol{E}_iI_n=\boldsymbol{E}_i\sum_{j=1}^{s}\boldsymbol{F}_j=\boldsymbol{E}_i\boldsymbol{F}_j=(\sum_{j=1}^{s}\boldsymbol{E}_j)\boldsymbol{F}_i=\boldsymbol{I}_n\boldsymbol{F}_i=\boldsymbol{F}_i,$$

即 $\boldsymbol{A}$ 的谱族唯一.

单纯矩阵的谱分解步骤如下：

(1)先求出矩阵 $\boldsymbol{A}$ 的特征值 λ_i 与特征向量 $\boldsymbol{\alpha}_i$. 可以假设相异特征值为 $\lambda_1,\lambda_2,\cdots,\lambda_r$. 特征值 λ_i 所对应的线性无关特征向量为 $\boldsymbol{\alpha}_{i1},\boldsymbol{\alpha}_{i2},\cdots,\boldsymbol{\alpha}_{in_i}$. 于是就有 $\boldsymbol{P}=(\boldsymbol{\alpha}_{11},\cdots,\boldsymbol{\alpha}_{1n_1},\boldsymbol{\alpha}_{21},\cdots,\boldsymbol{\alpha}_{2n_2},\cdots,\boldsymbol{\alpha}_{rn_r})$.

(2)根据矩阵转置的性质得到

$$(\boldsymbol{P}^{-1})^{\mathrm{T}}=(\boldsymbol{\beta}_1,\boldsymbol{\beta}_2,\cdots,\boldsymbol{\beta}_n),$$

此即 $\boldsymbol{\beta}_{11},\cdots,\boldsymbol{\beta}_{1n_1},\boldsymbol{\beta}_{21},\cdots,\boldsymbol{\beta}_{2n_2},\cdots,\boldsymbol{\beta}_{rn_r}$.

(3)令 $\boldsymbol{G}_i=\boldsymbol{\alpha}_{i1}\boldsymbol{\beta}_{i1}^{\mathrm{T}}+\boldsymbol{\alpha}_{i2}\boldsymbol{\beta}_{i2}^{\mathrm{T}}+\cdots+\boldsymbol{\alpha}_{in}\boldsymbol{\beta}_{in}^{\mathrm{T}}$,则 $\boldsymbol{A}=\lambda_1\boldsymbol{G}_1+\lambda_2\boldsymbol{G}_2+\cdots+\lambda_r\boldsymbol{G}_r$. 通常称 $\boldsymbol{G}_i$ 为 $\boldsymbol{A}$ 的投影矩阵.

例 3.5.10 已知矩阵

$$\boldsymbol{A}=\begin{bmatrix}4 & 6 & 0\\ -3 & -5 & 0\\ -3 & -6 & 1\end{bmatrix},$$

①求证 $\boldsymbol{A}$ 为单纯矩阵;

②求 $\boldsymbol{A}$ 的谱分解.

证明:①先求 $\boldsymbol{A}$ 的特征值和特征向量,由

$$|\lambda\boldsymbol{E}-\boldsymbol{A}|=\begin{vmatrix}\lambda-4 & -6 & 0\\ 3 & \lambda+5 & 0\\ 3 & 6 & \lambda-1\end{vmatrix}=(\lambda-1)^2(\lambda+2),$$

所以 $\boldsymbol{A}$ 的特征值为

$$\lambda_1=\lambda_2=1,\lambda_3=-2.$$

当 $\lambda=1$ 时,由方程组

$$\begin{bmatrix}-3 & -6 & 0\\ 3 & 6 & 0\\ 3 & 6 & 0\end{bmatrix}\begin{bmatrix}x_1\\ x_2\\ x_3\end{bmatrix}=0,$$

求得特征向量为

$$\boldsymbol{\alpha}_1=(2,-1,0)^{\mathrm{T}},\boldsymbol{\alpha}_2=(0,0,1)^{\mathrm{T}}.$$

当 $\lambda=2$ 时,由方程组

$$\begin{bmatrix}-6 & -6 & 0\\ 3 & 3 & 0\\ 3 & 6 & -3\end{bmatrix}\begin{bmatrix}x_1\\ x_2\\ x_3\end{bmatrix}=0$$

求得特征向量为

$$\boldsymbol{\alpha}_3=(-1,1,1)^{\mathrm{T}}.$$

通过上述结果很容易证明 $\boldsymbol{A}$ 为单纯矩阵

②由①可知

$$P=(\boldsymbol{\alpha}_1,\boldsymbol{\alpha}_2,\boldsymbol{\alpha}_3)=\begin{bmatrix}2&0&-1\\-1&0&1\\0&1&1\end{bmatrix},$$

$$P^{-1}=\begin{bmatrix}1&1&0\\-1&-2&1\\1&2&0\end{bmatrix},$$

$$(P^{-1})^{\mathrm{T}}=\begin{bmatrix}1&-1&1\\1&-2&2\\0&1&0\end{bmatrix}.$$

因而

$$\boldsymbol{\beta}_1=(1,1,0)^{\mathrm{T}},\boldsymbol{\beta}_2=(-1,-2,1)^{\mathrm{T}},\boldsymbol{\beta}_3=(1,2,0)^{\mathrm{T}}.$$

于是所求投影矩阵为

$$G_1=\boldsymbol{\alpha}_1\boldsymbol{\beta}_1^{\mathrm{T}}+\boldsymbol{\alpha}_2\boldsymbol{\beta}_2^{\mathrm{T}}=\begin{bmatrix}2&2&0\\-1&-1&0\\-1&-2&1\end{bmatrix},$$

$$G_2=\boldsymbol{\alpha}_3\boldsymbol{\beta}_3^{\mathrm{T}}\begin{bmatrix}-1&-2&0\\1&2&0\\1&2&0\end{bmatrix}.$$

最后得 A 的谱分解表达式为

$$A=G_1-2G_2.$$

设 $f(\lambda)=\sum_{k=0}^{m}a_k\lambda^k,A\in \mathrm{C}^{n\times n}$ 是单纯矩阵，A 的谱分解为 $A=\sum_{i=1}^{s}\lambda_i E_i$，则有 $f(A)=\sum_{i=1}^{s}f(\lambda_i)E_i$.

3.5.6.3 正规矩阵的谱分解

定义 3.5.8 设 $A\in \boldsymbol{R}^{n\times n}(\mathrm{C}^{n\times n})$，若

$$A^{\mathrm{T}}A=AA^{\mathrm{T}}\quad(A^{\mathrm{H}}A=AA^{\mathrm{H}}),$$

则称 A 为实(复)正规矩阵.

对角阵、实对称阵、反对称阵、Hermite 阵、反 Hermite 阵、正交矩阵、酉矩阵都是正规矩阵. 但正规矩阵并不仅仅限于上述七种矩阵.

例 3.5.11 设 $A=\begin{bmatrix}1&-1\\1&1\end{bmatrix}$，则 $A^{\mathrm{T}}=\begin{bmatrix}1&1\\-1&1\end{bmatrix}$，所以 $A^{\mathrm{T}}A=\begin{bmatrix}2&0\\0&2\end{bmatrix}=AA^{\mathrm{T}}$，因此 A 是正规矩阵，但 A 既不是对角矩阵，也不是对称、反对称阵，更不

是正交阵.

再看一个复矩阵,设 $A=\begin{bmatrix}1 & 1-2i\\ 2+i & 1\end{bmatrix}$,$AA^{H}=A^{H}A=\begin{bmatrix}6 & 3-3i\\ 3+3i & 6\end{bmatrix}$,所以 A 是正规矩阵.但 $A^{H}=\begin{bmatrix}1 & 2-i\\ 1+2i & 1\end{bmatrix}\neq A$,故 A 不是 Hermite 阵.

定理 3.5.19(Schur 定理) 设 $A\in C^{n\times n}$,则存在 $U\in U^{n\times n}$ 使得

$$U^{H}AU=R.$$

其中,R 为对角元素是 A 的特征值的上三角矩阵.

证明:对矩阵的阶数作归纳法,$n=1$ 时,显然定理是成立的.

设 $n=m$ 时定理成立,以下证明 $n=m+1$ 时定理成立.

设 ξ 是 A 的属于特征值 λ 的特征向量,于是

$$A\xi=\lambda\xi,\xi\neq\theta,\xi\in C^{m+1}.$$

令 $u_1=\dfrac{\xi}{\|\xi\|}$,则有 $Au_1=\lambda u_1$,并且 $\|u_1\|=1$.再取 u_2,u_3,u_{m+1},使 $u_1,u_2,\cdots,u_{m+1}$ 为 C^{m+1} 的标准正交基,记

$$U_1=(u_1,u_2,\cdots,u_{m+1})\in U^{(m+1)\times(m+1)},$$

显然有 $U_1^{H}AU_1=\begin{bmatrix}\lambda & \alpha^{T}\\ \theta & A_1\end{bmatrix}$,其中,$A_1\in C^{m\times m}$,$\alpha\in C^{m}$.

由归纳法假设,对于矩阵 A_1,存在 $V_1\in U^{m\times m}$,使 $V_1^{H}A_1V_1=R_1$.其中,R_1 为对角元素是 A_1 的特征值的 m 阶的上三角阵.

因为,$A\sim\begin{bmatrix}\lambda & \alpha^{T}\\ \theta & A_1\end{bmatrix}$,所以 A_1 的特征值也是 A 的特征值.

令 $U_2=\begin{bmatrix}1 & \theta^{\tau}\\ \theta^{\tau} & V_1\end{bmatrix}$,$U=U_1U_2$,

则

$$\begin{aligned}U^{H}AU&=U_2^{H}U_1^{H}AU_1U_2\\&=\begin{bmatrix}1 & \theta^{\tau}\\ \theta^{\tau} & V_1^{H}\end{bmatrix}\begin{bmatrix}\lambda & \alpha^{T}\\ \theta^{\tau} & A_1\end{bmatrix}\begin{bmatrix}1 & \theta^{\tau}\\ \theta^{\tau} & V_1\end{bmatrix}\\&=\begin{bmatrix}\lambda & \alpha^{T}V_1\\ \theta & V_1^{H}A_1V_1\end{bmatrix}=\begin{bmatrix}\lambda & \alpha_1^{T}V_1\\ \theta & R_1\end{bmatrix}=R.\end{aligned}$$

可见,R 为对角元素是 A 的特征值的上三角矩阵.

定理的深刻含意是任意 n 阶方阵均能酉相似于一个上三角阵.

定理 3.5.20 设 $A\in C^{n\times n}$,则 A 是正规矩阵的充分必要条件是存在 $U\in U^{n\times n}$,使

$$U^{H}AU=\mathrm{diag}(\lambda_1,\cdots,\lambda_i,\cdots,\lambda_n),$$

其中，$\lambda_1,\cdots,\lambda_i,\cdots,\lambda_n$ 是 $\boldsymbol{A}$ 的特征值，即 $\boldsymbol{A}$ 酉相似于对角阵.

证明：首先证明必要性.

设 $\boldsymbol{A}$ 是正规矩阵，则对于 $\forall \boldsymbol{A}\in \mathbf{C}^{n\times n}$，由 *Schur* 定理，存在 $\boldsymbol{U}\in \boldsymbol{U}^{n\times n}$，使得

$$\boldsymbol{U}^{\mathrm{H}}\boldsymbol{A}\boldsymbol{U}=\boldsymbol{R},$$

其中 $\boldsymbol{R}$ 为上三角矩阵，其对角元素为 $\boldsymbol{A}$ 的特征值 $\lambda_1,\cdots,\lambda_i,\cdots,\lambda_n$. 于是有

$$\boldsymbol{A}=\boldsymbol{URU}^{\mathrm{H}},\boldsymbol{A}^{\mathrm{H}}=\boldsymbol{UR}^{\mathrm{H}}\boldsymbol{U}^{\mathrm{H}},$$

由于 $\boldsymbol{A}^{\mathrm{H}}\boldsymbol{A}=\boldsymbol{AA}^{\mathrm{H}}$，所以

$$\boldsymbol{UR}^{\mathrm{H}}\boldsymbol{U}^{\mathrm{H}}\boldsymbol{URU}^{\mathrm{H}}=\boldsymbol{URU}^{\mathrm{H}}\boldsymbol{UR}^{\mathrm{H}}\boldsymbol{U}^{\mathrm{H}},$$

$$\boldsymbol{R}^{\mathrm{H}}\boldsymbol{R}=\boldsymbol{RR}^{\mathrm{H}}.$$

设 $\boldsymbol{R}=(r_{ij})_{n\times n}$，则 $r_{ii}=\lambda_i,r_{ij}=0,i>j,i,j=1,\cdots,n.$

考虑到 $\boldsymbol{R}^{\mathrm{H}}\boldsymbol{R}=\boldsymbol{RR}^{\mathrm{H}}$ 的第 i 行第 i 列对角元素有

$$\sum_{k=1}^{n}\overline{r_{ki}}r_{ki}=\sum_{k=1}^{n}r_{ki}\overline{r_{ki}},i=1,\cdots,n,$$

即

$$\sum_{k=1}^{n}|r_{ki}|^2=\sum_{k=1}^{n}|r_{ik}|^2.$$

因为 $\boldsymbol{R}$ 是上三角矩阵，所以 $k>i$ 时 $r_{ki}=0$；$k<i$ 时 $r_{ik}=0$.

因而上式成为

$$\sum_{k=1}^{i}|r_{ki}|^2=\sum_{k=i}^{n}|r_{ik}|^2,i=1,\cdots,n.$$

让 $i=1,\cdots,n$，逐次推出 $r_{ij}=0$，其中 $j>i$，这说明了 $\boldsymbol{R}$ 是对角元素 $r_{ii}=\lambda_i,i=1,\cdots,n$ 的对角阵.

下面开始证明充分性.

由 $\boldsymbol{U}^{\mathrm{H}}\boldsymbol{AU}=\boldsymbol{D}=\mathrm{diag}(\lambda_1,\cdots,\lambda_i,\cdots,\lambda_n)$，

则 $\boldsymbol{A}=\boldsymbol{UDU}^{\mathrm{H}},\boldsymbol{A}^{\mathrm{H}}=\boldsymbol{UD}^{\mathrm{H}}\boldsymbol{U}^{\mathrm{H}},\boldsymbol{A}^{\mathrm{H}}\boldsymbol{A}=\boldsymbol{UD}^{\mathrm{H}}\boldsymbol{DU}^{\mathrm{H}},\boldsymbol{AA}^{\mathrm{H}}=\boldsymbol{UDD}^{\mathrm{H}}\boldsymbol{U}^{\mathrm{H}}$.

由于 $\boldsymbol{D}^{\mathrm{H}}\boldsymbol{D}=\mathrm{diag}(|\lambda_1|^2,\cdots,|\lambda_i|^2,\cdots,|\lambda_n|^2)=\boldsymbol{DD}^{\mathrm{H}}$，因此 $\boldsymbol{A}^{\mathrm{H}}\boldsymbol{A}=\boldsymbol{AA}^{\mathrm{H}}$.

所以说，$\boldsymbol{A}$ 是正规矩阵.

由上述定理可知：

(1)对于实矩阵 $\boldsymbol{A}$，若 $\boldsymbol{A}$ 不是正规矩阵，则 $\boldsymbol{A}$ 一定不会正交相似对角化，但是它仍可能相似对角化. 例如取 $\boldsymbol{A}=\begin{bmatrix}1&-1\\0&2\end{bmatrix}$，很明显

$$\boldsymbol{A}^{\mathrm{T}}\boldsymbol{A}=\begin{bmatrix}1&-1\\-1&5\end{bmatrix}\neq\begin{bmatrix}2&-2\\-2&4\end{bmatrix}=\boldsymbol{AA}^{\mathrm{T}}.$$

所以 $\boldsymbol{A}$ 不是正规矩阵. 因此 $\boldsymbol{A}$ 不会正交相似对角阵；但是由于 $\boldsymbol{A}$ 是对

角元素互异的上三角阵，它的特征值显然为 1，2，可见，$\boldsymbol{A}$ 相似于对角阵

$\boldsymbol{A}=\begin{bmatrix}0 & 1\\ -1 & 0\end{bmatrix}$.

(2)需要注意的正规矩阵的特征值不一定是实数.

设 $\boldsymbol{A}-\begin{bmatrix}0 & 1\\ -1 & 0\end{bmatrix}$，则有 $\boldsymbol{A}^{\mathrm{T}}\boldsymbol{A}=\boldsymbol{A}\boldsymbol{A}^{\mathrm{T}}=\begin{bmatrix}1 & 0\\ 0 & 1\end{bmatrix}$，所以 $\boldsymbol{A}$ 是正规矩阵.

$$|\lambda I-\boldsymbol{A}|=\begin{vmatrix}\lambda & -1\\ 1 & \lambda\end{vmatrix}=\lambda^2+1=0,\lambda=\pm i.$$

可见 $\boldsymbol{A}$ 的特征值不是实数.

(3)对于实对称矩阵，由于它的特征值全部为实数，它可以正交相似对角化. 对于实正规矩阵，它一定酉相的对角化，但是由于它的特征值可能为复数，所以它不一定是正交相似.

例 3.5.12 设 $\boldsymbol{A}=\begin{bmatrix}1 & -1\\ 1 & 1\end{bmatrix}$，考查 $\boldsymbol{A}$ 的相似对角化问题.

解：$\boldsymbol{A}$ 是正规矩阵，$|\lambda \boldsymbol{I}-\boldsymbol{A}|=\lambda^2-2\lambda+2=0$.

所以 $\boldsymbol{A}$ 的特征值为 $\lambda_1=1+i,\lambda_2=1-i$，

对应的特征向量为 $\xi_1=\begin{bmatrix}1\\ -i\end{bmatrix},\xi_2=\begin{bmatrix}1\\ i\end{bmatrix}$，

令 $U=\begin{bmatrix}\frac{1}{\sqrt{2}} & \frac{1}{\sqrt{2}}\\ \frac{-i}{\sqrt{2}} & \frac{i}{\sqrt{2}}\end{bmatrix},U^{\mathrm{H}}=\begin{bmatrix}\frac{1}{\sqrt{2}} & \frac{i}{\sqrt{2}}\\ \frac{1}{\sqrt{2}} & \frac{-i}{\sqrt{2}}\end{bmatrix}$，则

$$U^H\boldsymbol{A}\boldsymbol{U}=\begin{bmatrix}\frac{1}{\sqrt{2}} & \frac{i}{\sqrt{2}}\\ \frac{1}{\sqrt{2}} & \frac{-i}{\sqrt{2}}\end{bmatrix}\begin{bmatrix}1 & -1\\ 1 & 1\end{bmatrix}U=\begin{bmatrix}\frac{1}{\sqrt{2}} & \frac{1}{\sqrt{2}}\\ \frac{-i}{\sqrt{2}} & \frac{i}{\sqrt{2}}\end{bmatrix}=\begin{bmatrix}1+i & 0\\ 0 & 1-i\end{bmatrix}.$$

$\boldsymbol{A}$ 酉相似对角阵.

与单纯矩阵类似，正规矩阵的谱分解如下：

定理 3.5.21 设 n 阶矩阵 $\boldsymbol{A}$ 有 r 个相异特征值 $\lambda_1,\lambda_2,\cdots,\lambda_r,\lambda_i$ 的代数重复度为 n_i，则 $\boldsymbol{A}$ 为正规矩阵的充分必要条件是存在 r 个 n 阶矩阵 $\boldsymbol{G}_1$，$\boldsymbol{G}_2,\cdots,\boldsymbol{G}_r$，满足

① $\boldsymbol{A}=\sum_{j=1}^{r}\lambda_j\boldsymbol{G}_j$；

② $\boldsymbol{G}_j=\boldsymbol{G}_j^2=\boldsymbol{G}_j^H$；

③ $\boldsymbol{G}_j\boldsymbol{G}_k=0(j\neq k)$；

④ $\sum_{j=1}^{r} \boldsymbol{G}_j = E$；

⑤ $\text{rank}\boldsymbol{G}_j$；

⑥满足以上性质的 $\boldsymbol{G}_j$ 是唯一的，常称为正交投影矩阵.

证明从略.

例 3.5.13 已知 $\boldsymbol{A}=\begin{bmatrix}-2i & 4 & 2\\ -4 & -2i & -2i\\ 2 & -2i & -5i\end{bmatrix}$，验证 $\boldsymbol{A}$ 是正规矩阵，并写出 $\boldsymbol{A}$ 的谱分解表达式.

解：由于

$$\boldsymbol{A}^H=\begin{bmatrix}2i & -4 & 2\\ 4 & 2i & 2i\\ -2 & 2i & 5i\end{bmatrix}=-\begin{bmatrix}-2i & 4 & -2\\ -4 & -2i & -2i\\ 2 & -2i & -5i\end{bmatrix}=-\boldsymbol{A},$$

所以 $\boldsymbol{A}$ 是反 Hermite 矩阵.

$$|\lambda E-\boldsymbol{A}|=\begin{vmatrix}\lambda+2i & -4 & 2\\ 4 & \lambda+2i & 2i\\ -2 & 2i & \lambda+5i\end{vmatrix}$$

$$=\begin{vmatrix}\lambda+2i & -4 & 2\\ 0 & \lambda+6i & 2(\lambda+6i)\\ -2 & 2i & \lambda+5i\end{vmatrix}$$

$$=(\lambda+6i)\begin{vmatrix}\lambda+2i & -4 & 2\\ 0 & 1 & 2\\ -2 & 2i & \lambda+5i\end{vmatrix}$$

$$=(\lambda+6i)\begin{vmatrix}\lambda+2i & -4 & 10\\ 0 & 1 & 0\\ -2 & 2i & \lambda+i\end{vmatrix}$$

$$=(\lambda+6i)(\lambda^2+3\lambda i+18)=(\lambda+6i)^2(\lambda-3i),$$

从而得到 $\boldsymbol{A}$ 的特征值 $\lambda_1=\lambda_2=-6i,\lambda_3=3i$.

对于 $\lambda_1=\lambda_2=-6i$ 的特征矩阵

$$\lambda E-\boldsymbol{A}=\begin{bmatrix}-4i & -4 & 2\\ 4 & -4i & 2i\\ -2 & 2i & -i\end{bmatrix}\to\begin{bmatrix}2i & -2 & 1\\ 0 & 0 & 0\\ 0 & 0 & 0\end{bmatrix},$$

因此属于 $\lambda_1=\lambda_2=-6i$ 的正交单位特征向量

$$\boldsymbol{\alpha}_1=\left(0,\frac{1}{\sqrt{5}},\frac{2}{\sqrt{5}}\right)^{\mathrm{T}},\boldsymbol{\alpha}_2=\left(\frac{5i}{3\sqrt{5}},\frac{4}{3\sqrt{5}},-\frac{2}{3\sqrt{5}}\right)^{\mathrm{T}}.$$

对于 $\lambda_3=3i$ 的特征矩阵

$$\lambda E-\boldsymbol{A}=\begin{bmatrix}5i & -4 & 2\\ 4 & 5i & 2i\\ -2 & 2i & 8i\end{bmatrix}\to\begin{bmatrix}1 & 0 & -2i\\ 0 & 1 & 2\\ 0 & 0 & 0\end{bmatrix},$$

因此属于 $\lambda_3=3i$ 的单位特征向量

$$\boldsymbol{\alpha}_3=\left(\frac{2}{3}i,-\frac{2}{3},\frac{1}{3}\right)^{\mathrm{T}},$$

故而 $\boldsymbol{A}$ 的正交投影矩阵为

$$\boldsymbol{G}_1=\alpha_1\alpha_1^H+\alpha_2\alpha_2^H=\begin{bmatrix}\frac{5}{9} & \frac{4i}{9} & -\frac{2i}{9}\\ -\frac{4i}{9} & \frac{5}{9} & \frac{2}{9}\\ \frac{2i}{9} & \frac{2}{9} & \frac{8}{9}\end{bmatrix},$$

$$\boldsymbol{G}_1=\alpha_3\alpha_3^H=\begin{bmatrix}\frac{4}{9} & -\frac{4i}{9} & \frac{2i}{9}\\ \frac{4i}{9} & \frac{4}{9} & -\frac{2}{9}\\ -\frac{2i}{9} & -\frac{2}{9} & \frac{1}{9}\end{bmatrix}.$$

所以,$\boldsymbol{A}$ 的谱分解表达式为

$$\boldsymbol{A}=-6\mathrm{i}\boldsymbol{G}_1+3\mathrm{i}\boldsymbol{G}_2.$$

有些矩阵既是正规矩阵,又是单纯矩阵,这时候可以使用两种观点对其进行谱分解.下面我们通过一个实例进行学习.

例 3.5.14 对实对称矩阵

$$\boldsymbol{A}=\begin{bmatrix}0 & 1 & 1 & -1\\ 1 & 0 & -1 & 1\\ 1 & -1 & 0 & 1\\ -1 & 1 & 1 & 0\end{bmatrix}$$

作谱分解.

解:本例中的 $\boldsymbol{A}$ 既是正规矩阵,又是单纯矩阵,下面分别使用两种方法作谱分解.

方法一:$\boldsymbol{A}$ 是单纯矩阵

$$|\lambda E-\boldsymbol{A}|=\begin{vmatrix}\lambda & -1 & -1 & 1\\ -1 & \lambda & 1 & -1\\ -1 & 1 & \lambda & -1\\ 1 & -1 & -1 & \lambda\end{vmatrix}=(\lambda-1)^3(\lambda+3),$$

$\boldsymbol{A}$ 的特征值 $\lambda_1=\lambda_2=\lambda_3=1,\lambda_4=-3$.

当 $\lambda=1$ 时,能够求得特征向量为

$$\boldsymbol{\alpha}_1=(1,0,0,0)^{\mathrm{T}},\boldsymbol{\alpha}_2=(1,0,1,0)^{\mathrm{T}},\boldsymbol{\alpha}_3=(-1,0,0,1)^{\mathrm{T}}.$$

当 $\lambda=-3$ 时,能够求得特征向量为

$$\boldsymbol{\alpha}_4=(1,-1,-1,1)^{\mathrm{T}}.$$

所以

$$P=(\boldsymbol{\alpha}_1,\boldsymbol{\alpha}_2,\boldsymbol{\alpha}_3,\boldsymbol{\alpha}_4)=\begin{bmatrix}1&1&-1&1\\1&0&0&-1\\0&1&0&-1\\0&0&1&1\end{bmatrix},$$

$$P^{-1}=\begin{bmatrix}\frac{1}{4}&\frac{3}{4}&-\frac{1}{4}&\frac{1}{4}\\\frac{1}{4}&-\frac{1}{4}&\frac{3}{4}&\frac{1}{4}\\-\frac{1}{4}&\frac{1}{4}&\frac{1}{4}&\frac{3}{4}\\\frac{1}{4}&-\frac{1}{4}&-\frac{1}{4}&\frac{1}{4}\end{bmatrix},$$

$$(P^{-1})^{\mathrm{T}}=\begin{bmatrix}\frac{1}{4}&\frac{1}{4}&-\frac{1}{4}&\frac{1}{4}\\\frac{3}{4}&-\frac{1}{4}&\frac{1}{4}&-\frac{1}{4}\\-\frac{1}{4}&\frac{3}{4}&\frac{1}{4}&-\frac{1}{4}\\\frac{1}{4}&\frac{1}{4}&\frac{3}{4}&\frac{1}{4}\end{bmatrix}.$$

故

$$\beta_1=\left(\frac{1}{4},\frac{3}{4},-\frac{1}{4},\frac{1}{4}\right)^{\mathrm{T}},\beta_2=\left(\frac{1}{4},-\frac{1}{4},\frac{3}{4},\frac{1}{4}\right)^{\mathrm{T}},$$

$$\beta_3=\left(-\frac{1}{4},\frac{1}{4},\frac{1}{4},\frac{3}{4}\right)^{\mathrm{T}},\beta_4=\left(\frac{1}{4},-\frac{1}{4},-\frac{1}{4},\frac{1}{4}\right)^{\mathrm{T}}.$$

因此,$\boldsymbol{A}$ 的投影矩阵为

$$G_1=\boldsymbol{\alpha}_1\beta_1^{\mathrm{T}}+\boldsymbol{\alpha}_2\beta_2^{\mathrm{T}}+\boldsymbol{\alpha}_3\beta_3^{\mathrm{T}}=\begin{bmatrix}\frac{3}{4}&\frac{1}{4}&\frac{1}{4}&-\frac{1}{4}\\\frac{1}{4}&\frac{3}{4}&-\frac{1}{4}&\frac{1}{4}\\\frac{1}{4}&-\frac{1}{4}&\frac{3}{4}&\frac{1}{4}\\-\frac{1}{4}&\frac{1}{4}&-\frac{1}{4}&\frac{3}{4}\end{bmatrix},$$

$$G_2=\boldsymbol{\alpha}_4\beta_4^{\mathrm{T}}=\begin{bmatrix}\frac{1}{4}&-\frac{1}{4}&-\frac{1}{4}&\frac{1}{4}\\-\frac{1}{4}&\frac{1}{4}&\frac{1}{4}&-\frac{1}{4}\\-\frac{1}{4}&\frac{1}{4}&\frac{1}{4}&-\frac{1}{4}\\\frac{1}{4}&-\frac{1}{4}&-\frac{1}{4}&-\frac{1}{4}\end{bmatrix}.$$

最终得出,$\boldsymbol{A}$ 的谱分解表达式为

$$\boldsymbol{A}=\boldsymbol{G}_1-3\boldsymbol{G}_2.$$

方法二:$\boldsymbol{A}$ 是正规矩阵.

通过方法一已经知道 $\boldsymbol{A}$ 的特征值 $\lambda_1=\lambda_2=\lambda_3=1,\lambda_4=-3$. 把 $\boldsymbol{\alpha}_1,\boldsymbol{\alpha}_2,\boldsymbol{\alpha}_3$ 用 Schmidt 方法标准正交化可以得到

$$v_1=\left(\frac{1}{\sqrt{2}},\frac{1}{\sqrt{2}},0,0\right)^{\mathrm{T}},$$

$$v_2=\left(\frac{1}{\sqrt{6}},-\frac{1}{\sqrt{6}},\frac{2}{\sqrt{6}},0\right)^{\mathrm{T}},$$

$$v_3=\left(-\frac{1}{\sqrt{12}},\frac{1}{\sqrt{12}},\frac{1}{\sqrt{12}},\frac{3}{\sqrt{12}}\right)^{\mathrm{T}}.$$

把 $\boldsymbol{\alpha}_4$ 单位化可得

$$v_4=\left(\frac{1}{2},-\frac{1}{2},-\frac{1}{2},\frac{1}{2}\right)^{\mathrm{T}}.$$

所以,正交投影矩阵为

$$G_1=v_1v_1^{\mathrm{H}}+v_2v_2^{\mathrm{H}}+v_3v_3^{\mathrm{H}}=\begin{bmatrix}\frac{3}{4}&\frac{1}{4}&\frac{1}{4}&-\frac{1}{4}\\\frac{1}{4}&\frac{3}{4}&-\frac{1}{4}&\frac{1}{4}\\\frac{1}{4}&-\frac{1}{4}&\frac{3}{4}&\frac{1}{4}\\-\frac{1}{4}&\frac{1}{4}&-\frac{1}{4}&\frac{3}{4}\end{bmatrix},$$

$$G_2=v_4v_4^H=\begin{bmatrix}\frac{1}{4}&-\frac{1}{4}&-\frac{1}{4}&\frac{1}{4}\\-\frac{1}{4}&\frac{1}{4}&\frac{1}{4}&-\frac{1}{4}\\-\frac{1}{4}&\frac{1}{4}&\frac{1}{4}&-\frac{1}{4}\\\frac{1}{4}&-\frac{1}{4}&-\frac{1}{4}&\frac{1}{4}\end{bmatrix}.$$

最终得出,$\boldsymbol{A}$ 的谱分解表达式为

$$\boldsymbol{A}=\boldsymbol{G}_1-3\boldsymbol{G}_2.$$

用两种角度作出的谱分解结果是一样的,读者可以试着分析其中的原因.

3.6 矩阵的秩的求法及应用实例分析

3.6.1 矩阵秩的概念

定义 3.6.1 在矩阵 $\boldsymbol{A}=(a_{ij})_{m\times n}$ 中任取 k 行 k 列,其中 $1\leqslant k\leqslant\min\{m,n\}$,位于 k 行和 k 列列交叉处的 k^2 个元素,按照它们在矩阵 $\boldsymbol{A}$ 中相对位置组成的 k 阶行列式称为矩阵 $\boldsymbol{A}$ 的 k 阶子式.

定义 3.6.2 矩阵 $\boldsymbol{A}$ 的不等于零的子式的最高阶数称为 $\boldsymbol{A}$ 的行列式秩,简称为 $\boldsymbol{A}$ 的秩.记作秩($\boldsymbol{A}$)或者 $R(\boldsymbol{A})$.

规定零矩阵的秩为零.

有关矩阵的秩的重要公式与结论:

(1)$0\leqslant R(\boldsymbol{A})\leqslant\min\{m,n\}$,其中 m,n 分别为矩阵 $\boldsymbol{A}$ 的行数和列数;

(2)$R(k\boldsymbol{A})=\begin{cases}0 & k=0\\R(\boldsymbol{A}) & k\neq0\end{cases}$;

(3)$R(\boldsymbol{A}_1)\leqslant R(\boldsymbol{A})$,其中 $\boldsymbol{A}_1$ 为 $\boldsymbol{A}$ 的任意一个子矩阵;

(4)$R(\boldsymbol{A})=R(\boldsymbol{A}^{\mathrm{T}})=R(\boldsymbol{A}^{\mathrm{T}}\boldsymbol{A})$;

(5)如果 $\boldsymbol{A}\neq0$,则 $R(\boldsymbol{A})\geqslant1$;

(6)$R(\boldsymbol{A}+\boldsymbol{B})\leqslant R(\boldsymbol{A})+R(\boldsymbol{B})$;

(7)$R(\boldsymbol{AB})\leqslant\min\{R(\boldsymbol{A}),R(\boldsymbol{B})\}$;

(8)设 $\boldsymbol{A}$ 为 $m\times n$ 矩阵,$\boldsymbol{B}$ 为 $n\times s$ 矩阵,若 $\boldsymbol{AB}=O$,则 $R(\boldsymbol{A})+R(\boldsymbol{B})\leqslant n$;

(9)如果 $\boldsymbol{A}$ 可逆,则 $R(\boldsymbol{AB})=R(\boldsymbol{B})$;若 $\boldsymbol{B}$ 可逆,则 $R(\boldsymbol{AB})=R(\boldsymbol{A})$.

定理 3.6.1 一个矩阵的秩为 r 的充分必要条件为矩阵中有一个 r 子式不为零,同时所有 $r+1$ 阶子式(如果存在的话)全为零.

定理 3.6.2 设矩阵 $\boldsymbol{A}=(a_{ij})_{m\times n}$，那么 $\boldsymbol{A}$ 经过若干次初等行变换总可以化为阶梯形矩阵.

定理 3.6.3 如果矩阵 $\boldsymbol{A}$ 和 $\boldsymbol{B}$ 等价，则 $R(\boldsymbol{A})=R(\boldsymbol{B})$.

定理 3.6.4 $\boldsymbol{A}$ 阶方阵 $\boldsymbol{A}$ 可逆 $R(\boldsymbol{A})=nR(\boldsymbol{A})=n$.

例 3.6.1 求下列矩阵的秩：

(1)$\boldsymbol{A}=\begin{bmatrix}3 & 1 & 0 & 2\\ 1 & -1 & 2 & -1\\ 1 & 3 & -4 & 4\end{bmatrix}$；

(2)$\boldsymbol{B}=\begin{bmatrix}1 & 1 & 2\\ 2 & 3 & 2\\ 1 & 2 & 1\end{bmatrix}$；

(3)$\boldsymbol{C}=\begin{bmatrix}2 & -1 & 0 & 3 & -2\\ 0 & 3 & 1 & -2 & 5\\ 0 & 0 & 0 & 4 & -3\\ 0 & 0 & 0 & 0 & 0\end{bmatrix}$.

解：(1)在矩阵 $\boldsymbol{A}$ 中，易看出 2 阶子式 $\begin{vmatrix}3 & 1\\ 1 & -1\end{vmatrix}\neq 0$，$\boldsymbol{A}$ 的 3 阶子式有四个，分别计算可得

$$\begin{vmatrix}3 & 1 & 0\\ 1 & -1 & 2\\ 1 & 3 & -4\end{vmatrix}=0,\begin{vmatrix}3 & 1 & 2\\ 1 & -1 & -1\\ 1 & 3 & 4\end{vmatrix}=0,$$

$$\begin{vmatrix}3 & 0 & 2\\ 1 & 2 & -1\\ 1 & -4 & 4\end{vmatrix}=0,\begin{vmatrix}1 & 0 & 2\\ -1 & 2 & -1\\ 3 & -4 & 4\end{vmatrix}=0.$$

所以 $R(\boldsymbol{A})=2$.

(2)由于矩阵 $\boldsymbol{B}$ 的唯一的最高三阶子式

$$|\boldsymbol{B}|=\begin{vmatrix}1 & 1 & 2\\ 2 & 3 & 2\\ 1 & 2 & 1\end{vmatrix}=1\neq 0,$$

所以 $R(\boldsymbol{B})=3$.

(3)$\boldsymbol{C}$ 为一行阶梯形矩阵，其非零行有 3 行即已知矩阵 $\boldsymbol{C}$ 的所有 4 阶子式全为零，而以三个非零行的第一个非零元素为对角元素的 3 阶行列式

$$\begin{vmatrix} 2 & -1 & 3 \\ 0 & 3 & -2 \\ 0 & 0 & 4 \end{vmatrix}$$

为一个上三角形行列式，那么显然不等于零，所以 $R(\boldsymbol{C})=3$.

3.6.2 利用初等变换求矩阵的秩

例 3.6.2 设矩阵

$$\boldsymbol{A}=\begin{bmatrix} 0 & 1 & 2 & 3 \\ 1 & 4 & 7 & 10 \\ -1 & 0 & 1 & b \\ a & 2 & 3 & 4 \end{bmatrix},$$

其中 a,b 为参数，讨论 $R(\boldsymbol{A})$.

解：$\boldsymbol{A}=\begin{bmatrix} 0 & 1 & 2 & 3 \\ 1 & 4 & 7 & 10 \\ -1 & 0 & 1 & b \\ a & 2 & 3 & 4 \end{bmatrix} \xrightarrow{c_1 \leftrightarrow c_2} \begin{bmatrix} 1 & 0 & 2 & 3 \\ 4 & 1 & 7 & 10 \\ 0 & -1 & 1 & b \\ 2 & a & 3 & 4 \end{bmatrix}$

$$\xrightarrow[r_4+r_1\times(-2)]{r_2+r_1\times(-4)} \begin{bmatrix} 1 & 0 & 2 & 3 \\ 0 & 1 & -1 & -2 \\ 0 & 1 & -1 & b \\ 0 & a & -1 & -2 \end{bmatrix} \xrightarrow[r_4+r_2\times(-2)]{r_3+r_2\times(-4)} \begin{bmatrix} 1 & 0 & 2 & 3 \\ 0 & 1 & -1 & -2 \\ 0 & 0 & 0 & b+2 \\ 0 & a-1 & 0 & 0 \end{bmatrix},$$

当 $a\neq 1, b\neq -2$ 时，$R(\boldsymbol{A})=R(\boldsymbol{B})=4$；

当 $a=1, b=-2$ 时，$R(\boldsymbol{A})=R(\boldsymbol{B})=2$；

当 $a=1, b\neq -2$ 或 $a\neq 1, b=-2$ 时，$R(\boldsymbol{A})=R(\boldsymbol{B})=3$.

例 3.6.3 求下列矩阵

$$(1)\boldsymbol{A}=\begin{bmatrix} 1 & 0 & 1 & 0 & 0 \\ 1 & 1 & 0 & 0 & 0 \\ 0 & 1 & 1 & 0 & 0 \\ 0 & 0 & 1 & 1 & 0 \\ 0 & 1 & 0 & 1 & 1 \end{bmatrix};$$

$$(2)\boldsymbol{B}=\begin{bmatrix} 1 & 2 & 3 & 4 & 5 & 6 \\ 2 & 3 & 4 & 5 & 6 & 7 \\ 3 & 4 & 5 & 6 & 7 & 8 \\ 4 & 5 & 6 & 7 & 8 & 9 \\ 5 & 6 & 7 & 8 & 9 & 10 \end{bmatrix}.$$

解:(1)$\boldsymbol{A}=\begin{bmatrix}1&0&1&0&0\\1&1&0&0&0\\0&1&1&0&0\\0&0&1&1&0\\0&1&0&1&1\end{bmatrix}\xrightarrow{r_2-r_1}\begin{bmatrix}1&0&1&0&0\\0&1&-1&0&0\\0&1&1&0&0\\0&0&1&1&0\\0&1&0&1&1\end{bmatrix}$

$$\xrightarrow[r_3-r_2]{r_5-r_2}\begin{bmatrix}1&0&1&0&0\\0&1&-1&0&0\\0&0&2&0&0\\0&0&1&1&0\\0&0&1&1&1\end{bmatrix}\longrightarrow\begin{bmatrix}1&0&1&0&0\\0&1&0&0&0\\0&0&1&0&0\\0&0&0&1&0\\0&0&0&1&1\end{bmatrix},$$

因此 $R(\boldsymbol{A})=5$.

(2)$\boldsymbol{B}=\begin{bmatrix}1&2&3&4&5&6\\2&3&4&5&6&7\\3&4&5&6&7&8\\4&5&6&7&8&9\\5&6&7&8&9&10\end{bmatrix}\xrightarrow[\text{从最后一行开始,后}]{\text{一行依次减去前一行}}\begin{bmatrix}1&2&3&4&5&6\\1&1&1&1&1&1\\1&1&1&1&1&1\\1&1&1&1&1&1\\1&1&1&1&1&1\end{bmatrix}$

$$\longrightarrow\begin{bmatrix}1&2&3&4&5&6\\1&1&1&1&1&1\\0&0&0&0&0&0\\0&0&0&0&0&0\\0&0&0&0&0&0\end{bmatrix},$$

因此 $R(\boldsymbol{B})=2$.

例 3.6.4 已知

$$\boldsymbol{A}=\begin{vmatrix}2&1&0&1\\3&-1&-2&3\\4&3&1&-2\\9&3&-1&2\\1&3&2&-1\end{vmatrix},$$

试将其化为阶梯形矩阵并确定它的秩.

解:因为已知矩阵的行数大于列数,所以将原矩阵转置并且确定其秩.

$$\boldsymbol{A}^{\mathrm{T}}=\begin{bmatrix}2&3&4&9&1\\1&-1&3&3&3\\0&-2&1&-1&2\\1&3&-2&2&-1\end{bmatrix}\xrightarrow{2\times r_2,2\times r_4}\begin{bmatrix}2&3&4&9&1\\2&-2&6&6&6\\0&-2&1&-1&2\\2&6&-4&4&-2\end{bmatrix}$$

$$\xrightarrow[r_4+(-1)\times r_1]{r_2+(-1)\times r_1}\begin{bmatrix}2&3&4&9&1\\0&-5&2&-3&5\\0&-2&1&-1&2\\0&3&-8&-5&-3\end{bmatrix}\xrightarrow{5\times r_3,5\times r_4}\begin{bmatrix}2&3&4&9&1\\0&-5&2&-3&5\\0&-10&5&-5&10\\0&15&-40&-25&-15\end{bmatrix}$$

$$\xrightarrow[r_4+3\times r_2]{r_3+(-2)\times r_2}\begin{bmatrix}2&3&4&9&1\\0&-5&2&-3&5\\0&0&1&1&0\\0&0&-34&-34&0\end{bmatrix}\xrightarrow{r_4+34\times r_3}\begin{bmatrix}2&3&4&9&1\\0&-5&2&-3&5\\0&0&1&1&0\\0&0&0&0&0\end{bmatrix}$$

$$\xrightarrow{\text{互换列的位置}}\begin{bmatrix}2&1&3&4&9\\0&5&-5&2&-3\\0&0&0&1&1\\0&0&0&0&0\end{bmatrix}.$$

例 3.6.5 设

$$\boldsymbol{A}=\begin{bmatrix}1&-2&2&1\\2&-4&8&0\\-2&4&-2&3\\3&-6&0&-6\end{bmatrix},b=\begin{bmatrix}1\\2\\3\\4\end{bmatrix},$$

求矩阵 $\boldsymbol{A}$ 及其矩阵 $\boldsymbol{B}=(\boldsymbol{A},b)$ 的秩.

解:对矩阵 $\boldsymbol{B}$ 作初等行变换可得行阶梯形矩阵,设 $\boldsymbol{B}$ 的行阶梯形矩阵为 $\widetilde{\boldsymbol{B}}=(\widetilde{a},\widetilde{b})$,那么 $\widetilde{\boldsymbol{A}}$ 为 $\boldsymbol{A}$ 的行阶梯形矩阵,所以从 $\widetilde{\boldsymbol{B}}=(\widetilde{a},\widetilde{b})$ 中可看出 $R(\boldsymbol{A})$ 及其 $R(\boldsymbol{B})$.

$$\boldsymbol{B}=\begin{bmatrix}1&-2&2&-1&1\\2&-4&8&0&2\\-2&4&-2&3&3\\3&-6&0&-6&4\end{bmatrix}\xrightarrow[\substack{r_2-2r_1\\r_3+2r_1}]{r_4-3r_1}\begin{bmatrix}1&-2&2&-1&1\\0&0&4&2&0\\0&0&2&1&5\\0&0&-6&-3&1\end{bmatrix}$$

$$\xrightarrow[\substack{r_2\div 2\\r_3-r_2}]{r_4+3r_2}\begin{bmatrix}1&-2&2&-1&1\\0&0&2&1&0\\0&0&0&0&5\\0&0&0&0&1\end{bmatrix}\xrightarrow[r_3\div 5]{r_4-r_3}\begin{bmatrix}1&-2&2&-1&1\\0&0&2&1&0\\0&0&0&0&1\\0&0&0&0&0\end{bmatrix}.$$

所以 $R(\boldsymbol{A})=2,R(\boldsymbol{B})=3$.

例 3.6.6 设矩阵

$$\boldsymbol{A}=\begin{bmatrix}1 & -1 & -1 & 2\\ 3 & \mu & -1 & 2\\ 5 & 3 & \mu & 6\end{bmatrix}.$$

已知 $R(\boldsymbol{A})=2$,求 λ 和 μ 的值.

解:

$$\boldsymbol{A}=\begin{bmatrix}1 & -1 & -1 & 2\\ 3 & \mu & -1 & 2\\ 5 & 3 & \mu & 6\end{bmatrix}\xrightarrow[r_2-3r_1]{r_3-5r_1}\begin{bmatrix}1 & 1 & -1 & 2\\ 0 & \lambda+3 & -4 & 4\\ 0 & 8 & \mu-5 & -4\end{bmatrix}$$

$$\xrightarrow[r_3-r_2]{}\begin{bmatrix}1 & -1 & 1 & 2\\ 0 & \lambda+3 & -4 & 4\\ 0 & 5-\lambda & \mu-1 & 0\end{bmatrix},$$

由于 $R(\boldsymbol{A})=2$,所以

$$\begin{cases}5-\lambda=0,\\ \mu-1=0,\end{cases}$$

则可得

$$\lambda=5,\mu=1.$$

例 3.6.7 求矩阵

$$\boldsymbol{A}=\begin{bmatrix}1 & -2 & 2 & -1 & 1\\ 2 & -4 & 8 & 0 & 2\\ -2 & 4 & -2 & 3 & 3\\ 3 & -6 & 0 & -6 & 4\end{bmatrix}$$

的秩.

解:由于

$$\boldsymbol{A}=\begin{bmatrix}1 & -2 & 2 & -1 & 1\\ 2 & -4 & 8 & 0 & 2\\ -2 & 4 & -2 & 3 & 3\\ 3 & -6 & 0 & -6 & 4\end{bmatrix}\xrightarrow{\substack{r_2+(-2)r_1\\ r_3+2r_1\\ r_4+(-3)r_1}}$$

$$\begin{bmatrix}1&-2&2&-1&1\\0&0&4&2&0\\0&0&2&1&5\\0&0&-6&-3&1\end{bmatrix}\xrightarrow[r_4+3r_2]{\frac{1}{2}r_2 \atop r_3+(-r_2)}$$

$$\begin{bmatrix}1&-2&2&-1&1\\0&0&2&1&0\\0&0&0&0&5\\0&0&0&0&1\end{bmatrix}\xrightarrow[r_4+(-r_3)]{\frac{1}{5}r_3}\begin{bmatrix}1&-2&2&-1&1\\0&0&2&1&0\\0&0&0&0&1\\0&0&0&0&0\end{bmatrix},$$

所以

$$R(\boldsymbol{A})=3.$$

3.7 矩阵的应用实例分析

3.7.1 经济学问题

例 3.7.1 表 3.7.1 是某厂家向两个超市发送三种产品的相关数据(单位:台),表 3.7.2 是这三种产品的售价(单位:百元)及重量(单位:千克),求该厂家向每个超市售出产品的总售价及总重量.

表 3.7.1

	空调	冰箱	彩电
超市甲	30	20	50
超市乙	50	40	50

表 3.7.2

	空调	冰箱	彩电
售价	30	16	22
重量	40	30	30

解:将表 3.7.1、表 3.7.2 分别写成如下矩阵:

$$\boldsymbol{A}=\begin{bmatrix}30&20&50\\50&40&50\end{bmatrix},\boldsymbol{B}=\begin{bmatrix}30&40\\16&30\\22&30\end{bmatrix}.$$

则

$$AB=\begin{bmatrix}30 & 20 & 50\\50 & 40 & 50\end{bmatrix}\begin{bmatrix}30 & 40\\16 & 30\\22 & 30\end{bmatrix}=\begin{bmatrix}2320 & 3300\\3240 & 4700\end{bmatrix}.$$

可以看出该厂家向超市甲售出产品总售价为232000元、总重量为3300千克,向超市乙售出产品总售价为324000元、总重量为4700千克.

3.7.2 运筹学问题

例3.7.2 某物流公司在4个地区间的货运线路图如图3.7.1所示.司机从地区a出发,

(1)沿途经过1个地区而到达地区d的线路有几条?

(2)沿途经过2个地区而回到地区a的线路有几条?

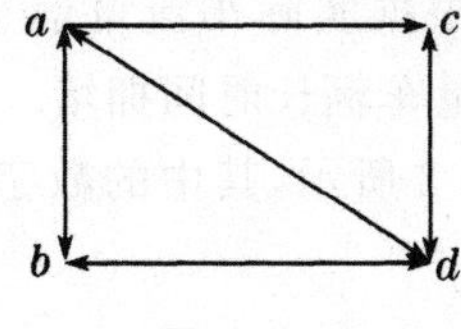

图3.7.1

解:对于含有4个顶点的有向图,可以得到一个方阵$\mathbf{A}=(a_{ij})_{4\times 4}$,其中

$$a_{ij}=\begin{cases}1 & \text{若顶点 } i \text{ 到 } j \text{ 有有向边},\\0 & \text{若顶点 } i \text{ 到 } j \text{ 无有向边},\end{cases}$$

称$\mathbf{A}$为有向图的邻接矩阵.

图3.7.1的邻接矩阵为:

$$\mathbf{A}=\begin{array}{c}\\ a\\ b\\ c\\ d\end{array}\begin{array}{c}\begin{array}{cccc}a & b & c & d\end{array}\\ \begin{bmatrix}0 & 1 & 1 & 1\\1 & 0 & 0 & 1\\0 & 0 & 0 & 1\\1 & 1 & 1 & 0\end{bmatrix}\end{array}.$$

计算邻接矩阵的幂:

$$\mathbf{A}^2=(a_{ij}^{(1)})_{4\times 4}=\begin{bmatrix}2 & 1 & 1 & 2\\1 & 2 & 2 & 1\\1 & 1 & 1 & 0\\1 & 1 & 1 & 3\end{bmatrix},$$

其中$a_{14}^{(1)}=2$表示从地区a出发经过1个地区而到达地区d的线路有2条:$a\to b\to d,a\to c\to d$.

再计算邻接矩阵的幂：

$$A^3=(a_{ij}^{(2)})_{4\times4}=\begin{bmatrix}3&4&4&4\\3&2&2&5\\1&1&1&3\\4&4&4&3\end{bmatrix},$$

其中 $a_{11}^{(2)}=3$ 表示从地区 a 出发经过 2 个地区而回到地区 a 的线路有 3 条：

$$a\to b\to d\to a,a\to d\to b\to a,a\to c\to d\to a.$$

一般地，邻接矩阵的 $A^k=(a_{ij}^{(k-1)})_{4\times4}$ 次幂记作 $A^k=(a_{ij}^{(k-1)})_{4\times4}$，其中 $a_{ij}^{(k-1)}$ 表示从地区 i 到地区 j 沿途经过 $(k-1)$ 个地区的线路条数.

3.7.3 交通网络流量问题

城市道路网中每条道路、每个交叉路口的车流量调查，是分析、评价及改善城市交通状况的基础. 根据实际车流量信息可以设计流量控制方案，必要时设置单行线，以免大量车辆长时间拥堵.

某城市单行线如图 3.7.2 所示，其中的数字表示该路段每小时按箭头方向行驶的车流量(单位：辆)

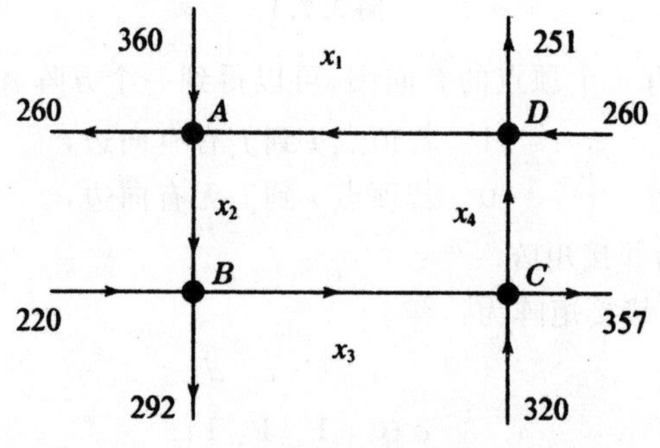

图 3.7.2

图中数字表示某一个时段的机动车流量.

假设：(1)每条道路都是单行线；(2)每个交叉路口进入和离开的车辆数目相等.

试建立确定每条道路流量的线性方程组，并回答如下问题：

(1)为了唯一确定未知流量，还需要增添哪几条道路的流量统计？

(2)当 $x_4=350$ 时，确定 x_1,x_2,x_3 的值.

解根据已知条件，得到各节点的流通方程

$$\text{节点 }\boldsymbol{A}：x_1+360=x_2+260,$$

$$\text{节点 }\boldsymbol{B}：x_2+220=x_3+292,$$

$$\text{节点 } C: x_3+320=x_4+357,$$
$$\text{节点 } D: x_4+260=x_1+251,$$

整理得方程组为

$$\begin{cases} x_1-x_2=-100, \\ x_2-x_3=72, \\ x_3-x_4=37, \\ -x_1+x_4=-9, \end{cases}$$

其增广矩阵为

$$\begin{bmatrix} 1 & -1 & 0 & 0 & -100 \\ 0 & 1 & -1 & 0 & 72 \\ 0 & 0 & 1 & -1 & 37 \\ -1 & 0 & 0 & 1 & -9 \end{bmatrix} \longrightarrow \begin{bmatrix} 1 & 0 & 0 & -1 & 9 \\ 0 & 1 & 0 & -1 & 109 \\ 0 & 0 & 1 & -1 & 37 \\ 0 & 0 & 0 & 0 & 0 \end{bmatrix}.$$

由于增广矩阵的行最简形最后一行全为零，说明上述方程组中的最后一个方程是多余的. 方程组中只有三个有效方程，所以有无穷组解. 由此可得

$$\begin{cases} x_1-x_4=9, \\ x_2-x_4=109, \\ x_3-x_4=37, \end{cases}$$

为了唯一确定未知流量，只要增添 x_4 统计的值即可.

当 $x_4=100$ 时，$x_1=109$，$x_2=209$，$x_3=137$.

如果有一些车辆围绕十字路口的矩形区反时针绕行，流量 x_1，x_2，x_3，x_4 都会增加，但并不影响出入十字路口的流量，仍满足方程组. 这就是方程组有无穷多解的原因.

进一步分析：

(1)由于增广矩阵的行最简形最后一行全为零，说明上述方程组中的最后一个方程是多余的. 这意味着最后一个方程中的数据“251”可以不用统计.

这说明未知量 x_1 的值统计出来之后可以确定出 x_2，x_3，x_4 的值. 事实上，x_1，x_2，x_3，x_4 这四个未知量中，任意一个未知量的值统计出来之后都可以确定出其他三个未知量的值.

第 4 章　线性空间

线性空间是线性代数乃至近代数学最重要的基本概念之一. 在科学技术和经济研究等许多领域中,有着许多与实 n 维向量空间 R^n 具有相同性质的集合,将这些集合共同的性质抽象出来,就可以得到比 R^n 更一般的线性空间的概念. 本章给出线性空间的定义,主要讨论基、维数和坐标,基变换和坐标变换,线性子空间,最后对线性递归关系的应用实例进行分析.

4.1　线性空间的定义

线性空间是线性代数最基本的概念之一,也是一个较为抽象的概念. 我们先看线性空间的定义.

定义 4.1.1　设 P 是一个数域,V 是一个非空集合. 如果 V 满足下列两个条件,则称 V 是 P 的线性空间.

在定义 4.1.1 中,对于非空集合 V 并没有做出具体规定. 这就导致线性空间具有丰富的内涵. 对于某个具体的线性空间,还需要对 V 做出具体的说明. 下面我们给出一些线性空间的例子.

例 4.1.1　考虑集合

$C[a,b]=\{f \mid f$ 是定义在闭区间$[a,b]$上的任意一个连续函数$\}$.

将函数的加法及数乘定义为

$$(f+g)(x)=f(x)+g(x),(kf)(x)=kf(x).$$

则 $C[a,b]$是实数域 R 上的线性空间.

例 4.1.2　令 V 表示在(a,b)上可微的函数所构成的集合,令数域 $P=R$,V 中加法的定义就是函数的加法,关于 P 的数乘就是实数与函数的乘法,则 V 构成 P 上的线性空间.

例 4.1.3　把系数取自数域 P 中的次数不超过 n 次的一元多项式全体加上零多项式,记为 $P_n[x]$;全体一元多项式记为 $P[x]$. 按照通常的方式定义两个多项式的加法(即同次项系数相加)及一个数与多项式系数的乘法(即将这个数乘以多项式的每项的系数). 不难验证 $P_n[x]$与 $P[x]$都是数域 P 上的线性空间.

例 4.1.4 数域 P 上所有 n 维向量的集合 V，对于通常的加法及如下定义的数乘：

$$k\boldsymbol{\alpha}=0(k\in P,\boldsymbol{\alpha}\in V).$$

则 V 不构成线性空间. 因为 $1\boldsymbol{\alpha}=0$，即不满足运算规则，但可以验证 V 对于两种运算都是封闭的，且其他运算规则都成立.

例 4.1.5 证明：正弦函数的集合

$$S[x]=\{s=a\sin(x+b)\mid a,b\in\mathbf{R}\}.$$

对于通常的函数加法及数乘函数的乘法构成线性空间. 这是由于，通常的函数加法及乘数运算显然满足线性运算规律，故只要验证 $S[x]$ 对运算封闭.

$$\begin{aligned}s_1+s_2&=a_1\sin(x+b_1)+a_2\sin(x+b_2)\\&=(a_1'\cos x+b_1'\sin x)+(a_2'\cos x+b_2'\sin x)\\&=(a_1'+a_2')\cos x+(b_1'+b_2')\sin x\\&=a\sin(x+b)\in S[x],\end{aligned}$$

$$ks_1=ka_1\sin(x+b_1)=(ka_1)\sin(x+b_1)\in S[x].$$

所以 $S[x]$ 是一个线性空间.

例 4.1.6 次数不超过 n 的多项式的全体，记作 $P[x]_n$，即

$$P[x]_n=\{p=a_nx^n+a_{n-1}x^{n-1}+\cdots+a_1x+a_0\mid a_n,\cdots,a_1,a_0\in\mathbf{R}\}.$$

对于通常的多项式加法、数乘多项式的乘法构成线性空间. 这是因为，通常的多项式加法、数乘多项式的乘法两种运算显然满足线性运算规律，故只需验证 $P[x]_n$ 对运算封闭.

$$\begin{aligned}&(a_nx^n+\cdots+a_1x+a_0)+(b_nx^n+\cdots+b_1x+b_0)\\&=(a_n+b_n)x^n+\cdots+(a_1+b_1)x+(a_0+b_0)\in P[x]_n,\end{aligned}$$

$$\begin{aligned}&k(a_nx^n+\cdots+a_1x+a_0)\\&=(ka_n)x^n+\cdots+(ka_1)x+(ka_0)\in P[x]_n.\end{aligned}$$

所以 $P[x]_n$ 是一个向量空间.

例 4.1.7 n 次多项式的全体

$$Q[x]_n=\{q=a_nx^n+\cdots+a_1x+a_0\mid a_n,\cdots,a_1,a_0\in\mathbf{R}\text{ 且 }a_n\neq 0\}.$$

对于通常的多项式加法和数乘运算不构成线性空间，因为

$$q_1=a_nx^n+\cdots+a_1x+a_0\in\mathbf{Q}[x]_n,$$

$$q_2=-a_nx^n+\cdots+a_1x+a_0\in\mathbf{Q}[x]_n,$$

有

$$q_1+q_2=2a_{n-1}x^{n-1}+\cdots+2a_1x+2a_0\notin Q[x]_n,$$

所以对加法运算不是封闭的.

检验一个集合是否构成线性空间，当然不能只检验对运算的封闭性

(若所定义的加法和数乘运算不是通常的实数间的加、乘运算),还应检验是否满足 8 条线性运算.

4.2 基、维数和坐标

4.2.1 基与维数

我们知道,一个 n 维向量组中的每一个向量都可以由它的极大无关组线性表示.对于一般的线性空间而言,也有极大无关组,也就是基的概念.基实质上就是线性空间的极大无关组.

定义 4.2.1 设在 n 维线性空间 V 中,如果存在 n 个线性无关的向量 $\boldsymbol{\varepsilon}_1,\boldsymbol{\varepsilon}_2,\cdots,\boldsymbol{\varepsilon}_n$,且 V 中任一向量 $\boldsymbol{\alpha}$ 均可以由 $\boldsymbol{\varepsilon}_1,\boldsymbol{\varepsilon}_2,\cdots,\boldsymbol{\varepsilon}_n$ 线性表示,则称 $\boldsymbol{\varepsilon}_1,\boldsymbol{\varepsilon}_2,\cdots,\boldsymbol{\varepsilon}_n$ 是 V 的一组基,基所含向量的个数 n 称为线性空间 V 的维数,并称线性空间 V 是 n 维的,记作 $\dim V=n$.如果不存在有限个向量组成 V 的一组基,则称 V 是无限维线性空间.如果 V 中没有线性无关的元素,我们规定其维数是 0.

例 4.2.1 在线性空间 $P_n[x]$中,多项式组 $1,x,x^2,\cdots,x^n$ 是线性无关的.而 $P_n[x]$的任一多项式

$$f(x)=a_0+a_1x+a_2x^2+\cdots+a_nx^n$$

是 $1,x,x^2,\cdots,x^n$ 的线性组合,所以 $1,x,x^2,\cdots,x^n$ 是 $P_n[x]$的一组基.

一般来说,线性空间的基不是唯一的.例如在线性空间 P^2 中,$\boldsymbol{\varepsilon}_1=(1,0)$,$\boldsymbol{\varepsilon}_2=(0,1)$是它的一组基,而 $\boldsymbol{\varepsilon}_1'=(1,1)$,$\boldsymbol{\varepsilon}_2'=(0,1)$也是它的一组基.我们自然会问:如果 n 维线性空间 V 中有不同的基,那么每组基所含向量的个数是否一样呢?也就是说维数 n 是否唯一?回答是肯定的.设有 n 维线性空间 V,若 $\boldsymbol{\varepsilon}_1,\boldsymbol{\varepsilon}_2,\cdots,\boldsymbol{\varepsilon}_r$ 是它的任一组基,则必有 $r=n$.事实上,如果 $r>n$ 或 $r<n$,这与 $\dim V=n$ 是矛盾的,从而也就有下面的定理成立.

定理 4.2.1 n 维线性空间 V 的任一组基都含有 n 个向量.

定理 4.2.2 设 V 是 n 维线性空间,则 V 中任意 n 个线性无关的向量,均是 V 的一组基.

证明:设 $\boldsymbol{\alpha}_1,\boldsymbol{\alpha}_2,\cdots,\boldsymbol{\alpha}_n$ 是 n 维线性空间 V 中任意 n 个线性无关的向量,对于 V 中的任一向量 $\boldsymbol{\beta}$,则向量组 $\boldsymbol{\alpha}_1,\boldsymbol{\alpha}_2,\cdots,\boldsymbol{\alpha}_n,\boldsymbol{\beta}$ 中有 $n+1$ 个向量,必线性相关.也就是说 $\boldsymbol{\beta}$ 可由 $\boldsymbol{\alpha}_1,\boldsymbol{\alpha}_2,\cdots,\boldsymbol{\alpha}_n$ 线性表示.因此,$\boldsymbol{\alpha}_1,\boldsymbol{\alpha}_2,\cdots,\boldsymbol{\alpha}_n$ 是 V 的一组基.证毕.

定理 4.2.3 说明了要找出 n 维线性空间 V 的一组基,只要找出其中

任意的 n 个线性无关的向量即可.

4.2.2　向量的坐标

定理 4.2.4　若 $\boldsymbol{\varepsilon}_1,\boldsymbol{\varepsilon}_2,\cdots,\boldsymbol{\varepsilon}_n$ 是 n 维线性空间 V 的一组基,则 V 的任一向量都由基 $\boldsymbol{\varepsilon}_1,\boldsymbol{\varepsilon}_2,\cdots,\boldsymbol{\varepsilon}_n$ 唯一的线性表示.

证明:设 $\boldsymbol{\alpha}$ 是 V 中任一向量,若

$$\boldsymbol{\alpha}=k_1\boldsymbol{\varepsilon}_1+k_2\boldsymbol{\varepsilon}_2+\cdots+k_n\boldsymbol{\varepsilon}_n=\lambda_1\boldsymbol{\varepsilon}_1+\lambda_2\boldsymbol{\varepsilon}_2+\cdots+\lambda_n\boldsymbol{\varepsilon}_n,$$

则有

$$(k_1-\lambda_1)\boldsymbol{\varepsilon}_1+(k_2-\lambda_2)\boldsymbol{\varepsilon}_2+\cdots+(k_n-\lambda_n)\boldsymbol{\varepsilon}_n=0,$$

而 $\boldsymbol{\varepsilon}_1,\boldsymbol{\varepsilon}_2,\cdots,\boldsymbol{\varepsilon}_n$ 是线性无关的,所以 $k_1-\lambda_1=k_2-\lambda_2=\cdots=k_n-\lambda_n=0$,即有

$$k_1=\lambda_1,k_2=\lambda_2,\cdots,k_n=\lambda_n,$$

也就是说 α 由基 $\boldsymbol{\varepsilon}_1,\boldsymbol{\varepsilon}_2,\cdots,\boldsymbol{\varepsilon}_n$ 唯一的线性表示.

定义 4.2.2　设 $\boldsymbol{\varepsilon}_1,\boldsymbol{\varepsilon}_2,\cdots,\boldsymbol{\varepsilon}_n$ 是数域 P 上的 n 维线性空间 V 的一组基,α 是 V 的任一向量,且

$$\boldsymbol{\alpha}=a_1\boldsymbol{\varepsilon}_1+a_2\boldsymbol{\varepsilon}_2+\cdots+a_n\boldsymbol{\varepsilon}_n,$$

则称 $a_1,a_2,\cdots,a_n$ 就是 $\boldsymbol{\alpha}$ 在基 $\boldsymbol{\varepsilon}_1,\boldsymbol{\varepsilon}_2,\cdots,\boldsymbol{\varepsilon}_n$ 下的坐标,记作 $(a_1,a_2,\cdots,a_n)$.

n 维线性空间 V 中的向量在一组基下的坐标是一个 n 维向量,但在 V 中这个向量本身不一定是 n 维向量.

4.3　基变换和坐标变换

在 n 维线性空间 V 中,任何 n 个线性无关的向量都可以作为 V 的一组基.由于在不同的基下,同一向量的坐标一般来说是不一样的.我们自然要问:随着基的改变,向量的坐标会发生怎样的变化呢?为此,首先引入过渡矩阵.

设 $\boldsymbol{\varepsilon}_1,\boldsymbol{\varepsilon}_2,\cdots,\boldsymbol{\varepsilon}_n$ 是数域 P 上 n 维线性空间 V 的一组基,而 $\boldsymbol{\alpha}_1,\boldsymbol{\alpha}_2,\cdots,\boldsymbol{\alpha}_n$ 是 V 的另一组基,当然,$\boldsymbol{\alpha}_1,\boldsymbol{\alpha}_2,\cdots,\boldsymbol{\alpha}_n$ 可以用 $\boldsymbol{\varepsilon}_1,\boldsymbol{\varepsilon}_2,\cdots,\boldsymbol{\varepsilon}_n$ 线性表示,设为

$$\begin{cases}\boldsymbol{\alpha}_1=a_{11}\boldsymbol{\varepsilon}_1+a_{21}\boldsymbol{\varepsilon}_2+\cdots+a_{n1}\boldsymbol{\varepsilon}_n,\\ \boldsymbol{\alpha}_2=a_{12}\boldsymbol{\varepsilon}_1+a_{22}\boldsymbol{\varepsilon}_2+\cdots+a_{n2}\boldsymbol{\varepsilon}_n,\\ \quad\cdots\\ \boldsymbol{\alpha}_n=a_{1n}\boldsymbol{\varepsilon}_1+a_{2n}\boldsymbol{\varepsilon}_2+\cdots+a_{nn}\boldsymbol{\varepsilon}_n.\end{cases}\tag{4-3-1}$$

式(4-3-1)按矩阵乘法,可形式地写成

$$(\boldsymbol{\alpha}_1,\boldsymbol{\alpha}_2,\cdots,\boldsymbol{\alpha}_n)=(\boldsymbol{\varepsilon}_1,\boldsymbol{\varepsilon}_2,\cdots,\boldsymbol{\varepsilon}_n)\begin{bmatrix} a_{11} & a_{12} & \cdots & a_{1n} \\ a_{21} & a_{22} & \cdots & a_{21} \\ \vdots & \vdots & & \vdots \\ a_{n1} & a_{n1} & \cdots & a_{m} \end{bmatrix}. \tag{4-3-2}$$

矩阵

$$A=\begin{bmatrix} a_{11} & a_{12} & \cdots & a_{1n} \\ a_{21} & a_{22} & \cdots & a_{2n} \\ \vdots & \vdots & & \vdots \\ a_{n1} & a_{n2} & \cdots & a_{m} \end{bmatrix}$$

就称为由基 $\boldsymbol{\varepsilon}_1,\boldsymbol{\varepsilon}_2,\cdots,\boldsymbol{\varepsilon}_n$ 到基 $\boldsymbol{\alpha}_1,\boldsymbol{\alpha}_2,\cdots,\boldsymbol{\alpha}_n$ 的过渡矩阵.

说明:式(4-3-1)中各式的系数

$$(a_{1j},a_{2j},\cdots,a_{nj})(j=1,2,\cdots,n)$$

就是 $\boldsymbol{\alpha}_j(j=1,2,\cdots,n)$ 在基 $\boldsymbol{\varepsilon}_1,\boldsymbol{\varepsilon}_2,\cdots,\boldsymbol{\varepsilon}_n$ 下的坐标.而过渡矩阵 A 实际上就是式(4-3-1)中系数矩阵的转置.

设 $\boldsymbol{\alpha}$ 是线性空间 V 中的任一向量,在基 $\boldsymbol{\varepsilon}_1,\boldsymbol{\varepsilon}_2,\cdots,\boldsymbol{\varepsilon}_n$ 下的坐标为$(\lambda_1,\lambda_2,\cdots,\lambda_n)$,在基 $\boldsymbol{\alpha}_1,\boldsymbol{\alpha}_2,\cdots,\boldsymbol{\alpha}_n$ 下的坐标为$(\mu_1,\mu_2,\cdots,\mu_n)$,则有

$$\boldsymbol{\alpha}=\lambda_1\boldsymbol{\varepsilon}_1+\lambda_2\boldsymbol{\varepsilon}_2+\cdots+\lambda_n\boldsymbol{\varepsilon}_n=\mu_1\boldsymbol{\alpha}_1+\mu_2\boldsymbol{\alpha}_2+\cdots+\mu_n\boldsymbol{\alpha}_n.$$

上式也可以形式地写成

$$\boldsymbol{\alpha}=(\boldsymbol{\varepsilon}_1,\boldsymbol{\varepsilon}_2\cdots\boldsymbol{\varepsilon}_n)\begin{bmatrix}\lambda_1\\ \lambda_2\\ \vdots\\ \lambda_n\end{bmatrix}=(\boldsymbol{\alpha}_1,\boldsymbol{\alpha}_2,\cdots,\boldsymbol{\alpha}_n)\begin{bmatrix}\mu_1\\ \mu_2\\ \vdots\\ \mu_n\end{bmatrix}. \tag{4-3-3}$$

说明:上述的记法我们说是形式的,这是因为我们把线性空间中的元素看成 $1\times n$ 矩阵中的元素,一般来说是没有意义的.但在这种特殊的情形下,这种约定的记法是没有问题的.

设 $\boldsymbol{\alpha}_1,\boldsymbol{\alpha}_2,\cdots,\boldsymbol{\alpha}_n$ 与 $\boldsymbol{\beta}_1,\boldsymbol{\beta}_2,\cdots,\boldsymbol{\beta}_n$ 是线性空间 V 中的两个向量组,A,B 是两个 $n\times n$ 矩阵,则有以下 4 个运算规律:

(1)$((\boldsymbol{\alpha}_1,\boldsymbol{\alpha}_2,\cdots,\boldsymbol{\alpha}_n)\boldsymbol{A})\boldsymbol{B}=(\boldsymbol{\alpha}_1,\boldsymbol{\alpha}_2,\cdots,\boldsymbol{\alpha}_n)(\boldsymbol{AB})$;

(2)$(\boldsymbol{\alpha}_1,\boldsymbol{\alpha}_2,\cdots,\boldsymbol{\alpha}_n)\boldsymbol{A}+(\boldsymbol{\beta}_1,\boldsymbol{\beta}_2,\cdots,\boldsymbol{\beta}_n)\boldsymbol{A}=(\boldsymbol{\alpha}_1+\boldsymbol{\beta}_1,\boldsymbol{\alpha}_2+\boldsymbol{\beta}_2,\cdots,\boldsymbol{\alpha}_n+\boldsymbol{\beta}_n)\boldsymbol{A}$;

(3)$(\boldsymbol{\alpha}_1,\boldsymbol{\alpha}_2,\cdots,\boldsymbol{\alpha}_n)\boldsymbol{A}+(\boldsymbol{\alpha}_1,\boldsymbol{\alpha}_2,\cdots,\boldsymbol{\alpha}_n)\boldsymbol{B}=(\boldsymbol{\alpha}_1,\boldsymbol{\alpha}_2,\cdots,\boldsymbol{\alpha}_n)(\boldsymbol{A}+\boldsymbol{B})$;

(4)若 $\boldsymbol{\alpha}_1,\boldsymbol{\alpha}_2,\cdots,\boldsymbol{\alpha}_n$ 线性无关,则$(\boldsymbol{\alpha}_1,\boldsymbol{\alpha}_2,\cdots,\boldsymbol{\alpha}_n)\boldsymbol{A}=(\boldsymbol{\alpha}_1,\boldsymbol{\alpha}_2,\cdots,\boldsymbol{\alpha}_n)\boldsymbol{B}\Leftrightarrow \boldsymbol{A}=\boldsymbol{B}$.

说明:利用上面的运算规律,很容易验证从一组基到另一组基的过渡矩阵是唯一的.

现在，将式(4-3-2)代入式(4-3-3)便有

$$(\boldsymbol{\varepsilon}_1,\boldsymbol{\varepsilon}_2\cdots\boldsymbol{\varepsilon}_n)\begin{bmatrix}\lambda_1\\\lambda_2\\\vdots\\\lambda_n\end{bmatrix}=(\boldsymbol{\varepsilon}_1,\boldsymbol{\varepsilon}_2,\cdots,\boldsymbol{\varepsilon}_n)\begin{bmatrix}a_{11}&a_{12}&\cdots&a_{1n}\\a_{21}&a_{22}&\cdots&a_{21}\\\vdots&\vdots&&\vdots\\a_{n1}&a_{n1}&\cdots&a_{nn}\end{bmatrix}\begin{bmatrix}\mu_1\\\mu_2\\\vdots\\\mu_n\end{bmatrix}.$$

所以，我们有

$$\begin{bmatrix}\lambda_1\\\lambda_2\\\vdots\\\lambda_n\end{bmatrix}=\begin{bmatrix}a_{11}&a_{12}&\cdots&a_{1n}\\a_{21}&a_{22}&\cdots&a_{2n}\\\vdots&\vdots&&\vdots\\a_{n1}&a_{n2}&\cdots&a_{nn}\end{bmatrix}\begin{bmatrix}\mu_1\\\mu_2\\\vdots\\\mu_n\end{bmatrix}. \tag{4-3-4}$$

说明：式(4-3-4)就表明了同一向量在不同基下坐标之间的关系.

我们仍设 $\boldsymbol{\varepsilon}_1,\boldsymbol{\varepsilon}_2,\cdots,\boldsymbol{\varepsilon}_n$ 是 n 维线性空间 V 的一组基，而 $\boldsymbol{\alpha}_1,\boldsymbol{\alpha}_2,\cdots,\boldsymbol{\alpha}_n$ 是 V 的另一组基，当然 $\boldsymbol{\varepsilon}_1,\boldsymbol{\varepsilon}_2,\cdots,\boldsymbol{\varepsilon}_n$ 也可以用 $\boldsymbol{\alpha}_1,\boldsymbol{\alpha}_2,\cdots,\boldsymbol{\alpha}_n$ 来线性表示：

$$\begin{cases}\boldsymbol{\varepsilon}_1=a_{11}\boldsymbol{\alpha}_1+a_{21}\boldsymbol{\alpha}_2+\cdots+a_{n1}\boldsymbol{\alpha}_n,\\\boldsymbol{\varepsilon}_2=a_{12}\boldsymbol{\alpha}_1+a_{22}\boldsymbol{\alpha}_2+\cdots+a_{n2}\boldsymbol{\alpha}_n,\\\qquad\cdots\\\boldsymbol{\varepsilon}_n=a_{1n}\boldsymbol{\alpha}_1+a_{2n}\boldsymbol{\alpha}_2+\cdots+a_{nn}\boldsymbol{\alpha}_n.\end{cases}$$

令

$$\boldsymbol{B}=\begin{bmatrix}b_{11}&b_{12}&\cdots&b_{1n}\\b_{21}&b_{22}&\cdots&b_{2n}\\\vdots&\vdots&&\vdots\\b_{n1}&b_{n2}&\cdots&b_{nn}\end{bmatrix}.$$

矩阵 $\boldsymbol{B}$ 就是从基 $\boldsymbol{\alpha}_1,\boldsymbol{\alpha}_2,\cdots,\boldsymbol{\alpha}_n$ 到 $\boldsymbol{\varepsilon}_1,\boldsymbol{\varepsilon}_2,\cdots,\boldsymbol{\varepsilon}_n$ 的过渡矩阵，所以也就有

$$\begin{bmatrix}\mu_1\\\mu_2\\\vdots\\\mu_n\end{bmatrix}=\begin{bmatrix}b_{11}&b_{12}&\cdots&b_{1n}\\b_{21}&b_{22}&\cdots&b_{2n}\\\vdots&\vdots&&\vdots\\b_{n1}&b_{n2}&\cdots&b_{nn}\end{bmatrix}\begin{bmatrix}\lambda_1\\\lambda_2\\\vdots\\\lambda_n\end{bmatrix}. \tag{4-3-5}$$

定理 4.3.1(过渡矩阵性质)　上述过渡矩阵 $\boldsymbol{A}$ 与 $\boldsymbol{B}$ 都是可逆的，且互为逆矩阵.

分析：只要证明出 $\boldsymbol{A}$ 与 $\boldsymbol{B}$ 的乘积是单位阵即可.

证明：设 $\boldsymbol{\alpha}$ 是线性空间 V 中的任一向量，在基 $\boldsymbol{\varepsilon}_1,\boldsymbol{\varepsilon}_2,\cdots,\boldsymbol{\varepsilon}_n$ 下的坐标为 $(\lambda_1,\lambda_2,\cdots,\lambda_n)$，在基 $\boldsymbol{\alpha}_1,\boldsymbol{\alpha}_2,\cdots,\boldsymbol{\alpha}_n$ 下的坐标为 $(\mu_1,\mu_2,\cdots,\mu_n)$，则有

$$\begin{bmatrix}\lambda_1\\\lambda_2\\\vdots\\\lambda_n\end{bmatrix}=\begin{bmatrix}a_{11}&a_{12}&\cdots&a_{1n}\\a_{21}&a_{22}&\cdots&a_{2n}\\\vdots&\vdots&&\vdots\\a_{n1}&a_{n2}&\cdots&a_{nn}\end{bmatrix}\begin{bmatrix}\mu_1\\\mu_2\\\vdots\\\mu_n\end{bmatrix}.$$

将式(4-3-5)代入上式有

$$\begin{bmatrix}\lambda_1\\\lambda_2\\\vdots\\\lambda_n\end{bmatrix}=\begin{bmatrix}a_{11}&a_{12}&\cdots&a_{1n}\\a_{21}&a_{22}&\cdots&a_{2n}\\\vdots&\vdots&&\vdots\\a_{n1}&a_{n2}&\cdots&a_{nn}\end{bmatrix}\begin{bmatrix}b_{11}&b_{12}&\cdots&b_{1n}\\b_{21}&b_{22}&\cdots&b_{2n}\\\vdots&\vdots&&\vdots\\b_{n1}&b_{n2}&\cdots&b_{nn}\end{bmatrix}\begin{bmatrix}\lambda_1\\\lambda_2\\\vdots\\\lambda_n\end{bmatrix}.$$

即

$$\begin{bmatrix}\lambda_1\\\lambda_2\\\vdots\\\lambda_n\end{bmatrix}=\boldsymbol{AB}\begin{bmatrix}\lambda_1\\\lambda_2\\\vdots\\\lambda_n\end{bmatrix}.$$

因为 $\lambda_i(i=1,2,\cdots,n)$ 可以取数域 P 中的任何数，$\begin{bmatrix}\lambda_1\\\lambda_2\\\vdots\\\lambda_n\end{bmatrix}$ 现在分别取 $\begin{bmatrix}1\\0\\\vdots\\0\end{bmatrix}$，$\begin{bmatrix}0\\1\\\vdots\\0\end{bmatrix},\ldots,\begin{bmatrix}0\\0\\\vdots\\1\end{bmatrix}$，并在上式两边分别同时右乘 $\begin{bmatrix}1\\0\\\vdots\\0\end{bmatrix}^{\mathrm{T}}$，$\begin{bmatrix}0\\1\\\vdots\\0\end{bmatrix}^{\mathrm{T}},\ldots,\begin{bmatrix}0\\0\\\vdots\\1\end{bmatrix}^{\mathrm{T}}$，得到的结果左右两边分别相加后有

$$\boldsymbol{E}_n=\boldsymbol{AB}.$$

这就是说过渡矩阵 $\boldsymbol{A}$ 与 $\boldsymbol{B}$ 都是可逆的，且互为逆矩阵.

说明：定理 4.3.1 给出了过渡矩阵的一条必要性质，即必是可逆矩阵. 如果给出了 n 阶可逆矩阵 $\mathbf{A}=(a_{ij})_{n\times n}$，我们假设 $\boldsymbol{\varepsilon}_1,\boldsymbol{\varepsilon}_2,\cdots,\boldsymbol{\varepsilon}_n$ 是 n 维线性空间 V 的一组基，那么由下式

$$(\boldsymbol{\alpha}_1,\boldsymbol{\alpha}_2,\cdots,\boldsymbol{\alpha}_n)=(\boldsymbol{\varepsilon}_1,\boldsymbol{\varepsilon}_2,\cdots,\boldsymbol{\varepsilon}_n)\mathbf{A}.$$

给出的一组向量也是 V 的一组基.

下面我们来说明这一事实. 我们知道，n 维线性空间 V 的任一组线性无关的向量都是它的一组基. 所以要证明 $\boldsymbol{\alpha}_1,\boldsymbol{\alpha}_2,\cdots,\boldsymbol{\alpha}_n$ 是 V 的一组基，只要证明 $\boldsymbol{\alpha}_1,\boldsymbol{\alpha}_2,\cdots,\boldsymbol{\alpha}_n$ 线性无关即可. 由于

$$(\boldsymbol{\alpha}_1,\boldsymbol{\alpha}_2,\cdots,\boldsymbol{\alpha}_n)=(\boldsymbol{\varepsilon}_1,\boldsymbol{\varepsilon}_2,\cdots,\boldsymbol{\varepsilon}_n)\mathbf{A}.$$

即

$$\begin{cases}\boldsymbol{\alpha}_1=a_{11}\boldsymbol{\varepsilon}_1+a_{21}\boldsymbol{\varepsilon}_2+\cdots+a_{n1}\boldsymbol{\varepsilon}_n,\\ a_2=a_{12}\boldsymbol{\varepsilon}_1+a_{22}\boldsymbol{\varepsilon}_2+\cdots+a_{n2}\boldsymbol{\varepsilon}_n,\\ \cdots\\ \boldsymbol{\alpha}_n=a_{1n}\boldsymbol{\varepsilon}_1+a_{2n}\boldsymbol{\varepsilon}_2+\cdots+a_{nn}\boldsymbol{\varepsilon}_n.\end{cases}$$

设有一组数 $k_1,k_2,\cdots,k_n$，使得

$$k_1\boldsymbol{\alpha}_1+k_2\boldsymbol{\alpha}_2+\cdots+k_n\boldsymbol{\alpha}_n=0,$$

即

$$k_1(\sum_{i=1}^{n}a_{i1}\boldsymbol{\varepsilon}_i)+k_2(\sum_{i=1}^{n}a_{i2}\boldsymbol{\varepsilon}_i)+\cdots+k_n(\sum_{i=1}^{n}a_{in}\boldsymbol{\varepsilon}_i)=0,$$

整理后得

$$(\sum_{j=1}^{n}a_{1j}k_j)\boldsymbol{\varepsilon}_1+(\sum_{j=1}^{n}a_{2j}k_j)\boldsymbol{\varepsilon}_2+\cdots+(\sum_{j=1}^{n}a_{nj}k_j)\boldsymbol{\varepsilon}_n=0.$$

又 $\boldsymbol{\varepsilon}_1,\boldsymbol{\varepsilon}_2,\cdots,\boldsymbol{\varepsilon}_n$ 是 V 的一组基，必线性无关. 所以有

$$\begin{cases}a_{11}k_1+a_{12}k_2+\cdots+a_{1n}k_n=0,\\ a_{21}k_1+a_{22}k_2+\cdots+a_{2n}k_n=0,\\ \cdots\\ a_{n1}k_1+a_{n2}k_2+\cdots+a_{nn}k_n=0.\end{cases}\tag{4-3-6}$$

把式(4-3-6)看做以 $k_1,k_2,\cdots,k_n$ 为未知数的线性方程组，其系数矩阵是 $\boldsymbol{A}^{\mathrm{T}}$. 由于 $\boldsymbol{A}$ 是非奇异的，则 $|\boldsymbol{A}^{\mathrm{T}}|=|\boldsymbol{A}|\neq 0$. 所以由克拉默法则，式(4-3-6)只有唯一解，即 $k_1=k_2=\cdots=k_n=0$，所以 $\boldsymbol{\alpha}_1,\boldsymbol{\alpha}_2,\cdots,\boldsymbol{\alpha}_n$ 线性无关，从而也是 V 的一组基.

例 4.3.1 设 $\boldsymbol{\alpha}_1=(1,-1,0)^{\mathrm{T}},\boldsymbol{\alpha}_2=(0,1,1)^{\mathrm{T}},\boldsymbol{\alpha}_3=(1,-1,1)^{\mathrm{T}}$，易证 $\boldsymbol{\alpha}_1,\boldsymbol{\alpha}_2,\boldsymbol{\alpha}_3$ 是 R^3 的一组基，求：由 R^3 的一组基 $\boldsymbol{\varepsilon}_1=(1,0,0)^{\mathrm{T}},\boldsymbol{\varepsilon}_2=(0,1,0)^{\mathrm{T}},\boldsymbol{\varepsilon}_3=(0,0,1)^{\mathrm{T}}$ 到 $\boldsymbol{\alpha}_1,\boldsymbol{\alpha}_2,\boldsymbol{\alpha}_3$ 的过渡矩阵.

解：

$$\boldsymbol{\alpha}_1=1\boldsymbol{\varepsilon}_1-1\boldsymbol{\varepsilon}_2+0\boldsymbol{\varepsilon}_3,$$
$$\boldsymbol{\alpha}_2=0\boldsymbol{\varepsilon}_1-1\boldsymbol{\varepsilon}_2+1\boldsymbol{\varepsilon}_3,$$
$$\boldsymbol{\alpha}_3=1\boldsymbol{\varepsilon}_1-1\boldsymbol{\varepsilon}_2+1\boldsymbol{\varepsilon}_3.$$

故

$$(\boldsymbol{\alpha}_1,\boldsymbol{\alpha}_2,\boldsymbol{\alpha}_3)=(\boldsymbol{\varepsilon}_1,\boldsymbol{\varepsilon}_2,\boldsymbol{\varepsilon}_3)\boldsymbol{A}.$$

其中 $\boldsymbol{A}=\begin{bmatrix}1&0&1\\-1&1&-1\\0&1&1\end{bmatrix}$ 为由 $\boldsymbol{\varepsilon}_1,\boldsymbol{\varepsilon}_2,\boldsymbol{\varepsilon}_3$ 到 $\boldsymbol{\alpha}_1,\boldsymbol{\alpha}_2,\boldsymbol{\alpha}_3$ 的过渡矩阵.

例 4.3.2 在线性空间 $\mathbf{R}^3$ 中，设两组基 $\boldsymbol{\alpha}_1=(1,0,1)^{\mathrm{T}},\boldsymbol{\alpha}_2=(1,1,-1)^{\mathrm{T}}$,

$\boldsymbol{\alpha}_3=(-2,1,0)^{\mathrm{T}},\boldsymbol{\beta}_1=(1,1,1)^{\mathrm{T}},\boldsymbol{\beta}_2=(1,1,-1)^{\mathrm{T}},\boldsymbol{\beta}_3=(1,-1,-1)^{\mathrm{T}}$，求由基 $\boldsymbol{\alpha}_1,\boldsymbol{\alpha}_2,\boldsymbol{\alpha}_3$ 到基 $\boldsymbol{\beta}_1,\boldsymbol{\beta}_2,\boldsymbol{\beta}_3$ 的过渡矩阵，并求向量 $\xi=(1,-1,0)^{\mathrm{T}}$ 在基 $\boldsymbol{\alpha}_1,\boldsymbol{\alpha}_2,\boldsymbol{\alpha}_3$ 下的坐标.

解：取 $\mathbf{R}^3$ 的基 $\boldsymbol{\varepsilon}_1=(1,0,0)^{\mathrm{T}},\boldsymbol{\varepsilon}_2=(0,1,0)^{\mathrm{T}},\boldsymbol{\varepsilon}_3=(0,0,1)^{\mathrm{T}}$，则

$$(\boldsymbol{\alpha}_1,\boldsymbol{\alpha}_2,\boldsymbol{\alpha}_3)=(\boldsymbol{\varepsilon}_1,\boldsymbol{\varepsilon}_2,\boldsymbol{\varepsilon}_3)\boldsymbol{A},$$

$$(\boldsymbol{\beta}_1,\boldsymbol{\beta}_2,\boldsymbol{\beta}_3)=(\boldsymbol{\varepsilon}_1,\boldsymbol{\varepsilon}_2,\boldsymbol{\varepsilon}_3)\boldsymbol{B}.$$

其中

$$\boldsymbol{A}=\begin{bmatrix}1&1&-2\\0&1&1\\1&-1&0\end{bmatrix},\boldsymbol{B}=\begin{bmatrix}1&1&1\\1&1&-1\\1&-1&-1\end{bmatrix}.$$

于是

$$(\boldsymbol{\beta}_1,\boldsymbol{\beta}_2,\boldsymbol{\beta}_3)=(\boldsymbol{\varepsilon}_1,\boldsymbol{\varepsilon}_2,\boldsymbol{\varepsilon}_3)\boldsymbol{B}=(\boldsymbol{\alpha}_1,\boldsymbol{\alpha}_2,\boldsymbol{\alpha}_3)(\boldsymbol{A}^{-1}\boldsymbol{B})$$

由 $\boldsymbol{\xi}=(1,-1,0)^{\mathrm{T}}$ 在基 $\boldsymbol{\varepsilon}_1,\boldsymbol{\varepsilon}_2,\boldsymbol{\varepsilon}_3$ 下的坐标是 $(1,-1,0)^{\mathrm{T}}$，得 $\boldsymbol{\xi}$ 在 $\boldsymbol{\alpha}_1,\boldsymbol{\alpha}_2,\boldsymbol{\alpha}_3$ 下的坐标为 $\boldsymbol{A}^{-1}\begin{bmatrix}1\\-1\\0\end{bmatrix}$. 对下列矩阵作初等行变换：

$$(\boldsymbol{A},\boldsymbol{B},\boldsymbol{\xi})=(\boldsymbol{\alpha}_1,\boldsymbol{\alpha}_2,\boldsymbol{\alpha}_3,\boldsymbol{\beta}_1,\boldsymbol{\beta}_2,\boldsymbol{\beta}_3,\boldsymbol{\xi})=\begin{bmatrix}1&1&-2&1&1&1&1\\0&1&1&1&1&-1&-1\\1&-1&0&1&-1&-1&0\end{bmatrix}\to$$

$$\begin{bmatrix}1&0&0&\frac{3}{2}&0&-1&-\frac{1}{4}\\0&1&0&\frac{1}{2}&1&0&-\frac{1}{4}\\0&0&1&\frac{1}{2}&0&-1&-\frac{3}{4}\end{bmatrix},$$

故由基 $\boldsymbol{\alpha}_1,\boldsymbol{\alpha}_2,\boldsymbol{\alpha}_3$ 到基 $\boldsymbol{\beta}_1,\boldsymbol{\beta}_2,\boldsymbol{\beta}_3$ 的过渡矩阵为 $\boldsymbol{A}^{-1}\boldsymbol{B}=\begin{bmatrix}\frac{3}{2}&0&-1\\\frac{1}{2}&1&0\\\frac{1}{2}&0&-1\end{bmatrix}$，

ξ 在基 $\boldsymbol{\alpha}_1,\boldsymbol{\alpha}_2,\boldsymbol{\alpha}_3$ 下的坐标为 $(-\frac{1}{4},-\frac{1}{4},-\frac{3}{4})^{\mathrm{T}}$.

4.4 线性子空间

在通常的三维空间中，若一个平面 π 经过原点，那么 π 上的任意两个

向量的和仍在 π 上；π 上任意一个向量的数乘仍在 π 上. 这个平面 π 组成了一个二维的线性空间，而它又是三维空间的一部分，我们把它称为三维空间的子空间. 我们将这推广到一般的线性空间.

定义 4.4.1 设 V 是数域 P 上的线性空间，W 是 V 的一个非空子集. 如果 W 对于 V 的加法和数乘也构成 P 上线性空间，则称 W 是 V 的一个线性子空间，简称子空间.

显然，子集 $\{0\}$ 就是 V 的一个子空间，称之为零子空间；V 也是它本身的一个子空间. $\{0\}$ 与 V 叫做 V 的平凡子空间，其他的子空间叫做 V 的非平凡子空间(或真子空间).

说明：由于子空间也是线性空间，因此，我们前面介绍的有关基、维数及坐标等概念，在子空间中也是可以应用的.

对于 V 的一个非空子集，如何判断它是不是 V 的一个子空间呢？我们给出判定的一个充分必要条件.

定理 4.4.1 设 V 是数域 P 上的线性空间，W 是 V 的一个非空子集. 则 W 是 V 的一个子空间的充分必要条件是 W 满足下面两个条件：

(1)对于 $\forall \boldsymbol{\alpha}, \boldsymbol{\beta} \in W$，都有 $\boldsymbol{\alpha}+\boldsymbol{\beta} \in W$；

(2)对于 $\forall \boldsymbol{\alpha} \in W$ 及 $k \in P$，都有 $k\boldsymbol{\alpha} \in W$.

证明：若 W 是 V 的一个子空间，则 W 也是数域 P 上的线性空间，当然有(1)与(2)成立. 反过来，如果(1)与(2)成立，也就是说 W 对于 V 中的加法与数乘是封闭的. 由于 W 是 V 的一个非空子集，W 中的向量都在 V 中. 所以对于原有的运算，W 中的向量满足线性空间定义中加法及数乘运算的规则. 设 $\forall \boldsymbol{\alpha} \in W \subset V$，由于 $0=0\boldsymbol{\alpha} \in W$，$-\boldsymbol{\alpha}=(-1)\boldsymbol{\alpha} \in W$，这就是说 W 中有 0 且任一向量都存在负向量. 故 W 也是一个线性空间，因而 W 是 V 的一个子空间. 证毕.

说明：由定理 4.4.1 可以看出，要判断 W 是不是 V 的一个子空间，只需要验证 W 是否非空，对于加法与数乘是否封闭即可.

例 4.4.1 设 $\boldsymbol{\alpha}_1, \boldsymbol{\alpha}_2, \cdots, \boldsymbol{\alpha}_m$ 是数域 $\mathbf{F}$ 上线性空间 V 的一组元素. 令

$$W=\{k_1\boldsymbol{\alpha}_1+k_2\boldsymbol{\alpha}_2+\cdots+k_m\boldsymbol{\alpha}_m \mid k_i \in \mathbf{F}, i=1,2,\cdots,m\}$$

即 W 表示 $\boldsymbol{\alpha}_1, \boldsymbol{\alpha}_2, \cdots, \boldsymbol{\alpha}_m$ 生成的子空间，记为 $W=span(\boldsymbol{\alpha}_1, \boldsymbol{\alpha}_2, \cdots, \boldsymbol{\alpha}_m)$，也记为 $W=L(\boldsymbol{\alpha}_1, \boldsymbol{\alpha}_2, \cdots, \boldsymbol{\alpha}_m)$.

4.5 线性递归关系的应用实例分析

为任意的 n，计算 n 阶行列式(其中 $\boldsymbol{\alpha} \neq \boldsymbol{\beta}$)

$$h_n=\begin{vmatrix} \boldsymbol{\alpha}+\boldsymbol{\beta} & \boldsymbol{\beta} & 0 & \cdots & 0 & 0 \\ \boldsymbol{\alpha} & \boldsymbol{\alpha}+\boldsymbol{\beta} & \boldsymbol{\beta} & \cdots & 0 & 0 \\ 0 & \boldsymbol{\alpha} & \boldsymbol{\alpha}+\boldsymbol{\beta} & \cdots & 0 & 0 \\ \vdots & \vdots & \vdots & & \vdots & \vdots \\ 0 & 0 & 0 & \cdots & \boldsymbol{\alpha}+\boldsymbol{\beta} & \boldsymbol{\beta} \\ 0 & 0 & 0 & \cdots & \boldsymbol{\alpha} & \boldsymbol{\alpha}+\boldsymbol{\beta} \end{vmatrix},$$

由此建立了关系式

$$h_n=(\boldsymbol{\alpha}+\boldsymbol{\beta})h_{n-1}-\boldsymbol{\alpha\beta}h_{n-2},$$

同时容易算出

$$h_1=\boldsymbol{\alpha}+\boldsymbol{\beta},h_2=\boldsymbol{\alpha}^2+\boldsymbol{\alpha\beta}+\boldsymbol{\beta}^2,$$

因此可以算出

$$h_3=(\boldsymbol{\alpha}+\boldsymbol{\beta})h_2-\boldsymbol{\alpha\beta}h_1=\boldsymbol{\alpha}^3+\boldsymbol{\alpha}^2\boldsymbol{\beta}+\boldsymbol{\alpha\beta}^2+\boldsymbol{\beta}^3,$$

$$h_4=(\boldsymbol{\alpha}+\boldsymbol{\beta})h_3-\boldsymbol{\alpha\beta}h_2=\boldsymbol{\alpha}^4+\boldsymbol{\alpha}^3\boldsymbol{\beta}+\boldsymbol{\alpha}^2\boldsymbol{\beta}^2+\boldsymbol{\alpha\beta}^3+\boldsymbol{\beta}^4,$$

…………

问题是能否对于任意的 n 直接计算 h_n，而不必计算它前面的 $h_3,h_4,\cdots$，直到 h_{n-1}. 如果可能，希望得到 h_n 的一个表达式.

定义 4.5.1 设 $x_1,x_2,x_3,\cdots$ 为复数组成的序列，如果已知对每个大于或等于 k 的 n，都有

$$x_n=\boldsymbol{\alpha}_1x_{n-1}+\boldsymbol{\alpha}_2x_{n-2}+\cdots+\boldsymbol{\alpha}_kx_{n-k} \tag{4-5-1}$$

其中，k 是给定的正整数，$\boldsymbol{\alpha}_1,\boldsymbol{\alpha}_2,\cdots,\boldsymbol{\alpha}_k$ 为给定的复数，则称式(4-5-1)为常系数线性递归关系，而序列 $x_0,x_1,x_2,\cdots$ 为线性递归序列.

说递归关系(4-5-1)是线性的，是由于 $x_{n-1},x_{n-2},\cdots x_{n-k}$ 都以一次幂的面貌出现，说递归关系(4-5-1)是常系数的，是因为 $\boldsymbol{\alpha}_1,\boldsymbol{\alpha}_2,\cdots,\boldsymbol{\alpha}_k$ 不随 n 而改变. 对于上面的序列，如果 $x_0,x_1,\cdots x_{k-1}$ 的值已取定，例如，

$$x_0=c_0,x_1=c_1,x_2=c_2,\cdots,x_{k-1}=c_{k-1}, \tag{4-5-2}$$

则后面的 $x_k,x_{k+1},x_{k+2},\cdots$ 的值就依次地被关系式(4-5-1)确定，式(4-5-2)称为序列 $x_0,x_1,x_2,\cdots$ 的初始值.

这里主要讨论线性递归序列的任意项的表达式. 为了简便，把无限序列 $x_0,x_1,x_2,\cdots$ 记做 (x_n).

给定线性递归关系(4-5-1)，便可写出一个多项式

$$f(t)=t^k-a_1t^{k-1}-a_2t^{k-2}-\cdots-a_{k-1}t-a_k,$$

多项式 $f(t)$ 被关系式(4-5-1)唯一确定. 反之，对每个首项系数为 1 的 k 次多项式 $f(t)$，有唯一的形如关系式(4-5-1)的线性递归关系与之对应. 多项

式 $f(t)$ 称为递归关系(4-5-1)的特征多项式.

值得一提的是关于线性递归序列有以下两点注意：

(1)设已给定了线性递归关系(4-5-1)，它的特征多项式为 $f(t)$. 把所有满足关系式(4-5-1)的线性递归序列组成的集合记为 $V(f)$，则 $V(f)$ 可视为复数域上的一个 k 维线性空间；

设 (x_n)，(y_n) 都是 $V(f)$ 中元素，即 (x_n)，(y_n) 都是满足关系式(4-5-1)的线性递归序. 容易验证序列 (x_n+y_n) 也满足关系式(4-5-1)，这里 (x_n+y_n) 是第 n 项取值为 x_n+y_n 的序列. 在 $V(f)$ 中规定 (x_n) 和 (y_n) 的和为 (x_n+y_n)，集合 $V(f)$ 得到了加法运算. 同样，因为在序列 (x_n) 满足关系式(4-5-1)时，(dx_n) 也满足关系式(4-5-1)(d 是任意复数)，$V(f)$ 也得到数乘运算：$d(x_n)=(dx_n)$. 不难证明，这样定义的加法和数乘两种运算满足线性空间定义中的全部条件，所以 $V(f)$ 为线性空间. 进一步，把每个无限序列 (x_n) 映到 $\mathbb{C}^k$ 中向量 $(x_0,x_1,\cdots,x_{k-1})$ 的映射是 $V(f)$ 到 $\mathbb{C}^k$ 的同构映射，所以 $V(f)$ 的维数为 k.

(2)如果 $\boldsymbol{\alpha}$ 是特征多项式(4-5-2)的一个零点，则无限序列 $1,\boldsymbol{\alpha},\boldsymbol{\alpha}^2,\boldsymbol{\alpha}^3,\cdots$ 满足线性递归关系(4-5-1).

在上述两点的基础上，当 $f(t)$ 没有重根时，就可以由递归关系和初始值立即算出序列的任意项. 实际上，此时 $f(t)$ 有 k 个不同的根，例如，$\boldsymbol{\alpha}_1,\boldsymbol{\alpha}_2,\cdots,\boldsymbol{\alpha}_k$，对于每个根 $\boldsymbol{\alpha}_i$，无限序列 $1,\boldsymbol{\alpha}_i,\boldsymbol{\alpha}_i^2,\boldsymbol{\alpha}_i^3,\cdots$ 属于 $V(f)$，把这个序列用符号 $(\boldsymbol{\alpha}_i^n)$ 表示，则 $(\boldsymbol{\alpha}_1^n),(\boldsymbol{\alpha}_2^n),\cdots,(\boldsymbol{\alpha}_k^n)$ 是 $V(f)$ 中 k 个线性无关的向量，因而组成 $V(f)$ 的基. 于是要求的序列 (x_n) 能写成它们的线性组合：

$$(x_n)=d_1(\boldsymbol{\alpha}_1^n)+d_2(\boldsymbol{\alpha}_2^n)+\cdots+d_k(\boldsymbol{\alpha}_k^n),$$

因为已知初始值为这个方程组的系数行列式为

$$x_0=c_0,x_1=c_1,x_2=c_2,\cdots,x_{k-1}=c_{k-1},$$

故，$d_1,d_2,\cdots,d_k$ 满足线性方程组

$$\begin{cases} d_1+d_2+\cdots+d_k=c_0, \\ d_1\boldsymbol{\alpha}_1+d_2\boldsymbol{\alpha}_2+\cdots+d_k\boldsymbol{\alpha}_k=c_1, \\ d_1\boldsymbol{\alpha}_1^2+d_2\boldsymbol{\alpha}_2^2+\cdots+d_k\boldsymbol{\alpha}_k^2=c_2, \\ \cdots\cdots\cdots\cdots \\ d_1\boldsymbol{\alpha}_1^{k-1}+d_2\boldsymbol{\alpha}_2^{k-2}+\cdots+d_k\boldsymbol{\alpha}_k^{k-1}=c_{k-1}, \end{cases}$$

这个方程组的系数行列式为 Vandermonde 行列式. 因为 $\boldsymbol{\alpha}_1,\boldsymbol{\alpha}_2,\cdots,\boldsymbol{\alpha}_k$ 两两不等，该行列式不为 0. 这个方程组有唯一解. 知道了 $d_1,d_2,\cdots,d_k$，这样就有 $x_n=d_1\boldsymbol{\alpha}_1^n+d_2\boldsymbol{\alpha}_2^n+\cdots+d_k\boldsymbol{\alpha}_k^n$.

例 4.5.1 设序列(h_n)满足递归关系

$$h_n=-h_{n-1}+3h_{n-2}+5h_{n-3}+2h_{n-4},$$

其中,初始值

$$h_0=1,h_1=0,h_2=1,h_3=2,$$

求(h_n)的一般项.

解:上述递归关系有特征多项式

$$f(t)=t^5+t^3-3t^2-5t-2,$$

有根-1和2,其中-1为3重根,于是$((-1)^n)$,$(n(-1)^n)$,$(n^2(-1)^n)$,(2^n)都是$V(f)$中序列,它们构成$V(f)$的基.

设

$$(h_n)=d_1((-1)^n)+d_2(n(-1)^n)+d_3(n^2(-1)^n)+d_4(2^n),$$

根据初始值,可列出关于d_1,d_2,d_3,d_4的方程组

$$\begin{cases} d_1+d_4=1, \\ -d_1-d_2-d_2+2d_4=0, \\ d_1+2d_2+4d_2+4d_4=1, \\ -d_1-3d_2-9d_2+8d_4=2, \end{cases}$$

解方程组可得

$$d_1=\frac{7}{9},d_2=-\frac{3}{9},d_3=0,d_4=\frac{2}{9}.$$

序列的一般项为

$$h_n=\frac{7}{9}(-1)^n-\frac{3}{9}n(-1)^n+\frac{2}{9}2^n.$$

例 4.5.2 序列(h_n)由递归关系$h_n=h_{n-1}+h_{n-2}$和初始值$h_0=h_1=1$定义,求(h_n)的一般项h_n.

解:易知,该序列的每一项都是正整数,其前几项为1,1,2,3,5,8,13,21,34,…,将其称为Fibonacci序列.

(h_n)的特征多项式为

$$f(t)=t^2-t-1.$$

$f(t)$的根为

$$\boldsymbol{\alpha}_1=\frac{1+\sqrt{5}}{2},\boldsymbol{\alpha}_2=\frac{1-\sqrt{5}}{2}.$$

设

$$(h_n)=d_1(\boldsymbol{\alpha}_1^n)+d_2(\boldsymbol{\alpha}_2^n),$$

则 d_1,d_2 满足

$$\begin{cases} d_1+d_2=1, \\ d_1\boldsymbol{\alpha}_1+d_2\boldsymbol{\alpha}_2=1, \end{cases}$$

解此方程组可得

$$d_1=\frac{\boldsymbol{\alpha}_2-1}{\boldsymbol{\alpha}_2-\boldsymbol{\alpha}_1}=\frac{1+\sqrt{5}}{2\sqrt{5}},d_2=\frac{1-\boldsymbol{\alpha}_1}{\boldsymbol{\alpha}_2-\boldsymbol{\alpha}_1}=\frac{-1+\sqrt{5}}{2\sqrt{5}},$$

于是

$$h_n=\frac{1+\sqrt{5}}{2\sqrt{5}}\left(\frac{1+\sqrt{5}}{2}\right)^n+\frac{-1+\sqrt{5}}{2\sqrt{5}}\left(\frac{1-\sqrt{5}}{2}\right)^2$$

第5章 线性变换

高等数学里，变换是一个相当重要的概念. 例如，解析几何中的坐标变换、数学分析中的变量替换等. 所谓变换，实际上是一个特殊的映射. 本章以线性变换作为分析探讨的核心，这里说的线性变换是指向量空间到自身的线性映射. 本章首先给出线性变换的定义及其基本运算，然后分析线性变换与矩阵、特征子空间，最后对线性方程组解法的应用案例进行分析.

5.1 线性变换及基本运算

5.1.1 线性变换的定义

设 V 是数域 $\mathbf{F}$ 上的一个向量空间. V 到自身的映射称为 V 的一个变换. 在 V 的各种变换中，有一类变换最为有用，这就是本章讨论的线性变换.

空间中任意两个向量的和的像等于这两个向量在变换下的像的和；一个向量的数量倍的像等于这个向量的像的数量倍. 具有这种性质的变换就是线性变换. 一般地，我们给出

定义 5.1.1 设 σ 是 $\mathbf{F}$ 上向量空间 V 的一个变换. 若对于 V 中任意向量 α，β 及 $\mathbf{F}$ 中任意数 k，都有

$$\sigma(\boldsymbol{\alpha}+\beta)=\sigma(\boldsymbol{\alpha})+\sigma(\boldsymbol{\beta}),$$
$$\sigma(k\boldsymbol{\alpha})=k\sigma(\boldsymbol{\alpha}),$$

则称 σ 是 V 的一个线性变换.

例 5.1.1 在 V_3 中，沿 x 轴，y 轴，z 轴正方向的三个单位向量 ε_1，ε_2，ε_3 是 V_3 的一个基. 对 V_3 的任一向量 $\boldsymbol{\alpha}=a_1\varepsilon_1+a_2\varepsilon_2+a_3\varepsilon_3$，规定 $\sigma(\boldsymbol{\alpha})=a_1\varepsilon_1+a_2\varepsilon_2+0\varepsilon_3$. 那么，容易验证映射 σ 是 V_3 的线性变换，σ 的几何意义是把 V_3 的向量 $\boldsymbol{\alpha}$ 投影到由 ε_1，ε_2 所决定的 oxy 平面上去(图 5.1.1).

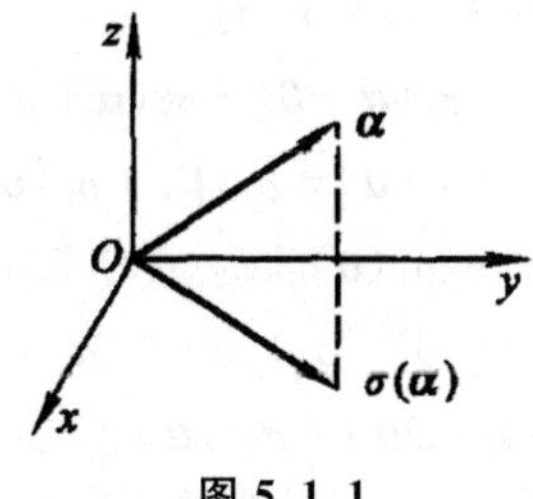

图 5.1.1

例 5.1.2　设 V 是数域 **F** 上的一个向量空间，k 是 **F** 中的一个数，定义 V 的变换 σ 为

$$\sigma:\boldsymbol{\alpha}\mapsto k\boldsymbol{\alpha},(\forall\,\boldsymbol{\alpha}\in V),$$

用定义可以验证，σ 是 V 的一个线性变换，σ 叫做数量变换（或位似）. 当 $k=1$ 时，称 σ 为恒等变换；当 $k=0$ 时，称 σ 为零变换，向量空间 V 的恒等变换、零变换分别记作 ι_V,θ_V. 如果不产生混淆的话，那么二者分别简记作 ι,θ.

例 5.1.3　在 $M_n(F)$ 中，取定一个矩阵 $\boldsymbol{A}$，定义 $M_n(F)$ 的变换 σ 为

$$\sigma(\boldsymbol{X})=\boldsymbol{AX},\ \forall\,\boldsymbol{X}\in M_n(F),$$

易证 σ 是 $M_n(F)$ 的一个线性变换. 若定义 τ 为

$$\tau(\boldsymbol{X})=\boldsymbol{X}+\boldsymbol{A},\ \forall\,\boldsymbol{X}\in M_n(F),$$

则 τ 是 $M_n(F)$ 的线性变换，但是对任意的 $\boldsymbol{X},\boldsymbol{Y}\in M_n(F)$，有

$$\tau(\boldsymbol{X}+\boldsymbol{Y})=(\boldsymbol{X}+\boldsymbol{Y})+\boldsymbol{A},$$

而

$$\tau(\boldsymbol{X})+\tau(\boldsymbol{Y})=(\boldsymbol{X}+\boldsymbol{A})+(\boldsymbol{Y}+\boldsymbol{A})=\boldsymbol{X}+\boldsymbol{Y}+2\boldsymbol{A}.$$

当 $\boldsymbol{A}\neq\boldsymbol{0}$ 时，$\tau(\boldsymbol{X}+\boldsymbol{Y})\neq\tau(\boldsymbol{X})+\tau(\boldsymbol{Y})$，因而 τ 不是线性变换. 当 $\boldsymbol{A}=0$ 时，τ 是线性变换.

例 5.1.4　在向量空间 $C[a,b]$ 中，定义

$$\sigma(f(x))=\int_a^x f(t)\,\mathrm{d}t,\ \forall\,f(x)\in C[a,b],$$

可以验证，σ 是 $C[a,b]$ 的线性变换.

5.1.2　线性变换的运算

5.1.2.1　线性变换的加法

定义 5.1.2　设 σ_1,σ_2 都是定义在数域 **F** 上的 n 维线性空间 V_n 中的线性变换，则 $\sigma_1+\sigma_2$ 定义为

$$(\sigma_1+\sigma_2)(\boldsymbol{\alpha})=\sigma_1(\boldsymbol{\alpha})+\sigma_2(\boldsymbol{\alpha}),\boldsymbol{\alpha}\in V_n,$$

我们称变换 $\sigma_1+\sigma_2$ 为线性变换 σ_1,σ_2 的和.

显然,对于任意的 $\boldsymbol{\alpha},\boldsymbol{\beta}\in V_n,\lambda\in\mathbf{F}$,有

$$
\begin{aligned}
(\sigma_1+\sigma_2)(\boldsymbol{\alpha}+\boldsymbol{\beta})&=\sigma_1(\boldsymbol{\alpha}+\boldsymbol{\beta})+\sigma_2(\boldsymbol{\alpha}+\boldsymbol{\beta})\\
&=\sigma_1(\boldsymbol{\alpha})+\sigma_1(\boldsymbol{\beta})+\sigma_2(\boldsymbol{\alpha})+\sigma_2(\boldsymbol{\beta})\\
&=(\sigma_1(\boldsymbol{\alpha})+\sigma_2(\boldsymbol{\alpha}))+(\sigma_1(\boldsymbol{\beta})+\sigma_2(\boldsymbol{\beta}))\\
&=(\sigma_1+\sigma_2)(\boldsymbol{\alpha})+(\sigma_1+\sigma_2)(\boldsymbol{\beta}),
\end{aligned}
$$

$$
\begin{aligned}
(\sigma_1+\sigma_2)(\lambda\boldsymbol{\alpha})&=\sigma_1(\lambda\boldsymbol{\alpha})+\sigma_2(\lambda\boldsymbol{\alpha})\\
&=\lambda\sigma_1(\boldsymbol{\alpha})+\lambda\sigma_2(\boldsymbol{\alpha})\\
&=\lambda(\sigma_1(\boldsymbol{\alpha})+\sigma_2(\boldsymbol{\alpha}))\\
&=\lambda((\sigma_1+\sigma_2)(\boldsymbol{\alpha})).
\end{aligned}
$$

所以 $\sigma_1+\sigma_2$ 还是定义在数域 $\mathbf{F}$ 上的 n 维线性空间 V_n 中的线性变换.

性质 5.1.1 线性变换的加法满足如下性质:

(1)$(\sigma_1+\sigma_2)+\sigma_3=\sigma_1+(\sigma_2+\sigma_3)$;

(2)$\sigma_1+\sigma_2=\sigma_2+\sigma_1$;

(3)$0+\sigma=\sigma+0=\sigma$.

证明略.

5.1.2.2 线性变换的乘法

定义 5.1.3 设 σ_1,σ_2 都是定义在数域 $\mathbf{F}$ 上的 n 维线性空间 V_n 中的线性变换,则 $\sigma_1\sigma_2$ 定义为

$$(\sigma_1\sigma_2)(\boldsymbol{\alpha})=\sigma_1(\sigma_2(\boldsymbol{\alpha})),\boldsymbol{\alpha}\in V_n,$$

我们称 $\sigma_1\sigma_2$ 为线性变换 σ_1,σ_2 的乘积.

由于,对于任意的 $\boldsymbol{\alpha},\boldsymbol{\beta}\in V_n,\lambda\in\mathbf{F}$,有

$$
\begin{aligned}
(\sigma_1\sigma_2)(\alpha+\beta)&=\sigma_1(\sigma_2(\alpha+\beta))\\
&=\sigma_1(\sigma_2(\alpha)+\sigma_2(\beta))\\
&=\sigma_1(\sigma_2(\alpha))+\sigma_1(\sigma_2(\beta))\\
&=(\sigma_1\sigma_2)(\alpha)+(\sigma_1\sigma_2)(\beta),
\end{aligned}
$$

$$
\begin{aligned}
(\sigma_1\sigma_2)(\lambda\alpha)&=\sigma_1(\sigma_2(\lambda\alpha))\\
&=\sigma_1(\lambda\sigma_2(\alpha))\\
&=\lambda\sigma_1(\sigma_2(\alpha))\\
&=\lambda(\sigma_1\sigma_2)(\alpha).
\end{aligned}
$$

所以 $\sigma_1\sigma_2$ 还是定义在数域 $\mathbf{F}$ 上的 n 维线性空间 V_n 中的线性变换.

性质 5.1.2 若 $\sigma,\sigma_1,\sigma_2,\sigma_3$ 都是定义在数域 $\mathbf{F}$ 上的 n 维线性空间 V_n 中的线性变换,则

(1)$(\sigma_1\sigma_2)\sigma_3=\sigma_1(\sigma_2\sigma_3)$;

(2)$\sigma_1(\sigma_2+\sigma_3)=\sigma_1\sigma_2+\sigma_1\sigma_3$,

$(\sigma_1+\sigma_2)\sigma_3=\sigma_1\sigma_3+\sigma_2\sigma_3$；

(3)对于恒等变换 1_v，有 $1_v\sigma=\sigma 1_v=\sigma$；

(4)对于 $\lambda\in\mathbf{F}$，有 $\lambda(\sigma_1\sigma_2)=(\lambda\sigma_1)\sigma_2=\sigma_1(\lambda\sigma_2)$.

证明略.

5.1.2.3 线性变换的数乘

定义 5.1.4 设 σ 是定义在数域 $\mathbf{F}$ 上的 n 维线性空间 V_n 中的线性变换，$\lambda\in\mathbf{F}$，则 $\lambda\sigma$ 定义为

$$(\lambda\sigma)(\boldsymbol{\alpha})=\lambda\sigma(\boldsymbol{\alpha}),\boldsymbol{\alpha}\in V_n,$$

$\lambda\sigma$ 为数 λ 与线性变换 σ 的数量积. 容易证明，$\lambda\sigma$ 还是定义在数域 $\mathbf{F}$ 上的 n 维线性空间 V_n 中的线性变换.

性质 5.1.3 若 σ,σ_1,σ_2 都是定义在数域 $\mathbf{F}$ 上的 n 维线性空间 V_n 中的线性变换，$\lambda,k,l\in\mathbf{F}$，则

(1)$\lambda(\sigma_1+\sigma_2)=\lambda\sigma_2+\lambda\sigma_1$；

(2)$(k+l)\sigma=k\sigma+l\sigma$；

(3)$(kl)\sigma=k(l\sigma)$；

(4)$1\cdot\sigma=\sigma$.

证明略

定义 5.1.5 记 $(-1)\sigma=-\sigma$，并称 $-\sigma$ 为 σ 的负变换.

显然，$-\sigma+\sigma=0$.

5.1.3 特殊的线性变换——可逆线性变换的分析

下面，我们介绍一种特殊的线性变换—可逆线性变换. 先看一个例子.

例 5.1.5 在 $M_n(R)$ 中取定一个可逆矩阵 A，定义 $M_n(R)$ 的线性变换 σ,τ 为

$$\sigma:\boldsymbol{X}\to\boldsymbol{AX},\ \forall\boldsymbol{X}\in M_n(R),$$

$$\tau:\boldsymbol{X}\to\boldsymbol{A}^{-1}\boldsymbol{X},\ \forall\boldsymbol{X}\in M_n(R),$$

于是

$$(\sigma\tau)(\boldsymbol{X})=\sigma(\tau(\boldsymbol{X}))=\sigma(\boldsymbol{A}^{-1}\boldsymbol{X})=\boldsymbol{A}(\boldsymbol{A}^{-1}\boldsymbol{X})=\boldsymbol{X},$$

$$(\tau\sigma)(\boldsymbol{X})=\tau(\sigma(\boldsymbol{X}))=\tau(\boldsymbol{AX})=\boldsymbol{A}^{-1}(\boldsymbol{AX})=\boldsymbol{X},$$

即

$$(\sigma\tau)(\boldsymbol{X})=(\tau\sigma)(\boldsymbol{X})=\iota(\boldsymbol{X}),$$

即 $\sigma\tau=\tau\sigma=\iota$.

我们把具有上面性质的线性变换 σ 称为可逆线性变换. 一般地，我们

给出

定义 5.1.6 设 $\sigma \in L(V)$，若存在 V 的变换 τ，使得

$$\sigma\tau=\tau\sigma=\iota,$$

则称线性变换 σ 是可逆的，τ 称为 σ 的逆变换.

由定义知，例 5.1.5 中的 τ 就是 σ 的逆变换.

显然可逆线性变换的逆变换是唯一的，因为若 τ_1,τ_2 都是 σ 的逆变换时，$\tau_1=\tau_1\iota=\tau_1(\sigma\tau_2)=(\tau_1\sigma)\tau_2=\iota\tau_2=\tau_2$，$\sigma$ 的逆变换记作 σ^{-1}.

设 σ 是可逆线性变换，则有 $\sigma\sigma^{-1}=\sigma^{-1}\sigma=\iota$. 因此，对任意 $\alpha,\beta\in V$，$k\in \mathbf{F}$，有

$$\begin{aligned}\sigma(\sigma^{-1}(\boldsymbol{\alpha}+\boldsymbol{\beta}))&=\sigma\sigma^{-1}(\boldsymbol{\alpha}+\boldsymbol{\beta})=\iota(\boldsymbol{\alpha}+\boldsymbol{\beta})=\iota(\boldsymbol{\alpha})+\iota(\boldsymbol{\beta})\\&=\sigma\sigma^{-1}(\boldsymbol{\alpha})+\sigma\sigma^{-1}(\boldsymbol{\beta})\\&=\sigma(\sigma^{-1}(\boldsymbol{\alpha})+\sigma^{-1}(\boldsymbol{\beta})),\end{aligned}$$

$$\begin{aligned}\sigma(\sigma^{-1}(k\boldsymbol{\alpha}))&=\sigma\sigma^{-1}(k\boldsymbol{\alpha})=\iota(k\boldsymbol{\alpha})=k\iota(\boldsymbol{\alpha})\\&=k\sigma\sigma^{-1}(\boldsymbol{\alpha})\\&=\sigma(k\sigma^{-1}(\boldsymbol{\alpha})).\end{aligned}$$

求上两式左、右两端在 σ^{-1} 之下的像，得

$$\sigma^{-1}(\boldsymbol{\alpha}+\boldsymbol{\beta})=\sigma^{-1}(\boldsymbol{\alpha})+\sigma^{-1}(\boldsymbol{\beta})$$

$$\sigma^{-1}(k\boldsymbol{\alpha})=k\sigma^{-1}(\boldsymbol{\alpha}).$$

因此 σ 的逆变换 σ^{-1} 也是线性变换.

定理 5.1.1 设 $\sigma\in L(V)$，$\{\boldsymbol{\alpha}_1,\boldsymbol{\alpha}_2,\cdots,\boldsymbol{\alpha}_n\}$ 是 V 的一个基，则 σ 可逆的充要条件是 $\sigma(\boldsymbol{\alpha}_1),\sigma(\boldsymbol{\alpha}_2),\cdots,\sigma(\boldsymbol{\alpha}_n)$ 线性无关.

证明：必要性：设 $k_1\sigma(\boldsymbol{\alpha}_1)+k_2\sigma(\boldsymbol{\alpha}_2)+\cdots+k_n\sigma(\boldsymbol{\alpha}_n)=0$，其中 $k_1,k_2,\cdots,k_n\in\mathbf{F}$.

因为 σ 可逆，上式两边用 σ^{-1} 作用：

$$\sigma^{-1}(k_1\sigma(\boldsymbol{\alpha}_1)+k_2\sigma(\boldsymbol{\alpha}_2)+\cdots+k_n\sigma(\boldsymbol{\alpha}_n))=\sigma^{-1}(0),$$

即

$$k_1(\sigma^{-1}\sigma)(\boldsymbol{\alpha}_1)+k_2(\sigma^{-1}\sigma)(\boldsymbol{\alpha}_2)+\cdots+k_n(\sigma^{-1}\sigma)(\boldsymbol{\alpha}_n)=\sigma^{-1}(0),$$

亦即

$$k_1\boldsymbol{\alpha}_1+k_2\boldsymbol{\alpha}_2+\cdots+k_n\boldsymbol{\alpha}_n=0.$$

因 $\{\boldsymbol{\alpha}_1,\boldsymbol{\alpha}_2,\cdots,\boldsymbol{\alpha}_n\}$ 是 V 的一个基，所以 $k_1=k_2=\cdots=k_n=0$. 因此 $\sigma(\boldsymbol{\alpha}_1)$，$\sigma(\boldsymbol{\alpha}_2),\cdots,\sigma(\boldsymbol{\alpha}_n)$ 线性无关.

充分性：设 $\sigma(\boldsymbol{\alpha}_1),\sigma(\boldsymbol{\alpha}_2),\cdots,\sigma(\boldsymbol{\alpha}_n)$ 线性无关，那么 $\{\sigma(\boldsymbol{\alpha}_1),\sigma(\boldsymbol{\alpha}_2),\cdots,\sigma(\boldsymbol{\alpha}_n)\}$ 是 V 的一个基. 存在 V 的一个线性变换 τ，使得

$$\tau(\sigma(\boldsymbol{\alpha}_i))=\boldsymbol{\alpha}_i,i=1,2,\cdots,n,$$

于是，有

$$\tau\sigma(\boldsymbol{\alpha}_i)=\iota(\boldsymbol{\alpha}_i), i=1,2,\cdots,n,$$

得

$$\tau\sigma=\iota.$$

另外,有

$$\sigma(\tau\sigma)(\boldsymbol{\alpha}_i)=\sigma(\boldsymbol{\alpha}_i), i=1,2,\cdots,n,$$

即

$$(\sigma\tau)(\sigma(\boldsymbol{\alpha}_i))=\sigma(\boldsymbol{\alpha}_i)=\iota(\sigma(\boldsymbol{\alpha}_i)), i=1,2,\cdots,n,$$

得

$$\sigma\tau=\iota.$$

由定义,σ 可逆.

例 5.1.6 定义 F^3 的变换 σ 为

$$\sigma(\boldsymbol{\alpha})=(x_1+x_2+x_3, x_2+x_3, x_3), \forall \alpha=(x_1,x_2,x_3)\in F^3.$$

证明,σ 是可逆的线性变换.

任取 F^3 的向量 $\boldsymbol{\beta}_1=(a_1,a_2,a_3)$,$\boldsymbol{\beta}_2=(b_1,b_2,b_3)$,有

$$\begin{aligned}\sigma(\boldsymbol{\beta}_1+\boldsymbol{\beta}_2)&=\sigma(a_1+b_1,a_2+b_2,a_3+b_3)\\&=(a_1+b_1+a_2+b_2+a_3+b_3,a_2+b_2+a_3+b_3,a_3+b_3)\\&=((a_1+a_2+a_3)+(b_1+b_2+b_3),(a_2+a_3)+(b_2+b_3),(a_3+b_3))\\&=(a_1+a_2+a_3,a_2+a_3,a_3)+(b_1+b_2+b_3,b_2+b_3,b_3)\\&=\sigma(\boldsymbol{\beta}_1)+\sigma(\boldsymbol{\beta}_2).\end{aligned}$$

对任意的数 $k\in F$,$\boldsymbol{\beta}_1=(a_1,a_2,a_3)\in F^3$,有

$$\begin{aligned}\sigma(k\boldsymbol{\beta}_1)&=\sigma(ka_1,ka_2,ka_3)\\&=(ka_1+ka_2+ka_3,ka_2+ka_3,ka_3)\\&=k(a_1+a_2+a_3,a_2+a_3,a_3)\\&=k\sigma(\boldsymbol{\beta}_1).\end{aligned}$$

所以 σ 是一个线性变换.

再证 σ 是可逆的.取 F^3 的基

$$\boldsymbol{\varepsilon}_1=(1,0,0), \boldsymbol{\varepsilon}_2=(0,1,0), \boldsymbol{\varepsilon}_3=(0,0,1),$$

则

$$\sigma(\boldsymbol{\varepsilon}_1)=(1,0,0), \sigma(\boldsymbol{\varepsilon}_2)=(0,1,0), \sigma(\boldsymbol{\varepsilon}_3)=(0,0,1)$$

因为 $\sigma(\boldsymbol{\varepsilon}_1)$,$\sigma(\boldsymbol{\varepsilon}_2)$,$\sigma(\boldsymbol{\varepsilon}_3)$线性无关,所以由定理 5.1.1 知,$\sigma$ 是一个可逆线性变换.

接下来,再介绍一下线性变换的多项式的运算.设 σ 是 **F** 上向量空间 V 的一个线性变换,$f(x)$是一个数域 **F** 上的多项式

$$f(x)=a_nx^n+a_{n-1}x^{n-1}+\cdots+a_1x+a_0.$$

规定

$$f(\sigma)=a_n\sigma^n+a_{n-1}\sigma^{n-1}+\cdots+a_1\sigma+a_0.$$

则 $f(\sigma)$ 也是 V 的一个线性变换，叫做线性变换 σ 的一个多项式.

可以证明，若 $f(x)$，$g(x)$ 是数域 F 上的两个多项式，设

$$h(x)=f(x)+g(x),p(x)=f(x)g(x),$$

则

$$h(\sigma)=f(\sigma)+g(\sigma),p(\sigma)=f(\sigma)g(\sigma).$$

5.2 线性变换与矩阵

相对于矩阵而言，线性变换较为抽象. 在高等代数的具体研究中，最常见的方法是用具体的对象去研究抽象. 这里根据这一思路，讨论用矩阵来描述线性变换的问题.

设 V 是数域 $\mathbf{F}$ 上的一个 n 维线性空间，σ 是 V 的一个线性变换，取定 V 的一个基：

$$\{\boldsymbol{\alpha}_1,\boldsymbol{\alpha}_2,\cdots,\boldsymbol{\alpha}_n\}.$$

V 中的任一向量 $\boldsymbol{\xi}=x_1\boldsymbol{\alpha}_1+x_2\boldsymbol{\alpha}_2+\cdots+x_n\boldsymbol{\alpha}_n$，于是

$$\sigma(\xi)=x_1\sigma(\boldsymbol{\alpha}_1)+x_2\sigma(\boldsymbol{\alpha}_2)+\cdots+x_n\sigma(\boldsymbol{\alpha}_n).$$

这说明，只要知道基向量的像 $\sigma(\boldsymbol{\alpha}_1)$，$\sigma(\boldsymbol{\alpha}_2)$，$\cdots$，$\sigma(\boldsymbol{\alpha}_n)$，任一向量 $\boldsymbol{\xi}$ 在 σ 下的像 $\sigma(\boldsymbol{\xi})$ 就可确定. 一个线性变换决定于它对一个基的作用.

定理 5.2.1 设 V 是数域 $\mathbf{F}$ 上的一个 n 维线性空间，$\{\boldsymbol{\alpha}_1,\boldsymbol{\alpha}_2,\cdots,\boldsymbol{\alpha}_n\}$ 是 V 的一个基，则有

(1)V 的任一线性变换 σ，由它在基 $\{\boldsymbol{\alpha}_1,\boldsymbol{\alpha}_2,\cdots,\boldsymbol{\alpha}_n\}$ 上的作用唯一确定，即如果 $\sigma(\boldsymbol{\alpha}_i)=\tau(\boldsymbol{\alpha}_i)$，$(\tau\in L(V),i=1,2,\cdots,n)$，则 $\sigma=\tau$；

(2)任给 $\boldsymbol{\beta}_1,\boldsymbol{\beta}_2,\cdots,\boldsymbol{\beta}_n\in V$，必存在 V 的唯一线性变换 σ，使 $\sigma(\boldsymbol{\alpha}_i)=\boldsymbol{\beta}_i$，$(i=1,2,\cdots,n)$.

证明：只需证(2)设 $\boldsymbol{\xi}=x_1\boldsymbol{\alpha}_1+x_2\boldsymbol{\alpha}_2+\cdots+x_n\boldsymbol{\alpha}_n$ 是 V 的任意向量，规定 V 的一个变换 σ；$\sigma(\boldsymbol{\xi})=x_1\boldsymbol{\beta}_1+x_2\boldsymbol{\beta}_2+\cdots+x_n\boldsymbol{\beta}_n$. 这时有 $\sigma(\boldsymbol{\alpha}_i)=\boldsymbol{\beta}_i$，$i=1,2,\cdots,n$.

以下我们证明 σ 是 V 的线性变换

设
$$\boldsymbol{\eta}=y_1\boldsymbol{\alpha}_1+y_2\boldsymbol{\alpha}_2+\cdots+y_n\boldsymbol{\alpha}_n\in V,$$

则

$$\boldsymbol{\xi}+\boldsymbol{\eta}=(x_1+y_1)\boldsymbol{\alpha}_1+(x_2+y_2)\boldsymbol{\alpha}_2+\cdots+(x_n+y_n)\boldsymbol{\alpha}_n.$$

于是

$$\begin{aligned}\sigma(\boldsymbol{\xi}+\boldsymbol{\eta})&=(x_1+y_1)\boldsymbol{\beta}_1+(x_2+y_2)\boldsymbol{\beta}_2+\cdots+(x_n+y_n)\boldsymbol{\beta}_n\\&=(x_1\boldsymbol{\beta}_1+x_2\boldsymbol{\beta}_2+\cdots+x_n\boldsymbol{\beta}_n)+(y_1\boldsymbol{\beta}_1+y_2\boldsymbol{\beta}_2+\cdots+y_n\boldsymbol{\beta}_n)\end{aligned}$$

$$=\sigma(\boldsymbol{\xi})+\sigma(\boldsymbol{\eta}),$$

$$\sigma(k\boldsymbol{\xi})=kx_1\boldsymbol{\beta}_1+kx_2\boldsymbol{\beta}_2+\cdots+kx_n\boldsymbol{\beta}_n=k\sigma(\boldsymbol{\xi}).$$

所以，σ 是 V 的满足定理所要求的条件的线性变换.

如果 $\tau\in L(V)$，且 $\tau(\boldsymbol{\alpha}_i)=\boldsymbol{\beta}_i,i=1,2,\cdots,n$，

$$\xi=x_1\boldsymbol{\alpha}_1+x_2\boldsymbol{\alpha}_2+\cdots+x_n\boldsymbol{\alpha}_n\in V.$$

则

$$\begin{aligned}\tau(\boldsymbol{\xi})&=x_1\tau(\boldsymbol{\alpha}_1)+x_2\tau(\boldsymbol{\alpha}_2)+\cdots+x_n\tau(\boldsymbol{\alpha}_n)\\&=x_1\boldsymbol{\beta}_1+x_2\boldsymbol{\beta}_2+\cdots+x_n\boldsymbol{\beta}_n\\&=\sigma(\xi).\end{aligned}$$

所以，$\sigma=\tau$.

以上述讨论为前提，就可以建立起线性变换与矩阵的联系.

定义 5.2.1　设 $\{\boldsymbol{\alpha}_1,\boldsymbol{\alpha}_2,\cdots,\boldsymbol{\alpha}_n\}$ 是数域 $\mathbf{F}$ 上的 n 维线性空间 V 的一个基，$\sigma\in L(V)$，基向量的像可由基线性表示：

$$\begin{cases}\sigma(\boldsymbol{\alpha}_1)=a_{11}\boldsymbol{\alpha}_1+a_{21}\boldsymbol{\alpha}_2+\cdots+a_{n1}\boldsymbol{\alpha}_n,\\\sigma(\boldsymbol{\alpha}_2)=a_{12}\boldsymbol{\alpha}_1+a_{22}\boldsymbol{\alpha}_2+\cdots+a_{n2}\boldsymbol{\alpha}_n,\\\cdots\cdots\\\sigma(\boldsymbol{\alpha}_n)=a_{1n}\boldsymbol{\alpha}_1+a_{2n}\boldsymbol{\alpha}_2+\cdots+a_{nn}\boldsymbol{\alpha}_n,\end{cases}\tag{5-2-1}$$

我们把式(5-2-1)写成矩阵等式的形式

$$(\sigma(\boldsymbol{\alpha}_1),\sigma(\boldsymbol{\alpha}_2),\cdots,\sigma(\boldsymbol{\alpha}_n))=(\boldsymbol{\alpha}_1,\boldsymbol{\alpha}_2,\cdots,\boldsymbol{\alpha}_n)\boldsymbol{A},$$

其中

$$\boldsymbol{A}=\begin{bmatrix}a_{11}&a_{12}&\cdots&a_{1n}\\a_{21}&a_{22}&\cdots&a_{2n}\\\vdots&\vdots&&\vdots\\a_{n1}&a_{n2}&\cdots&a_{nn}\end{bmatrix}.$$

矩阵 $\boldsymbol{A}$ 称为线性变换 σ 在基 $\{\boldsymbol{\alpha}_1,\boldsymbol{\alpha}_2,\cdots,\boldsymbol{\alpha}_n\}$ 下的矩阵.

例 5.2.1　求 $M_2[F]$ 的线性变换 $\sigma:\sigma(\boldsymbol{X})=\begin{bmatrix}a&b\\c&d\end{bmatrix}\boldsymbol{X}$ 在基 $\{E_{11},E_{12},E_{21},E_{22}\}$ 下的矩阵.

解：因为

$$\begin{aligned}\sigma(E_{11})&=aE_{11}+0E_{12}+cE_{21}+0E_{22},\\\sigma(E_{12})&=0E_{11}+aE_{12}+0E_{21}+cE_{22},\\\sigma(E_{21})&=bE_{11}+0E_{12}+dE_{21}+0E_{22},\\\sigma(E_{22})&=0E_{11}+bE_{12}+0E_{21}+dE_{22},\end{aligned}$$

所以，σ 在基 $\{E_{11},E_{12},E_{21},E_{22}\}$ 下的矩阵是

$$A=\begin{bmatrix}a&0&b&0\\0&a&0&b\\c&0&d&0\\0&c&0&d\end{bmatrix}.$$

例 5.2.2 求 $F_3[x]$的线性变换 $\sigma:\sigma(f(x))=2f(x)-f'(x)$在基$\{1,x,x^2,x^3\}$下的矩阵.

解:因为

$$\sigma(1)=2=2\cdot 1+0x+0x^2+0x^3,$$
$$\sigma(x)=2x-1=-1\cdot 1+2x+0x^2+0x^3,$$
$$\sigma(x^2)=2x^2-2x=0\cdot 1-2x+2x^2+0x^3,$$
$$\sigma(x^3)=2x^3-3x^2=0\cdot 1+0x-3x^2+2x^3,$$

所以 σ 在基$\{\boldsymbol{\alpha}_1,\boldsymbol{\alpha}_2,\cdots,\boldsymbol{\alpha}_n\}$下的矩阵是

$$A=\begin{bmatrix}2&-1&0&0\\0&2&-2&0\\0&0&2&-3\\0&0&0&2\end{bmatrix}.$$

采用矩阵形式的写法为

$$(\sigma(1),\sigma(x),\sigma(x^2),\sigma(x^3))=(1,x,x^2,x^3)A$$

例 5.2.3 设 σ 是 F^3 的一个线性变换,$\varepsilon_1=(1,0,0)$,$\varepsilon_2=(0,1,0)$,$\varepsilon_3=(0,0,1)$,$\sigma(\varepsilon_1)=(2,-1,3)$,$\sigma(\varepsilon_2)=(-1,0,4)$,$\sigma(\varepsilon_3)=(0,-5,5)$.求 σ 在标准基$\{\varepsilon_1,\varepsilon_2,\varepsilon_3\}$下的矩阵.

解:由于

$$\sigma(\varepsilon_1)=2\varepsilon_1-\varepsilon_2+3\varepsilon_3,$$
$$\sigma(\varepsilon_2)=-\varepsilon_1+0\varepsilon_2+4\varepsilon_3,$$
$$\sigma(\varepsilon_3)=0\varepsilon_1-5\varepsilon_2+5\varepsilon_3,$$

有

$$(\sigma(\varepsilon_1),\sigma(\varepsilon_2),\sigma(\varepsilon_3))=(\varepsilon_1,\varepsilon_2,\varepsilon_3)\begin{bmatrix}2&-1&0\\-1&0&-5\\3&4&5\end{bmatrix}.$$

即 σ 在基$\{\boldsymbol{\varepsilon}_1,\boldsymbol{\varepsilon}_2,\boldsymbol{\varepsilon}_3\}$下的矩阵是

$$A=\begin{bmatrix}2&-1&0\\-1&0&-5\\3&4&5\end{bmatrix}.$$

一般地,F^n 的一个线性变换 σ 在标准基$\{\varepsilon_1,\varepsilon_2,\varepsilon_3\}$下的矩阵 **A** 就是把 $\sigma(\varepsilon_i)$的分量作为列排成的 n 阶方阵.

定理 5.2.2 $L(V)$到$M_n[F]$的上述映射Φ具有以下性质：

(1)对任意的$\sigma,\tau\in L(V)$,有$\Phi(\sigma+\tau)=\Phi(\sigma)+\Phi(\tau)$；

(2)对任意的$\sigma\in L(V),k\in F$,有$\Phi(k\sigma)=k\Phi(\sigma)$；

(3)对任意的$\sigma,\tau\in L(V)$,有$\Phi(\sigma\tau)=\Phi(\sigma)\Phi(\tau)$；

(4)若$\sigma\in L(V)$,σ可逆,则$\Phi(\sigma)=\boldsymbol{A}$是可逆矩阵,且$\Phi(\sigma^{-1})=\boldsymbol{A}^{-1}$. 反之,若$\boldsymbol{A}$可逆,则$\sigma$也可逆.

证明:令$\Phi(\sigma)=\boldsymbol{A}=(a_{ij})_{nn}$,$\Phi(\tau)=\boldsymbol{B}=(b_{ij})_{nn}$,即

$$(\sigma(\boldsymbol{\alpha}_1),\sigma(\boldsymbol{\alpha}_2),\cdots,\sigma(\boldsymbol{\alpha}_n))=(\boldsymbol{\alpha}_1,\boldsymbol{\alpha}_2,\cdots,\boldsymbol{\alpha}_n)\boldsymbol{A},$$
$$(\tau(\boldsymbol{\alpha}_1),\tau(\boldsymbol{\alpha}_2),\cdots,\tau(\boldsymbol{\alpha}_n))=(\boldsymbol{\alpha}_1,\boldsymbol{\alpha}_2,\cdots,\boldsymbol{\alpha}_n)\boldsymbol{B}.$$

(1)$(\sigma+\tau)(\boldsymbol{\alpha}_i)=\sigma(\boldsymbol{\alpha}_i)+\tau(\boldsymbol{\alpha}_i)$

$$=(a_{1i}+b_{1i})\boldsymbol{\alpha}_1+(a_{2i}+b_{2i})\boldsymbol{\alpha}_2+\cdots+(a_{ni}+b_{ni})\boldsymbol{\alpha}_n,$$
$$i=1,2,\cdots,n,$$

由此可得

$$((\sigma+\tau)(\alpha_1),(\sigma+\tau)(\alpha_2),\cdots,(\sigma+\tau)(\alpha_n))$$
$$=(\boldsymbol{\alpha}_1,\boldsymbol{\alpha}_2,\cdots,\boldsymbol{\alpha}_n)(\boldsymbol{A}+\boldsymbol{B}).$$

即

$$\Phi(\sigma+\tau)=\boldsymbol{A}+\boldsymbol{B}=\Phi(\sigma)+\Phi(\tau).$$

(2)$(k\sigma)(\boldsymbol{\alpha}_i)=k\sigma(\boldsymbol{\alpha}_i)=ka_{1i}\boldsymbol{\alpha}_1+ka_{2i}\boldsymbol{\alpha}_2+\cdots+ka_{ni}\boldsymbol{\alpha}_n,i=1,2,\cdots,n,$
由此可得

$$((k\sigma)(\boldsymbol{\alpha}_1),(k\sigma)(\boldsymbol{\alpha}_2),\cdots,(k\sigma)(\boldsymbol{\alpha}_n))=(\boldsymbol{\alpha}_1,\boldsymbol{\alpha}_2,\cdots,\boldsymbol{\alpha}_n)(k\boldsymbol{A}),$$

即

$$\Phi(k\sigma)=k\boldsymbol{A}=k\Phi(\sigma).$$

(3) $(\sigma\tau)(\boldsymbol{\alpha}_j)=\sigma(\tau(\boldsymbol{\alpha}_j))=\sigma(\sum_{i=1}^{n}b_{ij}\alpha_i)=\sum_{i=1}^{n}b_{ij}\sigma(\alpha_i),j=1,2,\cdots,n,$
由此可得

$$(\sigma\tau(\boldsymbol{\alpha}_1),\sigma\tau(\boldsymbol{\alpha}_2),\cdots,\sigma\tau(\boldsymbol{\alpha}_n))=(\sigma(\boldsymbol{\alpha}_1),\sigma(\boldsymbol{\alpha}_2),\cdots,\sigma(\boldsymbol{\alpha}_n)),$$
$$B=(\boldsymbol{\alpha}_1,\boldsymbol{\alpha}_2,\cdots,\boldsymbol{\alpha}_n(\boldsymbol{AB}),$$

即

$$\Phi(\sigma\tau)=\boldsymbol{AB}=\Phi(\sigma)\Phi(\tau).$$

(4)σ可逆时,$\sigma^{-1}\in L(V),\sigma\sigma^{-1}=\iota$,

$$\Phi(\sigma\sigma^{-1})=\Phi(\sigma)\Phi(\sigma^{-1})=\boldsymbol{A}\Phi(\sigma^{-1})=\Phi(\iota)=\boldsymbol{I}_n.$$

所以,$\boldsymbol{A}$可逆,且$\boldsymbol{A}^{-1}=\Phi(\sigma^{-1})$.

若$\boldsymbol{A}$可逆,有$\boldsymbol{A}\boldsymbol{A}^{-1}=\boldsymbol{I}_n$. 设$\Phi(\tau)=\boldsymbol{A}^{-1}$,

$$\Phi(\iota)=\boldsymbol{I}_n=\boldsymbol{A}\boldsymbol{A}^{-1}=\Phi(\sigma)\Phi(\tau)=\Phi(\sigma\tau)=\boldsymbol{A}^{-1}\boldsymbol{A}=\Phi(\tau)\Phi(\sigma)=\Phi(\tau\sigma),$$

于是有$\iota=\sigma\tau=\tau\sigma$,即$\sigma$可逆.

定理 5.2.2 说明,双射 Φ 除了是 F 上的两个线性空间 $L(V)$ 和 $M_n[F]$ 之间的一个同构映射外,还保持乘法运算和可逆性. 这样,我们在 $L(V)$ 和 $M_n[F]$ 之间建立了十分密切的联系.

利用线性变换的矩阵可以直接计算向量的像.

定理 5.2.3 设 V 是数域 $\mathbf{F}$ 上的一个 n 维线性空间,$\sigma\in L(V)$,σ 在基 $\{\boldsymbol{\alpha}_1,\boldsymbol{\alpha}_2,\cdots,\boldsymbol{\alpha}_n\}$ 下的矩阵是 $\boldsymbol{A}$,如果 V 中的向量 ξ 在这个基下的坐标是 $(x_1,x_2,\cdots,x_n)$,而 $\sigma(\xi)$ 在该基下的坐标是 $(y_1,y_2,\cdots,y_n)$,那么

$$\begin{bmatrix}y_1\\y_2\\\vdots\\y_n\end{bmatrix}=\boldsymbol{A}\begin{bmatrix}x_1\\x_2\\\vdots\\x_n\end{bmatrix}.$$

证明:由假设

$$(\sigma(\boldsymbol{\alpha}_1),\sigma(\boldsymbol{\alpha}_2),\cdots,\sigma(\boldsymbol{\alpha}_n))=(\boldsymbol{\alpha}_1,\boldsymbol{\alpha}_2,\cdots,\boldsymbol{\alpha}_n)\boldsymbol{A},$$

$$\xi=x_1\boldsymbol{\alpha}_1+x_2\boldsymbol{\alpha}_2+\cdots+x_n\boldsymbol{\alpha}_n=(\boldsymbol{\alpha}_1,\boldsymbol{\alpha}_2,\cdots,\boldsymbol{\alpha}_n)\begin{bmatrix}x_1\\x_2\\\vdots\\x_n\end{bmatrix}.$$

σ 是 V 的线性变换,所以

$$\begin{aligned}\sigma(\xi)&=x_1\sigma(\boldsymbol{\alpha}_1)+x_2\sigma(\boldsymbol{\alpha}_2)+\cdots+x_n\sigma(\boldsymbol{\alpha}_n)\\&=(\sigma(\boldsymbol{\alpha}_1),\sigma(\boldsymbol{\alpha}_2),\cdots,\sigma(\boldsymbol{\alpha}_n))\begin{bmatrix}x_1\\x_2\\\vdots\\x_n\end{bmatrix}=(\boldsymbol{\alpha}_1,\boldsymbol{\alpha}_2,\cdots,\boldsymbol{\alpha}_n)\boldsymbol{A}\begin{bmatrix}x_1\\x_2\\\vdots\\x_n\end{bmatrix}.\end{aligned}\tag{5-2-2}$$

另一方面,由假设知

$$\sigma(\xi)=(\boldsymbol{\alpha}_1,\boldsymbol{\alpha}_2,\cdots,\boldsymbol{\alpha}_n)\begin{bmatrix}y_1\\y_2\\\vdots\\y_n\end{bmatrix}.\tag{5-2-3}$$

比较式(5-2-2)与(5-2-3),有 $\begin{bmatrix}y_1\\y_2\\\vdots\\y_n\end{bmatrix}=\boldsymbol{A}\begin{bmatrix}x_1\\x_2\\\vdots\\x_n\end{bmatrix}$.

线性变换的矩阵显然依赖于基的选择. 同一线性变换在不同基下的矩阵一般是不同的. 为了用较简单的矩阵来研究线性变换,我们先看线性变

换在不同基下的矩阵之间的关系.

定理 5.2.4 线性空间 V 的线性变换 σ 在 V 的两个基

$$\{\boldsymbol{\alpha}_1,\boldsymbol{\alpha}_2,\cdots,\boldsymbol{\alpha}_n\}, \tag{5-2-4}$$

$$\{\boldsymbol{\beta}_1,\boldsymbol{\beta}_2,\cdots,\boldsymbol{\beta}_n\} \tag{5-2-5}$$

下的矩阵分别是 $\boldsymbol{A}$ 和 $\boldsymbol{B}$，从(5-2-4)到(5-2-5)的过渡矩阵是 $\boldsymbol{T}$，那么 $\boldsymbol{B}=\boldsymbol{T}^{-1}\boldsymbol{A}\boldsymbol{T}$.

证明：因为 $(\sigma(\boldsymbol{\alpha}_1),\sigma(\boldsymbol{\alpha}_2),\cdots,\sigma(\boldsymbol{\alpha}_n))=(\boldsymbol{\alpha}_1,\boldsymbol{\alpha}_2,\cdots,\boldsymbol{\alpha}_n)\boldsymbol{A}$,

$$(\sigma(\boldsymbol{\beta}_1),\sigma(\boldsymbol{\beta}_2),\cdots,\sigma(\boldsymbol{\beta}_n))=(\boldsymbol{\beta}_1,\boldsymbol{\beta}_2,\cdots,\boldsymbol{\beta}_n)\boldsymbol{B},$$

$$(\boldsymbol{\beta}_1,\boldsymbol{\beta}_2,\cdots,\boldsymbol{\beta}_n)=(\boldsymbol{\alpha}_1,\boldsymbol{\alpha}_2,\cdots,\boldsymbol{\alpha}_n)\boldsymbol{T},$$

所以

$$\begin{aligned}(\boldsymbol{\beta}_1,\boldsymbol{\beta}_2,\cdots,\boldsymbol{\beta}_n)\boldsymbol{B}&=(\sigma(\boldsymbol{\beta}_1),\sigma(\boldsymbol{\beta}_2),\cdots,\sigma(\boldsymbol{\beta}_n))\\&=(\sigma(\boldsymbol{\alpha}_1),\sigma(\boldsymbol{\alpha}_2),\cdots,\sigma(\boldsymbol{\alpha}_n))\boldsymbol{T}\\&=(\boldsymbol{\alpha}_1,\boldsymbol{\alpha}_2,\cdots,\boldsymbol{\alpha}_n)\boldsymbol{A}\boldsymbol{T}.\\&=(\boldsymbol{\beta}_1,\boldsymbol{\beta}_2,\cdots,\boldsymbol{\beta}_n)T^{-1}\boldsymbol{A}\boldsymbol{T}.\end{aligned}$$

故

$$\boldsymbol{B}=T^{-1}\boldsymbol{A}\boldsymbol{T}.$$

定义 5.2.2 设 $\boldsymbol{A}$ 和 $\boldsymbol{B}$ 是数域 $\mathbf{F}$ 上的两个 n 阶方阵. 如果存在 $\mathbf{F}$ 上的一个 n 阶可逆矩阵 $\boldsymbol{T}$，使 $\boldsymbol{B}=T^{-1}\boldsymbol{A}\boldsymbol{T}$，则称 $\boldsymbol{B}$ 与 $\boldsymbol{A}$ 相似或 $\boldsymbol{A}$ 相似于 $\boldsymbol{B}$，记为 $\boldsymbol{A}\sim\boldsymbol{B}$.

定理 5.2.5 设 $\boldsymbol{A},\boldsymbol{B}\in M_n(F)$，$\boldsymbol{A}\sim\boldsymbol{B}$ 的充分必要条件是：它们是某个 $\sigma\in L(V)$ 在两个基下的矩阵.

证明：充分性已由定理 5.2.5 证明.

由定理 5.2.1 知，存在 F 上的 n 维线性空间 V 的一个线性变换 σ，使它在 V 的基 $\{\boldsymbol{\alpha}_1,\boldsymbol{\alpha}_2,\cdots,\boldsymbol{\alpha}_n\}$ 下的矩阵为 $\boldsymbol{A}$，因为 $\boldsymbol{A}\sim\boldsymbol{B}$，存在可逆矩阵 $\boldsymbol{T}$ 使 $\boldsymbol{B}=\boldsymbol{T}^{-1}\boldsymbol{A}\boldsymbol{T}$. 令 $(\boldsymbol{\beta}_1,\boldsymbol{\beta}_2,\cdots,\boldsymbol{\beta}_n)=(\boldsymbol{\alpha}_1,\boldsymbol{\alpha}_2,\cdots,\boldsymbol{\alpha}_n)\boldsymbol{T}$，$\{\boldsymbol{\beta}_1,\boldsymbol{\beta}_2,\cdots,\boldsymbol{\beta}_n\}$ 也是 V 的一个基.

由定理 5.2.4 知，σ 在这个基下的矩阵就是 $\boldsymbol{T}^{-1}\boldsymbol{A}\boldsymbol{T}=\boldsymbol{B}$.

从上面的讨论可以知道，$L(V)$ 中的一个线性变换在不同基下的矩阵组成一个 $M_n(F)$ 中的相似类与该线性变换对应；不同的线性变换与不同的相似矩阵类对应.

5.3 特征子空间

对于矩阵 $\boldsymbol{A}$ 的任意一个特征值 $\boldsymbol{\lambda}_0$，齐次线性方程组

$$(\boldsymbol{A}-\boldsymbol{\lambda}_0\boldsymbol{I})\boldsymbol{X}=\boldsymbol{0}$$

的解空间 $\boldsymbol{V}_{\lambda_0}=\mathrm{Ker}(\boldsymbol{A}-\boldsymbol{\lambda}_0\boldsymbol{I})$ 不为零，其维数 $m\geqslant1$. $\boldsymbol{V}_{\lambda_0}$ 中的所有非零向量就是属于特征值 λ_0 的全部特征向量.

定义 5.3.1 设 $\boldsymbol{\lambda}_0\in P$ 是矩阵 $A\in P^{n\times n}$ 的特征值，则

$$V_{\lambda_0}=\{\boldsymbol{X}\in P^{n\times 1}\mid(\boldsymbol{A}-\boldsymbol{\lambda}_0\boldsymbol{I})\boldsymbol{X}=\boldsymbol{0}\}=\{\boldsymbol{X}\in P^{n\times 1}\mid\boldsymbol{AX}=\boldsymbol{\lambda}_0\boldsymbol{X}\}$$

是 $P^{n\times 1}$ 的子空间，称为 $\boldsymbol{A}$ 的属于特征值 $\boldsymbol{\lambda}_0$ 的特征子空间.

设 $\boldsymbol{\lambda}_0\in P$ 是线性变换 $A:V\to V$ 的特征值，则

$$V_{\lambda_0}=\{\boldsymbol{\alpha}\in V\mid A(\boldsymbol{\alpha})=\boldsymbol{\lambda}_0\boldsymbol{\alpha}\}=\mathrm{Ker}(A-\lambda_0 C)$$

是 V 的子空间，称为 A 的属于特征值 $\boldsymbol{\lambda}_0$ 的特征子空间.

设 A 是线性变换 $\boldsymbol{A}:V\to V$ 在某一组基下的矩阵，$\boldsymbol{\lambda}_0$ 是 $\boldsymbol{A}$ 的特征值则 $\boldsymbol{A}$ 的属于 $\boldsymbol{\lambda}_0$ 的特征子空间的所有向量的坐标组成的集合就是 $\boldsymbol{A}$ 的属于 $\boldsymbol{\lambda}_0$ 的特征子空间.

求出复数域上的线性变换 $\boldsymbol{A}$ 的全部特征向量. 如果能从这些特征向量中选出 V 的一组基，则 $\boldsymbol{A}$ 可对角化. 为此，需要在所有这些特征向量的集合中选出一个极大线性无关向量组. 要实现这一点，对 $\boldsymbol{A}$ 的每个特征值 $\boldsymbol{\lambda}_i$，选取它所对应的特征子空间 V_{λ_i} 的一组基 $\boldsymbol{M}_i=\{\boldsymbol{\alpha}_{i1},\boldsymbol{\alpha}_{i2},\cdots,\boldsymbol{\alpha}_{im_i}\}$. 将各特征子空间 $V_{\lambda_i}(1\leqslant i\leqslant t)$ 的基合并到一起成为一个向量组 $\boldsymbol{M}=\{\boldsymbol{\alpha}_{ij}\mid 1\leqslant i\leqslant t,1\leqslant j\leqslant m_i\}$. 先来考察这个向量组是否线性无关，再看它是否足以构成整个空间 V 的 一组基. 要证明这个向量组线性相关，只要证明特征子空间 V_{λ_1}，V_{λ_2}，$\cdots$，V_{λ_t} 的和是直和.

定理 5.3.1 线性变换 $\boldsymbol{A}:V\to V$ 的属于不同特征值 $\lambda_i(1\leqslant i\leqslant t)$ 的特征子空间 V_{λ_i} 的和是直和.

证明： 要证 $\boldsymbol{A}_{\lambda_1},V_{\lambda_2},\cdots,V_{\lambda_t}$ 的和是直和，只要证明：对任意一组 $v_i\in V_{\lambda_i}(1\leqslant i\leqslant t)$，

$$v_1+v_2+\cdots+v_t=\boldsymbol{0}\Leftrightarrow v_1=v_2=\cdots=v_t=\boldsymbol{0}.$$

证法 1：对每个 $1\leqslant i\leqslant t$，由于 $v_i\in V_{\lambda_i}$，有 $A(v_i)=\lambda_i v_i$. 将 $\boldsymbol{A}$ 一次又一次作用于等式

$$v_1+v_2+\cdots+v_t=\boldsymbol{0}.$$

两边，连续作用 $t-1$ 次，依次得

$$\boldsymbol{\lambda}_1 v_1+\boldsymbol{\lambda}_2 v_2+\cdots+\boldsymbol{\lambda}_t v_t=\boldsymbol{0},$$

$$\boldsymbol{\lambda}_1^2 v_1+\boldsymbol{\lambda}_2^2 v_2+\cdots+\boldsymbol{\lambda}_t^2 v_t=\boldsymbol{0},$$

$$\cdots\cdots$$

$$\boldsymbol{\lambda}_1^{t-1} v_1+\boldsymbol{\lambda}_2^{t-1} v_2+\cdots+\boldsymbol{\lambda}_t^{t-1} v_t=\boldsymbol{0}.$$

可写成矩阵形式

$$(v_1,v_2,\cdots,v_t)\boldsymbol{A}=(\boldsymbol{0},\boldsymbol{0},\cdots,\boldsymbol{0}).\tag{5-2-6}$$

其中的矩阵

$$A=\begin{bmatrix}1 & \boldsymbol{\lambda}_1 & \boldsymbol{\lambda}_1^2 & \cdots & \boldsymbol{\lambda}_1^{t-1}\\ 1 & \boldsymbol{\lambda}_2 & \boldsymbol{\lambda}_2^2 & \cdots & \boldsymbol{\lambda}_2^{t-1}\\ \vdots & \vdots & \vdots & & \vdots\\ 1 & \boldsymbol{\lambda}_t & \boldsymbol{\lambda}_t^2 & \cdots & \boldsymbol{\lambda}_t^{t-1}\end{bmatrix}.$$

A 的行列式即是 Vandermonde 行列式，等于 $\Pi_{1\leqslant j\leqslant i\leqslant t}(\boldsymbol{\lambda}_i-\boldsymbol{\lambda}_j)\neq 0$. 因而 **A** 是可逆矩阵. 在等式(5-2-6)两边右乘 $\mathbf{A}^{-1}$ 即得 $(v_1,v_2,\cdots,v_t)=(\mathbf{0},\mathbf{0},\cdots,\mathbf{0})$. 即 $v_1=v_2=\cdots=v_t=\mathbf{0}$.

证法 2：对每个 $1\leqslant i\leqslant t$，由于 $v_i\in V_{\lambda_i}$，$\mathbf{A}(v_i)=\boldsymbol{\lambda}_i v_i$，即 $(\mathbf{A}-\boldsymbol{\lambda}_i C)v_i=0$. 对每个 $1\leqslant i\leqslant t$，取线性变换

$$\boldsymbol{B}_i=\prod_{1\leqslant j\leqslant t,\ j\neq i}(\mathbf{A}-\boldsymbol{\lambda}_j\boldsymbol{C}).$$

即 $\boldsymbol{B}_i$ 是除了 $\mathbf{A}-\boldsymbol{\lambda}_i\boldsymbol{C}$ 少之外所有的 $\mathbf{A}-\boldsymbol{\lambda}_j\boldsymbol{C}$ 的乘积. 对于每个 $1\leqslant j\leqslant t, j\neq i$，由于 $\boldsymbol{B}_i$ 含有因子. $\mathbf{A}-\boldsymbol{\lambda}_j\boldsymbol{C}$ 将 v_j 作用为 $\boldsymbol{O}$，因而 $\boldsymbol{B}_i(v_j)=\mathbf{0}$. 而由于 $\mathbf{A}(v_i)=\boldsymbol{\lambda}_i v_i$，$\boldsymbol{B}_i(v_i)=c_i v_i$，其中

$$c_i=\prod_{1\leqslant j\leqslant t,\ j\neq i}(\lambda_i-\lambda_j)\neq 0.$$

将 $\boldsymbol{B}_i$ 作用于等式 $v_1+v_2+\cdots+v_t=\mathbf{0}$ 两边得 $c_i v_i=\mathbf{0}$. 由 $c_i\neq 0$ 立即得勘 $v_i=\mathbf{0}$.

由于属于不同特征值的特征子空间的和是直和 $V_{\lambda_1}\oplus\cdots\oplus V_{\lambda_t}$，由子空间直和的性质立即得：

推论 5.3.1　对每个 $1\leqslant i\leqslant t$，设 $\dim V_{\lambda_i}=m_i$，$\{\boldsymbol{\alpha}_{i1},\boldsymbol{\alpha}_{i2},\cdots,\boldsymbol{\alpha}_{im_i}\}$ 是 V_{λ_i} 的一组基. 则各特征子空间 b 的基 Mi 所含向量共同组成的集合 $S=\{\boldsymbol{\alpha}_{ij}\mid 1\leqslant i\leqslant t, 1\leqslant j\leqslant m_i\}$ 线性无关，它包含 $m_1+m_2+\cdots+m_t$ 个线性无关的特征向量，是 A 的特征向量集合的一个极大线性无关量组.

V 的线性变换 **A** 可对角化 $\Leftrightarrow$ **A** 的各特征子空间 b 的维数之和等于 $\dim V$.

以下需要研究 $m_1+m_2+\cdots+m_t=\dim V$ 何时成立.

定义 5.3.2　设 $\boldsymbol{\lambda}_i$ 是线性变换 **A** 的任意一个特征值，则特征子空间 V_{λ_i} 的维数 m_i 称为 $\boldsymbol{\lambda}_i$ 的几何重数.

将每个特征根 $\boldsymbol{\lambda}_i$ 在特征多项式 $\varphi_A(\lambda_i)$ 中的重数称为代数重数. 现在又定义了特征根的几何重数. 同一个特征值的代数重数和几何重数之间有如下关系：

定理 5.3.2　设 $\boldsymbol{\lambda}_i$ 是线性变换 **A** 的特征值，它的代数重数为 n_i，几何重数为 m_i，则

(1) $1\leqslant m_i\leqslant n_i$.

(2) **A** 可对角化的充分必要条件是：每个特征值的几何重数都等于代

数重数.

证明:(1)特征值 $\boldsymbol{\lambda}_i$ 的特征子空间 V_{λ_i} 的维数等于 m_i,取 V_{λ_i} 的一组基 $\{\boldsymbol{\beta}_1,\boldsymbol{\beta}_2,\cdots,\boldsymbol{\beta}_{m_i}\}$ 扩充为 V 的一组基,则 A 在这组基下的矩阵为上三角形

$$\boldsymbol{B}=\begin{bmatrix}\boldsymbol{\lambda}_i\boldsymbol{I}_{(m_i)} & \boldsymbol{B}_{12}\\ \boldsymbol{O} & \boldsymbol{B}_{22}\end{bmatrix}.$$

它的特征多项式 $\varphi_A(\boldsymbol{\lambda})=(\boldsymbol{\lambda}-\boldsymbol{\lambda}_i)^{m_i}\det(\boldsymbol{\lambda I}-\boldsymbol{B}_{22})$,含有因子 $(\boldsymbol{\lambda}-\boldsymbol{\lambda}_i)^{m_i}$,$\lambda_i$ 在其中的代数重数 $m_i\leqslant n_i$.

(2)设 $\boldsymbol{\lambda}_1,\boldsymbol{\lambda}_2,\cdots,\boldsymbol{\lambda}_t$ 是 A 的全部不同的特征值.

A 可对角化的充分必要条件是

$$m_1+m_2+\cdots+m_t=n=n_1+n_2+\cdots+n_t \tag{5-2-7}$$

成立.但 $m_i\leqslant n_i$ 对 $1\leqslant i\leqslant t$ 成立,故(5-2-7)成立当且仅当 $m_i=n_i$ 对所有的 $1\leqslant i\leqslant t$ 成立.

推论 5.3.2 如果 A 的所有特征值都是单根(即代数重数都为 1),则 A 可对角化.

例 5.3.1 求 n 阶行列式

$$\Delta=\begin{vmatrix}a_1 & a_2 & a_3 & \cdots & a_{n-1} & a_n\\ a_n & a_1 & a_2 & \cdots & a_{n-2} & a_{n-1}\\ a_{n-1} & a_n & a_1 & \cdots & a_{n-3} & a_{n-2}\\ \vdots & \vdots & \vdots & & \vdots & \vdots\\ a_2 & a_3 & a_4 & \cdots & a_n & a_1\end{vmatrix}$$

解: 记 n 阶方阵

$$\boldsymbol{K}=\begin{bmatrix}0 & 1 & & \\ & 0 & \ddots & \\ & & \ddots & 1\\ 1 & & & 0\end{bmatrix},\text{则 }\boldsymbol{K}^m=\begin{bmatrix}\boldsymbol{O} & \boldsymbol{I}_{(n-m)}\\ \boldsymbol{I}_{(m)} & \boldsymbol{O}\end{bmatrix},\forall 1\leqslant m\leqslant n-1.$$

$$\boldsymbol{\Delta}=\det\boldsymbol{A},\text{其中 }\boldsymbol{A}=a_1\boldsymbol{I}+a_2\boldsymbol{K}+a_3\boldsymbol{K}^2+\cdots+a_n\boldsymbol{K}^{n-1}.$$

K 的特征多项式 $\varphi_K(\boldsymbol{\lambda})=\det(\boldsymbol{\lambda I}-\boldsymbol{K})=\boldsymbol{\lambda}^n-1$,特征值就是全体 n 次单位根 $1,\boldsymbol{\omega},\boldsymbol{\omega}^2,\cdots,\boldsymbol{\omega}^{n-1}$,其中 $\boldsymbol{\omega}=\cos\dfrac{2k\pi}{n}+\sin\dfrac{2k\pi}{n}$.特征值都是单根,因此 **K** 可对角化.即存在可逆方阵 **P** 使

$$\boldsymbol{K}=\boldsymbol{P}^{-1}\boldsymbol{DP},\boldsymbol{D}=\mathrm{diag}(1,\omega,\omega^2,\cdots,\omega^{n-1}),$$

从而

$$\begin{aligned}\boldsymbol{A}&=\boldsymbol{P}^{-1}(a_1\boldsymbol{I}+a_2\boldsymbol{D}+a_3\boldsymbol{D}^2+\cdots+a_n\boldsymbol{D}^{n-1})\boldsymbol{P}\\&=\boldsymbol{P}^{-1}\mathrm{diag}(f(1),f(\boldsymbol{\omega}),f(\boldsymbol{\omega}^2),\cdots,f(\boldsymbol{\omega}^{n-1}))\boldsymbol{P}.\end{aligned}$$

其中 $f(x)=a_1+a_2x+a_3x^2+\cdots+a_nx^{n-1}$.于是

$$\boldsymbol{\Delta}=\det\boldsymbol{A}=\det\boldsymbol{P}^{-1}\cdot\det(\mathrm{diag}(f(1),f(\boldsymbol{\omega}),f(\boldsymbol{\omega}^2),\cdots,f(\boldsymbol{\omega}^{n-1})))\cdot\det P^{-1}$$
$$=f(1),f(\boldsymbol{\omega}),f(\boldsymbol{\omega}^2),\cdots,f(\boldsymbol{\omega}^{n-1}).$$

例 5.3.2　设数域 P 上 n 阶方阵 $\boldsymbol{A}$ 满足条件 $\boldsymbol{A}^2=\boldsymbol{I}$. 求证：$\boldsymbol{A}$ 相似于对角阵

$$\begin{bmatrix}\boldsymbol{I}_{(m)} & \\ & -\boldsymbol{I}_{(n-m)}\end{bmatrix}.$$

证明：我们有 $(\boldsymbol{A}-\boldsymbol{I})(\boldsymbol{A}+\boldsymbol{I})=\boldsymbol{A}^2-\boldsymbol{I}=\boldsymbol{0}$. 如果 $\boldsymbol{A}-\boldsymbol{I}$ 可逆，则 $\boldsymbol{A}+\boldsymbol{I}=0$，$\boldsymbol{A}=-\boldsymbol{I}$ 符合要求. $\boldsymbol{A}+\boldsymbol{I}$ 可逆，则 $\boldsymbol{A}-\boldsymbol{I}=0$，$\boldsymbol{A}=\boldsymbol{I}$ 符合要求.

以下设 $\boldsymbol{A}-\boldsymbol{I}$，$\boldsymbol{A}+\boldsymbol{I}$ 都不可逆，$\mathrm{Ker}(\boldsymbol{A}-\boldsymbol{I})$，$\mathrm{Ker}(\boldsymbol{A}+\boldsymbol{I})$ 都不等于 $\boldsymbol{0}$，分别是 $V=P^{n\times1}$ 的线性变换 $\boldsymbol{A}:\boldsymbol{X}\mapsto\boldsymbol{AX}$ 的属于特征值 1 和 -1 的特征子空间. 由定理 5.3.1 知 $\boldsymbol{V}_1$，$\boldsymbol{V}_{-1}$ 的和是直和，$\dim(V_1\oplus V_{-1})=\dim V_1+\dim V_{-1}$ 只要证明 $\dim V_1+\dim V_{-1}=n$. 则 A 可对角化.

$$\boldsymbol{A}^2=\boldsymbol{I}\Leftrightarrow(\mathrm{A}+\mathrm{C})(\mathrm{A}-\mathrm{C})V=\boldsymbol{0}\Leftrightarrow\mathrm{Ker}(\mathrm{A}-\mathrm{C})\subseteq(\mathrm{A}+\mathrm{C})V=\mathrm{Im}(\mathrm{A}+\mathrm{C})$$
$$\Rightarrow\dim\mathrm{Ker}(\mathrm{A}-\mathrm{C})\geqslant\dim\mathrm{Im}(\mathrm{A}+\mathrm{C})$$
$$\Rightarrow\dim\mathrm{Ker}(\mathrm{A}-\mathrm{C})+\dim\mathrm{Ker}(\mathrm{A}+\mathrm{C})\geqslant\dim\mathrm{Im}(\mathrm{A}+\mathrm{C})+\dim\mathrm{Ker}(\mathrm{A}+\mathrm{C})=n$$
$$\Rightarrow\dim\mathrm{Ker}(\mathrm{A}-\mathrm{C})+\dim\mathrm{Ker}(\mathrm{A}+\mathrm{C})=n$$

这就证明了 $\dim V_1+\dim V_{-1}=n$，从而 $V=V_1\oplus V_{-1}$，分别取 V_1，V_{-1} 的基，其中的基向量共同组成 V 的基 $\boldsymbol{M}$，则 A 相似于 A 在基 $\boldsymbol{M}$ 下的矩阵

$$\begin{bmatrix}\boldsymbol{I}_{(m)} & \\ & -\boldsymbol{I}_{(n-m)}\end{bmatrix}.$$

5.4　线性方程组解法的应用案例分析

5.4.1　线性方程组解法应用的典型例题

例 5.4.1　（五猴分桃问题）在一个荒岛上，五只猴子一起采集了一整天桃子后入睡. 一只猴先醒，决定先拿走自己的一份桃子，他把桃子均分为五份还剩一个，就把多余的一个扔了，藏好自己的一份后就回去睡觉. 后来又有第二只猴子醒来，也扔了一个，然后正好五等份，它也拿走了自己的一份后又去睡觉. 剩下的猴子一次醒来分别作了同样的事情. 试问原来至少有几个桃子？

解：设原来有 x_0 个桃子，第 i 只猴子拿走了 x_i 个（$i=1,\cdots,5$），则有 6 元方程组

$$\begin{cases}x_0=5x_1+1,\\4x_1=5x_2+1,\\4x_2=5x_3+1,\\4x_3=5x_4+1,\\4x_4=5x_5+1.\end{cases}$$

若令 $x_1=x_2=\cdots=x_5$，则可以得到方程组的特解 $\boldsymbol{\alpha}_0=(-4,-1,-1,-1,-1,-1)^{\mathrm{T}}$. 与源方程组相应的齐次方程组为

$$\begin{cases}x_0=5x_1,\\4x_1=5x_2,\\4x_2=5x_3,\\4x_3=5x_4,\\4x_4=5x_5.\end{cases}$$

显然，系数矩阵 $\boldsymbol{A}$ 的秩为 5，这样就有 $6-5=1$ 个自由未知量，从而可以得到 x_5 是自由未知量，各齐次方程两边均相乘，得到

$$4^4x_0=5^5x_5,$$

由此取自由未知量 $x_5=4^4$，得到齐次方程组的解

$$\boldsymbol{\eta}=(5^5,\cdots,4^4)^{\mathrm{T}}.$$

故原方程组的解集为

$$\alpha_0=\mathbf{R}_\eta=\{(k\cdot 5^5-4,\cdots,k\cdot 4^4-1)\,|\,k\in\mathbf{R}\},$$

即 $x_0=5^5k-4$，故 x_0 的最小正整数解为

$$x_0=5^5-4=3121.$$

例 5.4.2 设矩阵 $\boldsymbol{A}$ 的秩为 r，则其任意 r 个线性无关行与 r 个线性无关列交叉处元素形成的子式定非 0.

证明：设 $\boldsymbol{A}$ 的前行及前 r 列线性无关，于是 $\boldsymbol{A}$ 可以记为

$$\boldsymbol{A}=\begin{bmatrix}\boldsymbol{A}_1 & \boldsymbol{A}_2\\ \boldsymbol{A}_3 & \boldsymbol{A}_4\end{bmatrix},$$

其中，$\boldsymbol{A}_1$ 为 r 阶子方阵. 由于 $\boldsymbol{A}$ 的秩为 r，故 $\begin{bmatrix}\boldsymbol{A}_2\\ \boldsymbol{A}_4\end{bmatrix}$ 的列向量均可由 $\begin{bmatrix}\boldsymbol{A}_1\\ \boldsymbol{A}_3\end{bmatrix}$ 的列向量线性表示. 此时 $\boldsymbol{A}_2$ 的列可由 $\boldsymbol{A}_1$ 的列线性表示，故

$$r_c(\boldsymbol{A}_1)=r_c(\boldsymbol{A}_1,\boldsymbol{A}_2)=r_r(\boldsymbol{A}_1,\boldsymbol{A}_2)=r,$$

即

$$r(\boldsymbol{A}_1)=r$$

故

$$\det\boldsymbol{A}_1\neq 0.$$

例 5.4.3 已知 $\boldsymbol{\alpha}_1=(1,-1,1)$，$\boldsymbol{\alpha}_2=(1,t,-1)$，$\boldsymbol{\alpha}_3=(t,1,2)$，$\boldsymbol{\beta}=(4,t^2,-4)$，若 $\boldsymbol{\beta}$ 可由 $\boldsymbol{\alpha}_1$、$\boldsymbol{\alpha}_2$、$\boldsymbol{\alpha}_3$ 线性表示出，其表示法不唯一，求 t 及 β 的表达式

解：设 $x_1\boldsymbol{\alpha}_1+x_2\boldsymbol{\alpha}_2+x_3\boldsymbol{\alpha}_3=\beta$，即

$$\begin{cases}x_1+x_2+tx_3=4,\\-x_1+tx_2+x_3=t^2,\\x_1-x_2+2x_3=-4.\end{cases}$$

由于增广矩阵

$$\boldsymbol{B}=\left[\begin{array}{ccc|c}1&1&t&4\\-1&t&1&t^2\\1&-1&2&-4\end{array}\right]$$

$$\xrightarrow[r_2+r_3]{r_1-r_3}\left[\begin{array}{ccc|c}0&2&t-2&8\\0&t-1&3&t^2-4\\1&-1&2&-4\end{array}\right]$$

$$\xrightarrow[r_2\leftrightarrow r_3]{r_1\leftrightarrow r_2}\left[\begin{array}{ccc|c}1&-1&2&-4\\0&2&t-2&8\\0&t-1&3&t^2-4\end{array}\right]$$

$$\xrightarrow{r_3-\frac{t-1}{2}r_2}\left[\begin{array}{ccc|c}1&-1&2&-4\\0&2&t-2&8\\0&0&-\frac{1}{2}(t+1)(t-4)&t(t-4)\end{array}\right],$$

当 $t=-1$ 时，$\text{rank}\boldsymbol{A}=2$，$\text{rank}\boldsymbol{B}=3$，方程组无解；当 $t=4$ 时，$\text{rank}\boldsymbol{A}=\text{rank}\boldsymbol{B}=2<3$，方程组有无穷多解. 此时

$$\boldsymbol{B}\to\left[\begin{array}{ccc|c}1&-1&2&-4\\0&2&2&8\\0&0&0&0\end{array}\right]$$

$$\xrightarrow[r_1+\frac{1}{2}r_2]{r_2\times\frac{1}{2}}\left[\begin{array}{ccc|c}1&0&3&0\\0&1&1&4\\0&0&0&0\end{array}\right].$$

同解方程组为

$$\begin{cases}x_1=-3x_3,\\x_2=4-x_3,\end{cases}$$

同解为

$$\begin{cases}x_1=-3c,\\x_2=4-c,\ (c\text{ 任意})\\x_3=c,\end{cases}$$

故 $t=4$，且 $\boldsymbol{\beta}=-3c\boldsymbol{\alpha}_1+(4-c)\boldsymbol{\alpha}_2+c\boldsymbol{\alpha}_3$，$c$ 任意.

例 5.4.4 设 $\boldsymbol{A}=(a_{ij})$ 为 n 阶实系数方阵，且 $|a_{ii}a_{jj}|>(\sum\limits_{k\neq i}|a_{ik}|)(\sum\limits_{l\neq j}|a_{jl}|)$ 对任意 $i,j(i\neq j)$ 成立，则 $\det\boldsymbol{A}\neq 0$.

证明：若 $\det\boldsymbol{A}\neq 0$，则 $\boldsymbol{Ax}=\boldsymbol{0}$ 有非零解 $x=(x_1,\cdots,x_n)^{\mathrm{T}}\neq 0$. 这里可以设

$$|x_i|\geqslant|x_j|\geqslant\cdots\geqslant|x_t|\geqslant\cdots,$$

则由 $\sum\limits_{k}a_{ik}x_k=0$ 可知

$$|a_{ii}x_i|\cdot|a_{jj}x_j|=\left|\sum_{k\neq i}a_{ik}x_k\right|\cdot\left|\sum_{l\neq j}a_{jl}x_l\right|$$

$$\leqslant(|x_j|\sum_{k\neq i}|a_{ik}|)\cdot(|x_i|\sum_{l\neq j}|a_{jl}|),$$

故当 $x_j\neq 0$ 时，有

$$|a_{ii}a_{jj}|\leqslant(\sum_{k\neq i}a_{ik}x_k)\cdot(\sum_{l\neq j}a_{jl}x_l),$$

与题意矛盾. 当 $x_j=0$ 时只有一个分量 x_i 非 0，故 $\boldsymbol{A}$ 的第 1 列为 0 列，与题意不等式矛盾.

例 5.4.5 已知向量组 $\boldsymbol{\alpha}_1=(1,0,2,3)$、$\boldsymbol{\alpha}_2=(1,1,3,5)$、$\boldsymbol{\alpha}_3=(1,-1,t+2,1)$、$\boldsymbol{\alpha}_4=(1,2,4,t+9)$线性相关，试求 t 的值.

解：$t=-1$ 或 $t=-2$.

法 1
$$\boldsymbol{A}=\begin{bmatrix}\boldsymbol{\alpha}_1\\\boldsymbol{\alpha}_2\\\boldsymbol{\alpha}_3\\\boldsymbol{\alpha}_4\end{bmatrix}=\begin{bmatrix}1&0&2&3\\1&1&3&5\\1&-1&t+2&1\\1&2&4&t+9\end{bmatrix}$$

$$\xrightarrow[r_2-r_1]{\substack{r_3-r_1\\r_4-r_1}}\begin{bmatrix}1&0&2&3\\0&1&1&2\\0&-1&t&-2\\0&2&2&t+6\end{bmatrix}$$

$$\xrightarrow[r_3+r_2]{r_4-2r_2}\begin{bmatrix}1&0&2&3\\0&1&1&2\\0&0&t+1&0\\0&0&0&t+2\end{bmatrix}.$$

$t=-1$ 或 $t=-2$ 时，$\operatorname{rank}\boldsymbol{A}=3<4$，$\boldsymbol{\alpha}_1$、$\boldsymbol{\alpha}_2$、$\boldsymbol{\alpha}_3$、$\boldsymbol{\alpha}_4$ 线性相关.

法 2
$$\begin{vmatrix}1&0&2&3\\1&1&3&5\\1&-1&t+2&1\\1&2&4&t+9\end{vmatrix}=(t+1)(t+2).$$

$t=-1$ 或 $t=-2$ 时行列式为 0.

5.4.2 线性方程组解法在单臂直流电桥中的应用

例 5.4.6 求如图 5-4-1 所示的电路中电流 I_1, I_2, I_3.

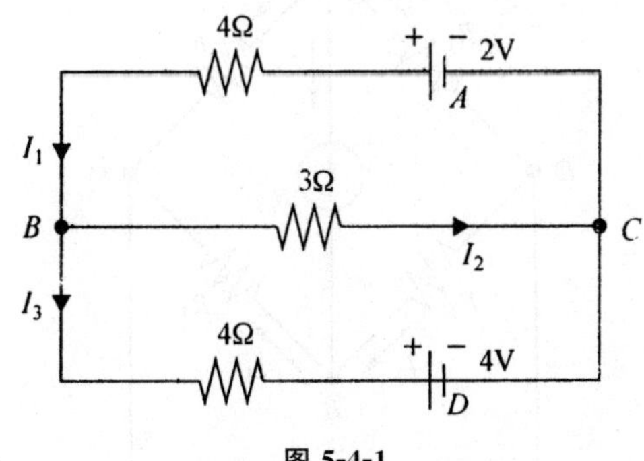

图 5-4-1

解：将基尔霍夫第二定律用于回路 $BCAB$ 和 $BDCB$ 上，得到

$$\begin{cases} 4I_1+3I_2=2, & (BCAB) \\ -3I_2+4I_3=-4. & (BDCB) \end{cases}$$

将基尔霍夫第一定律用于节点 B 处，得到 $I_1=I_2+I_3$，即

$$I_1-I_2-I_3=0.$$

用消元法解线性方程组

$$\begin{cases} I_1-I_2-I_3=0, \\ 4I_1+3I_2=2, \\ -3I_2+4I_3=-4, \end{cases}$$

得

$$I_1=0.05A, I_2=0.6A, I_3=-0.55A.$$

由于 I_3 是负数，因此电流 I_3 的方向应改为从节点 D 到节点 B.

单臂直流电桥(图 5-4-2)又称惠斯登电桥，是直流电桥中最常用的，主要用来测量中值(约 1Ω 到 0.1MΩ)电阻的. 中间支路是一检测计，其电阻值为 R_G. 当检流计 G 中无电流通过，即 $I_G=0$ 时，就可以认为电桥达到了平衡.

例 5.4.7 对电桥平衡的条件为

$$R_1R_4=R_2R_3, \tag{5-4-1}$$

进行证明.

证明：设 $R_1=R_x$ 为被测电阻，由式(5-4-1)可以得到

$$R_x=\frac{R_2}{R_4}R_3,$$

式中，$\frac{R_2}{R_4}$称为电桥的比臂，R_3 为较臂.

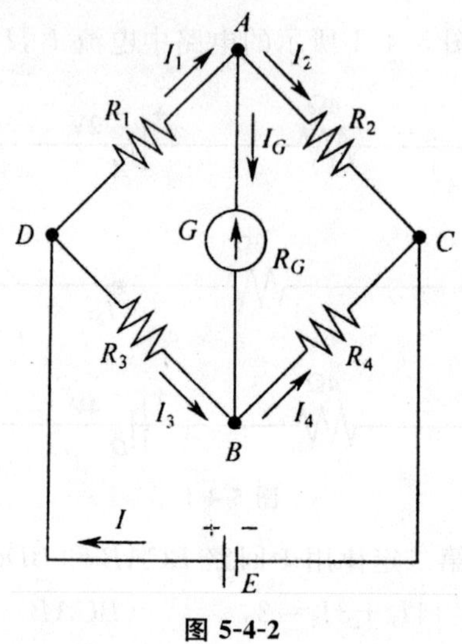

图 5-4-2

测量时，先将$\left(\frac{R_2}{R_4}\right)$调到一定比值，再调节较臂($R_3$)直到电桥平衡位置. 当电桥平衡时，由公式 $R_x=\frac{R_2}{R_4}R_3$ 就可以求出 R_x 的值.

第 6 章　特征值

矩阵特征值与特征向量的计算是线性代数的重要知识点. 对一个线性变换而言,其对角化问题反映到矩阵上来,就是矩阵的相似对角化问题. 因为同一个线性变换在不同的基下对应的矩阵之间是相似的,研究矩阵相似对角化问题在代数中具有重要意义,其在简化计算方阵的高次幂方面具有重要的应用. 本章首先引入特征值与特征向量的概念,然后介绍了相似矩阵、实对称矩阵的相似对角化等,并对特征值的应用实例进行分析.

6.1　特征值与特征向量概述

6.1.1　特征值与特征向量的概念

定义 6.1.1　设 $\boldsymbol{A}$ 是 n 阶方阵,若存在常数 λ 及非零的 n 维向量 $\boldsymbol{\alpha}$,使得

$$\boldsymbol{A\alpha}=\lambda\boldsymbol{\alpha},\quad \boldsymbol{\alpha}\neq 0$$

成立,则称 λ 是矩阵 $\boldsymbol{A}$ 的特征值,称非零向量 $\boldsymbol{\alpha}$ 是方阵 $\boldsymbol{A}$ 属于特征值 λ 的特征向量.

例如,设方阵 $\boldsymbol{A}=\begin{bmatrix}2 & 1\\0 & 1\end{bmatrix}$,$\boldsymbol{\alpha}=\begin{bmatrix}1\\0\end{bmatrix}$,则由矩阵的乘法可知

$$\boldsymbol{A\alpha}=\begin{bmatrix}2 & 1\\0 & 1\end{bmatrix}\begin{bmatrix}1\\0\end{bmatrix}=2\begin{bmatrix}1\\0\end{bmatrix}=2\boldsymbol{\alpha},$$

则 $\lambda=2$ 是 $\boldsymbol{A}$ 的一个特征值,对应于 $\lambda=2$ 的特征向量是 $\boldsymbol{\alpha}=(1,0)^{\mathrm{T}}$.

但是,并不是每个线性变换都有特征值. 那么,对于一个给定的线性变换,若它有特征值及特征向量,怎样才能把这些特征值和特征向量都求出来呢? 为此,我们需要先搞清楚线性变换的特征值和特征向量与它在一个基下的矩阵的特征根和特征向量之间的关系.

6.1.2　特征值与特征向量的求法

下面给出特征值与特征向量的求法.

设非零向量$\boldsymbol{\alpha}$是$\boldsymbol{A}$的属于λ的特征向量，$\boldsymbol{A\alpha}=\lambda\boldsymbol{\alpha}$，则$(\lambda\boldsymbol{E}-\boldsymbol{A})\boldsymbol{\alpha}=0$，即$\boldsymbol{\alpha}$是齐次线性方程组$(\lambda\boldsymbol{E}-\boldsymbol{A})\boldsymbol{\alpha}=\boldsymbol{0}$的非零解，而该方程组有非零解的条件是$|\lambda\boldsymbol{E}-\boldsymbol{A}|=0$，反之亦然. 综上可得以下结论.

定理 6.1.1 设$\boldsymbol{A}=[a_{ij}]$为一个n阶方阵，则λ是方阵$\boldsymbol{A}$的特征值，$\boldsymbol{\alpha}$是方阵$\boldsymbol{A}$属于特征值λ的特征向量的充分必要条件是$|\lambda\boldsymbol{E}-\boldsymbol{A}|=0$，$\boldsymbol{\alpha}$是$(\lambda\boldsymbol{X}-\boldsymbol{A})\boldsymbol{X}=\boldsymbol{0}$的非零解.

推论 6.1.1 设$\boldsymbol{\alpha}$是方阵$\boldsymbol{A}$属于特征值λ的特征向量，则对于任意的数$k\neq0$，$k\boldsymbol{\alpha}$也是$\boldsymbol{A}$的属于λ的特征向量.

实际上，由$\boldsymbol{A\alpha}=\lambda\boldsymbol{\alpha}$可得

$$\boldsymbol{A}(k\boldsymbol{\alpha})=k(\boldsymbol{A\alpha})=k(\lambda\boldsymbol{\alpha})=\lambda(k\boldsymbol{\alpha}).$$

推论 6.1.2 设$\boldsymbol{\alpha}_1,\boldsymbol{\alpha}_2$是方阵$\boldsymbol{A}$属于特征值$\lambda$的特征向量，且$\boldsymbol{\alpha}_1+\boldsymbol{\alpha}_2\neq\boldsymbol{0}$，则$\boldsymbol{\alpha}_1+\boldsymbol{\alpha}_2$也是$\boldsymbol{A}$的属于$\lambda$的特征向量.

实际上，由$\boldsymbol{A\alpha}_1=\lambda\boldsymbol{\alpha}_1$，$\boldsymbol{A\alpha}_2=\lambda\boldsymbol{\alpha}_2$，则

$$\boldsymbol{A}(\boldsymbol{\alpha}_1+\boldsymbol{\alpha}_2)=\boldsymbol{A\alpha}_1+\boldsymbol{A\alpha}_2=\lambda\boldsymbol{\alpha}_1+\lambda\boldsymbol{\alpha}_2=\lambda(\boldsymbol{\alpha}_1+\boldsymbol{\alpha}_2).$$

根据推论 6.1.1 和推论 6.1.2 可得：属于同一特征值λ的特征向量的线性组合仍是属于λ的特征向量，但是后面将得到：$\boldsymbol{A}$的属于不同特征值的特征向量的和将不是$\boldsymbol{A}$的特征向量.

定义 6.1.2 设$\boldsymbol{A}=[a_{ij}]$为一个n阶方阵，则行列式

$$|\lambda\boldsymbol{E}-\boldsymbol{A}|=\begin{vmatrix}\lambda-a_{11} & -a_{11} & \cdots & -a_{11}\\ -a_{21} & \lambda-a_{22} & \cdots & -a_{2n}\\ \vdots & \vdots & & \vdots\\ -a_{n1} & -a_{n2} & \cdots & \lambda-a_{nn}\end{vmatrix}$$

称为方阵$\boldsymbol{A}$的特征多项式，记为$f(\lambda)$，$|\lambda\boldsymbol{E}-\boldsymbol{A}|=0$称为$\boldsymbol{A}$的特征方程. 特征方程$|\lambda\boldsymbol{E}-\boldsymbol{A}|=0$是$\lambda$的$n$次方程，它的$n$个根就是方阵$\boldsymbol{A}$的$n$个特征值.

例如，$\boldsymbol{A}=[a_{ij}]$是 3 阶方阵，则方阵$\boldsymbol{A}$的特征多项式为

$$|\lambda\boldsymbol{E}-\boldsymbol{A}|=\lambda^3-\sum_{i=1}^{3}a_{ii}\lambda^2+\left(\begin{vmatrix}a_{11} & a_{12}\\ a_{21} & a_{22}\end{vmatrix}+\begin{vmatrix}a_{22} & a_{23}\\ a_{32} & a_{33}\end{vmatrix}+\begin{vmatrix}a_{11} & a_{31}\\ a_{31} & a_{33}\end{vmatrix}\right)\lambda-|\boldsymbol{A}|.$$

综上，求n阶方阵的特征值和特征向量的基本步骤是：

(1)写出方阵$\boldsymbol{A}$的特征多项式$f(\lambda)=|\lambda\boldsymbol{E}-\boldsymbol{A}|$；

(2)解特征方程$|\lambda\boldsymbol{E}-\boldsymbol{A}|=\boldsymbol{0}$，得特征值$\lambda_1,\lambda_2,\cdots,\lambda_n$；

(3)对每个特征值λ_i，解齐次线性方程组$(\lambda_i\boldsymbol{E}-\boldsymbol{A})\boldsymbol{X}=\boldsymbol{0}$，得基础解系$\boldsymbol{\eta}_1,\boldsymbol{\eta}_2,\cdots,\boldsymbol{\eta}_r$，则属于特征值$\lambda_i$所有特征向量是$k_1\eta_1+k_2\eta_2+\cdots+k_r\eta_r$($k_1,k_2,\cdots,k_r$是不全为 0 的任意常数).

这里需要注意的是，如果λ_i是n阶方阵$\boldsymbol{A}$的k_i重根，那么属于特征值

λ_i 的线性无关特征向量的个数 $\leqslant k_i$.

例 6.1.1　设方阵 $A=\begin{bmatrix}4&6&0\\-3&-5&0\\-3&-6&1\end{bmatrix}$,求 A 的特征值与特征向量.

解:令 A 的特征多项式

$$f(\lambda)=|\lambda E-A|=\begin{vmatrix}\lambda-4&-6&0\\3&\lambda+5&0\\3&6&\lambda-1\end{vmatrix}=(\lambda+2)(\lambda-1)^2=0,$$

可得 $\lambda_1=-2,\lambda_2=\lambda_3=1$.

当 $\lambda_1=-2$ 时,解 $(-2E-A)X=0$,因为

$$-2E-A=\begin{bmatrix}-6&-6&0\\3&3&0\\3&6&-3\end{bmatrix}\to\begin{bmatrix}1&1&0\\1&2&-1\\0&0&0\end{bmatrix}\to\begin{bmatrix}1&1&0\\0&1&-1\\0&0&0\end{bmatrix}\to\begin{bmatrix}1&0&1\\0&1&-1\\0&0&0\end{bmatrix},$$

得同解方程组为 $\begin{cases}x_1=-x_3\\x_2=x_3\end{cases}$,求出特征向量为 $\boldsymbol{\alpha}_1=(-1,1,1)^{\mathrm{T}}$.

当 $\lambda_2=\lambda_3=1$ 时,解 $(E-A)X=0$,因为

$$E-A=\begin{bmatrix}-3&-6&0\\3&6&0\\3&6&0\end{bmatrix}\to\begin{bmatrix}1&2&0\\0&0&0\\0&0&0\end{bmatrix},$$

得同解方程组为 $x_1+2x_2=0$,求出线性无关的特征向量为 $\boldsymbol{\alpha}_2=(0,0,1)^{\mathrm{T}}$ 和 $\boldsymbol{\alpha}_3=(-2,1,0)^{\mathrm{T}}$.

所以 A 的特征值为 $-2,1$,所对应的全体特征向量分别是 $k_1\boldsymbol{\alpha}_1,k_2\boldsymbol{\alpha}_2+k_3\boldsymbol{\alpha}_3$,其中,$k_1\neq0$,$k_2$、$k_3$ 不同时为 0.

这里需要注意三点:

(1)零向量不是特征向量;

(2)实矩阵未必有实的特征值;

(3)n 重特征值未必有 n 个线性无关的特征向量.

例 6.1.2　设 n 阶方阵 A 的各行元素之和为常数 k.

(1)试证:k 是 A 的一个特征值,并求 A 的属于 $\lambda=k$ 的一个特征向量;

(2)当 A 为可逆阵,且 $k\neq0$ 时,A^{-1} 的各行元素之和应为多大?方阵 $3A^{-1}+5A$ 的各行元素之和又为多大?

解:(1)因为

$$A\begin{bmatrix}1\\1\\\vdots\\1\end{bmatrix}=\begin{bmatrix}a_{11}+a_{12}+\cdots+a_{1n}\\a_{21}+a_{22}+\cdots+a_{2n}\\\vdots\\a_{n1}+a_{n2}+\cdots+a_{nn}\end{bmatrix}=\begin{bmatrix}k\\k\\\vdots\\k\end{bmatrix}=k\begin{bmatrix}1\\1\\\vdots\\1\end{bmatrix},\tag{6-1-1}$$

所以 k 是 $\boldsymbol{A}$ 的一个特征值，$\boldsymbol{A}$ 的属于 $\lambda=k$ 的一个特征向量是 $(1,1,\cdots,1)^{\mathrm{T}}$.

(2)根据式(6-1-1)可得

$$\frac{1}{k}\begin{bmatrix}1\\1\\\vdots\\1\end{bmatrix}=\boldsymbol{A}^{-1}\begin{bmatrix}1\\1\\\vdots\\1\end{bmatrix},$$

上式说明 $\frac{1}{k}$ 是 $\boldsymbol{A}^{-1}$ 的一个特征值，$(1,1,\cdots,1)^{\mathrm{T}}$ 是 $\boldsymbol{A}^{-1}$ 的属于 $\lambda=\frac{1}{k}$ 的特征向量. 同时，也说明方阵 $\boldsymbol{A}^{-1}$ 的各行之和都等于 $\frac{1}{k}$. 又

$$3\boldsymbol{A}^{-1}\begin{bmatrix}1\\1\\\vdots\\1\end{bmatrix}+5\boldsymbol{A}\begin{bmatrix}1\\1\\\vdots\\1\end{bmatrix}=\frac{3}{k}\begin{bmatrix}1\\1\\\vdots\\1\end{bmatrix}+5k\begin{bmatrix}1\\1\\\vdots\\1\end{bmatrix},$$

即

$$(3\boldsymbol{A}^{-1}+5\boldsymbol{A})\begin{bmatrix}1\\1\\\vdots\\1\end{bmatrix}=(\frac{3}{k}+5k)\begin{bmatrix}1\\1\\\vdots\\1\end{bmatrix},$$

所以方阵 $3\boldsymbol{A}^{-1}+5\boldsymbol{A}$ 的各行元素之和为 $\left(\frac{3}{k}+5k\right)$.

例 6.1.3 已知向量 $\boldsymbol{\alpha}=(1,1,k)^{\mathrm{T}}$ 是方阵 $\boldsymbol{A}=\begin{bmatrix}2&0&1\\0&2&1\\1&1&2\end{bmatrix}$ 的特征向量，求 $\boldsymbol{A}$ 的对应 $\boldsymbol{\alpha}$ 的特征值和常数 k.

解：设 $\boldsymbol{\alpha}=(1,1,k)^{\mathrm{T}}$ 是 $\boldsymbol{A}$ 的属于 λ 的特征向量，则 $\boldsymbol{A\alpha}=\lambda\boldsymbol{\alpha}$，即

$$\begin{bmatrix}2&0&1\\0&2&1\\1&1&2\end{bmatrix}\begin{bmatrix}1\\1\\k\end{bmatrix}=\begin{bmatrix}2+k\\2+k\\2+2k\end{bmatrix}=\lambda\begin{bmatrix}1\\1\\k\end{bmatrix},$$

可得 $\begin{cases}2+k=\lambda\\2+2k=\lambda k\end{cases}$，所以

$$\begin{cases}k=\sqrt{2},\\\lambda=2+\sqrt{2},\end{cases}$$

或者

$$\begin{cases}k=-\sqrt{2},\\\lambda=2-\sqrt{2}.\end{cases}$$

6.1.3 特征值与特征向量在解决动态线性系统变化趋势中的应用

下面的实例将告诉我们方阵的特征值与特征向量的实际含义,它们在解决动态线性系统变化趋势的讨论中有着十分重要的作用.

例 6.1.4 求函数 $x_1(t),x_2(t)$,使

$$\begin{cases} x_1'(t)=x_1(t)+x_2(t), \\ x_2'(t)=-2x_1(t)+4x_2(t), \end{cases}$$

其中 $x_1'(t),x_2'(t)$依次为 $x_1(t),x_2(t)$的导函数.

解:令 $\boldsymbol{X}=\begin{bmatrix} x_1(t) \\ x_2(t) \end{bmatrix},\dot{\boldsymbol{X}}=\begin{bmatrix} x_1'(t) \\ x_2'(t) \end{bmatrix},\boldsymbol{A}=\begin{bmatrix} 1 & 1 \\ -2 & 4 \end{bmatrix}$,则

$$\dot{\boldsymbol{X}}=\boldsymbol{A}\boldsymbol{X}.$$

由计算可知 2,3 是 $\boldsymbol{A}$ 的特征值,$\boldsymbol{T}_1=\begin{bmatrix} 1 \\ 1 \end{bmatrix},\boldsymbol{T}_2=\begin{bmatrix} 1 \\ 2 \end{bmatrix}$依次为 $\boldsymbol{A}$ 的对应于特征值 2,3 的特征向量,令

$$\boldsymbol{T}=(\boldsymbol{T}_1 \quad \boldsymbol{T}_2)=\begin{bmatrix} 1 & 1 \\ 1 & 2 \end{bmatrix},$$

则 $\boldsymbol{T}$ 可逆且 $\boldsymbol{T}^{-1}\boldsymbol{A}\boldsymbol{T}=\begin{bmatrix} 2 & 0 \\ 0 & 3 \end{bmatrix}$.

令 $\boldsymbol{Y}=\begin{bmatrix} y_1(t) \\ y_2(t) \end{bmatrix}=\boldsymbol{T}^{-1}\boldsymbol{X}$,则由 $\dot{\boldsymbol{X}}=\boldsymbol{A}\boldsymbol{X}$ 可知

$$\dot{\boldsymbol{Y}}=\begin{bmatrix} 2 & 0 \\ 0 & 3 \end{bmatrix}\boldsymbol{Y},$$

即

$$\begin{cases} y_1'(t)=2y_1(t), \\ y_2'(t)=3y_2(t), \end{cases}$$

解得

$$\begin{cases} y_1(t)=c_1e^{2t}, \\ y_2(t)=c_2e^{3t}, \end{cases}$$

其中 c_1,c_2 是任意常数.

由 $\boldsymbol{X}=\boldsymbol{T}\boldsymbol{Y}$ 可得

$$\begin{cases} x_1(t)=c_1e^{2t}+c_2e^{3t}, \\ x_2(t)=c_1e^{2t}+2c_2e^{3t}. \end{cases}$$

例 6.1.5 小鼠出生一个月就开始有繁殖能力,假设具有繁殖能力的

每对小鼠每月生产两对后代，一月初有一对刚出生的小鼠，问第二年一月初共有多少对小鼠.

解：设 x_i 是第 i 月初的小鼠对数，则 $x_1=1, x_2=1, x_3=3, x_4=5, \cdots$，$x_{k+2}=x_{k+1}+2x_k, k=1,2,\cdots$.

令 $\boldsymbol{X}_k=\begin{bmatrix} x_{k+1} \\ x_k \end{bmatrix}, k=1,2,\cdots$，由

$$\begin{cases} x_{k+2}=x_{k+1}+2x_k, \\ x_{k+1}=x_{k+1}. \end{cases}$$

可得

$$\boldsymbol{X}_{k+1}=\boldsymbol{A}\boldsymbol{X}_k, k=1,2,\cdots,$$

其中 $\boldsymbol{A}=\begin{bmatrix} 1 & 2 \\ 1 & 0 \end{bmatrix}$.

第二年一月初是第 13 个月初，所以需求出 $\boldsymbol{X}_{12}$，进而可得 x_{13}.

经过计算可知 $-1,2$ 是 $\boldsymbol{A}$ 的特征值，$\boldsymbol{\alpha}_1=\begin{bmatrix} 1 \\ -1 \end{bmatrix}$，$\boldsymbol{\alpha}_2=\begin{bmatrix} 2 \\ 1 \end{bmatrix}$ 分别是 $\boldsymbol{A}$ 的对应于特征值 $-1,2$ 的特征向量，计算可得

$$\boldsymbol{X}_1=\begin{bmatrix} 1 \\ 1 \end{bmatrix}=-\frac{1}{3}\boldsymbol{\alpha}_1+\frac{2}{3}\boldsymbol{\alpha}_2,$$

所以

$$\begin{aligned} \boldsymbol{X}_{12} &= \boldsymbol{A}^{11}\left(-\frac{1}{3}\boldsymbol{\alpha}_1+\frac{2}{3}\boldsymbol{\alpha}_2\right) \\ &= \frac{1}{3}\boldsymbol{\alpha}_1+\frac{2^{12}}{3}\boldsymbol{\alpha}_2 \\ &= \begin{bmatrix} \frac{1}{3}(1+2^{13}) \\ -\frac{1}{3}(1-2^{12}) \end{bmatrix}, \end{aligned}$$

所以 $x_{13}=\frac{1}{3}(1+2^{13})=2731$，第二年一月初有 2731 对小鼠.

例 6.1.6 假设某省人口总数保持不变，每年有 20% 的农村人口流入城镇，有 10% 的城镇人口流入农村. 试讨论 9 年后，该省城镇人口与农村人口的分布状态，最终是否会趋于一个“稳定状态”？

解：设第 n 年该省城镇人口数与农村人口数分别为 x_n, y_n. 由题意可得

$$\begin{cases} x_n=0.9x_{n-1}+0.2y_{n-1}, \\ y_n=0.1x_{n-1}+0.8y_{n-1}. \end{cases} \tag{6-1-2}$$

记 $\boldsymbol{\alpha}_n=\begin{bmatrix}x_n\\y_n\end{bmatrix}$，$\boldsymbol{A}=\begin{bmatrix}0.9&0.2\\0.1&0.8\end{bmatrix}$，式(6-1-2)等价于 $\boldsymbol{\alpha}_n=\boldsymbol{A}\boldsymbol{\alpha}_{n-1}$．所以第 n 年的人口数向量 $\boldsymbol{\alpha}_n$ 与第一年(初始年)的人口数向量 $\boldsymbol{\alpha}_1$ 的关系为

$$\boldsymbol{\alpha}_n=\boldsymbol{A}^{n-1}\boldsymbol{\alpha}_1.$$

容易算出 $\boldsymbol{A}$ 的特征值为 $\lambda_1=1,\lambda_2=0.7$，对应的特征向量分别是 $\boldsymbol{\eta}_1=\begin{bmatrix}2\\1\end{bmatrix}$，$\boldsymbol{\eta}_2=\begin{bmatrix}1\\-1\end{bmatrix}$，$\boldsymbol{\eta}_1,\boldsymbol{\eta}_2$ 线性无关，所以 $\boldsymbol{\alpha}_1$ 可由 $\boldsymbol{\eta}_1,\boldsymbol{\eta}_2$ 线性表示，设 $\boldsymbol{\alpha}_1=k_1\boldsymbol{\eta}_1+k_2\boldsymbol{\eta}_2$．

下面仅就非负的情况下，讨论第 n 年该省城镇人口数与农村人口数的分布状态．

(1)如果 $k_2=0$，即 $\boldsymbol{\alpha}_1=k_1\boldsymbol{\eta}_1$，这表明城镇人口数与农村人口数保持 2∶1 的比例，则第 n 年 $\boldsymbol{\alpha}_n=\boldsymbol{A}^{n-1}\boldsymbol{\alpha}_1=\boldsymbol{A}^{n-1}(k_1\boldsymbol{\eta}_1)=k_1\lambda_1^{n-1}(k_1\boldsymbol{\eta}_1)$，仍保持 2∶1 的比例不变，这个比例关系是由特征向量确定，而这里 $\lambda_1=1$ 表明城镇人口数与农村人口数没有改变(即无增减)，此时处于一种平衡稳定的比例状态．

(2)由于人口数不为负数，所以 $k_1\neq 0$．

(3)如果 $\boldsymbol{\alpha}_1=k_1\boldsymbol{\eta}_1+k_2\boldsymbol{\eta}_2$($k_1,k_2$ 均不为零)，则

$$\begin{cases}x_1=2k_1+k_2,\\y_1=k_1-k_2,\end{cases}$$

解得

$$\begin{cases}k_1=\dfrac{1}{3}(x_1+y_1)=\dfrac{1}{3}m,\\[2mm]k_2=\dfrac{1}{3}(x_1-2y_1),\end{cases}$$

所以第 n 年

$$\begin{aligned}\boldsymbol{\alpha}_n&=\boldsymbol{A}^{n-1}\boldsymbol{\alpha}_1\\&=\boldsymbol{A}^{n-1}(k_1\boldsymbol{\eta}_1+k_2\boldsymbol{\eta}_2)\\&=k_1\lambda_1^{n-1}\boldsymbol{\eta}_1+k_2\lambda_2^{n-1}\boldsymbol{\eta}_2\\&=\frac{1}{3}m\boldsymbol{\eta}_1+\frac{1}{3}(x_1-2y_1)(0.7)^{n-1}\boldsymbol{\eta}_2,\end{aligned}$$

即第 n 年的城镇人口数与农村人口数分布状态为

$$\begin{bmatrix}x_n\\y_n\end{bmatrix}=\begin{bmatrix}\dfrac{2}{3}m+\dfrac{1}{3}(x_1-2y_1)(0.7)^{n-1}\\[2mm]\dfrac{1}{3}m-\dfrac{1}{3}(x_1-2y_1)(0.7)^{n-1}\end{bmatrix}.\tag{6-1-3}$$

如果在式(6-1-3)中，令 $n\to\infty$，有 $\lim\limits_{n\to\infty}x_n=\dfrac{2}{3}m$，$\lim\limits_{n\to\infty}y_n=\dfrac{1}{3}m$．

这表明,该省的城镇人口与农村人口最终会趋于一个“稳定状态”,即最终该省人口趋于平均每 3 人中有 2 人城镇人口,1 人为农村人口.同时可以看出,人口数比例将主要由最大的正特征值 λ_1 所对应的特征向量决定.随着年度的增加,这一特征愈加明显.

以上实例不仅在人们的社会生活、经济生活中会广泛遇到,其分析方法还适用于工程技术等其他领域中动态系统的研究上,这类系统具有相同形式的数学模型,即 $\boldsymbol{\alpha}_{n+1}=\boldsymbol{A}\boldsymbol{\alpha}_n$ 或 $\boldsymbol{\alpha}_{n+1}=\boldsymbol{A}^n\boldsymbol{\alpha}_1$($\boldsymbol{\alpha}_1$ 为初始状态向量).注意到上面采用的计算方法是向量运算的方法,下面将引进相似矩阵和矩阵对角化,介绍另一种矩阵运算方法来快速计算 $\boldsymbol{A}^n$.这也是常用且使用范围更为广泛的重要方法.

6.2 相似矩阵

6.2.1 相似矩阵的概念与性质

定义 6.2.1 设 $\boldsymbol{A},\boldsymbol{B}$ 是两个 n 阶方阵,如果存在可逆矩阵 $\boldsymbol{P}$ 使

$$\boldsymbol{P}^{-1}\boldsymbol{A}\boldsymbol{P}=\boldsymbol{B}$$

成立,则称 $\boldsymbol{B}$ 是 $\boldsymbol{A}$ 的相似矩阵,或称 $\boldsymbol{A}$ 与 $\boldsymbol{B}$ 相似,称运算 $\boldsymbol{P}^{-1}\boldsymbol{A}\boldsymbol{P}$ 是对 $\boldsymbol{A}$ 进行相似变换,称 $\boldsymbol{P}$ 是把 $\boldsymbol{A}$ 变成 $\boldsymbol{B}$ 的相似变换矩阵.

相似是矩阵之间的一种关系,容易验证矩阵的相似关系是一种等价关系,即具有

(1)(反身性)$\boldsymbol{A}\sim\boldsymbol{B}$;

(2)(对称性)如果 $\boldsymbol{A}\sim\boldsymbol{B}$,则 $\boldsymbol{B}\sim\boldsymbol{A}$;

(3)(传递性性)如果 $\boldsymbol{A}\sim\boldsymbol{B},\boldsymbol{B}\sim\boldsymbol{C}$,则 $\boldsymbol{A}\sim\boldsymbol{C}$.

根据定义 6.2.1 可知,如果 $\boldsymbol{B}$ 是 $\boldsymbol{A}$ 的相似矩阵,$\boldsymbol{P}$ 是把 $\boldsymbol{A}$ 变成 $\boldsymbol{B}$ 的相似变换矩阵,则 $\boldsymbol{A}$ 也是 $\boldsymbol{B}$ 的相似矩阵,$\boldsymbol{P}^{-1}$ 是把 $\boldsymbol{B}$ 变成 $\boldsymbol{A}$ 的相似变换矩阵,相似矩阵有如下性质.

性质 6.2.1 如果 $\boldsymbol{A}$ 与 $\boldsymbol{B}$ 相似,则 $\boldsymbol{A}$ 与 $\boldsymbol{B}$ 有相同的特征多项式,从而有相同的特征值且 $\boldsymbol{A}$ 与 $\boldsymbol{B}$ 的迹相等.

证明:已知 $\boldsymbol{A}\sim\boldsymbol{B}$,则存在一个可逆矩阵 $\boldsymbol{P}$,使 $\boldsymbol{P}^{-1}\boldsymbol{A}\boldsymbol{P}=\boldsymbol{B}$,则

$$\begin{aligned}|\lambda\boldsymbol{E}-\boldsymbol{B}|&=|\lambda\boldsymbol{E}-\boldsymbol{P}^{-1}\boldsymbol{A}\boldsymbol{P}|=|\boldsymbol{P}^{-1}(\lambda\boldsymbol{E})\boldsymbol{P}-\boldsymbol{P}^{-1}\boldsymbol{A}\boldsymbol{P}|\\&=|\boldsymbol{P}^{-1}(\lambda\boldsymbol{E}-\boldsymbol{A})\boldsymbol{P}|=|\boldsymbol{P}^{-1}|\,|\lambda\boldsymbol{E}-\boldsymbol{A}|\,|\boldsymbol{P}|\\&=|\lambda\boldsymbol{E}-\boldsymbol{A}|,\end{aligned}$$

即 $\boldsymbol{A}$ 与 $\boldsymbol{B}$ 有相同的特征多项式,从而有相同的特征值 $\lambda_1,\lambda_2,\cdots,\lambda_n$,此时

$$\mathrm{tr}\boldsymbol{A} = \mathrm{tr}\boldsymbol{B} = \sum_{i=1}^{n}\lambda_i,$$

从而 $\boldsymbol{A}$ 与 $\boldsymbol{B}$ 的迹相等.

性质 6.2.2 如果 $\boldsymbol{A}$ 与 $\boldsymbol{B}$ 相似,则

(1) $|\boldsymbol{A}|=|B|$ 且 $\boldsymbol{A}^m \sim \boldsymbol{B}^m$,其中 m 是任意正整数;

(2)当 $\boldsymbol{A}$ 可逆时,$\boldsymbol{B}$ 可逆且 $\boldsymbol{A}^{-1} \sim \boldsymbol{B}^{-1}$.

证明:(1)已知 $\boldsymbol{A} \sim \boldsymbol{B}$,则存在一个可逆矩阵 $\boldsymbol{P}$,使 $\boldsymbol{P}^{-1}\boldsymbol{A}\boldsymbol{P}=\boldsymbol{B}$,则

$$|\boldsymbol{B}|=|\boldsymbol{P}^{-1}\boldsymbol{A}\boldsymbol{P}|=|\boldsymbol{P}^{-1}||\boldsymbol{A}||\boldsymbol{P}|=|\boldsymbol{A}|.$$

因为 $\boldsymbol{P}^{-1}\boldsymbol{A}\boldsymbol{P}=\boldsymbol{B}$,我们假设 $m=k$ 时,$\boldsymbol{P}^{-1}\boldsymbol{A}^k\boldsymbol{P}=\boldsymbol{B}^k$ 成立,则

$$\boldsymbol{B}^{k+1}=\boldsymbol{B}\boldsymbol{B}^k=(\boldsymbol{P}^{-1}\boldsymbol{A}\boldsymbol{P})(\boldsymbol{P}^{-1}\boldsymbol{A}^k\boldsymbol{P})=\boldsymbol{P}^{-1}\boldsymbol{A}(\boldsymbol{P}\boldsymbol{P}^{-1})\boldsymbol{A}^k\boldsymbol{P}=\boldsymbol{P}^{-1}\boldsymbol{A}^{k+1}\boldsymbol{P}.$$

由数学归纳法可知,对任意 m,$\boldsymbol{P}^{-1}\boldsymbol{A}^m\boldsymbol{P}=\boldsymbol{B}^m$ 成立,即 $\boldsymbol{A}^m \sim \boldsymbol{B}^m$.

(2)因为 $\boldsymbol{P}^{-1}\boldsymbol{A}\boldsymbol{P}=\boldsymbol{B}$,则当 $\boldsymbol{A}$ 可逆时,$\boldsymbol{B}$ 也可逆且 $(\boldsymbol{P}^{-1}\boldsymbol{A}\boldsymbol{P})^{-1}=\boldsymbol{B}^{-1}$,即

$$\boldsymbol{P}^{-1}\boldsymbol{A}^{-1}\boldsymbol{P}=\boldsymbol{B}^{-1},$$

从而 $\boldsymbol{A}^{-1} \sim \boldsymbol{B}^{-1}$.

性质 6.2.3 设 $\boldsymbol{A}$ 与 $\boldsymbol{B}$ 相似,$f(x)$ 为一多项式,那么 $f(\boldsymbol{A})$ 与 $f(\boldsymbol{B})$ 相似.

证明:设 $f(x)=a_0+a_1x+\cdots+a_mx^m$,因为 $\boldsymbol{A}$ 与 $\boldsymbol{B}$ 相似,则存在一个可逆矩阵 $\boldsymbol{P}$ 使 $\boldsymbol{P}^{-1}\boldsymbol{A}\boldsymbol{P}=\boldsymbol{B}$,则

$$\begin{aligned}
f(\boldsymbol{B})&=a_0\boldsymbol{E}+a_1B+\cdots+a_mB^m\\
&=a_0\boldsymbol{P}^{-1}\boldsymbol{E}\boldsymbol{P}+a_1(\boldsymbol{P}^{-1}\boldsymbol{A}\boldsymbol{P})+\cdots+a_m(\boldsymbol{P}^{-1}\boldsymbol{A}\boldsymbol{P})^m\\
&=\boldsymbol{P}^{-1}(a_0\boldsymbol{E})\boldsymbol{P}+\boldsymbol{P}^{-1}(a_1\boldsymbol{A})\boldsymbol{P}+\cdots+\boldsymbol{P}^{-1}(a_m\boldsymbol{A}^m)\boldsymbol{P}\\
&=\boldsymbol{P}^{-1}(a_0\boldsymbol{E}+a_1\boldsymbol{A}+\cdots+a_m\boldsymbol{A}^m)\boldsymbol{P},
\end{aligned}$$

即 $f(\boldsymbol{A})$ 与 $f(\boldsymbol{B})$ 相似.

例 6.2.1 已知方阵 $\boldsymbol{A}=\begin{bmatrix}2&0&0\\0&0&1\\0&1&x\end{bmatrix}$ 与 $\boldsymbol{B}=\begin{bmatrix}2&&\\&y&\\&&-1\end{bmatrix}$ 相似,试求 x 与 y 的值.

解:因为 $\boldsymbol{A}$ 与 $\boldsymbol{B}$ 相似,所以

$$\mathrm{tr}\boldsymbol{A}=\mathrm{tr}\boldsymbol{B},\ |\boldsymbol{A}|=|B|,$$

即

$$\begin{cases}2+x=2+y-1,\\-2=-2y,\end{cases}$$

解得

$$\begin{cases}x=0,\\y=1.\end{cases}$$

6.2.2 方阵的相似对角化

如果 n 阶矩阵 $\boldsymbol{A}$ 可以相似于 n 阶对角阵 $\boldsymbol{\Lambda}$，则称 $\boldsymbol{A}$ 可以对角化，$\boldsymbol{\Lambda}$ 称为 $\boldsymbol{A}$ 的相似标准形. $\boldsymbol{A}$ 与一个对角阵相似，即能找到一个可逆矩阵 $\boldsymbol{P}$，使得 $\boldsymbol{P}^{-1}\boldsymbol{A}\boldsymbol{P}=\boldsymbol{\Lambda}$，下面讨论方阵可对角化的条件.

定理 6.2.1 n 阶矩阵 $\boldsymbol{A}$ 相似于 n 阶对角阵 $\boldsymbol{\Lambda}$ 的充分必要条件是 $\boldsymbol{A}$ 有 n 个线性无关的特征向量，其中，$\boldsymbol{\Lambda}=\mathrm{diag}(\lambda_1,\lambda_2,\cdots,\lambda_n)$，$\lambda_1,\lambda_2,\cdots,\lambda_n$ 是 $\boldsymbol{A}$ 的 n 个特征值.

证明：必要性：如果 n 阶矩阵 $\boldsymbol{A}$ 相似于 n 阶对角阵 $\boldsymbol{\Lambda}$，则存在可逆矩阵 $\boldsymbol{P}$，使得 $\boldsymbol{P}^{-1}\boldsymbol{A}\boldsymbol{P}=\boldsymbol{\Lambda}$，其中，$\boldsymbol{\Lambda}=\mathrm{diag}(\lambda_1,\lambda_2,\cdots,\lambda_n)$ 或写成 $\boldsymbol{A}\boldsymbol{P}=\boldsymbol{P}\boldsymbol{\Lambda}$. 将矩阵 $\boldsymbol{P}$ 按列分块，令 $\boldsymbol{P}=(\boldsymbol{\alpha}_1,\boldsymbol{\alpha}_2,\cdots,\boldsymbol{\alpha}_n)$，则

$$\boldsymbol{A}(\boldsymbol{\alpha}_1,\boldsymbol{\alpha}_2,\cdots,\boldsymbol{\alpha}_n)=(\boldsymbol{\alpha}_1,\boldsymbol{\alpha}_2,\cdots,\boldsymbol{\alpha}_n)\begin{bmatrix}\lambda_1 & & & \\ & \lambda_2 & & \\ & & \vdots & \\ & & & \lambda_n\end{bmatrix}=(\lambda_1\boldsymbol{\alpha}_1,\lambda_2\boldsymbol{\alpha}_2,\cdots,\lambda_n\boldsymbol{\alpha}_n),$$

可得

$$\boldsymbol{A}\boldsymbol{\alpha}_i=\lambda_i\boldsymbol{\alpha}_i\,(i=1,2,\cdots,n).$$

因为 $\boldsymbol{P}$ 可逆，$\boldsymbol{P}$ 必不含零列，即 $\alpha_i\neq 0\,(i=1,2,\cdots,n)$ 且 $\boldsymbol{\alpha}_1,\boldsymbol{\alpha}_2,\cdots,\boldsymbol{\alpha}_n$ 线性无关，所以 $\boldsymbol{\alpha}_i$ 是 $\boldsymbol{A}$ 属于特征值 λ_i 的特征向量且 $\boldsymbol{\alpha}_1,\boldsymbol{\alpha}_2,\cdots,\boldsymbol{\alpha}_n$ 线性无关.

充分性：设 $\boldsymbol{\alpha}_1,\boldsymbol{\alpha}_2,\cdots,\boldsymbol{\alpha}_n$ 是 $\boldsymbol{A}$ 的 n 个线性无关的特征向量，它们对应的特征值分别是 $\lambda_1,\lambda_2,\cdots,\lambda_n$，令 $\boldsymbol{P}=(\boldsymbol{\alpha}_1,\boldsymbol{\alpha}_2,\cdots,\boldsymbol{\alpha}_n)$，则 $\boldsymbol{P}$ 可逆，这时

$$\begin{aligned}\boldsymbol{A}\boldsymbol{P}&=\boldsymbol{A}(\boldsymbol{\alpha}_1,\boldsymbol{\alpha}_2,\cdots,\boldsymbol{\alpha}_n)=(\boldsymbol{A}\boldsymbol{\alpha}_1,\boldsymbol{A}\boldsymbol{\alpha}_2,\cdots,\boldsymbol{A}\boldsymbol{\alpha}_n)\\&=(\lambda_1\boldsymbol{\alpha}_1,\lambda_2\boldsymbol{\alpha}_2,\cdots,\lambda_n\boldsymbol{\alpha}_n)\\&=(\boldsymbol{\alpha}_1,\boldsymbol{\alpha}_2,\cdots,\boldsymbol{\alpha}_n)\begin{bmatrix}\lambda_1 & & & \\ & \lambda_2 & & \\ & & \vdots & \\ & & & \lambda_n\end{bmatrix},\end{aligned}$$

两边左乘 $\boldsymbol{P}^{-1}$，可得

$$\boldsymbol{P}^{-1}\boldsymbol{A}\boldsymbol{P}=\boldsymbol{\Lambda},$$

即 $\boldsymbol{A}$ 与对角阵 Λ 相似.

$\boldsymbol{A}$ 的属于不同特征值的特征向量线性无关，所以很容易得到下面的推论.

推论 6.2.1 如果 n 阶矩阵 $\boldsymbol{A}$ 有 n 个互不相同的特征值 $\lambda_1,\lambda_2,\cdots,\lambda_n$，则 $\boldsymbol{A}$ 与对角阵 $\boldsymbol{\Lambda}$ 相似，其中 $\boldsymbol{\Lambda}=\mathrm{diag}(\lambda_1,\lambda_2,\cdots,\lambda_n)$.

证明:假设 $\boldsymbol{A}$ 的不同的特征值为 $\lambda_1,\lambda_2,\cdots,\lambda_s(s\leqslant n)$,且 λ_i 的重数为 n_i,则 $n_1+n_2+\cdots n_s=n$. 对每个 $\lambda_i(i=1,2,\cdots,s)$,如果 $r(\lambda_i\boldsymbol{E}-\boldsymbol{A})=n-n_i$,从而齐次线性方程组 $(\lambda_i\boldsymbol{E}-\boldsymbol{A})\boldsymbol{X}=\boldsymbol{0}$ 的基础解系一定会有 n_i 个线性无关的特征向量,矩阵 $\boldsymbol{A}$ 有 n 个线性无关的特征向量,再根据定理 6.2.1 可得 $\boldsymbol{A}$ 可以对角化.

反过来,如果 $\boldsymbol{A}$ 相似于对角矩阵 $\boldsymbol{\Lambda}$,则对 $\boldsymbol{A}$ 的 n_i 重特征值 λ_i,矩阵 $(\lambda_i\boldsymbol{E}-\boldsymbol{A})$ 的秩一定是 $n-n_i$.

这里需要注意的是此推论只是 $\boldsymbol{A}$ 可对角化的充分条件,不是必要条件. 方阵 $\boldsymbol{A}$ 可对角化并不能判定 $\boldsymbol{A}$ 必有 n 个互不相同的特征值.

定理 6.2.2 n 阶矩阵 $\boldsymbol{A}$ 与 n 阶对角阵相似的充分必要条件是 $\boldsymbol{A}$ 的每个 n_i 重特征值 λ_i 都有 n_i 个线性无关的特征向量.

回顾例 6.1.1 和例 6.1.2,在例 6.1.1 中,矩阵 $\boldsymbol{A}=\begin{bmatrix}4 & 6 & 0\\ -3 & -5 & 0\\ -3 & -6 & 1\end{bmatrix}$ 有三个线性无关的特征向量

$$\boldsymbol{\alpha}_1=(-1,1,1)^{\mathrm{T}},\boldsymbol{\alpha}_2=(0,0,1)^{\mathrm{T}},\boldsymbol{\alpha}_3=(-2,1,0)^{\mathrm{T}},$$

所以 $\boldsymbol{A}$ 可对角化. 此时,令

$$\boldsymbol{P}=\begin{bmatrix}-1 & 0 & -2\\ 1 & 0 & 1\\ 1 & 1 & 0\end{bmatrix},$$

那么

$$\boldsymbol{P}^{-1}\boldsymbol{A}\boldsymbol{P}=\begin{bmatrix}-2 & & \\ & 1 & \\ & & 1\end{bmatrix}.$$

而在矩阵 $\boldsymbol{A}=\begin{bmatrix}1 & 1 & 0\\ 0 & 1 & 0\\ 0 & 0 & 2\end{bmatrix}$ 只有两个线性无关的特征向量,所以 $\boldsymbol{A}$ 不能相似于对角阵.

例 6.2.2 判断矩阵 $\boldsymbol{A}=\begin{bmatrix}2 & -1 & 1\\ 0 & 3 & -1\\ 2 & 1 & 3\end{bmatrix}$ 可否对角化.

解:$\boldsymbol{A}$ 的特征多项式为

$$|\lambda\boldsymbol{E}-\boldsymbol{A}|=\begin{vmatrix}\lambda-2 & 1 & -1\\ 0 & \lambda-3 & 1\\ -2 & -1 & \lambda-3\end{vmatrix}=(\lambda-2)^2(\lambda-4),$$

易得 A 的特征值为 $\lambda_1=\lambda_2=2,\lambda_3=4$.

当 $\lambda_1=\lambda_2=2$ 时，解 $(2E-A)X=0$ 可得基础解系为 $\eta_1=(-1,-1,1)^T$，即为 A 的属于 $\lambda_1=\lambda_2=2$ 的特征向量；

当 $\lambda_3=4$ 时，解 $(2E-A)X=0$ 可得基础解系为 $\eta_2=(1,-1,1)^T$，即为 A 的属于 $\lambda_3=4$ 的特征向量.

因为三阶矩阵 A 只有两个线性无关的特征向量，所以 A 不能对角化.

例 6.2.3 设 $A=\begin{bmatrix}1&0&0\\-2&2&-2\\-2&4&-1\end{bmatrix}$.

(1)证明 A 可对角化；

(2)求相似变换阵 P，使 $P^{-1}AP$ 为对角矩阵；

(3)求 A^k（k 为任意正整数）.

解：(1)因为 A 的特征多项式为

$$|\lambda E-A|=\begin{vmatrix}\lambda-1&0&0\\2&\lambda-5&2\\2&-4&\lambda+1\end{vmatrix}=(\lambda-1)^2(\lambda-3),$$

易得 A 的特征值为 $\lambda_1=\lambda_2=1,\lambda_3=3$.

当 $\lambda_1=\lambda_2=1$ 时，解 $(E-A)X=0$ 可得基础解系为 $\eta_1=(2,1,0)^T$，$\eta_2=(-1,0,1)^T$，即为 A 的属于 $\lambda_1=\lambda_2=1$ 的线性无关的特征向量；

当 $\lambda_3=3$ 时，解 $(3E-A)X=0$ 可得基础解系为 $\eta_3=(0,1,1)^T$，即为 A 的属于 $\lambda_3=3$ 的特征向量.

属于不同特征值的特征向量线性无关，即 η_1,η_2,η_3 线性无关，所以 A 可对角化.

(2)设

$$P=(\eta_1,\eta_2,\eta_3)=\begin{bmatrix}2&-1&0\\1&0&1\\0&1&1\end{bmatrix},$$

那么 $P^{-1}AP=\begin{bmatrix}1&&\\&1&\\&&3\end{bmatrix}$ 为对角矩阵.

(3)由(2)可得

$$A=P\begin{bmatrix}1&&\\&1&\\&&3\end{bmatrix}P^{-1},$$

所以

$$A^k=P\begin{bmatrix}1&&\\&1&\\&&3\end{bmatrix}^k P^{-1}=P\begin{bmatrix}1&&\\&1&\\&&3^k\end{bmatrix}P^{-1}$$

$$=\begin{bmatrix}1&0&0\\1-3^k&-1+2\cdot 3^k&1-3^k\\1-3^k&-2+2\cdot 3^k&2-3^k\end{bmatrix}.$$

例 6.2.2 和例 6.2.3 说明当 n 阶矩阵 $\boldsymbol{A}$ 的特征方程有 $k\ (k\geqslant 2)$ 重根时，就不一定有 n 个线性无关的特征向量，从而不一定能对角化. 在例 6.2.2 中，$\boldsymbol{A}$ 的特征方程有 2 重特征根 2，确实找不到 3 个线性无关的特征向量，所以例 6.2.2 中的 $\boldsymbol{A}$ 不能对角化；而在例 6.2.3 中 $\boldsymbol{A}$ 的特征方程有 2 重特征根 1，但是却能找到 3 个线性无关的特征向量，所以例 6.2.3 中的 $\boldsymbol{A}$ 能对角化.

例 6.2.4　设 $\boldsymbol{A}=\begin{bmatrix}2&-1&2\\5&a&3\\-1&b&-2\end{bmatrix}$ 的一个特征向量是 $\boldsymbol{\eta}=(1,1,-1)^{\mathrm{T}}$，求：

(1)参数 a,b 的值以及 $\boldsymbol{A}$ 的与 $\boldsymbol{\eta}$ 对应的特征值；

(2)$\boldsymbol{A}$ 是否可相似对角化.

解：(1)设 $\boldsymbol{A}$ 的与特征向量 $\boldsymbol{\eta}$ 对应的特征值为 λ，则

$$(\lambda \boldsymbol{E}-\boldsymbol{A})\boldsymbol{\eta}=0,$$

即

$$\begin{bmatrix}\lambda-2&1&-2\\-5&\lambda-a&-3\\1&-b&\lambda+2\end{bmatrix}=\begin{bmatrix}0\\0\\0\end{bmatrix},$$

由

$$\begin{cases}\lambda+1=0,\\\lambda-a-2=0,\\\lambda+b+1=0,\end{cases}$$

解得

$$\begin{cases}\lambda=-1,\\a=-3,\\b=0.\end{cases}$$

(2)由(1)可得

$$A=\begin{bmatrix}2 & -1 & 2\\ 5 & -3 & 3\\ -1 & 0 & -2\end{bmatrix},$$

A 的特征多项式为

$$|\lambda E-A|=\begin{vmatrix}\lambda-2 & 1 & -2\\ -5 & \lambda+3 & -3\\ 1 & 0 & \lambda+2\end{vmatrix}=-(\lambda+1)^3,$$

易得 A 的特征值为 $\lambda_1=\lambda_2=\lambda_3=-1$.

因为

$$-E-A=\begin{bmatrix}-3 & 1 & -2\\ -5 & 2 & -3\\ 1 & 0 & 1\end{bmatrix}\to\begin{bmatrix}1 & 0 & 1\\ 0 & 1 & 1\\ 0 & 0 & 0\end{bmatrix},$$

则

$$r(-E-A)=2,$$

齐次线性方程组 $(-E-A)X=0$ 的基础解系含有一个向量，即 A 的线性无关的特征向量只有一个，所以 A 不能对角化.

6.3 实对称矩阵的相似对角化

6.3.1 实对称矩阵的定义

定义 6.3.1 A 为 n 阶方阵，如果 $\overline{A}=A$，则称 A 为对称矩阵. 元素均为实数的对称矩阵称为实对称矩阵.

我们已经知道不是任何方阵都能相似对角化，但是有一类非常重要的矩阵，即实对称矩阵一定与实对角阵相似.

6.3.2 实对称矩阵的对角化问题

一般 n 阶矩阵未必能与对角矩阵相似，而实对称矩阵则一定能够与对角矩阵相似.

定理 6.3.1 设 A 为 n 阶实对称矩阵，则必存在正交矩阵 P，使得

$$P^{-1}AP=\mathrm{diag}(\lambda_1,\lambda_2,\cdots,\lambda_n),$$

其中 $\lambda_1,\lambda_2,\cdots,\lambda_n$ 为 A 的 n 个特征值.

证明：设 A 的互不相同的特征值为 $\lambda_1,\lambda_2,\cdots,\lambda_s$，它们的重数依次为 r_1，$r_2,\cdots,r_s(r_1+r_2+\cdots+r_s=n)$.

对应于特征值 $\lambda_i(i=1,2,\cdots,s)$ 恰有 r_i 个线性无关的实特征向量，把它们标准正交化，就可以得到 r_i 个单位正交的特征向量，由 $r_1+r_2+\cdots+r_s=n$ 可知，这样的特征向量共有 n 个. 又有，$\boldsymbol{A}$ 的属于不同特征值的特征向量是正交的，所以这 n 个单位特征向量两两正交，以它们为列向量构成正交矩阵 $\boldsymbol{P}$，并有

$$\boldsymbol{P}^{-1}\boldsymbol{AP}=\boldsymbol{P}^{-1}\boldsymbol{A\Lambda}=\boldsymbol{\Lambda}=\mathrm{diag}(\lambda_1,\lambda_2,\cdots,\lambda_n),$$

其中 $\lambda_1,\lambda_2,\cdots,\lambda_n$ 为 $\boldsymbol{A}$ 的 n 个特征值.

推论 6.3.1　任一 n 阶实对称矩阵 $\boldsymbol{A}$ 的每个 n_i 重特征值一定有 n_i 个线性无关的特征向量，从而(再由 Schmidt 方法)一定有 n_i 个标准正交的特征向量.

根据定理 6.3.1 可知，实对称矩阵的对角化问题实质上是求正交矩阵 $\boldsymbol{P}$ 的问题，计算 $\boldsymbol{P}$ 的步骤如下：

(1)求出实对称矩阵 $\boldsymbol{A}$ 的全部互不相等的特征值 $\lambda_1,\lambda_2,\cdots,\lambda_r$；

(2)对于各个不同的特征值 λ_i，求出齐次线性方程组 $(\boldsymbol{A}-\lambda_i\boldsymbol{E})\boldsymbol{X}=\boldsymbol{0}$ 的基础解系. 对于基础解系进行正交化和单位化，得到 $\boldsymbol{A}$ 的属于 λ_i 的一组标准正交的特征向量. 这个向量组所含向量的个数恰好是 λ_i 作为 $\boldsymbol{A}$ 的特征值的重数；

(3)将 $\lambda_i(i=1,2,\cdots,r)$ 的所有标准正交的特征向量构成一组 $\mathbf{R}^n$ 的标准正交基 $\boldsymbol{p}_1,\boldsymbol{p}_2,\cdots,\boldsymbol{p}_n$；

(4)取 $\boldsymbol{P}=(\boldsymbol{p}_1,\boldsymbol{p}_2,\cdots,\boldsymbol{p}_n)$，则 $\boldsymbol{P}$ 为正交矩阵且使得 $\boldsymbol{P}^{\mathrm{T}}\boldsymbol{AP}=\boldsymbol{P}^{-1}\boldsymbol{AP}$ 为对角阵，对角线上的元素为相应特征向量的特征值.

例 6.3.1　设矩阵

$$\boldsymbol{A}=\begin{bmatrix}2&0&0\\0&a&2\\0&2&3\end{bmatrix}$$

与

$$\boldsymbol{B}=\begin{bmatrix}1&0&0\\0&2&0\\0&0&b\end{bmatrix}$$

相似，求：

(1)a,b；

(2)正交矩阵 $\boldsymbol{P}$，使 $\boldsymbol{P}^{-1}\boldsymbol{AP}=\boldsymbol{B}$.

解：(1)因为 $\boldsymbol{A}$ 与 $\boldsymbol{B}$ 相似，所以

$$|\boldsymbol{A}|=|\boldsymbol{B}|,\ |\boldsymbol{A}|=2(3a-4),\ |\boldsymbol{B}|=2b,$$

可得

$$3a-4=b,$$

又因为 1 是 $\boldsymbol{B}$ 的特征值,所以也是 $\boldsymbol{A}$ 的特征值. 由

$$|\boldsymbol{E}-\boldsymbol{A}|=\begin{vmatrix}-1 & 0 & 0\\ 0 & 1-a & -2\\ 0 & -2 & -2\end{vmatrix}=-2a+6=0,$$

可得

$$a=3,b=5.$$

(2)$\boldsymbol{B}$ 的特征值是 1,2,5,从而 $\boldsymbol{A}$ 的特征值也是 1,2,5.

当 $\lambda_1=1$ 时,解 $(\boldsymbol{E}-\boldsymbol{A})\boldsymbol{X}=\boldsymbol{0}$,

$$\boldsymbol{E}-\boldsymbol{A}=\begin{bmatrix}-1 & 0 & 0\\ 0 & -2 & -2\\ 0 & -2 & -2\end{bmatrix}\to\begin{bmatrix}1 & 0 & 0\\ 0 & 1 & 1\\ 0 & 0 & 0\end{bmatrix},$$

可得基础解系为 $\boldsymbol{\eta}_1=(0,-1,1)^{\mathrm{T}}$.

当 $\lambda_2=2$ 时,解 $(2\boldsymbol{E}-\boldsymbol{A})\boldsymbol{X}=\boldsymbol{0}$,

$$2\boldsymbol{E}-\boldsymbol{A}=\begin{bmatrix}0 & 0 & 0\\ 0 & -1 & -2\\ 0 & -2 & -1\end{bmatrix}\to\begin{bmatrix}0 & 1 & 2\\ 0 & 0 & 1\\ 0 & 0 & 0\end{bmatrix}\to\begin{bmatrix}0 & 1 & 0\\ 0 & 0 & 1\\ 0 & 0 & 0\end{bmatrix},$$

可得基础解系为 $\boldsymbol{\eta}_2=(1,0,0)^{\mathrm{T}}$.

当 $\lambda_3=5$ 时,解 $(5\boldsymbol{E}-\boldsymbol{A})\boldsymbol{X}=\boldsymbol{0}$,

$$5\boldsymbol{E}-\boldsymbol{A}=\begin{bmatrix}3 & 0 & 0\\ 0 & 2 & -2\\ 0 & -2 & 2\end{bmatrix}\to\begin{bmatrix}1 & 0 & 0\\ 0 & 1 & -1\\ 0 & 0 & 0\end{bmatrix},$$

可得基础解系为 $\boldsymbol{\eta}_3=(0,1,1)^{\mathrm{T}}$.

将 $\boldsymbol{\eta}_1,\boldsymbol{\eta}_2,\boldsymbol{\eta}_3$ 单位化得

$$\boldsymbol{e}_1=\frac{\boldsymbol{\eta}_1}{|\boldsymbol{\eta}_1|}=\left(0,-\frac{\sqrt{2}}{2},\frac{\sqrt{2}}{2}\right)^{\mathrm{T}},\boldsymbol{e}_2=\frac{\boldsymbol{\eta}_2}{|\boldsymbol{\eta}_2|}=(1,0,0)^{\mathrm{T}},$$

$$\boldsymbol{e}_3=\frac{\boldsymbol{\eta}_3}{|\boldsymbol{\eta}_3|}=\left(0,\frac{\sqrt{2}}{2},\frac{\sqrt{2}}{2}\right)^{\mathrm{T}}.$$

令

$$\boldsymbol{P}=(\boldsymbol{e}_1,\boldsymbol{e}_2,\boldsymbol{e}_3)=\begin{bmatrix}0 & 1 & 0\\ -\frac{\sqrt{2}}{2} & 0 & \frac{\sqrt{2}}{2}\\ \frac{\sqrt{2}}{2} & 0 & \frac{\sqrt{2}}{2}\end{bmatrix},$$

则 $\boldsymbol{P}$ 是正交矩阵,且

$$P^{-1}AP=\begin{bmatrix}1&0&0\\0&2&0\\0&0&5\end{bmatrix}=B.$$

例 6.3.2 设

$$A=\begin{bmatrix}-1&0&2\\0&1&2\\2&2&0\end{bmatrix},$$

试求正交矩阵 P,使 $P^{-1}AP$ 为对角阵.

解:

$$|\lambda E-A|=\begin{vmatrix}\lambda+1&0&-2\\0&\lambda-1&-2\\-2&-2&\lambda\end{vmatrix}=\lambda(\lambda-3)(\lambda+3)=0,$$

易得 A 的特征根是 0,3,−3.

当 $\lambda=0$ 时,解 $-AX=\mathbf{0}$,

$$-A=\begin{bmatrix}1&0&-2\\0&-1&-2\\-2&-2&0\end{bmatrix}\to\begin{bmatrix}1&0&-2\\0&1&2\\0&-2&-4\end{bmatrix}\to\begin{bmatrix}1&0&-2\\0&1&2\\0&0&0\end{bmatrix},$$

可得 $-AX=\mathbf{0}$ 的同解方程组是

$$\begin{cases}x_1=2x_3,\\x_1=-2x_3,\end{cases}$$

基础解系是 $\boldsymbol{\eta}_1=(2,-2,1)^{\mathrm T}$.

当 $\lambda=3$ 时,解 $(3E-A)X=\mathbf{0}$,

$$3E-A=\begin{bmatrix}4&0&-2\\0&2&-2\\-2&-2&3\end{bmatrix}\to\begin{bmatrix}2&0&-1\\0&2&-2\\0&-2&2\end{bmatrix}\to\begin{bmatrix}2&0&-1\\0&1&-1\\0&0&0\end{bmatrix},$$

可得 $(3E-A)X=\mathbf{0}$ 的同解方程组是

$$\begin{cases}2x_1=x_3,\\x_2=x_3,\end{cases}$$

基础解系是 $\boldsymbol{\eta}_2=(1,2,2)^{\mathrm T}$.

当 $\lambda=-3$ 时,解 $(-3E-A)X=\mathbf{0}$,

$$-3E-A=\begin{bmatrix}-2&0&-2\\0&-4&-2\\-2&-2&-3\end{bmatrix}\to\begin{bmatrix}1&0&1\\0&2&1\\0&-2&-1\end{bmatrix}\to\begin{bmatrix}1&0&1\\0&2&1\\0&0&0\end{bmatrix},$$

可得 $(-3E-A)X=\mathbf{0}$ 的同解方程组是

$$\begin{cases} x_1=-x_3, \\ 2x_2=-x_3, \end{cases}$$

基础解系是 $\boldsymbol{\eta}_3=(2,1,-2)^{\mathrm{T}}$.

$\boldsymbol{\eta}_1,\boldsymbol{\eta}_2,\boldsymbol{\eta}_3$ 是两两正交的,下面将 $\boldsymbol{\eta}_1,\boldsymbol{\eta}_2,\boldsymbol{\eta}_3$ 单位化得

$$\boldsymbol{e}_1=\frac{\boldsymbol{\eta}_1}{|\boldsymbol{\eta}_1|}=\left(\frac{2}{3},-\frac{2}{3},\frac{1}{3}\right)^{\mathrm{T}},\boldsymbol{e}_2=\frac{\boldsymbol{\eta}_2}{|\boldsymbol{\eta}_2|}=\left(\frac{1}{3},\frac{2}{3},\frac{2}{3}\right)^{\mathrm{T}},$$

$$\boldsymbol{e}_3=\frac{\boldsymbol{\eta}_3}{|\boldsymbol{\eta}_3|}=\left(\frac{2}{3},\frac{1}{3},-\frac{2}{3}\right)^{\mathrm{T}}.$$

令

$$\boldsymbol{P}=(\boldsymbol{e}_1,\boldsymbol{e}_2,\boldsymbol{e}_3)=\begin{bmatrix} \frac{2}{3} & \frac{1}{3} & \frac{2}{3} \\ -\frac{2}{3} & \frac{2}{3} & \frac{1}{3} \\ \frac{1}{3} & \frac{2}{3} & -\frac{2}{3} \end{bmatrix},$$

则 $\boldsymbol{P}$ 是正交矩阵,且

$$\boldsymbol{P}^{\mathrm{T}}\boldsymbol{A}\boldsymbol{P}=\boldsymbol{\Lambda}=\begin{bmatrix} 0 & & \\ & 3 & \\ & & -3 \end{bmatrix}.$$

例 6.3.3 已知三阶实对称矩阵 $\boldsymbol{A}$ 的特征多项式为 $(\lambda-1)^2(\lambda-10)$,且 $\boldsymbol{\alpha}_3=(1,2,-2)^{\mathrm{T}}$ 是 $\boldsymbol{A}$ 的对应于 $\lambda=10$ 的特征向量,求 $\boldsymbol{A}$.

解:这是一个对角化的"反问题".根据推论 6.3.1,$\boldsymbol{A}$ 的二重特征值 $\lambda=1$ 有两个线性无关的特征向量.它们都与 $\boldsymbol{\alpha}_3$ 正交.根据正交条件,$\boldsymbol{\alpha}_1,\boldsymbol{\alpha}_2$ 的分量都满足方程

$$x_1+2x_2-2x_3=0,$$

由此可以求出两个正交特征向量

$$\boldsymbol{\alpha}_1=(2,1,2)^{\mathrm{T}},\boldsymbol{\alpha}_2=(-2,2,1)^{\mathrm{T}},$$

将正交向量组 $\boldsymbol{\alpha}_1,\boldsymbol{\alpha}_2,\boldsymbol{\alpha}_3$ 单位化,可得正交矩阵

$$\boldsymbol{P}=\begin{bmatrix} \frac{2}{3} & -\frac{2}{3} & \frac{1}{3} \\ \frac{1}{3} & \frac{2}{3} & \frac{2}{3} \\ \frac{2}{3} & \frac{1}{3} & -\frac{2}{3} \end{bmatrix},$$

它满足

$$\boldsymbol{P}^{\mathrm{T}}\boldsymbol{A}\boldsymbol{P}=\boldsymbol{P}^{-1}\boldsymbol{A}\boldsymbol{P}=\boldsymbol{\Lambda}=\begin{bmatrix} 1 & & \\ & 1 & \\ & & 10 \end{bmatrix},$$

由此可得

$$\boldsymbol{A}=\boldsymbol{P}\boldsymbol{\Lambda}\boldsymbol{P}^{\mathrm{T}}=\begin{bmatrix}2 & 2 & -2\\ 2 & 5 & -4\\ -2 & 4 & 5\end{bmatrix}.$$

顺便指出：由于正交特征向量 $\boldsymbol{\alpha}_1,\boldsymbol{\alpha}_2$ 有无穷多种取法，所以正交矩阵 $\boldsymbol{P}$ 也有无穷多种取法. 但乘积 $\boldsymbol{P\Lambda P}^{\mathrm{T}}=\boldsymbol{A}$ 是唯一的. 为此我们用线性变换的观点作一几何的说明：三阶实对称矩阵 $\boldsymbol{A}$ 在 $\mathbf{R}^3$ 上定义了一个线性变换，此变换在把平行于 $\boldsymbol{\alpha}_3=(1,2,-2)^{\mathrm{T}}$ 任一向量放大 10 倍($\boldsymbol{A\alpha}_3=10\boldsymbol{\alpha}$)；而在过原点的以 $\boldsymbol{\alpha}_3$ 为法向量的平面 π：$x_1+2x_2-2x_3=0$ 上，任一向量保持不变($\boldsymbol{A\beta}=\boldsymbol{\beta}$). 因为 $\mathbf{R}^3$ 中任一向量都能唯一地分解成 $\boldsymbol{\alpha}_3$ 方向上的一向量 $\boldsymbol{\alpha}$ 及 π 上一向量 $\boldsymbol{\beta}$ 的和，所以这样的变换以及变换的矩阵是唯一确定的. 严格证明略.

6.4　特征值的应用实例分析

6.4.1　生产规模问题

某公司对所生产的产品通过市场营销调查的统计资料表明，已经使用本公司的产品的客户中有 60%表明仍将继续购买该公式的产品，在尚未使用该产品的被调查者中 25%表示将购买该产品，目前该产品在市场中的占有率有 60%，能否预测 k 年后该产品的市场占有状况？

一个系统的每个状态的概率如果仅与紧靠在它前面的状态有关，称这样的一种连续过程为马可科夫过程.

若系统有几种可能的状态，记为 $1,2,\cdots,n$. 假设在某个观察期间它的状态为 $j(1\leqslant j\leqslant n)$. 而在下个观察期间它的状态为 $i(1\leqslant i\leqslant n)$的概率为 $\boldsymbol{p}_{ij}$，称 $\boldsymbol{p}_{ij}$ 为转移概率，不随时间变化，取值为 $0\leqslant \boldsymbol{p}_{ij}\leqslant 1$，且满足

$$\boldsymbol{p}_{ij}+\boldsymbol{p}_{2j}+\cdots+\boldsymbol{p}_{nj}=1$$

称矩阵 $\boldsymbol{P}=(\boldsymbol{p}_{ij})_{n\times m}$ 为概率矩阵或转移矩阵.

在本例中，概率矩阵为

$$\boldsymbol{P}=\begin{bmatrix}\boldsymbol{p}_{11} & \boldsymbol{p}_{12}\\ \boldsymbol{p}_{21} & \boldsymbol{p}_{22}\end{bmatrix}=\begin{bmatrix}0.6 & 0.25\\ 0.4 & 0.75\end{bmatrix}.$$

其中，$\boldsymbol{p}_{11}$ 表示原来买了该产品并继续准备买该产品的概率，$\boldsymbol{p}_{12}$ 表示原来未买该产品但准备要买该产品的概率，$\boldsymbol{p}_{21}$ 表示原来买该产品但不准备再买该产品的概率，$\boldsymbol{p}_{22}$ 表示原来未买该产品下次也不打算买该产品的概率. 用预

测开始时的状态构造一个向量 $\boldsymbol{X}^{(0)}$，称为状态向量，因此在本例中取

$$\boldsymbol{X}^{(0)}=\begin{bmatrix}0.60\\0.40\end{bmatrix},$$

一年后的状态为

$$\boldsymbol{X}^{(1)}=\boldsymbol{P}\boldsymbol{X}^{(0)},$$

于是，k 年后的状态是

$$\boldsymbol{X}^{(k)}=\boldsymbol{P}\boldsymbol{X}^{(k-1)}=\cdots=\boldsymbol{P}^k\boldsymbol{X}^{(0)}.$$

要计算 $\boldsymbol{X}^{(k)}$ 就归结为求 $\boldsymbol{P}^k$. 利用矩阵的对角化可以简化计算，即寻求一可逆阵 $\boldsymbol{T}$，使得 $\boldsymbol{T}^{-1}\boldsymbol{P}\boldsymbol{T}=\boldsymbol{D}$，$\boldsymbol{D}$ 是对角阵，则

$$\boldsymbol{X}^{(k)}=\boldsymbol{P}^k\boldsymbol{X}^{(0)}=\boldsymbol{T}\boldsymbol{D}^k\boldsymbol{T}^{-1}\boldsymbol{X}^{(0)},$$

为此，由

$$|\lambda\boldsymbol{I}-\boldsymbol{P}|=\begin{vmatrix}\lambda-0.6 & -0.25\\0.4 & \lambda-0.75\end{vmatrix}=(\lambda-1)(\lambda-0.35),$$

解得 $\boldsymbol{P}$ 的特征值 $\lambda_1=1,\lambda_2=0.35$，再由 $(\lambda_1\boldsymbol{I}-\boldsymbol{P})\boldsymbol{X}=0$，$(\lambda_2\boldsymbol{I}-\boldsymbol{P})\boldsymbol{X}=0$，解得相应的特征向量 $\boldsymbol{\alpha}_1=(5,8)^{\mathrm{T}}$ 和 $\boldsymbol{\alpha}_2=(1,-1)$. 于是令

$$\boldsymbol{T}=\begin{bmatrix}5 & 1\\8 & -1\end{bmatrix},$$

则

$$\boldsymbol{T}^{-1}=\frac{1}{13}\begin{bmatrix}1 & 1\\8 & -5\end{bmatrix},$$

$$\boldsymbol{T}^{-1}\boldsymbol{P}\boldsymbol{T}=\begin{bmatrix}1 & 0\\0 & 0.35\end{bmatrix}=\boldsymbol{D},$$

因此

$$\boldsymbol{X}^{(k)}=\boldsymbol{T}\boldsymbol{D}^k\boldsymbol{T}^{-1}\boldsymbol{X}^{(0)}=\frac{1}{13}\begin{bmatrix}5+2.8\times0.35^k\\8-2.8\times0.35^k\end{bmatrix}.$$

6.4.2 质点振动问题

一根长为 $3l$ 的弹簧，放在光滑水平桌面上，固定两端，使其处在自由状态. 将两个质量为 m 的质点加在弹簧的两个三分点上，如图 6-4-1 所示. 讨论在不计弹簧质量情况下，该系统在弹簧所在的直线上运动时质点的运动规律.

由胡克定律，当弹簧拉伸或压缩长度为 s 时，弹簧产生的恢复力与 s 成正比，其比例系数 k 即为弹簧的弹性系数. 现在设定的三段弹簧的弹性系数均为 k.

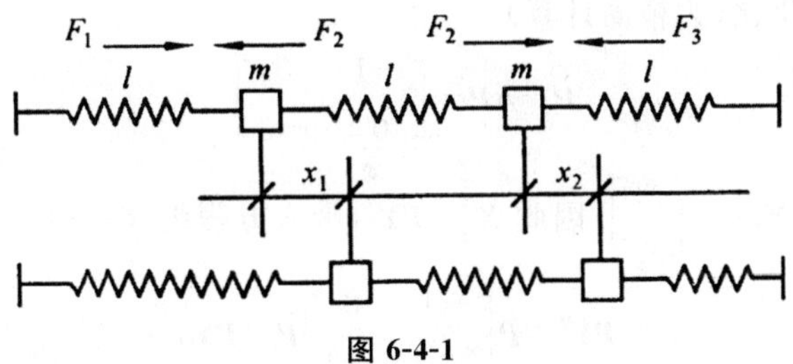

图 6-4-1

当将两个质点分别移动距离 $x_1=x_1(t)$ 和 $x_2=x_2(t)$ 时，质点开始振动，它们受的力分别记为 F_1、F_2 和 F_3（图 6-4-1）. 利用牛顿第二定律 $F=ma$，列出质点的运动方程.

$$\begin{cases} m\dfrac{\mathrm{d}^2x_1}{\mathrm{d}t^2}=F_1-F_2=-kx_1+k(x_2-x_1), \\ m\dfrac{\mathrm{d}^2x_2}{\mathrm{d}t^2}=F_3-F_2=-kx_2-k(x_2-x_1). \end{cases}$$

令 $q=\dfrac{k}{m}$，则方程为

$$\begin{cases} x_1^n=q(-2x_1+x_2), \\ x_2^n=q(x_1-2x_2). \end{cases}$$

记

$$\boldsymbol{X}=\begin{bmatrix} x_1 \\ x_2 \end{bmatrix},$$

$$\boldsymbol{X}^n=\begin{bmatrix} x_1^n \\ x_2^n \end{bmatrix},$$

$$\boldsymbol{A}=\begin{bmatrix} -2q & q \\ q & -2q \end{bmatrix}.$$

则质点的运动方程可用向量方程表示为

$$\boldsymbol{X}^n=\boldsymbol{AX}. \tag{6-4-1}$$

为解这个微分方程组，不妨取 $q=1$. 于是

$$\boldsymbol{A}=\begin{bmatrix} -2 & 1 \\ 1 & -2 \end{bmatrix},$$

容易求得 $\boldsymbol{A}$ 的特征值 $\lambda_1=-1$，$\lambda_2=-3$，它们对应的特征向量是 $\boldsymbol{\alpha}_1=\begin{bmatrix} 1 \\ 1 \end{bmatrix}$，$\boldsymbol{\alpha}_2=\begin{bmatrix} 1 \\ -1 \end{bmatrix}$. 令

$$\boldsymbol{P}=\begin{bmatrix} 1 & 1 \\ 1 & -1 \end{bmatrix},$$

则可将 $\boldsymbol{A}$ 对角化(为精简计算)

$$\boldsymbol{P}^{-1}\boldsymbol{A}\boldsymbol{P}=\begin{bmatrix}-1 & 0\\0 & -3\end{bmatrix}.$$

作变换 $\boldsymbol{X}=\boldsymbol{P}\boldsymbol{Y},\boldsymbol{Y}=\begin{bmatrix}y_1\\y_2\end{bmatrix}$. 因此 $\boldsymbol{X}''=\boldsymbol{P}\boldsymbol{Y}''$,带入方程组(6-4-1),得

$$\boldsymbol{P}\boldsymbol{Y}''=\boldsymbol{P}\begin{bmatrix}-1 & 0\\0 & -3\end{bmatrix}\boldsymbol{P}^{-1}\boldsymbol{P}\boldsymbol{Y},$$

即

$$\boldsymbol{Y}''=\begin{bmatrix}-1 & 0\\0 & 3\end{bmatrix}\boldsymbol{Y}.$$

于是方程组(6-4-1)化成易于求解的形似

$$\begin{cases}y''_1+y_1=0,\\y''_2+3y_2=0.\end{cases}$$

其通解为

$$\begin{cases}y_1=k_1\sin(t+\theta_1),\\y_2=k_2\sin(\sqrt{3}t+\theta_2).\end{cases}$$

k_1,k_2 为常数,带入 $\boldsymbol{X}=\boldsymbol{P}\boldsymbol{Y}$,得到

$$\begin{cases}x_1=y_1+y_2=k_1\sin(t+\theta_1)+k_2\sin(\sqrt{3}t+\theta_2)\\x_2=y_1-y_2=k_1\sin(t+\theta_1)-k_2\sin(\sqrt{3}t+\theta_2)\end{cases}.\tag{6-4-2}$$

假设系统在初始时刻($t=0$)处在静止状态,两个质点的初始速度分别是每秒 a 单位和 b 单位,$x_1(0)=x_2(0)=0,x_1'(0)=a,x_2'(0)=b$,带入(6-4-2),经过计算求得

$$\theta_1=\theta_2=0,$$

$$k_1=\frac{a+b}{2},$$

$$k_2=\frac{a-b}{2\sqrt{3}},$$

于是有

$$\begin{cases}x_1=\dfrac{a+b}{2}\sin t+\dfrac{a-b}{2\sqrt{3}}\sin\sqrt{3}t,\\x_2=\dfrac{a+b}{2}\sin t-\dfrac{a-b}{2\sqrt{3}}\sin\sqrt{3}t.\end{cases}$$

当两质点初始速度一致,即 $a=b$ 时,有

$$\begin{cases}x_1=a\sin t,\\x_2=a\sin t,\end{cases}$$

这表明两个质点频率为 1，振幅为 a 振动.

6.4.3 环境保护与工业发展问题

为了对工业发展与环境之间的关系有一个定量的衡量，某地区提出如下增长模型：设 x_0 是该区目前的污染损耗（由土壤、河流、湖泊及大气污染指数测得），y_0 是该地区的工业产值. 以四年为一个发展周期，一个周期后的污染损耗和工业产值分别记为 x_1 和 y_1，它们之间的关系是

$$x_1=\frac{8}{3}x_0-\frac{1}{3}y_0,\ y_1=\frac{-2}{3}x_0+\frac{7}{3}y_0.$$

写成矩阵形式就是

$$\begin{bmatrix}x_1\\y_1\end{bmatrix}=\begin{bmatrix}\frac{8}{3}&-\frac{1}{3}\\-\frac{2}{3}&\frac{7}{3}\end{bmatrix}\begin{bmatrix}x_0\\y_0\end{bmatrix}$$

或者

$$\boldsymbol{\alpha}_1=\boldsymbol{A}\boldsymbol{\alpha}_0.$$

其中 $\boldsymbol{\alpha}_1=\begin{bmatrix}x_1\\y_1\end{bmatrix}$，$\boldsymbol{\alpha}_0=\begin{bmatrix}x_0\\y_0\end{bmatrix}$为当前水平，$\boldsymbol{A}=\begin{bmatrix}\frac{8}{3}&-\frac{1}{3}\\-\frac{2}{3}&\frac{7}{3}\end{bmatrix}$.

记 x_k 和 y_k 为第 k 个周期后的污染损耗和工业产值，则此增长模型为

$$\begin{cases}x_k=\dfrac{8}{3}x_{k-1}-\dfrac{1}{3}y_{k-1},\\ y_k=-\dfrac{2}{3}x_{k-1}+\dfrac{7}{3}y_{k-1},\end{cases}\quad(k=1,2,\cdots),$$

即$\begin{bmatrix}x_k\\y_k\end{bmatrix}=\frac{1}{3}\begin{bmatrix}8&-1\\-2&7\end{bmatrix}\begin{bmatrix}x_{k-1}\\y_{k-1}\end{bmatrix}$或 $\boldsymbol{\alpha}_k=\boldsymbol{A}\boldsymbol{\alpha}_{k-1}(k=1,2,\cdots)$.

由此模型及当前的水平 $\boldsymbol{\alpha}_0$，可以预测若干发展周期后的水平：

$$\boldsymbol{\alpha}_1=\boldsymbol{A}\boldsymbol{\alpha}_0,\boldsymbol{\alpha}_2=\boldsymbol{A}\boldsymbol{\alpha}_1=\boldsymbol{A}^2\boldsymbol{\alpha}_0,\cdots,\boldsymbol{\alpha}_k=\boldsymbol{A}^k\boldsymbol{\alpha}_0.$$

如果直接计算 $\boldsymbol{A}$ 的各次幂，计算会十分复杂. 而利用矩阵特征值和特征向量的有关性质，不但使计算大大简化，而且模型的结构和性质也更为清晰. 为此，先计算 $\boldsymbol{A}$ 的特征值.

$\boldsymbol{A}$ 的特征多项式为

$$|\boldsymbol{A}-\lambda\boldsymbol{I}|=\begin{vmatrix}\frac{8}{3}-\lambda&-\frac{1}{3}\\-\frac{2}{3}&\frac{7}{3}-\lambda\end{vmatrix}=\lambda^2-5\lambda+6,$$

所以，$\boldsymbol{A}$ 的特征值为 $\lambda_1=2,\lambda_2=3$.

对于特征值 $\lambda_1=2$，解齐次线性方程组 $(\boldsymbol{A}-2\boldsymbol{I})x=\boldsymbol{0}$，可得 $\boldsymbol{A}$ 的属于 $\lambda_1=2$ 的一个特征向量 $\boldsymbol{p}_1=\begin{bmatrix}1\\2\end{bmatrix}$.

对于特征值 $\lambda_2=3$，解齐次线性方程组 $(\boldsymbol{A}-3\boldsymbol{I})x=\boldsymbol{0}$，可得 $\boldsymbol{A}$ 的属于 $\lambda_1=3$ 的一个特征向量 $\boldsymbol{p}_2=\begin{bmatrix}1\\-1\end{bmatrix}$.

如果当前的水平 $\boldsymbol{\alpha}_0$ 恰好等于 $\boldsymbol{p}_1$，则 $k=n$ 时，

$$\boldsymbol{\alpha}_n=\boldsymbol{A}^n\boldsymbol{\alpha}_0=\boldsymbol{A}^n\boldsymbol{p}_1=\lambda_1^n\boldsymbol{p}_1=2^n\begin{bmatrix}1\\2\end{bmatrix}$$

即 $x_n=2^n,y_n=2^{n+1}$.

它表明，经过 n 个发展周期后，工业产值已经达到一个相当高的水平 (2^{n+1})，但其中一半被污染损耗 (2^n) 所抵消，造成了资源的严重浪费.

如果当前的水平 $\boldsymbol{\alpha}_0=\begin{bmatrix}11\\19\end{bmatrix}$，则不能直接应用上述方法分析. 此时由于 $\boldsymbol{\alpha}_0=10\boldsymbol{p}_1+\boldsymbol{p}_2$，于是

$$\begin{aligned}\boldsymbol{\alpha}_n&=\boldsymbol{A}^n\boldsymbol{\alpha}_0\\&=10\boldsymbol{A}^n\boldsymbol{p}_1+\boldsymbol{A}^n\boldsymbol{p}_2\\&=10\cdot 2^n\boldsymbol{p}_1+3^n\boldsymbol{p}_2\\&=\begin{bmatrix}10\cdot 2^n+3^n\\10\cdot 2^n-3^n\end{bmatrix}\end{aligned}$$

特别地，当 $n=4$ 时，污染损耗为 $x_4=241$，工业产值为 $y_1=239$，损耗已超过了产值，经济将出现负增长.

通过上述分析可以得到以下结论：尽管 $\boldsymbol{A}$ 的特征向量 $\boldsymbol{p}_2$ 并没有实际意义（因 $\boldsymbol{p}_2$ 中含负分量），但这并不影响我们把任一具有实际意义的向量 $\boldsymbol{\alpha}_0$ 表示为 $\boldsymbol{p}_1,\boldsymbol{p}_2$ 的线性组合，$\boldsymbol{p}_2$ 在实际分析中的重要性不可忽视.

6.4.4 金融公司支付基金的流动

现金流是一个公司的关键，对于金融机构更是如此. 为了能够满足合理的流动性，某金融机构设立了一笔总额 5400 万的基金，并分配于 A 城和 B 城的两家公司. 该基金处于流动状态，可以随意使用，但每逢周末结算应保证金额不变. 就这样经过很长时间，发现每过一周，各公司的支付基金多数还留在自己的公司内，而 A 城公司有 10% 支付基金流动到 B 城公司，B 城公司则有 12% 支付基金流动到 A 城公司. 起初 A 城公司基金为 2600

万,B 城公司基金为 2800 万. 按此规律,两公司支付基金数额将会发生怎样的变化? 如果金融专家认为每个公司的支付基金不能少于 2200 万,那么是否有调动基金的必要?

分析:设第 $k+1$ 周末结算时,A 城公司 B 城公司的支付基金数分别为 a_{k+1},b_{k+1}(单位:万元),则有 $a_0=2600,b_0=2800$,

$$\begin{cases}a_{k+1}=0.9a_k+0.12b_k,\\ b_{k+1}=0.1a_k+0.88b_k.\end{cases}$$

原问题转化为:

(1)把 a_{k+1},b_{k+1} 表示成 k 的函数,并确定 $\lim\limits_{k\to+\infty}a_k$ 和 $\lim\limits_{k\to+\infty}b_k$;

(2)看 $\lim\limits_{k\to+\infty}a_k$ 和 $\lim\limits_{k\to+\infty}b_k$ 是否小于 2200.

解:由 $\begin{cases}a_{k+1}=0.9a_k+0.12b_k,\\ b_{k+1}=0.1a_k+0.88b_k.\end{cases}$ 可得

$$\begin{aligned}\begin{bmatrix}a_{k+1}\\ b_{k+1}\end{bmatrix}&=\begin{bmatrix}0.9 & 0.12\\ 0.1 & 0.88\end{bmatrix}\begin{bmatrix}a_k\\ b_k\end{bmatrix}\\ &=\begin{bmatrix}0.9 & 0.12\\ 0.1 & 0.88\end{bmatrix}^2\begin{bmatrix}a_{k-1}\\ b_{k-1}\end{bmatrix}\\ &=\cdots\\ &=\begin{bmatrix}0.9 & 0.12\\ 0.1 & 0.88\end{bmatrix}^{k+1}\begin{bmatrix}a_0\\ b_0\end{bmatrix}.\end{aligned}$$

令 $\boldsymbol{A}=\begin{bmatrix}0.9 & 0.12\\ 0.1 & 0.88\end{bmatrix}$,则

$$\begin{bmatrix}a_{k+1}\\ b_{k+1}\end{bmatrix}=\boldsymbol{A}^{k+1}\begin{bmatrix}a_0\\ b_0\end{bmatrix}=\boldsymbol{A}^{k+1}\begin{bmatrix}2600\\ 2800\end{bmatrix}.$$

为了计算 $\boldsymbol{A}^{k+1}$,把矩阵 $\boldsymbol{A}$ 对角化 $\boldsymbol{A}=\boldsymbol{PDP}^{-1}$,其中 $\boldsymbol{D}$ 为对角阵. 求出矩阵 $\boldsymbol{A}$ 的全部特征值是 $\lambda_1=1,\lambda_2=0.78$,其对应的特征向量分别是

$$p_1=\begin{bmatrix}0.7682\\ 0.6402\end{bmatrix},p_2=\begin{bmatrix}-0.7071\\ 0.7071\end{bmatrix}.$$

因为 $\lambda_1\neq\lambda_2$,故 $\boldsymbol{A}$ 可对角化,

令

$$\boldsymbol{P}=(\boldsymbol{p}_1,\boldsymbol{p}_2)=\begin{bmatrix}0.7682 & -0.7071\\ 0.6402 & 0.7071\end{bmatrix},$$

有

$$\boldsymbol{P}^{-1}\boldsymbol{AP}=\begin{bmatrix}1 & 0\\ 0 & 0.78\end{bmatrix},$$

则

$$A=P\begin{bmatrix}1 & 0\\0 & 0.78\end{bmatrix}P^{-1},$$

$$A^{k+1}=PD^{k+1}P^{-1}=P\begin{bmatrix}1 & 0\\0 & 0.78^{k+1}\end{bmatrix}P^{-1},$$

$$\begin{aligned}\begin{bmatrix}a_{k+1}\\b_{k+1}\end{bmatrix}&=A^{k+1}\begin{bmatrix}2600\\2800\end{bmatrix}\\&=P\begin{bmatrix}1 & 0\\0 & 0.78^{k+1}\end{bmatrix}P^{-1}\begin{bmatrix}2600\\2800\end{bmatrix}\\&=\begin{bmatrix}\frac{32400}{11}-\frac{3800}{11}\cdot\left(\frac{39}{50}\right)^{k+1}\\\frac{27000}{11}+\frac{3800}{11}\cdot\left(\frac{39}{50}\right)^{k+1}\end{bmatrix}.\end{aligned}$$

可见$\{a_k\}$单调递增，$\{b_k\}$单调递减，而且

$$\lim_{k\to+\infty}a_k=\frac{32400}{11},\lim_{k\to+\infty}b_k=\frac{27000}{11}.$$

而$\frac{32400}{11}\approx 2945.5$，$\frac{27000}{11}\approx 2454.5$，两者都大于 2200，所以不需要调动基金.

6.4.5 教师职业转换预测问题

某城市有 15 万人具有本科以上学历，其中 1.5 万人是教师，据调查，平均每年有 10%的人从教师职业转换为其他职业，只有 1%的人从其他职业转为教师职业，试预测 n 年以后这 15 万人中还有多少人在从事教育职业.

解：用 x_n 和 y_n 分别表示 n 年后做教师职业和其他职业的人数，记成向量$\begin{bmatrix}x_n\\y_n\end{bmatrix}$，则$\begin{bmatrix}x_0\\y_0\end{bmatrix}=\begin{bmatrix}1.5\\13.5\end{bmatrix}$.

根据已知条件可得

$$\begin{bmatrix}x_{n+1}\\y_{n+1}\end{bmatrix}-\begin{bmatrix}0.9 & 0.01\\0.1 & 0.99\end{bmatrix}\begin{bmatrix}x_n\\y_n\end{bmatrix}$$

即

$$\begin{cases}x_{n+1}=0.9x_n+0.01y_n,\\y_{n+1}=0.1x_n+0.99y_n.\end{cases}$$

令 $A=(a_{ij})=\begin{bmatrix}0.90 & 0.01\\0.10 & 0.99\end{bmatrix}$，则矩阵 A 表示教师职业和其他职业间的

转移，其中 $a_{11}=0.90$ 表示每年有 90% 的人原来是教师现在还是教师；$a_{21}=0.10$ 表示每年有 10% 的人从教师职业转行入其他职业.

显然

$$\begin{bmatrix}x_1\\y_1\end{bmatrix}=\boldsymbol{A}\begin{bmatrix}x_0\\y_0\end{bmatrix}=\begin{bmatrix}0.90&0.01\\0.10&0.99\end{bmatrix}\begin{bmatrix}1.5\\13.5\end{bmatrix}=\begin{bmatrix}1.485\\13.515\end{bmatrix}.$$

即 1 年以后，从事教师职业和其他职业的人数分别为 1.485 万和 13.515 万. 又

$$\begin{bmatrix}x_2\\y_2\end{bmatrix}=\boldsymbol{A}\begin{bmatrix}x_1\\y_1\end{bmatrix}=\boldsymbol{A}^2\begin{bmatrix}x_0\\y_0\end{bmatrix},\cdots,\begin{bmatrix}x_n\\y_n\end{bmatrix}=\boldsymbol{A}\begin{bmatrix}x_{n-1}\\y_{n-1}\end{bmatrix}=\boldsymbol{A}^n\begin{bmatrix}x_0\\y_0\end{bmatrix},$$

所以 $\begin{bmatrix}x_{10}\\y_{10}\end{bmatrix}=\boldsymbol{A}^{10}\begin{bmatrix}x_0\\y_0\end{bmatrix}$，为计算 $\boldsymbol{A}^{10}$ 先需要把 $\boldsymbol{A}$ 对角化. 矩阵 $\boldsymbol{A}$ 的全部特征值是 $\lambda_1=1,\lambda_2=0.89$，$\lambda_1\neq\lambda_2$，故 $\boldsymbol{A}$ 可以对角化.

将 $\lambda_1=1$ 带入 $(\boldsymbol{A}-\lambda\boldsymbol{E})\boldsymbol{x}=\boldsymbol{0}$，得其对应特征向量 $\boldsymbol{p}_1=\begin{bmatrix}1\\10\end{bmatrix}$；将 $\lambda_2=0.89$ 带入 $(\boldsymbol{A}-\lambda\boldsymbol{E})x=\boldsymbol{0}$，得其对应特征向量 $\boldsymbol{p}_2=\begin{bmatrix}1\\-1\end{bmatrix}$.

令 $\boldsymbol{P}=(\boldsymbol{p}_1\boldsymbol{p})=\begin{bmatrix}1&1\\10&-1\end{bmatrix}$，有

$$\boldsymbol{P}^{-1}\boldsymbol{AP}=\boldsymbol{\Lambda}=\begin{bmatrix}1&0\\0&0.89\end{bmatrix},$$

$$\boldsymbol{A}=\boldsymbol{P\Lambda P}^{-1},$$

$$\boldsymbol{A}^{10}=\boldsymbol{P\Lambda}^{10}\boldsymbol{P}^{-1},$$

而 $\boldsymbol{P}^{-1}=-\frac{1}{11}\begin{bmatrix}-1&-1\\-10&1\end{bmatrix}=\frac{1}{11}\begin{bmatrix}1&1\\10&-1\end{bmatrix}$，

$$\begin{aligned}\begin{bmatrix}x_{10}\\y_{10}\end{bmatrix}&=\boldsymbol{P\Lambda}^{10}\boldsymbol{P}^{-1}\begin{bmatrix}x_0\\y_0\end{bmatrix}\\&=\frac{1}{11}\begin{bmatrix}1&1\\10&-1\end{bmatrix}\begin{bmatrix}1&0\\0&0.89^{10}\end{bmatrix}\begin{bmatrix}1&1\\10&-1\end{bmatrix}\begin{bmatrix}1.5\\13.5\end{bmatrix}\\&=\frac{1}{11}\begin{bmatrix}1&1\\10&-1\end{bmatrix}\begin{bmatrix}1&0\\0&0.311817\end{bmatrix}\begin{bmatrix}1&1\\10&-1\end{bmatrix}\begin{bmatrix}1.5\\13.5\end{bmatrix}\\&=\begin{bmatrix}1.5425\\13.4575\end{bmatrix}\end{aligned}$$

所以 10 年后，15 万人中有 1.54 万人仍是教师，有 13.45 万人从事其他职业.

第7章　二次型及其标准型

解析几何中，我们在研究平面或空间曲面(线)时，尤其是在研究二次曲面(线)时，如果将其方程展开就会得到一个最高次数为二次的多项式. 这时就需要用到二次型的相关理论. 本章重点讨论二次型及其矩阵表示、二次型化为标准型、二次型的规范形、正定二次型(矩阵)的证明等内容，并对二次型的应用实例进行分析.

7.1　二次型及其矩阵表示

在平面解析几何里，中心位于坐标原点的有心二次曲线的一般方程是

$$ax^2+2bxy+cy^2=1.$$

在平面解析几何中，为了便于二次曲线的几何形状，需要选择适当的坐标旋转变换 $\begin{cases}x=x'\cos\theta-y'\sin\theta\\ y=x'\sin\theta+y'\cos\theta\end{cases}$，把它化为标准方程 $ax'^2+cy'^2=1$，从而判定其类型.

从代数学的观点来看，就是通过一个适当的线性变换，化二次齐次多项式为标准型的问题.

我们熟知的三元二次多项式

$$f(x_1,x_2,x_3)=2x_1^2+x_2^2-3x_3^2+4x_1x_2-2x_1x_3+6x_2x_3$$

就是一个三个变量的二次型，可以把它的非平方项改为系数相等的两项，适当调整变量的顺序，写成下面的形式

$$f(x_1,x_2,x_3)=(2x_1^2+2x_1x_2-x_1x_3)+(2x_1x_2+x_2^2+3x_2x_3)-(x_1x_3+3x_2x_3-3x_3^2),$$

从而 $f(x_1,x_2,x_3)$ 就可以用矩阵乘积的形式表示为

$$f(x_1,x_2,x_3)=(x_1,x_2,x_3)\begin{bmatrix}2&2&-1\\2&1&3\\-1&3&-3\end{bmatrix}\begin{bmatrix}x_1\\x_2\\x_3\end{bmatrix}.$$

而且这种表示是唯一的. 对于一般的 n 元二次齐次多项式，我们有如下定义.

定义 7.1.1　含有 n 个变量 $x_1,x_2,\cdots,x_n$，而系数取自数域 F 的 n 元二

次齐次函数

$$
\begin{aligned}
f(x_1,x_2,\cdots,x_n) = & a_{11}x_1^2+2a_{12}x_1x_2+2a_{13}x_1x_3+\cdots+2a_{1n}x_1x_n \\
& +a_{22}x_2^2+2a_{23}x_2x_3+\cdots+2a_{2n}x_2x_n \\
& \cdots\cdots \\
& +a_{nn}x_n^2
\end{aligned}
\tag{7-1-1}
$$

称为数域 F 上的 n 元二次型,简称二次型.

当系数 a_{ij} 都是复数时,称 f 为复二次型;当系数 a_{ij} 都是实数时,称 f 为实二次型.

取 $a_{ji}=a_{ij}(i<j,i,j=1,2,\cdots,n)$,则 $2a_{ij}x_ix_j=a_{ij}x_ix_j+a_{ji}x_jx_i$,于是式(7-1-1)可写成

$$
\begin{aligned}
f(x_1,x_2,\cdots,x_n) = & a_{11}x_1^2+a_{12}x_1x_2+\cdots+a_{1n}x_1x_n \\
& +a_{21}x_2x_1+a_{22}x_2^2+\cdots+a_{2n}x_2x_n \\
& \cdots\cdots \\
& +a_{n1}x_nx_1+a_{n2}x_2^2+\cdots+a_{nn}x_n^2 \\
= & \sum_{i=1}^{n}\sum_{j=1}^{n}a_{ij}x_ix_j.
\end{aligned}
\tag{7-1-2}
$$

为了方便,可将式(7-1-2)表示成矩阵形式.

$$
f(x_1,x_2,\cdots,x_n)=\begin{bmatrix} x_1 & x_2 & \cdots & x_n \end{bmatrix}\begin{bmatrix} a_{11} & a_{12} & \cdots & a_{1n} \\ a_{21} & a_{22} & \cdots & a_{2n} \\ \vdots & \vdots & & \vdots \\ a_{n1} & a_{n2} & \cdots & a_{nn} \end{bmatrix}\begin{bmatrix} x_1 \\ x_2 \\ \vdots \\ x_n \end{bmatrix}.
$$

记 $\boldsymbol{A}=\begin{bmatrix} a_{11} & a_{12} & \cdots & a_{1n} \\ a_{21} & a_{22} & \cdots & a_{2n} \\ \vdots & \vdots & & \vdots \\ a_{n1} & a_{n2} & \cdots & a_{nn} \end{bmatrix}$,$x=\begin{bmatrix} x_1 \\ x_2 \\ \vdots \\ x_n \end{bmatrix}$,则二次型可记为

$$
f=\boldsymbol{x}^{\mathrm{T}}\boldsymbol{A}\boldsymbol{x}.
$$

由于 $a_{ij}=a_{ji}$,所以 $\boldsymbol{A}$ 是对称矩阵.

对称阵 $\boldsymbol{A}$ 为二次型 f 的矩阵,称 $\boldsymbol{A}$ 的秩为二次型 f 的秩.任给一个二次型 f,f 唯一地确定了一个对称矩阵 $\boldsymbol{A}$;反之,任给一个对称矩阵 $\boldsymbol{A}$,$\boldsymbol{A}$ 也可唯一地确定一个二次型.

例 7.1.1　求对称矩阵

$$\begin{bmatrix} 1 & \frac{1}{2} & -\sqrt{2} \\ \frac{1}{2} & -1 & 0 \\ -\sqrt{2} & 0 & 2 \end{bmatrix}$$

所对应的二次型.

解:所求二次型为

$$f(x_1,x_2,x_3)=x_1^2+x_1x_2-x_2^2-2\sqrt{2}x_1x_3+2x_3^2.$$

例 7.1.2 求对称矩阵

$$A=\begin{bmatrix} 2 & -4 & \frac{5}{2} \\ -4 & 3 & 4 \\ \frac{5}{2} & 4 & -2 \end{bmatrix}$$

所对应的 n 元二次型.

解:对称矩阵 A 所对应的 n 元二次型为

$$\begin{aligned} f(x_1,x_2,x_3) &= (x_1,x_2,x_3)\begin{bmatrix} 2 & -4 & \frac{5}{2} \\ -4 & 3 & 4 \\ \frac{5}{2} & 4 & -2 \end{bmatrix}\begin{bmatrix} x_1 \\ x_2 \\ x_3 \end{bmatrix} \\ &= 2x_1^2+3x_2^2-2x_3^2-8x_1x_2+5x_1x_3+8x_2x_3. \end{aligned}$$

例 7.1.3 已知二次型

$$f=5x_1^2+5x_2^2+cx_3^2-2x_1x_2+6x_1x_3-6x_2x_3$$

的秩为 2,求参数 c.

解:该二次型所对应的矩阵为

$$A=\begin{bmatrix} 5 & -1 & 3 \\ -1 & 5 & -3 \\ 3 & -3 & c \end{bmatrix}.$$

根据题设条件

$$R(A)=2,$$

可知

$$|A|=\begin{vmatrix} 5 & -1 & 3 \\ -1 & 5 & -3 \\ 3 & -3 & c \end{vmatrix}=0,$$

则

$$c=3.$$

例 7.1.4　求二次型 $f(x_1,x_2,x_3,x_4)=x_1^2-x_2^2+2x_3^2+4x_4^2$ 相伴的对称矩阵.

解:对称矩阵为

$$\begin{bmatrix} 1 & & & \\ & -1 & & \\ & & 2 & \\ & & & 4 \end{bmatrix}.$$

这是一个对称矩阵.显然,当一个二次型只含平方项时,它的相伴矩阵是一个对称矩阵.

例 7.1.5　将二次型 $f=x^2-z^2-6xy+yz$ 表示成矩阵形式,并求 f 的矩阵和 f 的秩.

解:f 的矩阵形式为

$$f=(x,y,z)\begin{bmatrix} 1 & -3 & 0 \\ -3 & 0 & \frac{1}{2} \\ 0 & \frac{1}{2} & -1 \end{bmatrix}\begin{bmatrix} x, \\ y, \\ z \end{bmatrix},$$

因此,f 的矩阵为

$$\boldsymbol{A}=\begin{bmatrix} 1 & -3 & 0 \\ -3 & 0 & \frac{1}{2} \\ 0 & \frac{1}{2} & -1 \end{bmatrix}.$$

因为 $\boldsymbol{A}$ 的秩为 3,所以 f 的秩为 3.

二次型理论的基本问题是要寻找一个线性变换把它变成只含平方项.由于二次型与对称矩阵一一对应,而线形变换可用矩阵来表示.由此可知,二次型的变换与矩阵有着密切的关系,下面将具体进行讨论这个关系.

定义 7.1.2　设 V 是 n 维线性空间,二次型 $f(x_1,x_2,\cdots,x_n)$ 可看成是 V 上的二次函数.即若设 V 的一组基为 $\{\boldsymbol{e}_1,\boldsymbol{e}_2,\cdots,\boldsymbol{e}_n\}$,向量 $\boldsymbol{x}$ 在这组基下的坐标下的坐标为 $x_1,x_2,\cdots,x_n$,则 f 便是向量 $\boldsymbol{x}$ 的函数.现假设 $\{\boldsymbol{f}_1,\boldsymbol{f}_2,\cdots,\boldsymbol{f}_n\}$ 是 V 的另一组基,向量 $\boldsymbol{x}$ 在 $\{\boldsymbol{f}_1,\boldsymbol{f}_2,\cdots,\boldsymbol{f}_n\}$ 下的坐标为 $y_1,y_2,\cdots,y_n$,记 $C=(c_{ij})$ 是从基 $\{\boldsymbol{e}_1,\boldsymbol{e}_2,\cdots,\boldsymbol{e}_n\}$ 到基 $\{\boldsymbol{f}_1,\boldsymbol{f}_2,\cdots,\boldsymbol{f}_n\}$ 的过渡矩阵,则

$$\begin{bmatrix} x_1 \\ x_2 \\ \vdots \\ x_n \end{bmatrix} = \begin{bmatrix} c_{11} & c_{12} & \cdots & c_{1n} \\ c_{21} & c_{22} & \cdots & c_{2n} \\ \vdots & \vdots & & \vdots \\ c_{n1} & c_{n2} & \cdots & c_{nn} \end{bmatrix} \begin{bmatrix} y_1 \\ y_2 \\ \vdots \\ y_n \end{bmatrix},$$

简记为 $\boldsymbol{x}=\boldsymbol{Cy}$,其中,$\boldsymbol{y}$ 为 n 维列向量

$$\boldsymbol{y}=\begin{bmatrix} y_1 \\ y_2 \\ \vdots \\ y_n \end{bmatrix}.$$

将 $\boldsymbol{x}=\boldsymbol{Cy}$ 带入,二次型 $f=\boldsymbol{X}^{\mathrm{T}}\boldsymbol{AX}$ 中可得

$$f(x_1,x_2,x_3,x_4)=\boldsymbol{y}^{\mathrm{T}}\boldsymbol{C}^{\mathrm{T}}\boldsymbol{ACy}.$$

当 $|\boldsymbol{C}|\neq 0$ 时,就称为非奇异线性变换,又称为满秩线性变换.

若数域 $\mathbf{K}$ 上的二次型 $f(x_1,x_2,\cdots,x_n)$ 经 $\mathbf{K}$ 上的非奇异线性变换 $\boldsymbol{x}=\boldsymbol{Cy}$ 化为只含平方项的二次型 $d_1y_1^2+d_2y_2^2+\cdots+d_ny_n^2$,这个二次型就称为 $f(x_1,x_2,\cdots,x_n)$ 的一个标准型. 二次型 $f(x_1,x_2,\cdots,x_n)=\boldsymbol{X}^{\mathrm{T}}\boldsymbol{AX}$ 经一次非奇异的线性变换 $\boldsymbol{x}=\boldsymbol{Cy}$ 得到的二次型的矩阵为 $\boldsymbol{P}^{\mathrm{T}}\boldsymbol{AP}$,因为 $(\boldsymbol{P}^{\mathrm{T}}\boldsymbol{AP})^{\mathrm{T}}=\boldsymbol{P}^{\mathrm{T}}\boldsymbol{A}^{\mathrm{T}}\boldsymbol{P}=\boldsymbol{P}^{\mathrm{T}}\boldsymbol{AP}$,所以 $\boldsymbol{P}^{\mathrm{T}}\boldsymbol{AP}$ 还是对称矩阵.

定义 7.1.3 设 $\boldsymbol{A}$、$\boldsymbol{B}$ 是数域 $\mathbf{K}$ 上的 n 阶非异阵 $\boldsymbol{C}$,使

$$\boldsymbol{B}=\boldsymbol{C}^{\mathrm{T}}\boldsymbol{AC},$$

则称 $\boldsymbol{B}$ 与 $\boldsymbol{A}$ 是合同的,或称 $\boldsymbol{B}$ 与 $\boldsymbol{A}$ 具有合同关系.

矩阵合同有三个性质:

(1)自反性:任一矩阵 $\boldsymbol{A}$ 都与自己合同,因为 $\boldsymbol{A}=\boldsymbol{I}^{\mathrm{T}}\boldsymbol{AI}$;

(2)对称性:若 $\boldsymbol{B}$ 与 $\boldsymbol{A}$ 合同,则 $\boldsymbol{A}$ 与 $\boldsymbol{B}$ 合同,这是因为 $\boldsymbol{B}=\boldsymbol{C}^{\mathrm{T}}\boldsymbol{AC}$,则 $\boldsymbol{A}=(\boldsymbol{C}^{\mathrm{T}})^{-1}\boldsymbol{BC}^{-1}=(\boldsymbol{C}^{-1})^{\mathrm{T}}\boldsymbol{BC}^{-1}$;

(3)若 $\boldsymbol{B}$ 与 $\boldsymbol{A}$ 合同,$\boldsymbol{D}$ 与 $\boldsymbol{B}$ 合同,则 $\boldsymbol{D}$ 与 $\boldsymbol{A}$ 合同. 因为若 $\boldsymbol{B}=\boldsymbol{C}^{\mathrm{T}}\boldsymbol{AC}$,$\boldsymbol{D}=\boldsymbol{H}^{\mathrm{T}}\boldsymbol{BH}$,则 $\boldsymbol{D}=\boldsymbol{H}^{\mathrm{T}}\boldsymbol{C}^{\mathrm{T}}\boldsymbol{ACH}=(\boldsymbol{CH})^{\mathrm{T}}\boldsymbol{A}(\boldsymbol{CH})$.

由于一个二次型经变量代换后得到的二次型的相伴对称矩阵与原二次型相伴的对称矩阵是合同的,且只含平方项的二次型其相伴对称矩阵是一个对角阵,所以,化二次型为只含平方项等价于对对称矩阵 $\boldsymbol{A}$ 寻找非异阵 $\boldsymbol{C}$,使 $\boldsymbol{C}^{\mathrm{T}}\boldsymbol{AC}$ 是一个对角阵. 这一情形与矩阵相似关系颇为类似,在相似关系下我们希望找到一个非异阵 $\boldsymbol{P}$,使 $\boldsymbol{P}^{-1}\boldsymbol{AP}$ 成为简单形式的矩阵. 现在

我们要找一个非异阵 $\boldsymbol{C}$,使 $\boldsymbol{C}^{\mathrm{T}}\boldsymbol{A}\boldsymbol{C}$ 为对角阵. 因此二次型化简的问题相当于寻找合同关系下的标准型.

首先我们来考察初等变换和矩阵合同的关系.

引理 7.1.1　对称矩阵 $\boldsymbol{A}$ 的下列变换都是合同变换:

(1)对换 $\boldsymbol{A}$ 的第 i 行与第 j 行,再对换第 i 列与第 j 列;

(2)将 $\boldsymbol{A}$ 的第 i 行乘以非零常数 k,再将 k 乘以第 i 列;

(3)将 $\boldsymbol{A}$ 的第 i 行乘以 k 加到第 j 行上,再将 k 乘以第 i 列加到第 j 列上.

证明:上述变换相当于将一个初等矩阵左乘以 $\boldsymbol{A}$ 后再将这个初等矩阵的转置右乘之,因此是合同变换. 证毕.

引理 7.1.2　$\boldsymbol{A}$ 是数域 $\mathbf{K}$ 上的非零对称矩阵,则必存在非异阵 $\boldsymbol{C}$,使 $\boldsymbol{C}^{\mathrm{T}}\boldsymbol{A}\boldsymbol{C}$ 的第(1,1)元素不等于零.

证明:若 $a_{11}=0$,而 $a_{ii}\neq 0$,则用行初等变换将第一行与第 i 行对换,再将第一列与第 i 列对换,得到的矩阵的第(1,1)元素不为零. 根据上引理,这样得到的矩阵和原矩阵合同.

若所有的 $a_{ii}=0(i=1,2,\cdots,n)$. 设 $a_{ij}\neq 0(i\neq j)$,将 $\boldsymbol{A}$ 的第 j 行加到第 i 行上去,再将第 j 列加到第 i 列. 因为 $\boldsymbol{A}$ 是对称矩阵,$a_{ij}=a_{ji}\neq \boldsymbol{0}$,于是第 (i,i) 元素是 $2a_{ij}$ 且不为零. 再用前面的办法使第(1,1)元素不等于零. 显然我们得到的矩阵和原矩阵仍合同. 这就证明了结论. 证毕.

引理 7.1.3　设 $\boldsymbol{A}$ 是数域 $\mathbf{K}$ 上的 n 阶对称矩阵,则必存在 $\mathbf{K}$ 上的 n 阶非异阵 $\boldsymbol{C}$,使 $\boldsymbol{C}^{\mathrm{T}}\boldsymbol{A}\boldsymbol{C}$ 为对角阵.

证明:设 $\boldsymbol{A}=(a_{ij})$ 中 $a_{11}\neq 0$. 若 $a_{i1}\neq 0$,则可将第一行乘以 $-a_{11}^{-1}a_{i1}$ 加到第 i 行上,再将第一列乘以 $-a_{11}^{-1}a_{i1}$ 加到第 i 列上. 由于 $a_{i1}=a_{1i}$,故得到的矩阵的第 $(1,i)$ 元素及第 $(i,1)$ 元素均等于零. 由引理 7.1.1 可知,新得到的矩阵与 $\boldsymbol{A}$ 是合同的. 这样,可依次把 $\boldsymbol{A}$ 的第一行与第一列除 a_{11} 外的元素都消去. 于是 $\boldsymbol{A}$ 合同于下列矩阵:

$$\begin{bmatrix} a_{11} & 0 & 0 & \cdots & 0 \\ 0 & b_{22} & b_{23} & \cdots & b_{2n} \\ 0 & b_{32} & b_{33} & \cdots & b_{3n} \\ \vdots & \vdots & \vdots & \vdots & \vdots \\ 0 & b_{n2} & b_{n3} & \cdots & b_{nn} \end{bmatrix}$$

上式右下角是一个 $n-1$ 阶对称矩阵,记为 $\boldsymbol{A}_1$. 因此可归纳地假设存在非异的 $n-1$ 阶矩阵 $\boldsymbol{D}$,使 $\boldsymbol{D}^{\mathrm{T}}\boldsymbol{A}_1\boldsymbol{D}$ 为对角阵,于是

$$\begin{bmatrix}1 & 0\\ 0 & \boldsymbol{D}^{\mathrm{T}}\end{bmatrix}\begin{bmatrix}a_{11} & 0\\ 0 & \boldsymbol{A}_1\end{bmatrix}\begin{bmatrix}1 & 0\\ 0 & \boldsymbol{D}\end{bmatrix}=\begin{bmatrix}a_{11} & 0\\ 0 & \boldsymbol{D}^{\mathrm{T}}\boldsymbol{A}_1\boldsymbol{D}\end{bmatrix}$$

是个对角阵. 显然

$$\begin{bmatrix}1 & 0\\ 0 & \boldsymbol{D}^{\mathrm{T}}\end{bmatrix}=\begin{bmatrix}1 & 0\\ 0 & \boldsymbol{D}\end{bmatrix}^{\mathrm{T}}.$$

因此,$\boldsymbol{A}$ 合同于一个对角阵. 证毕.

推论 7.1.1 一个二次型的秩在变量的非奇异线性变换之下保持不变.

例 7.1.6 (1)求二次型 $f(x_1,x_2,x_3,x_4)=x_1^2+2x_2^2+3x_3^2+4x_4^2+x_1x_3+x_2x_4$ 的矩阵;

(2)求 $f(x_1,x_2,x_3,x_4)$经非奇异线性变换

$$\begin{bmatrix}x_1\\ x_2\\ x_3\\ x_4\end{bmatrix}=\begin{bmatrix}1 & 1 & 1 & 1\\ 0 & 1 & 1 & 1\\ 0 & 0 & 1 & 1\\ 0 & 0 & 0 & 1\end{bmatrix}\begin{bmatrix}y_1\\ y_2\\ y_3\\ y_4\end{bmatrix}$$

所得的二次型及其矩阵.

解:(1)把所给二次型改写成对称形式

$$\begin{aligned}f(x_1,x_2,x_3,x_4)=&x_1^2+0\cdot x_2x_1+\frac{1}{2}x_1x_3+0\cdot x_1x_4\\ &+0\cdot x_2x_1+2x_2^2+0\cdot x_2x_3+\frac{1}{2}x_2x_4\\ &+\frac{1}{2}x_3x_1+0\cdot x_3x_2+3x_3^2+0\cdot x_3x_4\\ &+0\cdot x_4x_1+\frac{1}{2}x_4x_2+0\cdot x_4x_3+4x_4^2.\end{aligned}$$

于是 $f(x_1,x_2,x_3,x_4)$的矩阵为

$$\boldsymbol{A}=\begin{bmatrix}1 & 0 & \frac{1}{2} & 0\\ 0 & 2 & 0 & \frac{1}{2}\\ \frac{1}{2} & 0 & 3 & 0\\ 0 & \frac{1}{2} & 0 & 4\end{bmatrix}.$$

(2)因为 $\boldsymbol{P}=\begin{bmatrix}1 & 1 & 1 & 1\\ 0 & 1 & 1 & 1\\ 0 & 0 & 1 & 1\\ 0 & 0 & 0 & 1\end{bmatrix}$,所以变换后的二次型的矩阵为

$$B=P^{\mathrm{T}}AP=\begin{bmatrix}1 & 1 & \frac{3}{2} & \frac{3}{2}\\ 1 & 3 & \frac{7}{2} & 4\\ \frac{3}{2} & \frac{7}{2} & 7 & \frac{15}{2}\\ \frac{3}{2} & 4 & \frac{15}{2} & 12\end{bmatrix}.$$

变换后的二次型为

$$\begin{aligned}f(x_1,x_2,x_3,x_4)=&y_1^2+3y_2^2+7y_3^2+12y_4^2+2y_1y_2\\&+3y_1y_3+3y_1y_4+7y_2y_3+8y_2y_4+15y_3y_4.\end{aligned}$$

7.2　二次型化为标准型

7.2.1　二次型的标准型的定义

二次型中最简单的一种是只包含平方项的二次型. 对于二次型，我们讨论的主要问题是：寻求可逆的线性变换使二次型只含平方项

$$f=\lambda_1y_1^2+\lambda_2y_2^2+\cdots+\lambda_ny_n^2.$$

定义 7.2.1　只含有平方项的二次型 $f(x_1,x_2,\cdots,x_n)=\sum\limits_{i=1}^{n}d_1x_i^2$ 称之为标准型，如果可逆线性变换 $\boldsymbol{X}=\boldsymbol{CY}$ 把二次型 $f(x_1,x_2,\cdots,x_n)=\boldsymbol{X}^{\mathrm{T}}\boldsymbol{AX}$ 化为标准的

$$q(y_1,y_2,\cdots,y_n)=\sum_{i=1}^{n}d_iy_i^2,$$

则称 $q(y_1,y_2,\cdots,y_n)$ 为 $f(x_1,x_2,\cdots,x_n)$ 的一个标准型.

7.2.2　用正交变换法化二次型为标准型

用正交变换法化二次型成标准形，具有保持几何形状不变的优点.

我们已经知道，任给实对称矩阵 $\boldsymbol{A}$，总有正交矩阵 $\boldsymbol{Q}$，使 $\boldsymbol{Q}^{-1}\boldsymbol{AQ}=\boldsymbol{Q}^{\mathrm{T}}\boldsymbol{AQ}=\Lambda$. 把此结论应用于二次型，即有如下定理.

定理 7.2.1　任给二次型 $f=\boldsymbol{x}^{\mathrm{T}}\boldsymbol{Ax}=\sum\limits_{i=1}^{n}\sum\limits_{j=1}^{n}a_{ij}x_ix_j\,(a_{ij}=a_{ji})$，总有正交变换 $\boldsymbol{x}=\boldsymbol{Qy}$，使 f 化为标准形

$$f=\lambda_1y_1^2+\lambda_2y_2^2+\cdots+\lambda_ny_n^2,$$

其中 $\lambda_1,\lambda_2,\cdots,\lambda_n$ 是 f 的矩阵 $\boldsymbol{A}=(a_{ij})$ 的特征值.

例 7.2.1 把二次型

$$f=x_1^2+x_2^2+x_3^2+4x_1x_2+4x_1x_3+4x_2x_3$$

利用正交变换法化为标准型,并求出正交变换矩阵.

解:原二次型所对应的矩阵为

$$\boldsymbol{A}=\begin{bmatrix}1&2&2\\2&1&2\\2&2&1\end{bmatrix}.$$

由

$$|\boldsymbol{A}-\lambda\boldsymbol{F}|=\begin{vmatrix}1-\lambda&2&2\\2&1-\lambda&2\\2&2&1-\lambda\end{vmatrix}=(\lambda-5)(\lambda+1)^2$$

求出矩阵 $\boldsymbol{A}$ 的特征值为

$$\lambda_1=5,\lambda_2=\lambda_3=-1.$$

当 $\lambda_1=5$ 时,有

$$\begin{bmatrix}-4&2&2\\2&-4&2\\2&2&-4\end{bmatrix}\begin{bmatrix}x_1\\x_2\\x_3\end{bmatrix}=\begin{bmatrix}0\\0\\0\end{bmatrix},$$

解得

$$\boldsymbol{X}_1=\begin{bmatrix}1\\1\\1\end{bmatrix}.$$

当 $\lambda_2=\lambda_3=-1$ 时,有

$$\begin{bmatrix}2&2&2\\2&2&2\\2&2&2\end{bmatrix}\begin{bmatrix}x_1\\x_2\\x_3\end{bmatrix}=\begin{bmatrix}0\\0\\0\end{bmatrix},$$

解得

$$\boldsymbol{X}_2=\begin{bmatrix}1\\0\\-1\end{bmatrix},\boldsymbol{X}_3=\begin{bmatrix}0\\1\\-1\end{bmatrix}.$$

进一步可以得到

$$\boldsymbol{P}_1=\frac{1}{\sqrt{3}}\begin{bmatrix}1\\1\\1\end{bmatrix},\boldsymbol{P}_2=\frac{1}{\sqrt{2}}\begin{bmatrix}1\\0\\-1\end{bmatrix},\boldsymbol{P}=\frac{1}{\sqrt{6}}\begin{bmatrix}1\\-2\\1\end{bmatrix}.$$

令

$$P=(P_1P_2P_3)=\begin{bmatrix}\frac{1}{\sqrt{3}} & \frac{1}{\sqrt{2}} & \frac{1}{\sqrt{6}}\\ \frac{1}{\sqrt{3}} & 0 & -\frac{1}{\sqrt{6}}\\ \frac{1}{\sqrt{3}} & -\frac{1}{\sqrt{2}} & \frac{1}{\sqrt{6}}\end{bmatrix},$$

则

$$P^{-1}AP=P^{\mathrm{T}}AP=\mathrm{diag}(5,-1,-1).$$

则

$$\begin{aligned}f&=X^{\mathrm{T}}AX=Y^{\mathrm{T}}(P^{\mathrm{T}}AP)Y\\&=Y^{\mathrm{T}}\begin{bmatrix}5&0&0\\0&-1&0\\0&0&-1\end{bmatrix}Y\\&=5y_1^2-y_2^2-y_3^2.\end{aligned}$$

例 7.2.2 用正交变换法将二次型

$f(x_1,x_2,x_3,x_4)=2x_1x_2+2x_1x_3-2x_1x_4-2x_2x_3+2x_2x_4+2x_3x_4$

化为标准型.

解:原二次型的实对称矩阵为

$$A=\begin{bmatrix}0&1&1&-1\\1&0&-1&1\\1&-1&0&1\\-1&1&1&0\end{bmatrix}.$$

由

$$\begin{aligned}|\lambda F-A|&=\begin{vmatrix}\lambda&1&1&-1\\1&\lambda&-1&1\\1&-1&\lambda&1\\-1&1&1&\lambda\end{vmatrix}\\&=\begin{vmatrix}\lambda+1&\lambda+1&\lambda+1&\lambda+1\\1&\lambda&-1&1\\1&-1&\lambda&1\\-1&1&1&\lambda\end{vmatrix}\\&=(\lambda+1)\begin{vmatrix}1&1&1&1\\0&\lambda-1&-2&0\\0&-2&\lambda-1&0\\0&2&2&\lambda+1\end{vmatrix}\end{aligned}$$

$$=(\lambda+1)^3(\lambda-3),$$

可以得出矩阵 **A** 的特征值为

$$-1,-1,-1,3.$$

当 $\lambda_1=\lambda_2=\lambda_3=-1$ 时，有

$$\begin{bmatrix}-1 & 1 & 1 & -1\\ 1 & -1 & -1 & 1\\ 1 & -1 & -1 & 1\\ -1 & 1 & 1 & -1\end{bmatrix}\begin{bmatrix}x_1\\ x_2\\ x_3\\ x_4\end{bmatrix}=\begin{bmatrix}0\\ 0\\ 0\\ 0\end{bmatrix},$$

得

$$\begin{bmatrix}x_1\\ x_2\\ x_3\\ x_4\end{bmatrix}=k_1\begin{bmatrix}1\\ 1\\ 0\\ 0\end{bmatrix}+k_2\begin{bmatrix}1\\ 0\\ 1\\ 0\end{bmatrix}+k_3\begin{bmatrix}-1\\ 0\\ 0\\ 1\end{bmatrix},$$

令

$$T_1=\begin{bmatrix}1\\ 1\\ 0\\ 0\end{bmatrix},T_2=\begin{bmatrix}1\\ 0\\ 1\\ 0\end{bmatrix},T_3=\begin{bmatrix}-1\\ 0\\ 0\\ 1\end{bmatrix},$$

再令

$$\beta_1=T_1,$$

$$\beta_2=T_2-\frac{(\beta_1,T_2)}{(\beta_1,\beta_1)}\beta_1$$

$$=\begin{bmatrix}1\\ 0\\ 1\\ 0\end{bmatrix}-\frac{1}{2}\begin{bmatrix}1\\ 1\\ 0\\ 0\end{bmatrix}=\frac{1}{2}\begin{bmatrix}1\\ -1\\ 2\\ 0\end{bmatrix},$$

$$\beta_3=T_3-\frac{(\beta_1,T_3)}{(\beta_1,\beta_1)}\beta_1-\frac{(\beta_2,T_3)}{(\beta_2,\beta_2)}\beta_2$$

$$=\begin{bmatrix}-1\\ 0\\ 1\\ 0\end{bmatrix}-\frac{-1}{2}\begin{bmatrix}1\\ 1\\ 0\\ 0\end{bmatrix}-\frac{-1}{3\times 2}\begin{bmatrix}1\\ -1\\ 2\\ 0\end{bmatrix}=\frac{1}{3}\begin{bmatrix}-1\\ 1\\ 1\\ 3\end{bmatrix},$$

继续令

$$P_1=\frac{\beta_1}{|\beta_1|}=\begin{bmatrix}\frac{1}{\sqrt{2}}\\ \frac{1}{\sqrt{2}}\\ 0\\ 0\end{bmatrix},$$

$$P_2=\frac{\beta_2}{|\beta_2|}=\frac{2\beta_2}{|2\beta_2|}=\begin{bmatrix}\frac{1}{\sqrt{6}}\\ -\frac{1}{\sqrt{6}}\\ \frac{2}{\sqrt{6}}\\ 0\end{bmatrix},$$

$$P_2=\frac{\beta_3}{|\beta_3|}=\frac{3\beta_3}{|3\beta_3|}=\begin{bmatrix}-\frac{1}{\sqrt{12}}\\ \frac{1}{\sqrt{12}}\\ \frac{1}{\sqrt{12}}\\ \frac{3}{\sqrt{12}}\end{bmatrix}.$$

当 $\lambda_4=3$ 时，有

$$\begin{bmatrix}3&1&1&-1\\1&3&-1&1\\1&-1&3&1\\-1&1&1&3\end{bmatrix}\begin{bmatrix}x_1\\x_2\\x_3\\x_4\end{bmatrix}=\begin{bmatrix}0\\0\\0\\0\end{bmatrix},$$

对矩阵

$$\begin{bmatrix}3&1&1&-1\\1&3&-1&1\\1&-1&3&1\\-1&1&1&3\end{bmatrix}$$

进行初等变换有

$$\begin{bmatrix}3&1&1&-1\\1&3&-1&1\\1&-1&3&1\\-1&1&1&3\end{bmatrix}\sim\begin{bmatrix}1&1&1&1\\1&3&-1&1\\1&-1&3&1\\1&-1&-1&3\end{bmatrix}\sim\begin{bmatrix}1&0&0&-1\\0&1&0&1\\0&0&1&1\\0&0&0&0\end{bmatrix}$$

得出

$$\begin{pmatrix} x_1 \\ x_2 \\ x_3 \\ x_4 \end{pmatrix} = k\begin{bmatrix} 1 \\ -1 \\ -1 \\ 1 \end{bmatrix},$$

令

$$T_4 = \begin{bmatrix} 1 \\ -1 \\ -1 \\ 1 \end{bmatrix},$$

得

$$P_4 = \frac{T_4}{|T_4|} = \begin{bmatrix} \frac{1}{2} \\ -\frac{1}{2} \\ -\frac{1}{2} \\ \frac{1}{2} \end{bmatrix}.$$

令

$$P = (P_1 \quad P_2 \quad P_3 \quad P_4) = \begin{bmatrix} \frac{1}{\sqrt{2}} & \frac{1}{\sqrt{6}} & -\frac{1}{\sqrt{12}} & \frac{1}{2} \\ \frac{1}{\sqrt{2}} & -\frac{1}{\sqrt{6}} & \frac{1}{\sqrt{12}} & -\frac{1}{2} \\ 0 & \frac{2}{\sqrt{6}} & \frac{1}{\sqrt{12}} & -\frac{1}{2} \\ 0 & 0 & \frac{3}{\sqrt{12}} & \frac{1}{2} \end{bmatrix},$$

容易看出 P 是一个正交矩阵，根据定理 7.2.1 可知，原二次型可以化为

$$\begin{aligned} f &= X^{\mathrm{T}}AX = Y^{\mathrm{T}}(P^{\mathrm{T}}AP)Y \\ &= (y_1, y_2, y_3, y_4)\begin{bmatrix} -1 & & & \\ & -1 & & \\ & & -1 & \\ & & & 3 \end{bmatrix}\begin{bmatrix} y_1 \\ y_2 \\ y_3 \\ y_4 \end{bmatrix} \\ &= -y_1^2 - y_2^2 - y_3^2 + 3y_4^2. \end{aligned}$$

7.2.3　用配方法化二次型为标准型

如果不限于用正交变换，那么还可以有多种方法（对应有多个可逆的线性变换）把二次型化成标准形，如配方法，初等变换法. 这里只介绍配方法.

将二次型利用可逆线性变换化为标准型的方法叫做配方法.

定理 7.2.2　任何一个二次型都可以经过可逆线性变换化为标准型.

例 7.2.3　化二次型

$$f=2x_1^2+2x_2^2+3x_3^2+4x_1x_2+4x_1x_3+2x_2x_3$$

成标准形.

解：
$$\begin{aligned}f&=2x_1^2+2x_2^2+3x_3^2+4x_1x_2+4x_1x_3+2x_2x_3\\&=2[x_1^2+2x_1(x_2+x_3)]+2x_2^2+3x_3^2+2x_2x_3\\&=2(x_1+x_2+x_3)^2-2(x_2+x_3)^2+2x_2^2+3x_3^2+2x_2x_3\\&=2(x_1+x_2+x_3)^2-2x_2x_3+x_3^2\\&=2(x_1+x_2+x_3)^2-x_2^2+(x_2-x_3)^2,\end{aligned}$$

令 $\begin{cases}y_1=x_1+x_2+x_3,\\y_2=x_2,\\y_3=x_2-x_3,\end{cases}$ 即 $\begin{cases}x_1=y_1-2y_2+y_3,\\x_2=y_2,\\x_3=y_2-y_3,\end{cases}$

就把 f 化成标准形 $f=2y_1^2-y_2^2+y_3^2$，所用变换矩阵为

$$C=\begin{vmatrix}1&-2&1\\0&1&0\\0&1&-1\end{vmatrix}.\ |C|=-1\neq0$$

例 7.2.4　将二次型

$$f=x_1^2+2x_2^2+2x_1x_2-2x_1x_3+2x_2x_3$$

利用配方法化为标准型，同时写出可逆线性变换.

解：依次对 x_1,x_2,x_3 进行配方，可得

$$\begin{aligned}f&=x_1^2+2x_2^2+2x_1x_2-2x_1x_3+2x_2x_3\\&=(x_1+x_2-x_3)^2+x_2^2+4x_2x_3-x_3^2\\&=(x_1+x_2-x_3)^2+(x_2+2x_3)^2-5x_3^2,\end{aligned}$$

令

$$\begin{cases}y_1=x_1+x_2-x_3,\\y_2=x_2+2x_3,\\y_3=x_3,\end{cases}$$

则

$$\begin{bmatrix}y_1\\y_2\\y_3\end{bmatrix}=\begin{bmatrix}1&1&-1\\0&1&2\\0&0&1\end{bmatrix}\begin{bmatrix}x_1\\x_2\\x_3\end{bmatrix},$$

再经过可逆线性变换

$$\begin{bmatrix}x_1\\x_2\\x_3\end{bmatrix}=\begin{bmatrix}1&1&-1\\0&1&2\\0&0&1\end{bmatrix}^{-1}\begin{bmatrix}y_1\\y_2\\y_3\end{bmatrix}=\begin{bmatrix}1&-1&3\\0&1&-2\\0&0&1\end{bmatrix}\begin{bmatrix}y_1\\y_2\\y_3\end{bmatrix},$$

原二次型可以化成标准型

$$f=y_1^2+y_2^2-5y_3^2,$$

原二次型对应的矩阵为

$$A=\begin{bmatrix}1&1&-1\\1&2&1\\-1&1&0\end{bmatrix},$$

以上可逆线性变换过程中所对应的矩阵为

$$C=\begin{bmatrix}1&-1&3\\0&1&-2\\0&0&1\end{bmatrix},$$

可证明

$$C^{T}AC=\begin{bmatrix}1&0&0\\0&1&0\\0&0&-5\end{bmatrix}.$$

例 7.2.5 化二次型

$$f=2x_1x_2+2x_1x_3-6x_2x_3$$

成标准形.

解:在 f 中不含平方项.由于含有 x_1x_2 乘积项,故令

$$\begin{cases}x_1=y_1+y_2,\\x_2=y_1-y_2,\\x_3=y_3,\end{cases}$$

代入可得

$$\begin{aligned}f&=2(y_1+y_2)(y_1-y_2)+2(y_1+y_2)y_3-6(y_1-y_2)y_3\\&=2y_1^2-2y_2^2-4y_1y_3+8y_2y_3\\&=2(y_1-y_3)^2-2y_3^2-2y_2^2+8y_2y_3,\end{aligned}$$

令$\begin{cases}z_1=y_1-y_3,\\z_2=y_2,\\z_3=y_3,\end{cases}$ 即$\begin{cases}y_1=z_1+z_3,\\y_2=z_2,\\y_3=z_3,\end{cases}$

则

$$\begin{aligned}f&=2z_1^2-2z_2^2-2z_3^2+8z_2z_3\\&=2z_1^2-2(z_2-2z_3)^2+8z_3^2-2z_3^2\\&=2z_1^2-2(z_2-2z_3)^2+6z_3^2,\end{aligned}$$

令$\begin{cases}w_1=z_1,\\w_2=z_2-2z_3,\\w_3=z_3,\end{cases}$　　即$\begin{cases}z_1=w_1,\\z_2=w_2+2w_3,\\z_3=w_3,\end{cases}$

则 f 化为标准形

$$f=2w_1^2-2w_2^2+6w_3^2,$$

这几次线性变换的结果相当于一个总的线性变换

$$\begin{bmatrix}x_1\\x_2\\x_3\end{bmatrix}=\begin{bmatrix}1&1&0\\1&-1&0\\0&0&1\end{bmatrix}\begin{bmatrix}1&0&1\\0&1&0\\0&0&1\end{bmatrix}\begin{bmatrix}1&0&0\\0&1&2\\0&0&1\end{bmatrix}\begin{bmatrix}w_1\\w_2\\w_3\end{bmatrix}=\begin{bmatrix}1&1&3\\1&-1&-1\\0&0&1\end{bmatrix}\begin{bmatrix}w_1\\w_2\\w_3\end{bmatrix}.$$

一般地,任何二次型都可用上面的方法找到可逆变换,把二次型化成标准形.

7.2.4　用初等变换法化二次型为标准型

合同变换就是用可逆矩阵 $\boldsymbol{C}$ 及其转置在两边乘 $\boldsymbol{A}$,即 $\boldsymbol{C}^{\mathrm{T}}\boldsymbol{A}\boldsymbol{C}$. 将一般的实二次型通过配方法化成标准型的过程,若用矩阵形式来表示,其实质是将二次型的矩阵通过一连串的合同变换化成对角矩阵的过程. 配方法表明,对任意实对称矩阵 $\boldsymbol{A}$,一定存在可逆矩阵 $\boldsymbol{C}$,使 $\boldsymbol{C}^{\mathrm{T}}\boldsymbol{A}\boldsymbol{C}=\boldsymbol{\Lambda}$ 为对角矩阵. 将 $\boldsymbol{C}$ 分解为一系列初等矩阵之积:$\boldsymbol{C}=\boldsymbol{P}_1\boldsymbol{P}_2\cdots\boldsymbol{P}_l$,得

$$\boldsymbol{P}_l'\cdots\boldsymbol{P}_2'\boldsymbol{P}_1'\boldsymbol{A}\boldsymbol{P}_1\boldsymbol{P}_2\cdots\boldsymbol{P}_l=\boldsymbol{\Lambda}.$$

此式表明,$\boldsymbol{A}$ 能通过一系列对于行、列来说“协调一致”的初等变换化为对角矩阵. 由此得到化实对称矩阵为与之合同的对角矩阵 $\boldsymbol{\Lambda}$ 的方法为:将单位矩阵放在待变化的矩阵下面,构成 $2n\times n$ 矩阵 $\begin{bmatrix}\boldsymbol{A}\\\boldsymbol{E}\end{bmatrix}$. 对 $\begin{bmatrix}\boldsymbol{A}\\\boldsymbol{E}\end{bmatrix}$ 每作一次列变换,同时对前 n 行的 $\boldsymbol{A}$ 作一次相应的行变换,即

$$\begin{bmatrix}\boldsymbol{A}\\\boldsymbol{E}\end{bmatrix}\rightarrow\begin{bmatrix}\boldsymbol{C}^{\mathrm{T}}\boldsymbol{A}\boldsymbol{C}\\\boldsymbol{C}\end{bmatrix},$$

当 $\boldsymbol{C}^{\mathrm{T}}\boldsymbol{A}\boldsymbol{C}$ 是对角矩阵时,$\boldsymbol{E}$ 就化成了 $\boldsymbol{C}$,$\boldsymbol{C}$ 即为所求.

例 7.2.6　将下列二次型化为对角型:

$$f(x_1,x_2,x_3)=x_1^2-3x_2^2-2x_1x_2+2x_1x_3-6x_2x_3.$$

解:记与 f 相伴的对称矩阵为 $\boldsymbol{A}$,写出$(\boldsymbol{A},\boldsymbol{E})$并做变换:

$$(\boldsymbol{A},\boldsymbol{E})=\begin{bmatrix}1&-1&1&1&0&0\\-1&-3&-3&0&1&0\\1&-3&0&0&0&1\end{bmatrix}$$

$$\xrightarrow{c_2+c_1}\begin{bmatrix}1&-1&1&1&0&0\\0&-4&-2&1&1&0\\1&-3&0&0&0&1\end{bmatrix}\xrightarrow{r_2+r_1}\begin{bmatrix}1&0&1&1&0&0\\0&-4&-2&1&1&0\\1&-2&0&0&0&1\end{bmatrix}$$

$$\xrightarrow{c_3-c_1}\begin{bmatrix}1&0&1&1&0&0\\0&-4&-2&1&1&0\\0&-2&-1&-1&0&1\end{bmatrix}\xrightarrow{r_3-r_1}\begin{bmatrix}1&0&0&1&0&0\\0&-4&-2&1&1&0\\0&-2&-1&-1&0&1\end{bmatrix}$$

$$\xrightarrow{c_3-\frac{1}{2}c_2}\begin{bmatrix}1&0&0&1&0&0\\0&-4&-2&1&1&0\\0&0&0&-\frac{3}{2}&-\frac{1}{2}&1\end{bmatrix}$$

$$\xrightarrow{r_3-\frac{1}{2}r_2}\begin{bmatrix}1&0&0&1&0&0\\0&-4&0&1&1&0\\0&0&0&-\frac{3}{2}&-\frac{1}{2}&1\end{bmatrix}.$$

于是 f 可化简为

$$f=y_1^2-4y_2^2,$$

$$\boldsymbol{C}=\begin{bmatrix}1&0&0\\1&1&0\\-\frac{3}{2}&-\frac{1}{2}&1\end{bmatrix}^{\mathrm{T}}=\begin{bmatrix}1&1&-\frac{3}{2}\\0&1&-\frac{1}{2}\\0&0&1\end{bmatrix}.$$

这种方法可总结如下：作 $n\times 2n$ 矩阵$(\boldsymbol{A},\boldsymbol{E})$，对这个矩阵进行行初等变换，同时施以同样的列初等变换，将它左半边化为对角阵，则这个对角阵就是已化简的二次型的相伴矩阵，右半边的转置便是矩阵 $\boldsymbol{C}$.

例 7.2.7 用初等变换法将

$$f=\boldsymbol{x}^{\mathrm{T}}\begin{bmatrix}0&1&-3\\1&0&1\\-3&1&0\end{bmatrix}\boldsymbol{x}$$

化成二次标准型.

解：

$$\begin{pmatrix}\boldsymbol{A}\\\boldsymbol{E}\end{pmatrix}=\begin{bmatrix}0&1&-3\\1&0&1\\-3&1&0\\1&0&0\\0&1&0\\0&0&1\end{bmatrix}\xrightarrow[c_1+c_2]{r_1+r_2}\begin{bmatrix}2&1&-2\\1&0&1\\-2&1&0\\1&0&0\\1&1&0\\0&0&1\end{bmatrix}$$

$$\xrightarrow[c_3+c_1]{r_3+r_1}\begin{bmatrix}2&1&0\\1&0&2\\0&2&-2\\1&0&1\\1&1&1\\0&0&1\end{bmatrix}\xrightarrow[c_2+c_3]{r_2+r_3}\begin{bmatrix}2&1&0\\1&2&0\\0&0&-2\\1&1&1\\1&2&1\\0&1&1\end{bmatrix}$$

$$\xrightarrow[c_2-\frac{1}{2}c_1]{r_2-\frac{1}{2}r_1}\begin{bmatrix}2&0&0\\1&\frac{3}{2}&0\\0&0&-2\\1&\frac{1}{2}&1\\1&\frac{3}{2}&1\\0&1&1\end{bmatrix}\xrightarrow[2\times c_2]{2\times r_2}\begin{bmatrix}2&0&0\\0&6&0\\0&0&-2\\1&1&1\\1&3&1\\0&2&1\end{bmatrix},$$

由此得标准型

$$f=2y_1^2+6y_2^2-2y_3^2.$$

所用的可逆线性变换为 $\boldsymbol{x}=\boldsymbol{C}\boldsymbol{y}$，其中

$$\boldsymbol{C}=\begin{bmatrix}1&1&1\\1&3&1\\0&2&1\end{bmatrix}.$$

例 7.2.8　将二次型

$$f(x_1,x_2,x_3)=x_1^2-3x_2^2-2x_1x_2+2x_1x_3-6x_2x_3$$

化成对角型.

解：写出与 f 相伴的对称矩阵 $\boldsymbol{A}$，作 $(\boldsymbol{A},\boldsymbol{E})$ 并将它们的第二行加到第一行上，再将第二行加到第一列上：

$$(\boldsymbol{A},\boldsymbol{E})=\begin{bmatrix}0&1&2&1&0&0\\1&0&-2&0&1&0\\2&-2&0&0&0&1\end{bmatrix}$$

$$\rightarrow\begin{bmatrix}2&1&0&1&1&0\\1&0&-2&0&1&0\\0&-2&0&0&0&1\end{bmatrix}.$$

对上述矩阵进行行初等变换得

$$\begin{bmatrix} 2 & 0 & 0 & 1 & 1 & 0 \\ 0 & -\frac{1}{2} & 0 & -\frac{1}{2} & \frac{1}{2} & 0 \\ 0 & 0 & 8 & 2 & -2 & 1 \end{bmatrix},$$

因此 f 化简为

$$f=2y_1^2-\frac{1}{2}y_2^2+8y_3^2,$$

$$\boldsymbol{C}=\begin{bmatrix} 1 & -\frac{1}{2} & 2 \\ 1 & \frac{1}{2} & -2 \\ 0 & 0 & 1 \end{bmatrix}.$$

例 7.2.9 利用可逆线性变换将二次型 $f=2x_1x_2+2x_1x_3-4x_2x_3$ 化为标准型.

解:此二次型对应的矩阵为

$$\boldsymbol{A}=\begin{bmatrix} 0 & 1 & 1 \\ 1 & 0 & -2 \\ 1 & -2 & 0 \end{bmatrix},$$

对矩阵$\begin{bmatrix} \boldsymbol{A} \\ \boldsymbol{F} \end{bmatrix}$进行初等变换:

$$\begin{bmatrix} \boldsymbol{A} \\ \boldsymbol{F} \end{bmatrix}=\begin{bmatrix} 0 & 1 & 1 \\ 1 & 0 & -2 \\ 1 & -2 & 0 \\ 1 & 0 & 0 \\ 0 & 1 & 0 \\ 0 & 0 & 1 \end{bmatrix}\sim\begin{bmatrix} 1 & 1 & 1 \\ 1 & 0 & -2 \\ -1 & -2 & 0 \\ 1 & 0 & 0 \\ 1 & 1 & 0 \\ 0 & 0 & 1 \end{bmatrix}$$

$$\sim\begin{bmatrix} 2 & 1 & -1 \\ 1 & 0 & -2 \\ -1 & -2 & 0 \\ 1 & 0 & 0 \\ 1 & 1 & 0 \\ 0 & 0 & 1 \end{bmatrix}\sim\begin{bmatrix} 2 & 0 & 0 \\ 1 & -\frac{1}{2} & -\frac{3}{2} \\ -1 & -\frac{3}{2} & -\frac{1}{2} \\ 1 & -\frac{1}{2} & \frac{1}{2} \\ 1 & \frac{1}{2} & \frac{1}{2} \\ 0 & 0 & 1 \end{bmatrix}$$

$$\sim\begin{bmatrix}2&0&0\\0&-\frac{1}{2}&-\frac{3}{2}\\0&-\frac{3}{2}&-\frac{1}{2}\\1&-\frac{1}{2}&\frac{1}{2}\\1&\frac{1}{2}&\frac{1}{2}\\0&0&1\end{bmatrix}\sim\begin{bmatrix}2&0&0\\0&-\frac{1}{2}&0\\0&-\frac{3}{2}&4\\1&-\frac{1}{2}&2\\1&\frac{1}{2}&-1\\0&0&1\end{bmatrix}$$

$$\sim\begin{bmatrix}2&0&0\\0&-\frac{1}{2}&0\\0&0&4\\1&-\frac{1}{2}&2\\1&\frac{1}{2}&-1\\0&0&1\end{bmatrix},$$

所以

$$\boldsymbol{C}=\begin{bmatrix}1&-\frac{1}{2}&-2\\1&\frac{1}{2}&-1\\0&0&1\end{bmatrix},|\boldsymbol{C}|=1\neq0.$$

令

$$\begin{cases}x_1=y_1-\frac{1}{2}y_2+2y_3,\\x_2=y_1+\frac{1}{2}y_2-y_3,\\x_3=y_3,\end{cases}$$

代入原二次型可得标准型

$$q(y_1,y_2,y_3)=2y_1^2-\frac{1}{2}y_2^2+4y_3^2.$$

当然利用初等变换将二次型化为标准型的具体操作过程也不是固定不变的，学习数学知识贵在能够活学活用，很多情况下，应该根据具体情况对具体问题灵活解答.

例 7.2.10 用初等变换将二次型

$f(x_1,x_2,x_3,x_4)=2x_1x_2+2x_1x_3+2x_1x_4+2x_2x_3+2x_2x_4+2x_3x_4$

化为标准型.

解:原二次型对应的对称矩阵为

$$\boldsymbol{A}=\begin{bmatrix}0&1&1&1\\1&0&1&1\\1&1&0&1\\1&1&1&0\end{bmatrix}.$$

对矩阵 **A** 进行初等变换:

由于矩阵 **A** 的主对角线全部为零,先将第二行加到第一行,再将第二列加到第一列得

$$\boldsymbol{A}=\begin{bmatrix}0&1&1&1\\1&0&1&1\\1&1&0&1\\1&1&1&0\end{bmatrix}\sim\begin{bmatrix}2&1&2&2\\1&0&1&1\\2&1&0&1\\2&1&1&0\end{bmatrix},$$

将乘以$-\frac{1}{2}$,-1,-1 后分别加到第二、三、四行,再将第一列分别乘以$-\frac{1}{2}$,-1,-1 后在分别加到第二、三、四列得

$$\boldsymbol{A}=\begin{bmatrix}0&1&1&1\\1&0&1&1\\1&1&0&1\\1&1&1&0\end{bmatrix}\sim\begin{bmatrix}2&1&2&2\\1&0&1&1\\2&1&0&1\\2&1&1&0\end{bmatrix}\sim\begin{bmatrix}2&0&0&0\\0&-\frac{1}{2}&0&0\\0&0&-2&-1\\0&0&-1&-2\end{bmatrix},$$

最后将第三行乘以$-\frac{1}{2}$加到第四行,再将第三列乘以$-\frac{1}{2}$加到第四列得

$$\boldsymbol{A}=\begin{bmatrix}0&1&1&1\\1&0&1&1\\1&1&0&1\\1&1&1&0\end{bmatrix}\sim\begin{bmatrix}2&1&2&2\\1&0&1&1\\2&1&0&1\\2&1&1&0\end{bmatrix}\sim\begin{bmatrix}2&0&0&0\\0&-\frac{1}{2}&0&0\\0&0&-2&-1\\0&0&-1&-2\end{bmatrix}$$

$$\sim\begin{bmatrix}2&0&0&0\\0&-\frac{1}{2}&0&0\\0&0&-2&0\\0&0&0&-\frac{3}{2}\end{bmatrix}.$$

以上三次初等变换对应的矩阵分块为

$$P_1=\begin{bmatrix}0&1&1&1\\1&0&1&1\\1&1&0&1\\1&1&1&0\end{bmatrix},P_2=\begin{bmatrix}1&0&0&0\\-\frac{1}{2}&1&0&0\\-1&0&1&0\\-1&0&0&1\end{bmatrix},P_3=\begin{bmatrix}1&0&0&0\\0&1&0&0\\0&0&1&0\\0&0&-\frac{1}{2}&1\end{bmatrix}.$$

总的行变换矩阵为

$$P=P_1P_2P_3=\begin{bmatrix}1&1&0&0\\-\frac{1}{2}&\frac{1}{2}&0&0\\-1&-1&1&0\\\frac{1}{2}&\frac{1}{2}&\frac{1}{2}&1\end{bmatrix},$$

于是得到元二次型的标准型为

$$f=2y_1^2-\frac{1}{2}y_2^2-2y_3^2-\frac{3}{2}y_4^2.$$

7.3 二次型的规范形

7.3.1 二次型的规范形的定义

由前一小节的分析可知,对一个二次型的标准形进行不同的可逆线性变换可能得到不同的标准形,说明了二次型的标准形不是唯一的.那么,同一个二次型的不同的标准形中有哪些反映二次型特征的不变量呢?接下来,我们就尝试来寻找二次型更简单且唯一的描述形式,也就是来寻找二次型规范形.由于数域 Q 可以是实数域也可以是复数域,所以二次型也有实二次型和复二次型之分.下面,我们将就实二次型和复二次型来分别来寻找和讨论二次型的规范形.

设 $f(x_1,x_2,\cdots,x_n)$ 是一个实二次型,经过可逆线性变换,$f(x_1,x_2,\cdots,x_n)$ 可以化为其标准型

$$q(y_1,y_2,\cdots,y_n)=\sum_{i=1}^{n}d_iy_i^2,$$

同时,原二次型所对应的矩阵经合同变换后可以变换为

$$B=\begin{bmatrix}d_1&&&\\&d_2&&\\&&\ddots&\\&&&d_n\end{bmatrix}.$$

由于合同矩阵的秩必然是相同的，同时，矩阵 $\boldsymbol{B}$ 的秩等于其主对角线上非零元素的个数，所以，其标准型中系数不等于 0 的平方项的个数是确定的. 原二次型的标准型可以写成

$$d_1 y_1^2 + \cdots + d_p y_p^2 - d_{p+1} y_{p+1}^2 - d_r y_r^2, \tag{7-3-1}$$

其中，实数 $d_i > 0 (i=1,2,\cdots,r)$，$r < n$.

因为平方项的系数中有一些大于零而另有一些小于零，所以式(7-3-1)中会有一部分项带正号而另一部分项代负号，又因为正实数一定可以开平方，所以可以对式(7-3-1)进一步进行线性变换

$$\begin{cases} y_1 = \dfrac{1}{\sqrt{d_1}} z_1, \\ y_2 = \dfrac{1}{\sqrt{d_2}} z_2, \\ \vdots \\ y_r = \dfrac{1}{\sqrt{d_r}} z_r, \\ y_{r+1} = z_{r+1}, \\ \vdots \\ y_n = z_n. \end{cases}$$

式(7-3-1)可以进一步变为

$$z_1^2 + \cdots + z_p^2 - z_{p+1}^2 - \cdots - z_r^2, \tag{7-3-2}$$

式(7-3-2)就称作实二次型 $f(x_1, x_2, \cdots, x_n)$ 的规范形，在这里可以明显看出，实二次型的规范形由 r 和 p 两个实数决定.

设 $f(x_1, x_2, \cdots, x_n)$ 是一个复二次型，经过可逆线性变换，$f(x_1, x_2, \cdots, x_n)$ 可以化为其标准型

$$d_1 y_1^2 + \cdots + d_p y_p^2 - d_{p+1} y_{p+1}^2 - d_r y_r^2, \tag{7-3-3}$$

其中，$d_i \neq 0 (i=1,2,\cdots,r)$.

由于任意复数均可以开平方，我们可以对(7-3-3)式进行线性变换

$$\begin{cases} y_i = \dfrac{1}{\sqrt{d_i}} z_i, i=1,2,\cdots,r. \\ y_i = \dfrac{1}{\sqrt{d_i}} z_i, i=r+1,\cdots,n. \end{cases}$$

式(7-3-3)就可以化成

$$z_1^2 + z_2^2 \cdots + z_r^2, \tag{7-3-4}$$

式(7-3-4)就是复二次型 $f(x_1, x_2, \cdots, x_n)$ 的规范形，显然复二次型的规范形由原二次型的秩所确定.

定义 7.3.1　实二次型 $f(x_1,x_2,\cdots,x_n)$ 的规范形正平方项的个数 p 称作实二次型 $f(x_1,x_2,\cdots,x_n)$ 的正惯性指数；负平方项的个数 $r-p$ 称作实二次型 $f(x_1,x_2,\cdots,x_n)$ 的负惯性指数；二者的差 $p-(r-p)=2p-r$ 称作实二次型 $f(x_1,x_2,\cdots,x_n)$ 的符号差.

7.3.2　二次型的规范形的唯一性

定理 7.3.1(惯性定理)　任意一个实二次型 $f(x_1,x_2,\cdots,x_n)$ 经过适当的可逆线性变换都可以化成规范形，且规范形是唯一的.

证明：在定义实二次型 $f(x_1,x_2,\cdots,x_n)$ 的规范形的过程中已经证明了任意一个实二次型 $f(x_1,x_2,\cdots,x_n)$ 经过适当的可逆线性变换都可以化成规范形. 接下来只需证明实二次型 $f(x_1,x_2,\cdots,x_n)$ 的规范形是唯一的即可.

设经过可逆线性变换 $X=BY$ 将实二次型 $f(x_1,x_2,\cdots,x_n)$ 化成规范形

$$\begin{aligned} f &= X^{\mathrm{T}}AX=Y^{\mathrm{T}}(B^{\mathrm{T}}AB)Y \\ &= y_1^2+\cdots+y_p^2-y_{p+1}^2-\cdots-y_r^2, \end{aligned}$$

同时实二次型 $f(x_1,x_2,\cdots,x_n)$ 经过另一个可逆变换 $X=CY$ 化为标准型

$$\begin{aligned} f &= X^{\mathrm{T}}AX=Z^{\mathrm{T}}(\mathrm{C}^{\mathrm{T}}AC)Z. \\ &= z_1^2+\cdots+z_q^2-z_{q+1}^2-\cdots-z_r^2 \end{aligned}$$

如果

$$p=q,$$

则

$$y_1^2+\cdots+y_p^2-y_{p+1}^2-\cdots-y_r^2$$

和

$$z_1^2+\cdots+z_q^2-z_{q+1}^2-\cdots-z_r^2$$

是同一列代数式.

需要反证法来证明 $p=q$.

设 $p>q$，则由

$$f=Y^{\mathrm{T}}(B^{\mathrm{T}}AB)Y=Z^{\mathrm{T}}(\mathrm{C}^{\mathrm{T}}AC)Z$$

得

$$y_1^2+\cdots+y_p^2-y_{p+1}^2-\cdots-y_r^2=z_1^2+\cdots+z_q^2-z_{q+1}^2-\cdots-z_r^2. \tag{7-3-5}$$

由于 $X=CZ$，则 $Z=\mathrm{C}^{-1}X$，所以

$$Z=\mathrm{C}^{-1}(BY)=(\mathrm{C}^{-1}B)Y.$$

令

$$C^{-1}B=G=\begin{bmatrix} g_{11} & \cdots & g_{1n} \\ \vdots & \ddots & \vdots \\ g_{n1} & \cdots & g_{nn} \end{bmatrix},$$

由 $Z=C^{-1}(BY)=(C^{-1}B)Y$ 可知

$$\begin{cases} z_1=g_{11}y_1+\cdots+g_{1n}y_n, \\ z_2=g_{21}y_1+\cdots+g_{2n}y_n, \\ \vdots \\ z_n=g_{n1}y_1+\cdots+g_{nn}y_n. \end{cases} \tag{7-3-6}$$

若令

$$\begin{cases} g_{11}y_1+\cdots+g_{1n}y_n=0, \\ \vdots \\ g_{q1}y_1+\cdots+g_{qn}y_n=0, \\ y_{p+1}=0, \\ \vdots \\ y_n=0. \end{cases} \tag{7-3-7}$$

方程组(7-3-7)是含有 n 个未知数 $y_1,y_2,\cdots,y_n$ 而且含有 $q+(n-p)$ 个方程的齐次线性方程组.由于

$$p>q,$$

则

$$q+(n-p)=n-(p-q)<n,$$

所以齐次线性方程组(7-3-7)一定有非零解,设其解为

$$(y_1,y_2,\cdots,y_p,y_{p+1},\cdots,y_n)^{\mathrm{T}}=(k_1,k_2,\cdots,k_p,k_{p+1},\cdots,k_n)^{\mathrm{T}}. \tag{7-3-8}$$

由方程组(7-3-7)的后 $n-p$ 个方程可知

$$k_{p+1}=\cdots=k_n=0,$$

将式(7-3-8)代入到式(7-3-5)的左边得

$$k_1^2+\cdots+k_p^2>0,$$

将式(7-3-8)代入到式(7-3-6),由式(7-3-7)的前 q 个方程可知

$$z_1=\cdots=z_q=0, \tag{7-3-9}$$

再将式(7-3-9)代入式(7-3-5)的右边得

$$-z_{q+1}^2-\cdots-z_r^2\leqslant 0,$$

因此,$y_1,y_2,\cdots,y_n$ 的一组非零值代入式(7-3-5)的左、右两边得到了不同的值,说明

$$p \leqslant q.$$

同理,可以证明

$$p \geqslant q.$$

故而

$$p = q,$$

所以实二次型 $f(x_1, x_2, \cdots, x_n)$ 的规范形是唯一的.

定理 7.3.2　任意一个复二次型 $f(x_1, x_2, \cdots, x_n)$ 一定可以经过变换化为规范形,且规范形由 $f(x_1, x_2, \cdots, x_n)$ 的秩唯一确定.

定理 7.3.3　实二次型 $f(x_1, x_2, \cdots, x_n)$ 的标准型中,系数是正数的平方项的个数是唯一确定的,它等于 $f(x_1, x_2, \cdots, x_n)$ 的正惯性指数;系数是负数的平方项的个数也是唯一确定的,它等于 $f(x_1, x_2, \cdots, x_n)$ 的负惯性指数.

定理 7.3.4　任意实对称矩阵 $\boldsymbol{A}$ 一定合同于如下形状的对角矩阵

$$\boldsymbol{B} = \begin{bmatrix} 1 & & & & & & & & \\ & \ddots & & & & & & & \\ & & 1 & & & & & & \\ & & & -1 & & & & & \\ & & & & \ddots & & & & \\ & & & & & -1 & & & \\ & & & & & & 0 & & \\ & & & & & & & \ddots & \\ & & & & & & & & 0 \end{bmatrix}.$$

其中矩阵 $\boldsymbol{B}$ 的对角线上 1 的个数与 -1 的个数都是唯一确定,分别被称作矩阵 $\boldsymbol{A}$ 的正、负惯性指数,它们的差被称作矩阵 $\boldsymbol{A}$ 的符号差.

定理 7.3.5　任意一个复数域上的对称矩阵 $\boldsymbol{A}$ 一定合同于如下形式的对角矩阵

$$\boldsymbol{B} = \begin{bmatrix} 1 & & & & & \\ & \ddots & & & & \\ & & 1 & & & \\ & & & 0 & & \\ & & & & \ddots & \\ & & & & & 0 \end{bmatrix}.$$

矩阵 $\boldsymbol{B}$ 的主对角线上 1 的个数等于矩阵 A 的秩,并且两个复对称矩阵的秩相等是这两矩阵合同的充要条件.

定理 7.3.6 两个实对称矩阵的秩和正惯性指数相同是它们合同的充要条件.

例 7.3.1 请把如下实二次型

$$f(x_1,x_2,x_3)=x_1x_2+x_1x_3-3x_2x_3$$

化成规范形.

解:二次型 $f(x_1,x_2,x_3)$对应的矩阵是

$$\boldsymbol{A}=\begin{bmatrix}0 & \frac{1}{2} & \frac{1}{2}\\ \frac{1}{2} & 0 & -\frac{3}{2}\\ \frac{1}{2} & -\frac{3}{2} & 0\end{bmatrix},$$

令

$$\boldsymbol{F}=\begin{bmatrix}1 & 0 & 0\\ 0 & 1 & 0\\ 0 & 0 & 1\end{bmatrix},$$

则

$$\begin{bmatrix}\boldsymbol{A}\\ \boldsymbol{F}\end{bmatrix}=\begin{bmatrix}0 & \frac{1}{2} & \frac{1}{2}\\ \frac{1}{2} & 0 & -\frac{3}{2}\\ \frac{1}{2} & -\frac{3}{2} & 0\\ 1 & 0 & 0\\ 0 & 1 & 0\\ 0 & 0 & 1\end{bmatrix}\sim\begin{bmatrix}\frac{1}{2} & \frac{1}{2} & \frac{1}{2}\\ \frac{1}{2} & 0 & -\frac{3}{2}\\ \frac{1}{2} & -\frac{3}{2} & 0\\ 1 & 0 & 0\\ 1 & 1 & 0\\ 0 & 0 & 1\end{bmatrix}$$

$$\sim\begin{bmatrix}1 & \frac{1}{2} & -1\\ \frac{1}{2} & 0 & -\frac{3}{2}\\ -1 & -\frac{3}{2} & 0\\ 1 & 0 & 0\\ 1 & 1 & 0\\ 0 & 0 & 1\end{bmatrix}\sim\begin{bmatrix}1 & 0 & -1\\ 0 & -\frac{1}{4} & -1\\ -1 & -1 & 0\\ 1 & -\frac{1}{2} & 0\\ 1 & \frac{1}{2} & 0\\ 0 & 0 & 1\end{bmatrix}$$

$$\sim\begin{bmatrix}1 & 0 & 0\\ 0 & -\frac{1}{4} & -1\\ 0 & -1 & -1\\ 1 & -\frac{1}{2} & 1\\ 1 & \frac{1}{2} & 1\\ 0 & 0 & 1\end{bmatrix}\sim\begin{bmatrix}1 & 0 & 0\\ 0 & -\frac{1}{4} & 0\\ 0 & 0 & 3\\ 1 & -\frac{1}{2} & 3\\ 1 & \frac{1}{2} & -1\\ 0 & 0 & 1\end{bmatrix}$$

$$\sim\begin{bmatrix}1 & 0 & 0\\ 0 & 3 & 0\\ 0 & 0 & -\frac{1}{4}\\ 1 & 3 & -\frac{1}{2}\\ 1 & -1 & \frac{1}{2}\\ 0 & 1 & 0\end{bmatrix}\sim\begin{bmatrix}1 & 0 & 0\\ 0 & 1 & 0\\ 0 & 0 & -\frac{1}{4}\\ 1 & \frac{3}{\sqrt{3}} & -\frac{1}{2}\\ 1 & -\frac{1}{\sqrt{3}} & \frac{1}{2}\\ 0 & \frac{1}{\sqrt{3}} & 0\end{bmatrix}$$

$$\sim\begin{bmatrix}1 & 0 & 0\\ 0 & 1 & 0\\ 0 & 0 & -1\\ 1 & \frac{3}{\sqrt{3}} & -1\\ 1 & -\frac{1}{\sqrt{3}} & 1\\ 0 & \frac{1}{\sqrt{3}} & 0\end{bmatrix},$$

进而作可逆线性变换

$$\begin{bmatrix}x_1\\ x_2\\ x_3\end{bmatrix}=\begin{bmatrix}1 & \frac{3}{\sqrt{3}} & -1\\ 1 & -\frac{1}{\sqrt{3}} & 1\\ 0 & \frac{1}{\sqrt{3}} & 0\end{bmatrix}\begin{bmatrix}z_1\\ z_2\\ z_3\end{bmatrix},$$

原实二次型的规范形为

$$f(x_1,x_2,x_3)=z_1^2+z_2^2-z_3^2.$$

例 7.3.2 已知二次型

$$f(x_1,x_2,x_3)=2x_1x_2+2x_2x_3-6x_2x_3,$$

(1)将该二次型化为标准型并求出转化过程中所用到的变换矩阵；

(2)将该二次型化为规范形并求出其正惯性指数.

解:令

$$\begin{cases}x_1=y_1+y_2,\\x_2=y_1-y_2,\\x_3=y_3,\end{cases}$$

则有

$$\begin{bmatrix}x_1\\x_2\\x_3\end{bmatrix}=\begin{bmatrix}1&1&0\\1&-1&0\\0&0&1\end{bmatrix}\begin{bmatrix}y_1\\y_2\\y_3\end{bmatrix},$$

得

$$f(x_1,x_2,x_3)=2y_1^2-2y_2^2-4y_1y_3+8y_2y_3.$$

进一步配方可得

$$f(x_1,x_2,x_3)=2(y_1-y_3)^2-2(y_2-2y_3)^2+6y_3^2.$$

令

$$\begin{cases}z_1=y_1-y_3,\\z_2=y_2-2y_3,\\z_3=y_3,\end{cases}$$

则

$$\begin{cases}y_1=z_1+z_3,\\y_2=z_2+2z_3,\\y_3=z_3,\end{cases}$$

故而

$$\begin{bmatrix}y_1\\y_2\\y_3\end{bmatrix}=\begin{bmatrix}1&0&1\\0&1&2\\0&0&1\end{bmatrix}\begin{bmatrix}z_1\\z_2\\z_3\end{bmatrix}.$$

所以原二次型 $f(x_1,x_2,x_3)$经过线性变换

$$\begin{cases} x_1 = z_1 + z_2 + 3z_3, \\ x_2 = z_1 - z_2 - z_3, \\ x_3 = z_3, \end{cases}$$

可以化成标准型

$$f(x_1, x_2, x_3) = 2z_1^2 - 2z_2^2 + 6z_3^2.$$

再令

$$\begin{cases} \omega_1 = \sqrt{2} z_1, \\ \omega_3 = \sqrt{2} z_2, \\ \omega_2 = \sqrt{6} z_3, \end{cases}$$

则

$$\begin{cases} z_1 = \dfrac{\omega_1}{\sqrt{2}}, \\ z_2 = \dfrac{\omega_3}{\sqrt{2}}, \\ z_3 = \dfrac{\omega_2}{\sqrt{6}}, \end{cases}$$

所以原二次型 $f(x_1, x_2, x_3)$ 可以化成规范形

$$f(x_1, x_2, x_3) = \omega_1^2 + \omega_2^2 - \omega_3^2,$$

显然二次型 $f(x_1, x_2, x_3)$ 的正惯性指数为 2.

7.4　正定二次型(矩阵)的证明

7.4.1　正定二次型的定义

科学技术上用得较多的二次型是正惯性指数为 n 的 n 元二次型，我们有下述定义.

定义 7.4.1　设有二次型 $f(x_1, x_2, \cdots, x_n) = x^{\mathrm{T}} A x$，如果对任何 $x \neq 0$，都有 $f(x) > 0$[显然 $f(0) = 0$]，则称 $f(x_1, x_2, \cdots, x_n)$ 为正定二次型，简称对称阵 $\boldsymbol{A}$ 是正定的.

例 7.4.1　确定 λ 的值，使下列二次型

$$f(x_1, x_2, x_3) = \lambda x_1^2 + \lambda x_2^2 + \lambda x_3^2 - 2x_1 x_2 + 2x_1 x_3 - 2x_2 x_3$$

为正定二次型.

解：原二次型的矩阵为

$$A=\begin{bmatrix}\lambda & -1 & 1\\ -1 & \lambda & -1\\ 1 & -1 & \lambda\end{bmatrix}.$$

要使原二次型为正定二次型，矩阵 $\boldsymbol{A}$ 的各阶顺序主子式必须大于零，即

$$D_1=\lambda>0,$$

$$D_2=\begin{vmatrix}\lambda & -1\\ -1 & \lambda\end{vmatrix}=\lambda^2-1>0,$$

$$D_3=|\boldsymbol{A}|=(\lambda-1)^2(\lambda+2)>0.$$

解不等式

$$\begin{cases}\lambda>0,\\ \lambda^2-1>0,\\ (\lambda-1)^2(\lambda+2)>0,\end{cases}$$

得

$$\lambda>1,$$

即，当 $\lambda>1$ 时原二次型为正定二次型.

7.4.2 正定二次型的判定

由二次型的标准形或规范形很容易判断其正定性. 可以证明，二次型经过可逆线性变换化为标准形或规范形不改变原来二次型的正定性. 于是二次型的正定性就可以转化为判别其标准型和规范形的正定性.

定理 7.4.1 n 元二次型 $f=x^{\mathrm{T}}\boldsymbol{A}x$ 为正定的充分必要条件是它的正惯性指数等于 n，即它的标准形的 n 个系数全为正，它的规范形的 n 个系数全为 1.

推论 7.4.1 对称阵 $\boldsymbol{A}$ 为正定的充分必要条件是 $\boldsymbol{A}$ 的特征值全大于零.

从而正定二次型 $f=x^{\mathrm{T}}\boldsymbol{A}x$ 的规范形是 $y_1^2+y_2^2+\cdots+y_n^2$，而 $y_1^2+y_2^2+\cdots+y_n^2$ 的矩阵是单位矩阵 $\boldsymbol{E}$，从而有下面结论：

定理 7.4.2 n 阶对称矩阵 $\boldsymbol{A}$ 为正定的充分必要条件是 $\boldsymbol{A}$ 与单位矩阵 $\boldsymbol{E}$ 合同，即 $\boldsymbol{A}\sim\boldsymbol{E}$.

因为 $\boldsymbol{A}\sim\boldsymbol{E}$ 等价于存在可逆矩阵 $\boldsymbol{C}$ 使得 $\boldsymbol{A}=\boldsymbol{C}^{\mathrm{T}}\boldsymbol{E}\boldsymbol{C}=\boldsymbol{C}^{\mathrm{T}}\boldsymbol{C}$. 由此又有

推论 7.4.2 n 阶对称矩阵 $\boldsymbol{A}$ 为正定的充分必要条件是存在可逆矩阵 $\boldsymbol{C}$ 使得 $\boldsymbol{A}=\boldsymbol{C}^{\mathrm{T}}\boldsymbol{C}$.

定义 7.4.2 设矩阵 $A=\begin{bmatrix} a_{11} & a_{12} & \cdots & a_{1n} \\ a_{21} & a_{22} & \cdots & a_{2n} \\ \vdots & \vdots & & \vdots \\ a_{n1} & a_{n2} & \cdots & a_{nn} \end{bmatrix}$，$A$ 的子式

$$\begin{vmatrix} a_{11} & \cdots & a_{1k} \\ \vdots & & \vdots \\ a_{k1} & \cdots & a_{kk} \end{vmatrix} \quad (k=1,2,\cdots,n)$$

称为 A 的 k 阶顺序主子式.

定理 7.4.3 实对称阵 A 为正定的充分必要条件是 A 的各阶顺序主子式都大于零，即

$$a_{11}>0,\begin{vmatrix} a_{11} & a_{12} \\ a_{21} & a_{22} \end{vmatrix}>0,\cdots,\begin{vmatrix} a_{11} & \cdots & a_{1n} \\ \vdots & & \vdots \\ a_{n1} & \cdots & a_{nn} \end{vmatrix}>0.$$

本节给出了正定二次型的几个等价命题，归纳总结如下[$A=(a_{ij})$为 n 阶实对称矩阵]：

(1)n 元二次型 $f=x^{\mathrm{T}}Ax$ 为正定(A 正定)；

(2)对任何 $x\neq0$，都有 $f=x^{\mathrm{T}}Ax>0$；

(3)f 的正惯性指数等于 n；

(4)f 的标准形的 n 个系数全为正；

(5)f 的规范形的 n 个系数全为 1；

(6)A 的特征值全大于零；

(7)存在可逆矩阵 C 使得 $A=C^{\mathrm{T}}C$；

(8)A 的各阶顺序主子式都大于零.

(9)存在正交矩阵 Q，使 $Q^{\mathrm{T}}AQ=Q^{-1}AQ=\begin{bmatrix} \lambda_1 & & & \\ & \lambda_2 & & \\ & & \vdots & \\ & & & \lambda_n \end{bmatrix}$，$\lambda_i>0$，$i=1,2,\cdots,n$.

7.5 二次型的应用实例分析

在理论研究和工程实践中，有关二次型的应用有很多，在这里，我们简单列举几种应用二次型解决相关问题的实例.

7.5.1 利用二次型求解一些极值问题

7.5.1.1 利用二次型求解一般多元函数的极值问题

若已知多元函数

$$\begin{aligned} f(x_1,x_2,\cdots,x_n)=a_{11}x_1^2&+2a_{12}x_1x_2+2a_{12}x_1x_3+\cdots+2a_{1n}x_1x_n \\ &+a_{22}x_2^2\quad+2a_{23}x_2x_3+\cdots+2a_{2n}x_2x_n \\ &\cdots\cdots\cdots\cdots\cdots\cdots\cdots\cdots\cdots\cdots \\ &+a_{nn}x_n^2 \end{aligned}$$

在 $X_0=(x_{10},x_{20},\cdots,x_{n0})$ 处有极值的必要条件是：

$$\left.\frac{\partial f}{\partial x_i}\right|_{X_0}=0,\quad i=1,2,\cdots,n.$$

可以通过如下途径来判断 $X_0=(x_{10},x_{20},\cdots,x_{n0})$ 是不是多元函数 $f(x_1,x_2,\cdots,x_n)$ 的极值点.

令

$$\boldsymbol{A}=\begin{bmatrix} \dfrac{\partial^2 f}{\partial x_1^2} & \dfrac{\partial^2 f}{\partial x_1\partial x_2} & \cdots & \dfrac{\partial^2 f}{\partial x_1\partial x_n} \\ \dfrac{\partial^2 f}{\partial x_1\partial x_2} & \dfrac{\partial^2 f}{\partial x_2^2} & \cdots & \dfrac{\partial^2 f}{\partial x_2\partial x_n} \\ \vdots & \vdots & \ddots & \vdots \\ \dfrac{\partial^2 f}{\partial x_1\partial x_n} & \dfrac{\partial^2 f}{\partial x_2\partial x_n} & \cdots & \dfrac{\partial^2 f}{\partial x_n\partial x_n} \end{bmatrix}_{X=X_0}$$

就可以得到如下结果：

(1)若矩阵 $\boldsymbol{A}$ 是正定矩阵，那么多元函数 $f(x_1,x_2,\cdots,x_n)$ 在 $X_0=(x_{10},x_{20},\cdots,x_{n0})$ 处有极小值.

(2)若矩阵 $\boldsymbol{A}$ 是负定矩阵，那么多元函数 $f(x_1,x_2,\cdots,x_n)$ 在 $X_0=(x_{10},x_{20},\cdots,x_{n0})$ 处有极大值.

(3)若不能确定矩阵 $\boldsymbol{A}$ 是正定矩阵还是负定矩阵，那么 $X_0=(x_{10},x_{20},\cdots,x_{n0})$ 不是多元函数 $f(x_1,x_2,\cdots,x_n)$ 的极值点.

7.5.1.2 利用二次型求解一些条件极值问题

当已知

$$x_1^2+x_2^2+\cdots+x_n^2=1$$

时，求多元二次函数

$$f(x_1,x_2,\cdots,x_n)=a_{11}x_1^2+2a_{12}x_1x_2+2a_{12}x_1x_3+\cdots+2a_{1n}x_1x_n$$
$$+a_{22}x_2^2\qquad+2a_{23}x_2x_3+\cdots+2a_{2n}x_2x_n$$
$$\cdots\cdots\cdots\cdots\cdots\cdots\cdots\cdots\cdots\cdots\cdots\cdots$$
$$+a_{nn}x_n^2$$

的极大值或极小值可以通过如下途径来进行：

用正交线性变换 $X=CY$ 把二次型 $f(x_1,x_2,\cdots,x_n)$ 化成标准型：

$$f(x_1,x_2,\cdots,x_n)=X^{\mathrm{T}}\boldsymbol{A}X=\lambda_1 y_1^2+\lambda_2 y_2^2+\cdots+\lambda_n y_n^2,$$

对已知条件

$$x_1^2+x_2^2+\cdots+x_n^2=1$$

做适当变形有

$$x_1^2+x_2^2+\cdots+x_n^2=X^{\mathrm{T}}X=Y^{\mathrm{T}}P^{\mathrm{T}}PY=Y^{\mathrm{T}}Y=Y^{\mathrm{T}}Y=y_1^2+y_2^2+\cdots+y_n^2=1$$

这样就可以进一步确定多元二次函数的极大值或极小值.

例 7.5.1　已知

$$x_1^2+x_2^2+x_3^2=1,$$

求二次齐次函数

$$f(x_1,x_2,x_3)=x_1^2+x_2^2+x_3^2+4x_1x_2+4x_1x_3+4x_2x_3$$

的极大值.

解:二次齐次函数 $f(x_1,x_2,x_3)$ 实际上是一个二次型,我们可以将其化成标准型

$$f(x_1,x_2,x_3)=x_1^2+x_2^2+x_3^2+4x_1x_2+4x_1x_3+4x_2x_3$$
$$=-y_1^2-y_2^2+5y_3^2,$$

则

$$f(x_1,x_2,x_3)\leqslant 5y_3^2\leqslant 5,$$

而且对

$$x_1^2+x_2^2+x_3^2=1$$

进行适当的变形可得

$$x_1^2+x_2^2+x_3^2=X^{\mathrm{T}}X=Y^{\mathrm{T}}P^{\mathrm{T}}PY=Y^{\mathrm{T}}Y=Y^{\mathrm{T}}Y=y_1^2+y_2^2+y_3^2=1,$$

则

$$y_3^2\leqslant 1,$$

故而,当向量

$$Y_0=(0,0,1)^{\mathrm{T}}$$

或

$$Y_0=(0,0,-1)^{\mathrm{T}}$$

时,多元二次函数 $f(x_1,x_2,x_3)$ 取得极大值

$$f_0=5$$

由于

$$X_0 = PY_0,$$

故而，若想确定该极值点的坐标，还需要先求出 P.

7.5.2 利用二次型的相关理论对二次曲面进行分类

定义 7.5.1 设有 n 元实二次型 $f(x_1,x_2,x_3)=\boldsymbol{X}^{\mathrm{T}}\boldsymbol{AX}$，如果对于任意列向量 $\boldsymbol{X}\neq 0$ 都有 $\boldsymbol{X}^{\mathrm{T}}\boldsymbol{AX}\geqslant 0$，且存在 $\boldsymbol{X}\neq 0$ 使 $f(x_1,x_2,x_3)=\boldsymbol{X}^{\mathrm{T}}\boldsymbol{AX}=0$，则二次型 $f(x_1,x_2,x_3)=\boldsymbol{X}^{\mathrm{T}}\boldsymbol{AX}$ 为半正定二次型，它所对应的矩阵为半正定矩阵.

定义 7.5.2 设有 n 元实二次型 $f(x_1,x_2,x_3)=\boldsymbol{X}^{\mathrm{T}}\boldsymbol{AX}$，如果对于任意列向量 $\boldsymbol{X}\neq 0$ 都有 $\boldsymbol{X}^{\mathrm{T}}\boldsymbol{AX}\leqslant 0$，且存在 $\boldsymbol{X}\neq 0$ 使 $f(x_1,x_2,x_3)=\boldsymbol{X}^{\mathrm{T}}\boldsymbol{AX}=0$，则二次型 $f(x_1,x_2,x_3)=\boldsymbol{X}^{\mathrm{T}}\boldsymbol{AX}$ 为半负定二次型，它所对应的矩阵为半负定矩阵.

定义 7.4.2 设有 n 元实二次型 $f(x_1,x_2,x_3)=\boldsymbol{X}^{\mathrm{T}}\boldsymbol{AX}$，如果存在 $\boldsymbol{X}_1\neq 0$ 和 $\boldsymbol{X}_2\neq 0$ 使 $X_1^{\mathrm{T}}AX_1\geqslant 0$ 且 $X_2^{\mathrm{T}}AX_2\leqslant 0$，则二次型 $f(x_1,x_2,x_3)=\boldsymbol{X}^{\mathrm{T}}\boldsymbol{AX}$ 为不定二次型，它所对应的矩阵为不定矩阵.

一般的多元二次函数可以表示为

$$\begin{aligned} f(x_1,x_2,\cdots,x_n)=&a_{11}x_1^2+2a_{12}x_1x_2+2a_{12}x_1x_3+\cdots+2a_{1n}x_1x_n\\ &+a_{22}x_2^2\quad\ +2a_{23}x_2x_3+\cdots+2a_{2n}x_2x_n\\ &\cdots\cdots\cdots\cdots\cdots\cdots\cdots\cdots\cdots\cdots\cdots\cdots\\ &+a_{nn}x_n^2+b_1x_1+b_2x_2+\cdots b_nx_n+c. \end{aligned}$$

在一个立体空间中，二次曲面一般可以用一个三元二次方程来表示，曲面的类型主要由二次部分决定，因此我们可以对二次部分进行单独的考虑，令

$$f(x,y,z)=a_{11}x^2+a_{22}y^2+a_{33}z^2+2a_{12}xy+2a_{13}xz+2a_{23}yz,$$

该二次型所对应的矩阵为

$$\boldsymbol{A}=\begin{bmatrix} a_{11} & a_{12} & a_{13}\\ a_{21} & a_{22} & a_{23}\\ a_{31} & a_{32} & a_{33} \end{bmatrix},$$

原方程可以表示成

$$f(\varepsilon)=\boldsymbol{D}^{\mathrm{T}}\boldsymbol{AD}.$$

这是一个二次型.由前面讲过的理论，可通过可逆线性变换将该二次型化为标准形，又由惯性定理知，不论用哪一种可逆线性变将原二次型化为标准形，标准形中正负系数的个数是相同的.从几何上来看，一个可逆线性变

换就是一个基变换或坐标变换，由惯性定理，曲面的类型是不变的. 因此，我们通过可逆线性变换将其化为标准形，这可决定二次曲面的类型. 如果希望曲面的几何形状也不变，则应采用正交线性变换. 因为正交线性变换的意义是作坐标旋转或反射. 如果希望曲面的几何形状与方向都不变，则应采用行列式等于1的正交线性替换，因为行列式等于1的正交线性替换的意义是仅仅作坐标旋转. 接下来，我们就对二次曲面作具体的分类.

假如用正交线性变将二次型

$$f(x,y,z)=a_{11}x^2+a_{22}y^2+a_{33}z^2+2a_{12}xy+2a_{13}xz+2a_{23}yz$$

化为如下标准型

$$f(x,y,z)=\lambda_1x^2+\lambda_2y^2+\lambda_3z^2.$$

若矩阵

$$\mathbf{A}=\begin{bmatrix}a_{11} & a_{12} & a_{13}\\ a_{21} & a_{22} & a_{23}\\ a_{31} & a_{32} & a_{33}\end{bmatrix}$$

是正定矩阵，则原二次曲面是形状为椭球形的二次曲面，曲面方程为

$$\frac{x^2}{a^2}+\frac{y^2}{b^2}+\frac{z^2}{c^2}=1\text{（椭球形）}$$

或

$$\frac{x^2}{a^2}+\frac{y^2}{b^2}+\frac{z^2}{c^2}=0\text{（一点）}$$

或

$$\frac{x^2}{a^2}+\frac{y^2}{b^2}+\frac{z^2}{c^2}=-1\text{（无图形）}.$$

若矩阵

$$\mathbf{A}=\begin{bmatrix}a_{11} & a_{12} & a_{13}\\ a_{21} & a_{22} & a_{23}\\ a_{31} & a_{32} & a_{33}\end{bmatrix}$$

是半正定矩阵，而且正惯性指数为2，则原二次曲面的方程可化为

$$\frac{x^2}{a^2}+\frac{y^2}{b^2}=z\text{（椭圆抛物面）}$$

或

$$\frac{x^2}{a^2}+\frac{y^2}{b^2}=1\text{（椭圆柱面）}$$

或无图形.

若矩阵

$$A=\begin{bmatrix}a_{11} & a_{12} & a_{13}\\ a_{21} & a_{22} & a_{23}\\ a_{31} & a_{32} & a_{33}\end{bmatrix}$$

为不定矩阵，且

$$R(\boldsymbol{A})=3,$$

则原二次曲面方程可以化为

$$\frac{x^2}{a^2}+\frac{y^2}{b^2}-\frac{z^2}{c^2}=1\text{（单叶双曲面）}$$

或

$$\frac{x^2}{a^2}-\frac{y^2}{b^2}-\frac{z^2}{c^2}=1\text{（双叶双曲面）}$$

或锥面

若矩阵

$$A=\begin{bmatrix}a_{11} & a_{12} & a_{13}\\ a_{21} & a_{22} & a_{23}\\ a_{31} & a_{32} & a_{33}\end{bmatrix}$$

为不定矩阵，且

$$R(\boldsymbol{A})=2,$$

则原曲面方程可以表示为

$$\frac{x^2}{a^2}-\frac{y^2}{b^2}=cz\text{（双曲抛物面）}$$

或双曲柱面.

例 7.5.2 试对方程

$$f(x,y,z)=3x^2-y^2+3z^2+4xz+4\sqrt{2}x+2y+6\sqrt{2}z+k=0$$

所表示的二次曲面进行讨论.

解:令

$$\boldsymbol{X}=(x,y,z)^{\mathrm{T}},$$

$$B=(4\sqrt{2},2,6\sqrt{2}),$$

$$\boldsymbol{A}=\begin{bmatrix}3 & 0 & 2\\ 0 & -1 & 0\\ -2 & 0 & 3\end{bmatrix},$$

则

$$f(x,y,z)=\boldsymbol{X}^{\mathrm{T}}\boldsymbol{AX}+B\boldsymbol{X}+k=0.$$

由于

$$|\lambda\boldsymbol{E}-\boldsymbol{A}|=(\lambda-1)(\lambda-5)(\lambda+1)$$

则矩阵 **A** 的特征值为 1，5，−1. 分别求出矩阵 **A** 的属于 1，5，−1 的特征向量，并将其标准化，进而得到矩阵 **A** 的标准特征向量：

$$P_1=\begin{bmatrix}-\frac{\sqrt{2}}{2}\\0\\\frac{\sqrt{2}}{2}\end{bmatrix},P_2=\begin{bmatrix}\frac{\sqrt{2}}{2}\\0\\\frac{\sqrt{2}}{2}\end{bmatrix},P_3=\begin{bmatrix}0\\1\\0\end{bmatrix}.$$

去正交矩阵

$$\boldsymbol{P}=(P_1P_2P_3)=\begin{bmatrix}-\frac{\sqrt{2}}{2}&\frac{\sqrt{2}}{2}&0\\0&0&1\\\frac{\sqrt{2}}{2}&\frac{\sqrt{2}}{2}&0\end{bmatrix},$$

进一步做正交变换

$$X=\boldsymbol{P}Y.$$

其中

$$\boldsymbol{Y}=(x_1,y_1,z_1)^{\mathrm{T}}.$$

则题设所述的方程化为

$$x_1^2+5y_1^2-z_1^2+2x_1+10y_1+2z_1+k=0,$$

配方以后可以得到

$$(x_1+1)^2+5(y_1+1)^2-(z_1-1)^2=5-k.$$

令

$$\begin{cases}x_2=x_1+1,\\y_2=y_1+1,\\z_2=z_1-1,\end{cases}$$

可得

$$x_2^2+5y_2^2-z_2^2=5-k.$$

当 $k=5$ 时，原方程可化为

$$\frac{x^2}{5}+y^2-\frac{z^2}{5}=0,$$

所表示的曲面是一个二次锥面；

当 $k<5$ 时，原方程可化为

$$\frac{x^2}{5-k}+\frac{y^2}{\frac{5-k}{5}}-\frac{z^2}{5-k}=1,$$

所表示的曲面是一个单叶双曲面；

当 $k>5$ 时,原方程可化为

$$-\frac{x^2}{k-5}-\frac{y^2}{\frac{k-5}{5}}+\frac{z^2}{k-5}=1,$$

所表示的曲面是一个双叶双曲面.

第 8 章　欧氏空间与酉空间

欧氏空间理论对解析几何的研究有指导意义，在多元分析等问题中也有广泛的应用. 本章重点就欧氏空间与酉空间的理论展开论述，内容有欧氏空间的概念及性质、向量的内积与欧氏空间、标准正交基、酉空间、谱定理、正交矩阵的实标准型等，最后对最小二乘法及其应用实例进行分析.

8.1　欧氏空间基本理论概述

8.1.1　欧氏空间的概念

解析几何中两个向量 $\boldsymbol{\alpha}$ 与 $\boldsymbol{\beta}$ 的数乘积 $\boldsymbol{\alpha}\cdot\boldsymbol{\beta}$ 称为 $\boldsymbol{\alpha}$ 与 $\boldsymbol{\beta}$ 的内积，记为 $(\boldsymbol{\alpha},\boldsymbol{\beta})$，我们回顾几何空间 $\mathbf{R}^3$ 中向量的长度和夹角与向量内积的关系：两个非零向量 $\boldsymbol{\alpha}$ 与 $\boldsymbol{\beta}$ 的内积定义为实数

$$(\boldsymbol{\alpha},\boldsymbol{\beta})=|\boldsymbol{\alpha}||\boldsymbol{\beta}|\cos\theta \tag{8-1-1}$$

其中，θ 为 $\boldsymbol{\alpha}$ 与 $\boldsymbol{\beta}$ 的夹角，$|\boldsymbol{\alpha}|$ 表示 $\boldsymbol{\alpha}$ 的长度，当 $\boldsymbol{\alpha}$ 与 $\boldsymbol{\beta}$ 中有零向量时，定义 $(\boldsymbol{\alpha},\boldsymbol{\beta})=0$，反之，由(8-1-1)知可用内积表示向量的长度和夹角

$$|\boldsymbol{\alpha}|=\sqrt{(\boldsymbol{\alpha},\boldsymbol{\alpha})},$$

$$\theta=\arccos\frac{(\boldsymbol{\alpha},\boldsymbol{\beta})}{|\boldsymbol{\alpha}||\boldsymbol{\beta}|}.$$

这表明，要在 $\mathbf{R}$ 上线性空间引进长度和夹角概念，可从内积入手，但定义内积不能从式(8-1-1)出发，因为它依赖于长度和夹角这两个尚待定义的概念，因此只能从 $\mathbf{R}^3$ 内积的本质属性来刻画内积这个概念.

$\mathbf{R}^3$ 中，内积具有下列性质：

(1)$(\boldsymbol{\alpha},\boldsymbol{\beta})=(\boldsymbol{\beta},\boldsymbol{\alpha})$；

(2)$(\boldsymbol{\alpha}+\boldsymbol{\beta},\boldsymbol{\gamma})=(\boldsymbol{\alpha},\boldsymbol{\gamma})+(\boldsymbol{\beta},\boldsymbol{\gamma})$；

(3)$(k\boldsymbol{\alpha},\boldsymbol{\beta})=k(\boldsymbol{\beta},\boldsymbol{\alpha})$；

(4)当 $\boldsymbol{\alpha}\neq 0$ 时，$(\boldsymbol{\alpha},\boldsymbol{\alpha})>0$.

这里，$\boldsymbol{\alpha},\boldsymbol{\beta},\boldsymbol{\gamma}$ 是 $\mathbf{R}^3$ 的任意向量，k 是 $\mathbf{R}$ 中任意数.

上述四条性质是内积的本质属性，因此，对一般情况，我们有

定义 8.1.1　设 V 是 $\mathbf{R}$ 上线性空间，如果对 $\forall\boldsymbol{\alpha},\boldsymbol{\beta}\in v$，有确定的实数

记作$(\boldsymbol{\alpha},\boldsymbol{\beta})$与它们对应，并且下列条件被满足：

(1)$(\boldsymbol{\alpha},\boldsymbol{\beta})=(\boldsymbol{\beta},\boldsymbol{\alpha})$；

(2)$(\boldsymbol{\alpha}+\boldsymbol{\beta},\boldsymbol{\gamma})=(\boldsymbol{\alpha},\boldsymbol{\gamma})+(\boldsymbol{\beta},\boldsymbol{\gamma})$；

(3)$(k\boldsymbol{\alpha},\boldsymbol{\beta})=k(\boldsymbol{\beta},\boldsymbol{\alpha})$；

(4)当$\boldsymbol{\alpha}\neq 0$时，$(\boldsymbol{\alpha},\boldsymbol{\alpha})>0$.

这里$\boldsymbol{\alpha},\boldsymbol{\beta},\boldsymbol{\gamma}$是$V$的任意向量，$k$是任意实数，那么$(\boldsymbol{\alpha},\boldsymbol{\beta})$称为向量$\boldsymbol{\alpha}$与$\boldsymbol{\beta}$的内积，而$V$称为欧几里得空间(简称欧氏空间).

由定义可知，内积是定义在$V\times V$上而取值在$\mathbf{R}$内的一个函数，且此函数满足上述四条性质.

例 8.1.1 设n为一个正整数，$\mathbf{R}_n[x]$是零多项式和次数不超过n的多项式构成的向量空间.对任意$f(x),g(x)\in\mathbf{R}_n[x]$规定

$$(f,g)=\int_{-1}^{1}f(x)g(x)\mathrm{d}x.$$

由于多项式函数是连续函数，内积条件易被满足，因而$\mathbf{R}_n[x]$关于这个内积做成一个欧氏空间.

例 8.1.2 令$\boldsymbol{C}[a,b]$是指定义在$[a,b]$上一切连续实函数所成的$\mathbf{R}$上线性空间，$\forall f(x),g(x)\in\boldsymbol{C}[a,b]$，我们定义内积：

$$(f(x),g(x))=\int_{a}^{b}f(x)g(x)\mathrm{d}x$$

由定积分的基本性质可知，定义内积的条件被满足，所以$\boldsymbol{C}[a,b]$作成一个欧氏空间.

例 8.1.3 在$\mathbf{R}^n$中，任意两个向量

$$\boldsymbol{\alpha}=(x_1,x_2,\cdots,x_n)$$

$$\boldsymbol{\beta}=(y_1,y_2,\cdots,y_n)$$

定义

$$(\boldsymbol{\alpha},\boldsymbol{\beta})=x_1y_1+x_2y_2+\cdots+x_ny_n \tag{8-1-2}$$

不难验证定义内积的条件被满足，因而$\mathbf{R}^n$作成一个欧几里得空间.

从上述例题可看出，欧氏空间是线性空间与内积的总体，对于同一个$\mathbf{R}$上线性空间，可定义不同的内积，从而得出不同的欧式空间.我们约定，今后说到“欧氏空间$\mathbf{R}^n$”时，是指例 8.1.1 中内积(8-1-2)所作成的欧氏空间.

特别地，线性空间$\mathbf{R}[x]$与$\boldsymbol{R}[x]_n$，对于内积(3)也作成欧氏空间.

从而可知，有些连续函数的问题我们可将其放在欧氏空间中进行考虑.

由欧氏空间的定义易得到下面简单的性质.

(1)$(\boldsymbol{0},\boldsymbol{\alpha})=(\boldsymbol{\alpha},\boldsymbol{0})=0$.

(2)$(\boldsymbol{\alpha},k\boldsymbol{\beta})=k(\boldsymbol{\alpha},\boldsymbol{\beta})$.

(3) $\left(\sum_{i=1}^{t}a_i\boldsymbol{\alpha}_i,\sum_{j=1}^{s}b_j\boldsymbol{\beta}_j\right)=\sum_{i=1}^{t}\sum_{j=1}^{s}a_ib_j(\boldsymbol{\alpha}_i,\boldsymbol{\beta}_j)$.

在这里 $\boldsymbol{\alpha},\boldsymbol{\beta},\boldsymbol{\alpha}_i,\boldsymbol{\beta}_j$ 均为欧氏空间中的向量,$k,a_i,b_j\in\mathbf{R},i=1,2,\cdots,t,j=1,2,\cdots,s$. 由于对欧氏空间的任意向量 $\boldsymbol{\alpha}$ 来说,$(\boldsymbol{\alpha},\boldsymbol{\alpha})$总是一个非负实数,因此可合理地引入向量长度的概念.

8.1.2 欧氏空间的性质

设 V 是一个欧氏空间,我们有

性质 8.1.1 零向量与任意向量的内积是零.

事实上,在内积条件(3)中令 $k=0$,即知 $\forall\boldsymbol{\beta}\in V$,有$(\boldsymbol{0},\boldsymbol{\beta})=0$,再由条件(1)得$(\boldsymbol{\beta},\boldsymbol{0})=0$.

性质 8.1.2 $\boldsymbol{\alpha}=0\Leftrightarrow(\boldsymbol{\alpha},\boldsymbol{\alpha})=0$.

事实上,由性质(1)有 $\boldsymbol{\alpha}=\boldsymbol{0}\Leftrightarrow(\boldsymbol{\alpha},\boldsymbol{\alpha})=0$,反之,由内积条件(4),有$(\boldsymbol{\alpha},\boldsymbol{\alpha})=0\Rightarrow\boldsymbol{\alpha}=\boldsymbol{0}$,从而结论得证.

性质 8.1.3 $\forall\boldsymbol{\alpha},\boldsymbol{\beta}_1,\boldsymbol{\beta}_2,\cdots,\boldsymbol{\beta}_t\in V$, $l_1,l_2,\cdots,l_t\in\mathbf{R}$ 有

$$(\boldsymbol{\alpha},l_1\boldsymbol{\beta}_1+l_2\boldsymbol{\beta}_2+\cdots+l_t\boldsymbol{\beta}_t)=\sum_{i=1}^{t}l_i(\boldsymbol{\alpha},\boldsymbol{\beta}_i),$$

利用内积的条件,对向量的个数 t 进行数学归纳法可证之.

性质 8.1.4 $\forall\boldsymbol{\alpha}_1,\boldsymbol{\alpha}_2,\cdots,\boldsymbol{\alpha}_s,\boldsymbol{\beta}_1,\boldsymbol{\beta}_2,\cdots,\boldsymbol{\beta}_t\in V,\forall k_1,k_2,\cdots,k_s,l_1,l_2,\cdots,l_t\in\mathbf{R}$,有

$$\left(\sum_{i=1}^{s}k_i\boldsymbol{\alpha}_i,\sum_{j=1}^{t}l_j\boldsymbol{\beta}_j\right)=\sum_{i=1}^{s}\sum_{j=1}^{t}k_il_j(\boldsymbol{\alpha}_i+\boldsymbol{\beta}_j).$$

8.2 向量的内积与欧氏空间

8.2.1 向量及其线性运算

8.2.1.1 向量的概念

在研究实际问题时,我们经常会遇到两种量,一种是只有大小的量,如温度、长度、浓度、质量、能量等,我们将其称为标量;另一种是既有大小又有方向的量,如位移、速度、动量、加速度、力等,我们称之为矢量(或向量).在数学上,通常用有向线段来形象地表示向量.有向线段的长度表示向量

的大小,有向线段的方向表示向量的方向. 这时向量所表示的实际物理意义就不再考虑了. 如图 8-2-1 所示,以点 M_1 为始点,点 M_2 为终点的有向线段所表示的向量记作$\overrightarrow{M_1M_2}$,也可以用一个粗体字母或用上方加箭头的字母表示,如 $\boldsymbol{e},\boldsymbol{r},\boldsymbol{\alpha},\boldsymbol{\beta},\vec{e},\vec{r},\vec{\alpha},\vec{\beta},\overrightarrow{OM}$等. 向量的大小又叫向量的模,向量$\overrightarrow{AB}$、$\boldsymbol{\alpha}$ 的模分别记作 $|\overrightarrow{AB}|$ 、$|\boldsymbol{\alpha}|$. 模为 1 的向量称为单位向量,模为 0 的向量称为零向量,记作 $\mathbf{0}$ 或$\vec{0}$,零向量的方向可以任意取定. 与 $\boldsymbol{\alpha}$ 的模相等、方向相反的向量称为 $\boldsymbol{\alpha}$ 的负向量,记作 $-\boldsymbol{\alpha}$. 在实际问题中,有的向量与它的始点位置有关,有的向量与它的始点位置无关. 由于向量的共同特性是它们都有大小和方向,所以在数学上只考虑与起点无关的向量,并称为自由向量,简称向量.

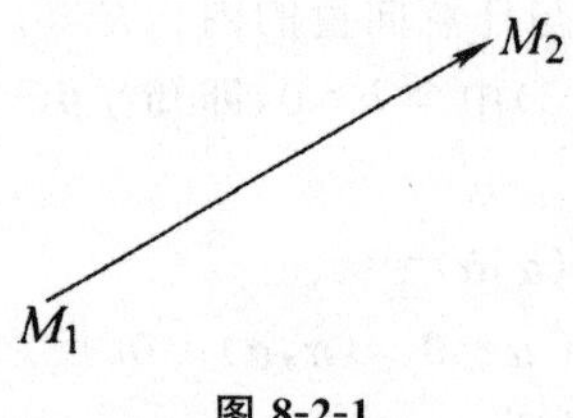

图 8-2-1

对于两个向量 $\boldsymbol{\alpha}$ 和 $\boldsymbol{\beta}$,如果它们的模相等,且方向相同,就说向量 $\boldsymbol{\alpha}$ 和 $\boldsymbol{\beta}$ 是相等的,记为 $\boldsymbol{\alpha}=\boldsymbol{\beta}$. 两个向量相等,则经过平行移动后它们能够完全重合.

8.2.1.2 向量的线性运算

向量的线性运算是指两个矢量的加法、减法和数量与矢量相乘,现分别介绍如下.

根据物理学中关于力和速度的合成法则,我们用平行四边形法则来确定向量的加法运算.

定义 8.2.1 如图 8-2-2 所示,对任意两个向量 $\boldsymbol{a}$ 和 $\boldsymbol{b}$,将它们的始点放在一起,并以 $\boldsymbol{a}$ 和 $\boldsymbol{b}$ 为邻边,作一平行四边形,则与 $\boldsymbol{a}$ 和 $\boldsymbol{b}$ 有共同始点的对角线向量 $\boldsymbol{c}$ (图 8-2-2)就称为向量 $\boldsymbol{a}$ 与 $\boldsymbol{b}$ 的和,记作

$$\boldsymbol{c}=\boldsymbol{a}+\boldsymbol{b}.$$

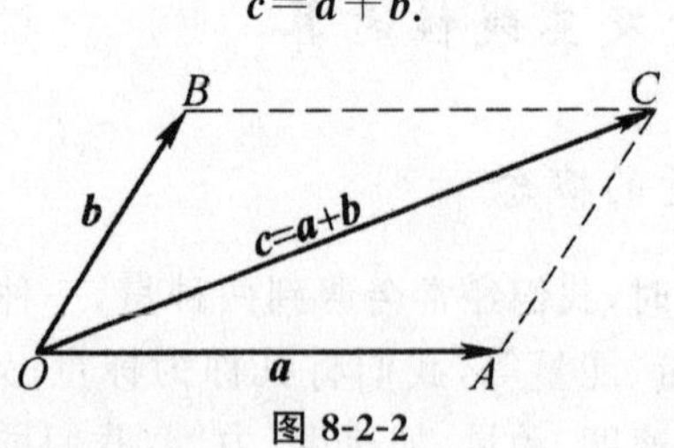

图 8-2-2

在图 8-2-6 中,有$\overrightarrow{\boldsymbol{OB}}=\overrightarrow{\boldsymbol{AC}}$,所以

$$c=\overrightarrow{OC}=\overrightarrow{OA}+\overrightarrow{AC}.$$

由此可知，以 $\boldsymbol{a}$ 的终点为始点作向量 $\boldsymbol{b}$，则以 $\boldsymbol{a}$ 的始点为始点、以 $\boldsymbol{b}$ 的终点为终点的向量 $\boldsymbol{c}$ 就是向量 $\boldsymbol{a}$ 与 $\boldsymbol{b}$ 的和，这一法则称为三角形法则.

有限多个向量 $\boldsymbol{a}_1,\boldsymbol{a}_2,\cdots,\boldsymbol{a}_n$ 相加可以从某一点 O 出发，逐一地引向量

$$\overrightarrow{OA_1}=\boldsymbol{a}_1,\overrightarrow{A_1A_2}=\boldsymbol{a}_2,\cdots,\overrightarrow{A_{n-1}A_n}=\boldsymbol{a}_n,$$

于是以所得折线 $OA_1A_2\cdots A_{n-1}A_n$ 的起点 O 为起点，终点 A_n 为终点的向量 $\overrightarrow{OA_n}$ 就是向量 $\boldsymbol{a}_1,\boldsymbol{a}_2,\cdots,\boldsymbol{a}_n$ 的和，即

$$\overrightarrow{OA_n}=\overrightarrow{OA_1}+\overrightarrow{A_1A_2}+\cdots+\overrightarrow{A_{n-1}A_n}=\boldsymbol{a}_1+\boldsymbol{a}_2+\cdots+\boldsymbol{a}_n.$$

如图 8-2-3 所示，是向量 $\boldsymbol{a}_1,\boldsymbol{a}_2,\boldsymbol{a}_3,\boldsymbol{a}_4$ 相加的结果.

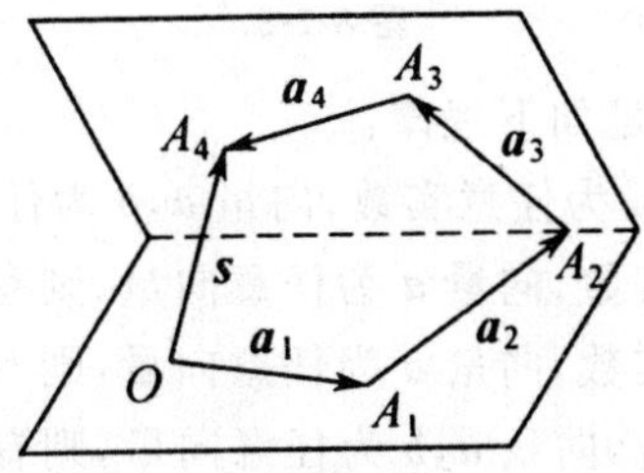

图 8-2-3

根据负向量与向量加法的定义可以推出向量减法的定义.

定义 8.2.2　设 $\boldsymbol{a}$ 与 $\boldsymbol{b}$ 是两个任意向量，$\boldsymbol{a}-\boldsymbol{b}$ 定义为 $\boldsymbol{a}+(-\boldsymbol{b})$，称 $\boldsymbol{a}-\boldsymbol{b}$ 为 $\boldsymbol{a}$ 与 $\boldsymbol{b}$ 的差.

显然 $\boldsymbol{c}=\boldsymbol{a}-\boldsymbol{b}$ 的充要条件为 $\boldsymbol{a}=\boldsymbol{b}+\boldsymbol{c}$，由此得出向量 $\boldsymbol{a}-\boldsymbol{b}$ 为由 $\boldsymbol{b}$ 的终点引向 $\boldsymbol{a}$ 的终点的矢量，如图 8-2-4 所示.

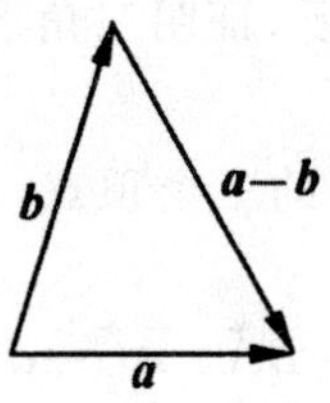

图 8-2-4

向量的加减法必然遵循以下规律：

(1)设有零向量 $\mathbf{0}$，则对于任意向量 $\boldsymbol{a}$ 总有 $\boldsymbol{a}+0=\boldsymbol{a}$.

(2)设有零向量 $\mathbf{0}$，则对于任意向量 $\boldsymbol{a}$ 总有 $\boldsymbol{a}-0=\boldsymbol{a}$.

(3)设有零向量 $\mathbf{0}$，则对于任意向量 $\boldsymbol{a}$ 总有 $\boldsymbol{a}-\boldsymbol{a}=\boldsymbol{a}+(-\boldsymbol{a})=0$.

(4)交换律：对于任意向量 $\boldsymbol{a},\boldsymbol{b}$ 总有 $\boldsymbol{a}+\boldsymbol{b}=\boldsymbol{b}+\boldsymbol{a}$.

(5)结合律：对于任意向量 $\boldsymbol{a},\boldsymbol{b},\boldsymbol{c}$ 总有 $\boldsymbol{a}+\boldsymbol{b}+\boldsymbol{c}=(\boldsymbol{a}+\boldsymbol{b})+\boldsymbol{c}=\boldsymbol{a}+(\boldsymbol{b}+\boldsymbol{c})$.

(6)对于任意向量 $\boldsymbol{a},\boldsymbol{b},\boldsymbol{c},\cdots,l$ 总有 $|\boldsymbol{a}+\boldsymbol{b}+\boldsymbol{c}+\cdots+l|\leqslant|\boldsymbol{a}|+|\boldsymbol{b}|+$

$|c|+\cdots+|l|$.

定义 8.2.3 如图 8-2-5 所示，设 λ 为任意实数，定义 λ 与向量 $\boldsymbol{a}$ 的乘积 $\lambda\boldsymbol{a}(=\boldsymbol{a}\lambda)$ 是这样的一个向量：它的模 $|\lambda\boldsymbol{a}|=|\lambda|\cdot|\boldsymbol{a}|$，当 $\lambda>0$ 时 $\lambda\boldsymbol{a}$ 与 $\boldsymbol{a}$ 同向；当 $\lambda<0$，$\lambda\boldsymbol{a}$ 与 $\boldsymbol{a}$ 反向；当 $\lambda=0$ 时 $\lambda\boldsymbol{a}=\boldsymbol{0}$.

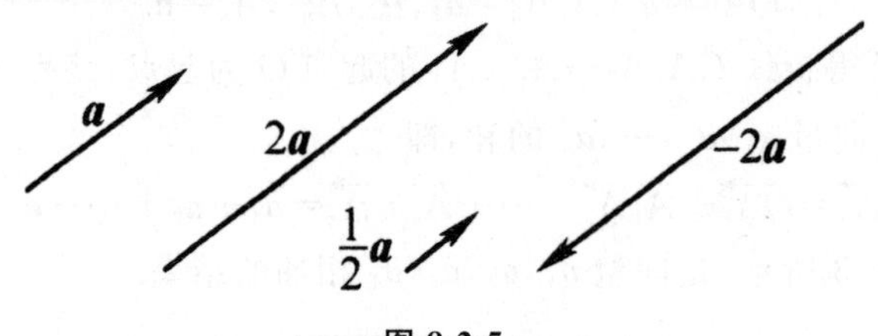

图 8-2-5

向量与数的乘法满足如下规律：

定理 8.2.1 设 λ,μ 为任意实数，向量 $\boldsymbol{a},\boldsymbol{b}$ 为任意向量，则有

(1)设 λ,μ 为任意实数，向量 $\boldsymbol{a}$ 为任意向量，则有 $\lambda(\mu\boldsymbol{a})=(\lambda\mu)\boldsymbol{a}$.

(2)设 λ,μ 为任意实数，向量 $\boldsymbol{a}$ 为任意向量，则有$(\lambda+\mu)\boldsymbol{a}=\lambda\boldsymbol{a}+\mu\boldsymbol{a}$.

(3)设 λ 为任意实数，向量 $\boldsymbol{a},\boldsymbol{b}$ 为任意向量，则有 $\lambda(\boldsymbol{a}+\boldsymbol{b})=\lambda\boldsymbol{a}+\lambda\boldsymbol{b}$.

(4)设 $\lambda=0$，向量 $\boldsymbol{a}$ 为任意向量，则当 $\boldsymbol{\alpha}\neq0$ 时，$\lambda\boldsymbol{\alpha}=0$.

(5)对于任意向量 $\boldsymbol{a}$，有 $1\boldsymbol{\alpha}=\boldsymbol{\alpha}$，$(-1)\boldsymbol{\alpha}=-\boldsymbol{\alpha}$.

我们称模为 1 的矢量为单位向量，任给非零向量 $\boldsymbol{a}$，以 $\boldsymbol{a}^{\circ}$记与 $\boldsymbol{a}$ 同向的单位向量，显然有 $\boldsymbol{a}=|\boldsymbol{a}|\boldsymbol{a}^{\circ}$. 这个公式既简单又重要，因为它把 $\boldsymbol{a}$ 的两个要素：模和方向分开了，$|\boldsymbol{a}|$ 表示 $\boldsymbol{a}$ 的模，而 $\boldsymbol{a}^{\circ}$可以表示 $\boldsymbol{a}$ 的方向.

向量的线性运算可用来解某些几何问题，请看如下实例.

例 8.2.1 如图 8-2-6 所示，证明三角形两边中点的连线必平行于底边且其长等于底边的一半.

证明：令 A,B,C 是三角形的三个顶点，D,E 分别是 AB,AC 的中点，并令$\overrightarrow{AB}=\boldsymbol{b}$，$\overrightarrow{AC}=\boldsymbol{c}$. 于是

$$\overrightarrow{BC}=\overrightarrow{BA}+\overrightarrow{AC}=\boldsymbol{c}-\boldsymbol{b}.$$

又因为

$$\overrightarrow{AD}=\frac{1}{2}\boldsymbol{b},\overrightarrow{AE}=\frac{1}{2}\boldsymbol{c},$$

$$\overrightarrow{DE}=\overrightarrow{DA}+\overrightarrow{AE}=-\frac{1}{2}\boldsymbol{b}+\frac{1}{2}\boldsymbol{c}=\frac{1}{2}(\boldsymbol{c}-\boldsymbol{b})=\frac{1}{2}\overrightarrow{BC}.$$

这就证明了三角形两边中点的连线必平行于底边且其长等于底边的一半.

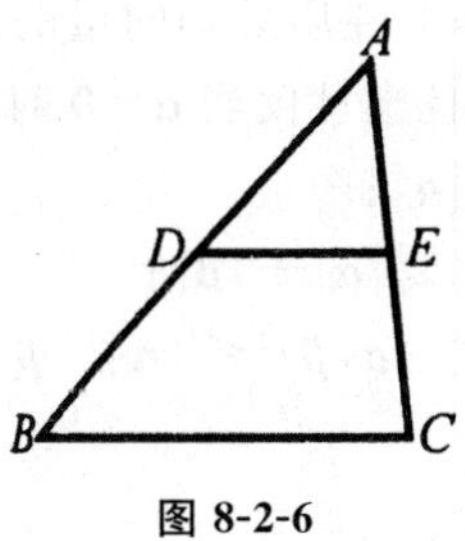

图 8-2-6

8.2.2　向量的内积

定义 8.2.4　设 n 维实向量

$$\boldsymbol{\alpha}=\begin{bmatrix}a_1\\a_2\\\vdots\\a_n\end{bmatrix},\boldsymbol{\beta}=\begin{bmatrix}b_1\\b_2\\\vdots\\b_n\end{bmatrix},$$

称实数 $\sum_{i=1}^{n}a_ib_i=a_1b_1+a_2b_2+\cdots+a_nb_n$ 为向量 $\boldsymbol{\alpha},\boldsymbol{\beta}$ 放入内积记为$(\boldsymbol{\alpha},\boldsymbol{\beta})$，即有

$$(\boldsymbol{\alpha},\boldsymbol{\beta})=\sum_{i=1}^{n}a_ib_i=a_1b_1+a_2b_2+\cdots+a_nb_n.$$

内积为向量的一种运算，用矩阵表示，有

$$(\boldsymbol{\alpha},\boldsymbol{\beta})=\begin{bmatrix}a_1 & a_2 & \cdots & a_n\end{bmatrix}\begin{bmatrix}b_1\\b_2\\\vdots\\b_n\end{bmatrix}=\boldsymbol{\alpha}^{\mathrm{T}}\boldsymbol{\beta}.$$

根据定义易证明向量的内积满足下述运算规律：

(1)$(\boldsymbol{\alpha},\boldsymbol{\beta})=(\boldsymbol{\beta},\boldsymbol{\alpha})$；

(2)$(\boldsymbol{\alpha}+\boldsymbol{\beta},\boldsymbol{\gamma})=(\boldsymbol{\alpha},\boldsymbol{\beta})+(\boldsymbol{\beta},\boldsymbol{\gamma})$；

(3)$(k\boldsymbol{\alpha},\boldsymbol{\beta})=k(\boldsymbol{\alpha},\boldsymbol{\beta})$；

(4)对任意的向量 $\boldsymbol{\alpha}(\boldsymbol{\alpha},\boldsymbol{\alpha})\geqslant 0$，当且仅当 $\boldsymbol{\alpha}=\mathbf{0}$ 时等号成立，

其中 $\boldsymbol{\alpha},\boldsymbol{\beta},\boldsymbol{\gamma}$ 为任意的 n 维向量，k 为实数.

定义 8.2.5　对于 n 维实向量 $\boldsymbol{\alpha}=(a_1,a_2,\cdots,a_n)^{\mathrm{T}}$，则称 $\sqrt{(\boldsymbol{\alpha},\boldsymbol{\alpha})}$ 为 $\boldsymbol{\alpha}$ 的长度(或者模、范数)，记作$|\boldsymbol{\alpha}|$，即有

$$|\boldsymbol{\alpha}|=\sqrt{(\boldsymbol{\alpha},\boldsymbol{\alpha})}=\sqrt{\sum_{i=1}^{n}\boldsymbol{\alpha}_i^2}.$$

根据上述定义以及内积的性质易知向量的长度满足如下性质：

(1)正定性：$|\boldsymbol{\alpha}|\geqslant 0$；并且当且仅当 $\boldsymbol{\alpha}=\mathbf{0}$ 时等号成立；

(2)齐次性：$|k\boldsymbol{\alpha}|=|k||\boldsymbol{\alpha}|$；

(3)三角不等式：$|\boldsymbol{\alpha}+\boldsymbol{\beta}|\leqslant|\boldsymbol{\alpha}|+|\boldsymbol{\beta}|$；

(4)柯西-施瓦兹不等式：$(\boldsymbol{\alpha},\boldsymbol{\beta})^2\leqslant|\boldsymbol{\alpha}|^2|\boldsymbol{\beta}|^2$，即有 $(\boldsymbol{\alpha},\boldsymbol{\beta})^2\leqslant(\boldsymbol{\alpha},\boldsymbol{\alpha})(\boldsymbol{\beta},\boldsymbol{\beta})$，即有

$$\left|\sum_{i=1}^{n}\boldsymbol{\alpha}_i\boldsymbol{\beta}_i\right|\leqslant(\boldsymbol{\alpha},\boldsymbol{\alpha})(\boldsymbol{\beta},\boldsymbol{\beta}),$$

并且等式成立的充要条件为 $\boldsymbol{\alpha},\boldsymbol{\beta}$ 线性相关.

长度为 1 的向量称为单位向量. 根据长度的正定性和齐次性可知：当 $\boldsymbol{\alpha}\neq\mathbf{0}$ 时，

$$\left|\frac{1}{|\boldsymbol{\alpha}|}\boldsymbol{\alpha}\right|=\frac{1}{|\boldsymbol{\alpha}|}|\boldsymbol{\alpha}|=1,$$

该式表明 $\frac{1}{|\boldsymbol{\alpha}|}\boldsymbol{\alpha}$ 为单位向量. 由非零向量 $\boldsymbol{\alpha}$ 得到单位向量 $\frac{1}{|\boldsymbol{\alpha}|}\boldsymbol{\alpha}$ 的过程称为单位化或者标准化.

定义 8.2.6 设 $\boldsymbol{\alpha},\boldsymbol{\beta}\in\mathbf{R}^n$，如果 $\boldsymbol{\alpha}\neq\mathbf{0},\boldsymbol{\beta}\neq 0$，则有

$$\theta=\arccos\frac{(\boldsymbol{\alpha},\boldsymbol{\beta})}{|\boldsymbol{\alpha}||\boldsymbol{\beta}|},0\leqslant\theta\leqslant\pi,$$

称为非零向量 $\boldsymbol{\alpha},\boldsymbol{\beta}$ 间的夹角；若 $(\boldsymbol{\alpha},\boldsymbol{\beta})=0$，则称 $\boldsymbol{\alpha},\boldsymbol{\beta}$ 正交，记作 $\boldsymbol{\alpha}\perp\boldsymbol{\beta}$.

由定义 8.2.6 可知：

(1)如果 $\boldsymbol{\alpha}=\mathbf{0}$，则 $\boldsymbol{\alpha}$ 与任何向量都正交；

(2)$\boldsymbol{\alpha}\perp\boldsymbol{\alpha}\Leftrightarrow\boldsymbol{\alpha}=\mathbf{0}$；

(3)对于非零向量 $\boldsymbol{\alpha},\boldsymbol{\beta}$，$\boldsymbol{\alpha}\perp\boldsymbol{\beta}\Leftrightarrow\boldsymbol{\alpha}$ 与 $\boldsymbol{\beta}$ 的夹角为 $\frac{\pi}{2}$.

例 8.2.2 设向量

$$\boldsymbol{\alpha}=(-1,1,1,1)^{\mathrm{T}},\boldsymbol{\beta}=(-1,2,1,0)^{\mathrm{T}},\boldsymbol{\gamma}=(-1,1,1,0)^{\mathrm{T}},$$

试求：

(1)$\boldsymbol{\alpha}$ 与 $\boldsymbol{\beta}$ 的夹角为 θ_1，$\boldsymbol{\alpha}$ 与 $\boldsymbol{\gamma}$ 的夹角为 θ_2；

(2)与 $\boldsymbol{\alpha},\boldsymbol{\beta},\boldsymbol{\gamma}$ 都正交的所有向量.

解：(1)由于

$$(\boldsymbol{\alpha},\boldsymbol{\beta})=(-1)\times(-1)+1\times 2+1\times 1+1\times 0=1+2+1=4,$$

$$|\boldsymbol{\alpha}|=2,|\boldsymbol{\beta}|=\sqrt{6},$$

则有

$$\theta_1=\arccos\frac{(\boldsymbol{\alpha},\boldsymbol{\beta})}{|\boldsymbol{\alpha}||\boldsymbol{\beta}|}=\arccos\frac{4}{2\sqrt{6}}=\arccos\frac{\sqrt{6}}{3}.$$

又因为

$$(\boldsymbol{\alpha},\boldsymbol{\gamma})=1=1=1+0=3,$$

$$|\boldsymbol{\alpha}|=2,|\boldsymbol{\gamma}|=\sqrt{3},$$

所以

$$\cos\theta_2=\frac{(\boldsymbol{\alpha},\boldsymbol{\gamma})}{|\boldsymbol{\alpha}||\boldsymbol{\gamma}|}=\frac{3}{2\sqrt{3}}=\frac{\sqrt{3}}{2},$$

从而有

$$\theta_2=\frac{\pi}{6}.$$

(2)设向量 $x=(x_1,x_2,x_3,x_4)$ 与向量 $\boldsymbol{\alpha},\boldsymbol{\beta},\boldsymbol{\gamma}$ 都正交，那么由正交条件得到齐次线性方程组

$$\begin{bmatrix}-1&1&1&1\\-1&2&1&0\\-1&1&1&0\end{bmatrix}\begin{bmatrix}x_1\\x_2\\x_3\\x_4\end{bmatrix}=\mathbf{0}.$$

因为

$$\begin{bmatrix}-1&1&1&1\\-1&2&1&0\\-1&1&1&0\end{bmatrix}\xrightarrow[r_3-r_1]{r_2-r_1}\begin{bmatrix}-1&1&1&1\\0&1&0&-1\\0&0&0&-1\end{bmatrix}\xrightarrow{r_1-r_2}$$

$$\begin{bmatrix}-1&0&1&2\\0&1&0&-1\\0&0&0&-1\end{bmatrix}\xrightarrow[r_2-r_3]{r_1+2r_3}\begin{bmatrix}-1&0&1&0\\0&1&0&0\\0&0&0&-1\end{bmatrix},$$

可得化简的齐次线性方程组为

$$\begin{cases}-x_1+x_3=0,\\x_2=0,\\x_4=0,\end{cases}$$

基础解系为 $\begin{bmatrix}1\\0\\1\\0\end{bmatrix}$.

所以 $\boldsymbol{\alpha},\boldsymbol{\beta},\boldsymbol{\gamma}$ 都正交的所有向量为：

$$\boldsymbol{x}=k(1,0,1,0)^{\mathrm{T}},k\in\mathbf{R}.$$

例 8.2.3　设向量

$$\boldsymbol{\alpha}=(1,-1,2,1)^{\mathrm{T}},\boldsymbol{\beta}=(-3,0,-1,3)^{\mathrm{T}},\boldsymbol{\gamma}=(2,3,1,-1)^{\mathrm{T}},$$

计算 $(\boldsymbol{\alpha},\boldsymbol{\beta})$，$(\boldsymbol{\alpha},\boldsymbol{\gamma})$ 及其 $\boldsymbol{\alpha}$ 与 $\boldsymbol{\beta}$，$\boldsymbol{\alpha}$ 与 $\boldsymbol{\gamma}$ 的夹角.

解:
$$(\boldsymbol{\alpha},\boldsymbol{\beta})=\boldsymbol{\alpha}^{\mathrm{T}}\boldsymbol{\beta}=-2,$$
$$(\boldsymbol{\alpha},\boldsymbol{\gamma})=\boldsymbol{\alpha}^{\mathrm{T}}\boldsymbol{\gamma}=0,$$

所以 $\boldsymbol{\alpha}$ 与 $\boldsymbol{\gamma}$ 正交,即 $\boldsymbol{\alpha}$ 与 $\boldsymbol{\gamma}$ 之间的夹角为$\frac{\pi}{2}$.又因为

$$|\boldsymbol{\alpha}|=\sqrt{(\boldsymbol{\alpha},\boldsymbol{\alpha})}=\sqrt{\boldsymbol{\alpha}^{\mathrm{T}}\boldsymbol{\alpha}}=\sqrt{7},$$
$$|\boldsymbol{\beta}|=\sqrt{(\boldsymbol{\beta},\boldsymbol{\beta})}=\sqrt{\boldsymbol{\beta}^{\mathrm{T}}\boldsymbol{\beta}}=\sqrt{19},$$

所以 $\boldsymbol{\alpha}$ 与 $\boldsymbol{\beta}$ 的夹角为

$$\theta=\arccos\left(-\frac{2}{\sqrt{133}}\right).$$

例 8.2.4 设 $\boldsymbol{\alpha}_1,\boldsymbol{\alpha}_2\in\mathbf{R}^n$ 线性无关,试求常数 k,使得 $\boldsymbol{\alpha}_2+k\boldsymbol{\alpha}_1$ 与 $\boldsymbol{\alpha}_1$ 正交,并且对 $n=2$ 所得结果作出几何解释.

解:根据 $\boldsymbol{\alpha}_2+k\boldsymbol{\alpha}_1$ 与 $\boldsymbol{\alpha}_1$ 正交可知

$$(\boldsymbol{\alpha}_2+k\boldsymbol{\alpha}_1,\boldsymbol{\alpha}_1)=0,$$

即有

$$(\boldsymbol{\alpha}_2,\boldsymbol{\alpha}_1)+k(\boldsymbol{\alpha}_1,\boldsymbol{\alpha}_1)=0.$$

由于 $\boldsymbol{\alpha}_1,\boldsymbol{\alpha}_2\in\mathbf{R}^n$ 线性无关,所以 $\boldsymbol{\alpha}_1\neq\mathbf{0}$,$(\boldsymbol{\alpha}_1,\boldsymbol{\alpha}_1)\neq0$.从而解得:

$$k=-\frac{(\boldsymbol{\alpha}_2,\boldsymbol{\alpha}_1)}{(\boldsymbol{\alpha}_1,\boldsymbol{\alpha}_1)}.$$

$n=2$ 时的几何解释:

设 $\boldsymbol{\alpha}_2$ 在 $\boldsymbol{\alpha}_1$ 上的投影向量为 $\boldsymbol{\gamma}$,那么 $\boldsymbol{\alpha}_2-\boldsymbol{\gamma}\perp\boldsymbol{\alpha}_1$,如图 8-2-7 所示.

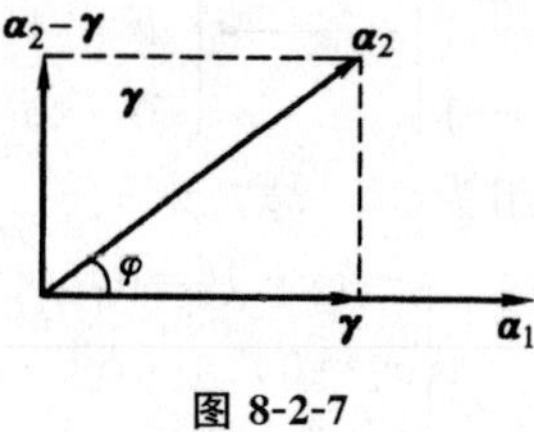

图 8-2-7

其中

$$\begin{aligned}\boldsymbol{\gamma}&=(|\boldsymbol{\alpha}_2|\cos\varphi)\frac{\boldsymbol{\alpha}_1}{|\boldsymbol{\alpha}_1|}\\&=|\boldsymbol{\alpha}_2|\cdot\frac{(\boldsymbol{\alpha}_2,\boldsymbol{\alpha}_1)}{|\boldsymbol{\alpha}_2||\boldsymbol{\alpha}_1|}\cdot\frac{\boldsymbol{\alpha}_1}{|\boldsymbol{\alpha}_1|}\\&=\frac{(\boldsymbol{\alpha}_2,\boldsymbol{\alpha}_1)}{(\boldsymbol{\alpha}_1,\boldsymbol{\alpha}_1)}\boldsymbol{\alpha}_1,\end{aligned}$$

所以 $\boldsymbol{\alpha}_2+k\boldsymbol{\alpha}_1=\boldsymbol{\alpha}_2-\frac{(\boldsymbol{\alpha}_2,\boldsymbol{\alpha}_1)}{(\boldsymbol{\alpha}_1,\boldsymbol{\alpha}_1)}\boldsymbol{\alpha}_1=\boldsymbol{\alpha}_2-\boldsymbol{\gamma}$ 与 $\boldsymbol{\alpha}_1$ 正交.

例 8.2.5 如果 $\boldsymbol{\alpha}$ 和 $\boldsymbol{\beta}$ 是空间 R^3 中的两个三维向量,试证明,$\boldsymbol{\alpha}$ 和 $\boldsymbol{\beta}$ 的

内积可以表示为

$$\langle\boldsymbol{\alpha},\boldsymbol{\beta}\rangle=a_1b_1+a_2b_2+a_3b_3=\|\boldsymbol{\alpha}\|\ \|\boldsymbol{\beta}\|\cos(\widehat{\boldsymbol{\alpha},\boldsymbol{\beta}}),$$

其中，$\|\boldsymbol{\alpha}\|$ 表示向量 $\boldsymbol{\alpha}$ 的长度(或范数)，$\|\boldsymbol{\beta}\|$ 表示向量 $\boldsymbol{\beta}$ 的范数，$(\widehat{\boldsymbol{\alpha},\boldsymbol{\beta}})$ 表示向量 $\boldsymbol{\alpha}$ 与 $\boldsymbol{\beta}$ 的夹角.

证明：在我们常见的空间直角坐标系 $\{O;x,y,z\}$ 中，设向量 $\boldsymbol{\alpha}$ 与 $\boldsymbol{\beta}$ 的坐标表示分别为 $\boldsymbol{\alpha}=(a_1,a_2,a_3)$ 和 $\boldsymbol{\beta}=(b_1,b_2,b_3)$，则

$$\boldsymbol{\alpha}-\boldsymbol{\beta}=(a_1-b_1,a_2-b_2,a_3-b_3),$$

根据余弦定理有

$$\begin{aligned}\|\boldsymbol{\alpha}-\boldsymbol{\beta}\|^2&=(a_1-b_1)^2+(a_2-b_2)^2+(a_3-b_3)^2\\&=\|\boldsymbol{\alpha}\|^2+\|\boldsymbol{\beta}\|^2-2\|\boldsymbol{\alpha}\|\ \|\boldsymbol{\beta}\|\cos(\widehat{\boldsymbol{\alpha},\boldsymbol{\beta}})\\&=a_1^2+a_2^2+a_3^2+b_1^2+b_2^2+b_3^2-\|\boldsymbol{\alpha}\|\ \|\boldsymbol{\beta}\|\cos(\widehat{\boldsymbol{\alpha},\boldsymbol{\beta}}),\end{aligned}$$

进而可以得出

$$\langle\boldsymbol{\alpha},\boldsymbol{\beta}\rangle=\|\boldsymbol{\alpha}\|\ \|\boldsymbol{\beta}\|\cos(\widehat{\boldsymbol{\alpha},\boldsymbol{\beta}})=a_1b_1+a_2b_2+a_3b_3.$$

8.2.3 向量的数量积

如图 8-2-8 所示，设有一物体在常力 $\boldsymbol{F}$ 的作用下沿直线由点 A 移动到点 B，我们来求力 $\boldsymbol{F}$ 对物体所做的功 W. 由物理学理论可知

$$W=|\boldsymbol{F}|\,|\overrightarrow{AB}|\cos\theta,$$

其中，θ 为 $\boldsymbol{F}$ 与$\overrightarrow{AB}$的夹角. 由此可见，这是由两个向量确定一个数量的运算. 为此，给出向量的数量积定义.

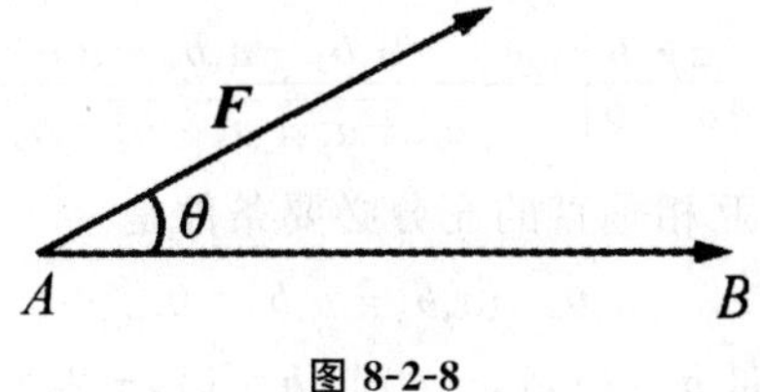

图 8-2-8

定义 8.2.7 已知 $\boldsymbol{a},\boldsymbol{b}$ 是空间两向量，定义

$$\boldsymbol{a}\cdot\boldsymbol{b}=|\boldsymbol{a}|\,|\boldsymbol{b}|\cos(\widehat{\boldsymbol{a},\boldsymbol{b}})$$

为向量 $\boldsymbol{a},\boldsymbol{b}$ 的数量积或内积，其中$(\widehat{\boldsymbol{a},\boldsymbol{b}})$是向量 $\boldsymbol{a},\boldsymbol{b}$ 的夹角，且有 $0\leqslant(\widehat{\boldsymbol{a},\boldsymbol{b}})\leqslant\pi$.

由定义容易推知，$\boldsymbol{a}\cdot\boldsymbol{a}=|\boldsymbol{a}|^2$，即 $|\boldsymbol{a}|=\sqrt{\boldsymbol{a}\cdot\boldsymbol{a}}$.

对于两个非零向量 $\boldsymbol{a}$ 与 $\boldsymbol{b}$，它们的夹角 θ 的余弦为

$$\cos\theta=\frac{\boldsymbol{a}\cdot\boldsymbol{b}}{|\boldsymbol{a}|\,|\boldsymbol{b}|}.$$

由此可得，两个非零向量 $\boldsymbol{a}$ 与 $\boldsymbol{b}$ 垂直的充分必要条件是：它们的数量积

等于零,即

$$\boldsymbol{a}\cdot\boldsymbol{b}=0.$$

可以证明(证明从略)数量积符合下列运算规律:

(1)$\boldsymbol{a}\cdot\boldsymbol{b}=\boldsymbol{a}\cdot\boldsymbol{b}$.

(2)$(\lambda\boldsymbol{a})\cdot\boldsymbol{b}=\lambda(\boldsymbol{a}\cdot\boldsymbol{b})$,其中$\lambda$为实数.

(3)$(\boldsymbol{a}+\boldsymbol{b})\cdot\boldsymbol{c}=\boldsymbol{a}\cdot\boldsymbol{b}+\boldsymbol{b}\cdot\boldsymbol{c}$.

在直角坐标系下,向量内积的运算过程是:设在直角坐标系下有向量$\boldsymbol{a}=\{a_x,a_y,a_z\}$,$\boldsymbol{b}=\{b_x,b_y,b_z\}$,由于

$$\boldsymbol{i}^2=\boldsymbol{j}^2=\boldsymbol{k}^2=1,$$

且

$$\boldsymbol{i}\cdot\boldsymbol{j}=\boldsymbol{j}\cdot\boldsymbol{k}=\boldsymbol{i}\cdot\boldsymbol{k}=0,$$

所以

$$\begin{aligned}\boldsymbol{a}\cdot\boldsymbol{b}&=(a_x\boldsymbol{i}+a_y\boldsymbol{j}+a_z\boldsymbol{k})\cdot(b_x\boldsymbol{i}+b_y\boldsymbol{j}+b_z\boldsymbol{k})\\&=a_xb_x\boldsymbol{i}^2+a_xb_y\boldsymbol{i}\cdot\boldsymbol{j}+a_xb_z\boldsymbol{i}\cdot\boldsymbol{k}+a_yb_x\boldsymbol{j}\cdot\boldsymbol{i}\\&\quad+a_yb_y\boldsymbol{j}^2+a_yb_z\boldsymbol{j}\cdot\boldsymbol{k}+a_zb_x\boldsymbol{k}\cdot\boldsymbol{i}+a_zb_y\boldsymbol{k}\cdot\boldsymbol{j}+a_zb_z\boldsymbol{k}^2\\&=a_xb_x\boldsymbol{i}^2+a_yb_y\boldsymbol{j}^2+a_zb_z\boldsymbol{k}^2\\&=a_xb_x+a_yb_y+a_zb_z.\end{aligned}$$

特别地,

$$\boldsymbol{a}^2=a_x^2+a_y^2+a_z^2.$$

当$\boldsymbol{a}$与$\boldsymbol{b}$都不是零向量时,有

$$\cos\theta=\frac{\boldsymbol{a}\cdot\boldsymbol{b}}{|\boldsymbol{a}||\boldsymbol{b}|}=\frac{a_xb_x+a_yb_y+a_zb_z}{\sqrt{a_x^2+a_y^2+a_z^2}\sqrt{b_x^2+b_y^2+b_z^2}},$$

所以两个向量$\boldsymbol{a}$与$\boldsymbol{b}$互相垂直的充分必要条件是

$$a_xb_x+a_yb_y+a_zb_z=0.$$

例 8.2.6 求向量$\boldsymbol{a}=\{1,1,-4\}$与$\boldsymbol{b}=\{1,-2,2\}$之间的夹角.

解:因为

$$\cos\theta=\frac{\boldsymbol{a}\cdot\boldsymbol{b}}{|\boldsymbol{a}||\boldsymbol{b}|}=\frac{1\cdot1+1\cdot(-2)+(-4)\cdot2}{\sqrt{1^2+1^2+(-4)^2}\sqrt{1^2+(-2)^2+2^2}}=-\frac{1}{\sqrt{2}},$$

所以向量$\boldsymbol{a}$与$\boldsymbol{b}$的夹角为$\frac{3\pi}{4}$.

例 8.2.7 设力$\boldsymbol{F}=\{2,4,6\}$作用在一物体上,物体的位移为$\boldsymbol{s}=\{3,2,-1\}$,求力$\boldsymbol{F}$对物体所做的功.

解:由题意得

$$W=\boldsymbol{F}\cdot\boldsymbol{s}=2\times3+4\times2+6\times(-1)=8.$$

8.2.4　向量的向量积

同样,我们通过一个力学问题来引入向量积的概念. 如图 8-2-9 所示,设一质点 M 以角速度 ω 绕定轴 OA 旋转,求质点的速度 v.

以 $\boldsymbol{\omega}$ 记角速度向量,且方向与 OA 同向,而 $|\boldsymbol{\omega}|=\omega$;令 $r=\overrightarrow{OM}$,则 $\boldsymbol{v}$ 的大小为

$$|\boldsymbol{v}|=\omega|AM|=|\boldsymbol{\omega}||\boldsymbol{r}|\sin\theta,$$

其中,$\theta=(\omega\widehat{,}r)$. 而 $\boldsymbol{v}$ 的方向垂直于 $\boldsymbol{\omega}$ 与 $\boldsymbol{r}$ 所确定的平面,且 $\boldsymbol{\omega},\boldsymbol{r},\boldsymbol{v}$ 三者构成右手系,即当右手四指从 $\boldsymbol{\omega}$ 以不超过 π 的角度 θ 转向 $\boldsymbol{r}$ 时,大拇指所指的方向即为 $\boldsymbol{v}$ 的方向,所以向量 $\boldsymbol{v}$ 完全由向量 $\boldsymbol{\omega}$、$\boldsymbol{r}$ 决定. 这种由两个已知向量构成第三个向量的方法具有普遍的意义,因此有必要抽象成一种新的运算.

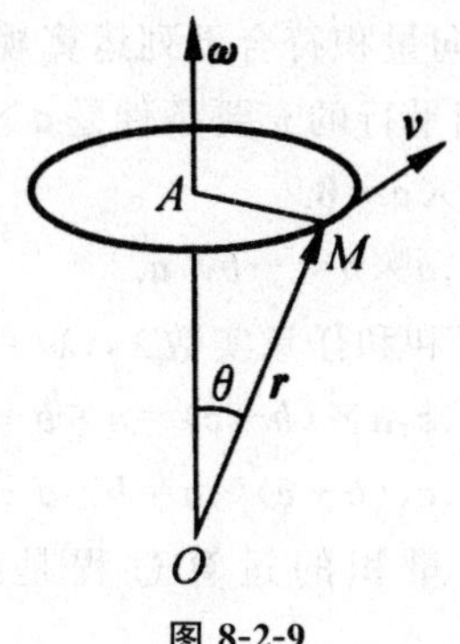

图 8-2-9

定义 8.2.8　已知 $\boldsymbol{a},\boldsymbol{b}$ 是空间两向量,定义

$$|\boldsymbol{a}\times\boldsymbol{b}|=|\boldsymbol{a}||\boldsymbol{b}|\sin(\boldsymbol{a}\widehat{,}\boldsymbol{b}),$$

则 $\boldsymbol{a}\times\boldsymbol{b}$ 为向量 $\boldsymbol{a},\boldsymbol{b}$ 的向量积或外积,也叫叉积,其中 $(\boldsymbol{a}\widehat{,}\boldsymbol{b})$ 是向量 $\boldsymbol{a},\boldsymbol{b}$ 的夹角,且有 $0\leqslant(\boldsymbol{a}\widehat{,}\boldsymbol{b})\leqslant\pi$. $\boldsymbol{a}\times\boldsymbol{b}$ 仍是一个向量,其模长为 $|\boldsymbol{a}||\boldsymbol{b}|\sin(\boldsymbol{a}\widehat{,}\boldsymbol{b})$,方向既垂直于 $\boldsymbol{a}$ 又既垂直于 $\boldsymbol{b}$,且按 $\boldsymbol{a},\boldsymbol{b},\boldsymbol{a}\times\boldsymbol{b}$ 的顺序构成右手系,如图 8-2-10 所示.

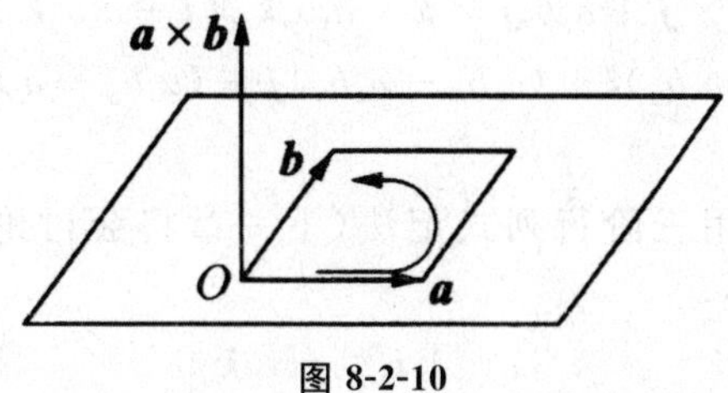

图 8-2-10

依此定义,上面提到的切线速度 $\boldsymbol{v}$ 就简单地表示为

$$\boldsymbol{v}=\boldsymbol{\omega}\times\boldsymbol{r}.$$

由定义可知，$\boldsymbol{a}\times\boldsymbol{b}$ 的模为 $|\boldsymbol{a}||\boldsymbol{b}|\sin(\boldsymbol{a}\widehat{,}\boldsymbol{b})$，于是 $|\boldsymbol{a}\times\boldsymbol{b}|$ 等于以向量 $\boldsymbol{a}$ 和 $\boldsymbol{b}$ 为邻边的平行四边形的面积，如图 8-2-11 所示，这便是 $|\boldsymbol{a}\times\boldsymbol{b}|$ 的几何意义.

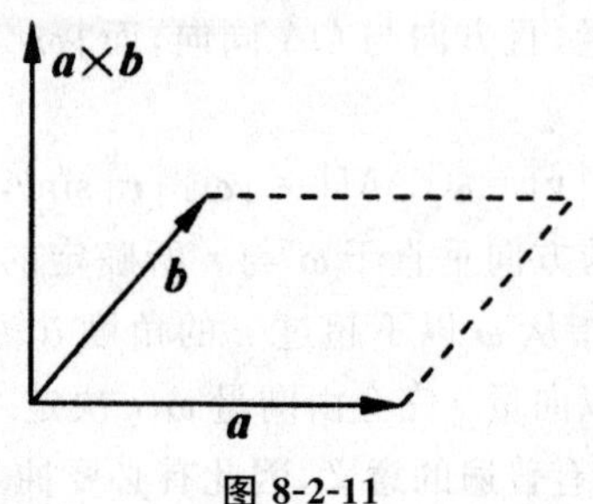

图 8-2-11

可以证明(证明从略)向量积符合下列运算规律：

(1)任意向量 $\boldsymbol{a},\boldsymbol{b}$ 互相平行的充要条件是 $\boldsymbol{a}\times\boldsymbol{b}=\boldsymbol{0}$.

(2)对于任意向量 $\boldsymbol{a}$，$\boldsymbol{a}\times\boldsymbol{a}=\boldsymbol{0}$.

(3)对于任意向量 $\boldsymbol{a},\boldsymbol{b}$，$\boldsymbol{a}\times\boldsymbol{b}=-\boldsymbol{b}\times\boldsymbol{a}$.

(4)对于任意向量 $\boldsymbol{a},\boldsymbol{b}$ 和和任意实数 λ，$(\lambda\boldsymbol{a})\times\boldsymbol{b}=\lambda\boldsymbol{a}\times\boldsymbol{b}$.

(5)对于任意向量 $\boldsymbol{a},\boldsymbol{b},\boldsymbol{c}$，$\boldsymbol{a}\times(\boldsymbol{b}+\boldsymbol{c})=\boldsymbol{a}\times\boldsymbol{b}+\boldsymbol{a}\times\boldsymbol{c}$.

(6)对于任意向量 $\boldsymbol{a},\boldsymbol{b},\boldsymbol{c}$，$(\boldsymbol{b}+\boldsymbol{c})\times\boldsymbol{a}=\boldsymbol{b}\times\boldsymbol{a}+\boldsymbol{c}\times\boldsymbol{a}$.

在直角坐标系下，向量积的运算过程是：设 $\boldsymbol{a}=\{a_x,a_y,a_z\}$，$\boldsymbol{b}=\{b_x,b_y,b_z\}$，由于

$$\boldsymbol{i}\times\boldsymbol{i}=\boldsymbol{j}\times\boldsymbol{j}=\boldsymbol{k}\times\boldsymbol{k}=\boldsymbol{0},$$
$$\boldsymbol{i}\times\boldsymbol{j}=\boldsymbol{k},\boldsymbol{j}\times\boldsymbol{k}=\boldsymbol{i},\boldsymbol{k}\times\boldsymbol{i}=\boldsymbol{j},$$
$$\boldsymbol{j}\times\boldsymbol{i}=-\boldsymbol{k},\boldsymbol{k}\times\boldsymbol{j}=-\boldsymbol{i},\boldsymbol{i}\times\boldsymbol{k}=-\boldsymbol{j},$$

所以

$$\begin{aligned}\boldsymbol{a}\times\boldsymbol{b}&=(a_x\boldsymbol{i}+a_y\boldsymbol{j}+a_z\boldsymbol{k})\cdot(b_x\boldsymbol{i}+b_y\boldsymbol{j}+b_z\boldsymbol{k})\\&=a_xb_x\boldsymbol{i}\times\boldsymbol{i}+a_xb_y\boldsymbol{i}\times\boldsymbol{j}+a_xb_z\boldsymbol{i}\times\boldsymbol{k}+a_yb_x\boldsymbol{j}\times\boldsymbol{i}\\&\quad+a_yb_y\boldsymbol{j}\times\boldsymbol{j}+a_yb_z\boldsymbol{j}\times\boldsymbol{k}+a_zb_x\boldsymbol{k}\times\boldsymbol{i}+a_zb_y\boldsymbol{k}\times\boldsymbol{j}+a_zb_z\boldsymbol{k}\times\boldsymbol{k}\\&=(a_yb_z-a_zb_y)\boldsymbol{i}+(a_zb_x-a_xb_z)\boldsymbol{j}+(a_xb_y-a_yb_x)\boldsymbol{k}.\end{aligned}\tag{8-2-1}$$

为了方便记忆，采用三阶行列式记法(下一章将会讨论行列式的相关概念)，则

$$\boldsymbol{a}\times\boldsymbol{b}=\begin{vmatrix}\boldsymbol{i}&\boldsymbol{j}&\boldsymbol{k}\\a_x&a_y&a_z\\b_x&b_y&b_z\end{vmatrix},$$

按第一行展开就是式(8-2-1).

利用坐标表示式,可得两非零向量 $\boldsymbol{a}$ 和 $\boldsymbol{b}$ 平行的条件 $\boldsymbol{a}\times\boldsymbol{b}=\boldsymbol{0}$ 的表示式为

$$a_y b_z - a_z b_y = 0,\ a_z b_x - a_x b_z = 0,\ a_x b_y - a_y b_x = 0,$$

即

$$\frac{a_x}{b_x}=\frac{a_y}{b_y}=\frac{a_z}{b_z}. \tag{8-2-2}$$

这说明两向量 $\boldsymbol{a}$ 和 $\boldsymbol{b}$ 平行的充要条件是对应的坐标成比例. 当式(8-2-2)的分母有一个或两个为零时,应理解为其对应的分子也为零.

例 8.2.8　已知三角形的顶点的坐标为 $A(1,-1,2)$,$B(3,3,1)$,$C(3,1,3)$,求$\triangle ABC$ 的面积.

解:如图 8-2-12 所示,$\triangle ABC$ 的面积是以 AB、AC 为邻边的平行四边形面积的一半,由向量模的几何意义知

$$|\overrightarrow{AB}\times\overrightarrow{AC}|=S_{\square ABCD},$$

所以

$$S_{\triangle ABC}=\frac{1}{2}|\overrightarrow{AB}\times\overrightarrow{AC}|.$$

因为$\overrightarrow{AB}=\{2,4,-1\}$,$\overrightarrow{AC}=\{2,2,1\}$,所以

$$\overrightarrow{AB}\times\overrightarrow{AC}=\begin{vmatrix} i & j & k \\ 2 & 4 & -1 \\ 2 & 2 & 1 \end{vmatrix}=6i-4j-4k,$$

则

$$|\overrightarrow{AB}\times\overrightarrow{AC}|=\sqrt{6^2+(-4)^2+(-4)^2}=2\sqrt{17},$$

所以

$$S_{\triangle ABC}=\sqrt{17}.$$

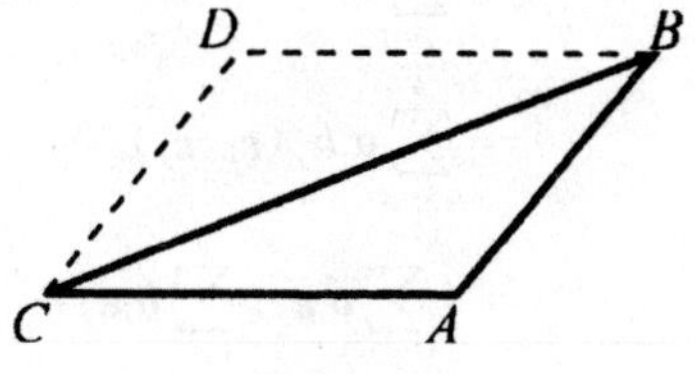

图 8-2-12

8.2.5　欧氏空间的线性变换

定义 8.2.9　称欧氏空间 V,U 之间线性映射 $A:V\to U$ 为保距映射,如果

$$(A(\boldsymbol{\alpha}),A(\boldsymbol{\beta}))=(\boldsymbol{\alpha},\boldsymbol{\beta}),\forall \boldsymbol{\alpha},\boldsymbol{\beta}\in V.$$

双射的保距映射称为保距同构.如果存在保距同构 $A:V\to U$,则称欧氏空间 V 与 U 同构,称 A 为欧氏空间同构映射.

将欧氏空间 V 的保距的线性变换 $A:V\to V$ 称之为正交变换.

其相关性质如下:

(1)保距映射 A 为单映射.

证明:如果 $A(\boldsymbol{\alpha})=0$,则有

$$(\boldsymbol{\alpha},\boldsymbol{\alpha})=(A(\boldsymbol{\alpha}),A(\boldsymbol{\beta}))=0,$$

所以 $\boldsymbol{\alpha}=0$,即有 $\mathrm{Ker}(A)=0$.

(2)满射的保距映射为保距同构.

证明:由于在性质(1)已经证明了保距映射 A 为单映射.

(3)有限维欧氏空间的正交变换为保距自同构.

证明:由于正交变换 $A:V\to V$ 的定义域空间和值域空间相同,为有限维欧氏空间 V,根据性质(1),可知保距映射为单映射,从而易知其为同构.

引理 8.2.1 设 V,U 为欧氏空间,且设 $\boldsymbol{\varepsilon}_1,\boldsymbol{\varepsilon}_2,\cdots,\boldsymbol{\varepsilon}_n$ 为空间 V 的一组基;设 $A:V\to U$ 为线性映射,若

$$(A(\boldsymbol{\varepsilon}_i),A(\boldsymbol{\varepsilon}_j))=(\boldsymbol{\varepsilon}_i,\boldsymbol{\varepsilon}_j),\forall i,j=1,2,\cdots,n,$$

则 A 为保距映射.

证明:对于任意 $\boldsymbol{\alpha},\boldsymbol{\beta}\in V$,设

$$\boldsymbol{\alpha}=\sum_{i=1}^{n}\boldsymbol{a}_i\boldsymbol{\varepsilon}_i,\boldsymbol{\beta}=\sum_{i=1}^{n}\boldsymbol{b}_i\boldsymbol{\varepsilon}_i,$$

则有

$$\begin{aligned}(A(\boldsymbol{\alpha}),A(\boldsymbol{\beta}))&=(\sum_{i=1}^{n}\boldsymbol{a}_iA(\boldsymbol{\varepsilon}_i),\sum_{j=1}^{n}\boldsymbol{b}_jA(\boldsymbol{\varepsilon}_j))\\&=\sum_{i,j=1}^{n}\boldsymbol{a}_i\boldsymbol{b}_j(A(\boldsymbol{\varepsilon}_i),A(\boldsymbol{\varepsilon}_j))\\&=\sum_{i,j=1}^{n}\boldsymbol{a}_i\boldsymbol{b}_j(\boldsymbol{\varepsilon}_i,\boldsymbol{\varepsilon}_j)\\&=(\sum_{i=1}^{n}\boldsymbol{a}_i\boldsymbol{\varepsilon}_i,\sum_{j=1}^{n}\boldsymbol{b}_j\boldsymbol{\varepsilon}_j)\\&=(\boldsymbol{\alpha},\boldsymbol{\beta}).\end{aligned}$$

命题 8.2.1 在欧氏空间 V 的标准正交基 $\gamma_1,\gamma_2,\cdots,\gamma_n$ 之下的坐标映射为从空间 V 到(赋典型内积)R^n 的欧氏空间映射;特别地,两向量的内积与其坐标在 R^n 中的典型内积相等.

证明:由于坐标映射 $R:V\to\mathrm{R}^n$ 满足

$$(R(\gamma_i),R(\gamma_j))=(\boldsymbol{\varepsilon}_i,\boldsymbol{\varepsilon}_j)=\delta_{ij}=(\gamma_i,\gamma_j)$$

其中 $\boldsymbol{\varepsilon}_1,\boldsymbol{\varepsilon}_2,\cdots,\boldsymbol{\varepsilon}_n$ 为 R^n 的典型基底，且

$$\delta_{ij}=\begin{cases}1, & i=j\\ 0, & i\neq j\end{cases}$$

我们也可采用如下方法证明：

设

$$X=(x_1,x_2,\cdots,x_n)^{\mathrm{T}},Y=(y_1,y_2,\cdots,y_n)^{\mathrm{T}}$$

分别为 $\boldsymbol{\alpha},\boldsymbol{\beta}\in V$ 的在此组基下的坐标. 这里需要注意 $(\gamma_i,\gamma_j)=\delta_{ij}$，即可得

$$\begin{aligned}(\boldsymbol{\alpha},\boldsymbol{\beta}) &= (\sum_{s=1}^{n}x_s\gamma_s,\sum_{t=1}^{n}y_t\gamma_t)\\ &=\sum_{s,t=1}^{n}x_sy_t(\gamma_s,\gamma_t)\\ &=\sum_{s=1}^{n}x_sy_s\\ &=(X,Y).\end{aligned}$$

命题 8.2.2　设 A 为欧氏空间的线性变换，那么有如下三条相互等价：

(1) A 为正交变换；

(2) 如果 $\gamma_1,\gamma_2,\cdots,\gamma_n$ 为标准正交基，那么 $A(\gamma_1),A(\gamma_2),\cdots,A(\gamma_n)$ 也为标准正交基；

(3) A 在 V 的标准正交基 $\gamma_1,\gamma_2,\cdots,\gamma_n$ 下的矩阵 $\boldsymbol{B}$ 为正交矩阵.

证明：(1)⇒(2).

$$(A(\boldsymbol{\gamma}_s),A(\boldsymbol{\gamma}_t))=(\boldsymbol{\gamma}_s,\boldsymbol{\gamma}_t)=\begin{cases}1, & s=t\\ 0, & s\neq t\end{cases}.$$

(2)⇒(3).

由于 A 的矩阵为 $\boldsymbol{B}$，即有

$$(A(\gamma_1),A(\gamma_2),\cdots,A(\gamma_n))=(\gamma_1,\gamma_2,\cdots,\gamma_n)\boldsymbol{B};$$

且 $A(\gamma_1),A(\gamma_2),\cdots,A(\gamma_n)$ 为标准正交基，易知矩阵 $\boldsymbol{B}$ 为正交矩阵.

(3)⇒(1).

设 $\boldsymbol{X},\boldsymbol{Y}\in\mathbf{R}^n$ 分别为 $\boldsymbol{\alpha},\boldsymbol{\beta}$ 的坐标，则 $\boldsymbol{BX},\boldsymbol{BY}$ 分别为 $A(\boldsymbol{\alpha}),A(\boldsymbol{\beta})$ 的坐标，从而可得

$$(A(\boldsymbol{\alpha}),A(\boldsymbol{\beta}))=(\boldsymbol{B}X,\boldsymbol{B}Y)=(X,Y)=(\boldsymbol{\alpha},\boldsymbol{\beta}),$$

所以 A 为正交变换.

命题 8.2.3　对于欧氏空间 V 的线性变换 A，存在唯一线性变换 A^* 满足

$$(A(\boldsymbol{\alpha}),\boldsymbol{\beta})=(\boldsymbol{\alpha},A^*(\boldsymbol{\beta})),\forall\,\boldsymbol{\alpha},\boldsymbol{\beta}\in V$$

若在 V 的标准正交基下 A 的矩阵为 $\mathbf{A}$，那么 A^* 的矩阵为转置矩阵 $\mathbf{A}^{\mathrm{T}}$.

定义 8.2.10 命题 8.2.3 的 A^* 称为 A 的共轭变换，或者伴随变换.

推论 8.2.1 欧氏空间 V 的线性变换 A 是对称变换当且仅当在标准正交基下其矩阵 A 为对称矩阵.

定理 8.2.2(对称变换主轴定理) 设 A 为 n 维欧氏空间 V 的对称变换，那么存在 V 的标准正交基 $\boldsymbol{\delta}_1,\cdots,\boldsymbol{\delta}_n$ 使得

$$A(\boldsymbol{\delta}_j)=\lambda_j\boldsymbol{\delta}_j,\lambda_j\in\mathbf{R},j=1,2,\cdots,n,$$

即 $\mathbf{A}$ 的矩阵为对角形 $\mathrm{diag}(\lambda_1,\lambda_2,\cdots,\lambda_n)$.

8.3 标准正交基

从平面解析几何中任选两个彼此正交的单位向量基，这个基对应一个直角坐标系. 空间解析几何中也有完全类似的情形，这里将这个结论推广到一般的 n 维欧氏空间中.

定义 8.3.1 欧氏空间 V 的一组两两正交的非零向量称为 V 的一个正交向量组，简称正交组. 如果一个正交组的每一个向量都是单位向量，则这个正交组就称为一个标准正交组.

定义 8.3.2 在 n 维欧氏空间 V 中，由 n 个向量组成的正交向量组称为一个正交基. 如果 V 的正交基还是一个标准正交向量组，那么就称为一个标准正交基.

例 8.3.1 欧氏空间 $\mathbf{R}^n$ 的基

$$\begin{aligned}\boldsymbol{\varepsilon}_1&=(1,0,\cdots,0)\\ \boldsymbol{\varepsilon}_2&=(0,1,\cdots,0)\\ &\vdots\\ \boldsymbol{\varepsilon}_n&=(0,0,\cdots,1)\end{aligned}$$

是 $\mathbf{R}^n$ 的一个标准正交基.

如果 $\boldsymbol{\alpha}_1,\boldsymbol{\alpha}_2,\cdots,\boldsymbol{\alpha}_n$ 是 n 维欧氏空间 V 的一个标准正交基，而 $\boldsymbol{\alpha}$ 为 V 的任意一个向量，那么 $\boldsymbol{\alpha}$ 可唯一写为

$$\boldsymbol{\alpha}=\langle\boldsymbol{\alpha},\boldsymbol{\alpha}_1\rangle\boldsymbol{\alpha}_1+\langle\boldsymbol{\alpha},\boldsymbol{\alpha}_2\rangle\boldsymbol{\alpha}_2+\cdots+\langle\boldsymbol{\alpha},\boldsymbol{\alpha}_n\rangle\boldsymbol{\alpha}_n.$$

即向量 $\boldsymbol{\alpha}$ 关于标准正交基的第 i 个坐标等于向量 $\boldsymbol{\alpha}$ 与第 i 个基向量的内积. 实质上，令

$$\boldsymbol{\alpha}=x_1\boldsymbol{\alpha}_1,x_2\boldsymbol{\alpha}_2,\cdots,x_n\boldsymbol{\alpha}_n$$

其中 x_i 为实数，这样就有

$$\langle\boldsymbol{\alpha},\boldsymbol{\alpha}_i\rangle=(\sum_{j=1}^{n}x_j\boldsymbol{\alpha}_j,\boldsymbol{\alpha}_i)=x_i.$$

令

$$\boldsymbol{\beta}=y_1\boldsymbol{\alpha}_1,y_2\boldsymbol{\alpha}_2,\cdots,y_n\boldsymbol{\alpha}_n,$$

那么

$$\langle\boldsymbol{\alpha},\boldsymbol{\beta}\rangle=x_1y_1+x_2y_2+\cdots+x_ny_n.$$

特别地

$$|\boldsymbol{\alpha}|=\sqrt{x_1^2+x_2^2+\cdots+x_n^2},$$

以及

$$d(\boldsymbol{\alpha},\boldsymbol{\beta})=|\boldsymbol{\alpha}-\boldsymbol{\beta}|=\sqrt{(x_1-y_1)^2+(x_2-y_2)^2+\cdots+(x_n-y_n)^2}.$$

下面进一步探讨 n 维欧氏空间 V 的标准正交基的存在性及求法问题.

在二维欧氏空间 V 中,设 $\{\boldsymbol{\alpha}_1,\boldsymbol{\alpha}_2\}$ 是 V 的任意一个基,取 $\boldsymbol{\beta}_1=\boldsymbol{\alpha}_1$,求 $\boldsymbol{\beta}_2$,使得 $\langle\boldsymbol{\beta}_1,\boldsymbol{\beta}_2\rangle=0$,即 $\boldsymbol{\beta}_1\perp\boldsymbol{\beta}_2$,且 $\boldsymbol{\beta}_1,\boldsymbol{\beta}_2$ 线性无关.

令

$$\boldsymbol{\beta}_2=\boldsymbol{\alpha}_2+a\boldsymbol{\beta}_1,$$

a 是实数,由

$$0=\langle\boldsymbol{\alpha}_2+a\boldsymbol{\beta}_1,\boldsymbol{\beta}_1\rangle=\langle\boldsymbol{\alpha}_2,\boldsymbol{\beta}_1\rangle+a\langle\boldsymbol{\beta}_1,\boldsymbol{\beta}_1\rangle \text{及 } \boldsymbol{\beta}_1\neq 0$$

得

$$a=-\frac{\langle\boldsymbol{\alpha}_2,\boldsymbol{\beta}_1\rangle}{\langle\boldsymbol{\beta}_1,\boldsymbol{\beta}_2\rangle}.$$

取

$$\boldsymbol{\beta}_2=\boldsymbol{\alpha}_2-\frac{[\boldsymbol{\alpha}_2,\boldsymbol{\beta}_1]}{[\boldsymbol{\beta}_1,\boldsymbol{\beta}_1]}\boldsymbol{\beta}_1.$$

那么 $\langle\boldsymbol{\beta}_2,\boldsymbol{\beta}_1\rangle=0$.

又因为 $\boldsymbol{\alpha}_1,\boldsymbol{\alpha}_2$ 线性无关,因此对于任意实数 a,$\boldsymbol{\alpha}_2+a\boldsymbol{\beta}_1=\boldsymbol{\alpha}_2+a\boldsymbol{\alpha}_1\neq 0$. 因而 $\boldsymbol{\beta}_2\neq 0$. 这样就可以得到 V 的一个正交基 $\{\boldsymbol{\beta}_1,\boldsymbol{\beta}_2\}$.

8.4 酉空间

如果说欧氏空间是专对实数域上线性空间进行讨论的,则酉空间就是欧氏空间在复数域上的推广. 在酉空间中,许多概念、结论及证明都与欧氏空间类似. 下面对其与欧氏空间不同的性质着重叙述.

8.4.1 酉空间的概念

定义 8.4.1 设 V 是复数域 $\boldsymbol{C}$ 上的线性空间,如果对于 V 中任意两个元素 $\boldsymbol{\alpha},\boldsymbol{\beta}$ 都有一复数与之对应,记为 $\langle\boldsymbol{\alpha},\boldsymbol{\beta}\rangle$,且它满足下列条件($\boldsymbol{\alpha},\boldsymbol{\beta},\boldsymbol{\gamma}\in V$, $k\in\boldsymbol{C}$):

(1)$\langle \boldsymbol{\alpha},\boldsymbol{\beta}\rangle=\overline{\langle \boldsymbol{\alpha},\boldsymbol{\beta}\rangle}$;

(2)$\langle \boldsymbol{\alpha}+\boldsymbol{\beta},\gamma\rangle=\langle \boldsymbol{\alpha},\gamma\rangle+\langle \boldsymbol{\beta},\gamma\rangle$;

(3)$\langle k\boldsymbol{\alpha},\boldsymbol{\beta}\rangle=k[\boldsymbol{\alpha},\boldsymbol{\beta}]$;

(4)$\langle \boldsymbol{\alpha},\boldsymbol{\alpha}\rangle\geqslant 0$.

当且仅当 $\boldsymbol{\alpha}=\boldsymbol{\theta}$ 时,$\langle \boldsymbol{\alpha},\boldsymbol{\alpha}\rangle=0$,则称复数$\langle \boldsymbol{\alpha},\boldsymbol{\beta}\rangle$为元素 $\boldsymbol{\alpha},\boldsymbol{\beta}$ 的内积.定义了内积的复线性空间 V 称为酉空间,也称为复内积空间.

这里定义的内积与实线性空间的内积只是条件(1)不同,虽然$\langle \boldsymbol{\alpha},\boldsymbol{\beta}\rangle$一般是复数,但根据条件(1),$\langle \boldsymbol{\alpha},\boldsymbol{\alpha}\rangle$就是实数.没有这一规定,条件(4)就无意义了.显然欧氏空间是酉空间的特例.

例 8.4.1 对复内积空间 $\mathbf{C}^n$ 中的向量 $\boldsymbol{a}=(a_1,a_2,\cdots,a_n)^{\mathrm{T}}$,$\boldsymbol{b}=(b_1,b_2,\cdots,b_n)^{\mathrm{T}}$ 规定:

$$\langle \boldsymbol{a},\boldsymbol{b}\rangle=\boldsymbol{a}_1\bar{b}_1+\boldsymbol{a}_2\bar{b}_2+\cdots+\boldsymbol{a}_n\bar{b}_n=\boldsymbol{b}^{\mathrm{H}}\boldsymbol{a} \tag{8-4-1}$$

其中 $\boldsymbol{b}^{\mathrm{H}}$ 表示 $\boldsymbol{b}$ 的共轭转置,即 $\boldsymbol{b}^{\mathrm{H}}=\bar{\boldsymbol{b}}^{\mathrm{T}}$ 如果 $\boldsymbol{a},\boldsymbol{b}$ 均为行向量,则$\langle \boldsymbol{a},\boldsymbol{b}\rangle=\boldsymbol{a}\boldsymbol{b}^{\mathrm{H}}$,则 式(8-4-1)是 $\mathbf{C}^n$ 中的一个内积,称为 $\mathbf{C}^n$ 的标准内积.引入上述内积后,$\boldsymbol{C}^n$ 就是一个酉空间.如果规定

$$\langle \boldsymbol{a},\boldsymbol{b}\rangle=k_1\boldsymbol{a}_1\bar{b}_1+k_2\boldsymbol{a}_2\bar{b}+\cdots+k_n\boldsymbol{a}_n\bar{b}_n(k_i>0,i=1,2,\cdots,n)$$

则易知它也是 $\mathbf{C}^n$ 的内积.除非特别说明,$\mathbf{C}^n$ 中的内积总是指标准内积式(8-4-1).

例 8.4.2 对于复线性空间 $\mathbf{C}^{m\times n}$中的矩阵 $\boldsymbol{A}=(a_{ij})_{m\times n}$,$\boldsymbol{B}=(b_{ij})_{m\times n}$,规定

$$\langle \boldsymbol{A},\boldsymbol{B}\rangle=\sum_{i=1}^{m}\sum_{j=1}^{n}\boldsymbol{a}_{ij}\bar{b}_{ij}=\mathrm{tr}(\boldsymbol{A}\boldsymbol{B}^{\mathrm{H}}),$$

易知它是内积,称为 $\mathbf{C}^{m\times n}$的标准内积,$\mathbf{C}^{m\times n}$按此内积构成酉空间.

由内积的定义可得到内积的如下基本性质.

定理 8.4.1 设 V 是酉空间,且 $\boldsymbol{\alpha},\boldsymbol{\beta},\boldsymbol{\alpha}_i,\boldsymbol{\beta}_j\in V,k,k_i,l_j\in \boldsymbol{C}$,则有

(1)$\langle \boldsymbol{\alpha},k\boldsymbol{\beta}\rangle=\bar{k}\langle \boldsymbol{\alpha},\boldsymbol{\beta}\rangle$;

(2)$\langle \boldsymbol{\alpha},\boldsymbol{\beta}+\boldsymbol{\gamma}\rangle=\langle \boldsymbol{\alpha},\boldsymbol{\beta}\rangle+\langle \boldsymbol{\alpha},\boldsymbol{\gamma}\rangle$;

(3)$\langle \boldsymbol{\alpha},\boldsymbol{\theta}\rangle=\langle \boldsymbol{\theta},\boldsymbol{\alpha}\rangle=0$;

(4)$\langle \sum_{i=1}^{m}k_i\boldsymbol{\alpha}_i,\sum_{j=1}^{n}l_j\boldsymbol{\beta}_j\rangle=\sum_{i=1}^{m}\sum_{j=1}^{n}k_i\bar{l}_j\langle \boldsymbol{\alpha}_i,\boldsymbol{\beta}_j\rangle$;

(5)$|\langle \boldsymbol{\alpha},\boldsymbol{\beta}\rangle|^2\leqslant\langle \boldsymbol{\alpha},\boldsymbol{\alpha}\rangle\langle \boldsymbol{\beta},\boldsymbol{\beta}\rangle$,且等号成立的充分必要条件是 $\boldsymbol{\alpha}$ 与 $\boldsymbol{\beta}$ 线性相关(称之为 Cauchy-Schwarz 不等式).

证明:只证性质(5).如果 $\boldsymbol{\alpha}$ 与 $\boldsymbol{\beta}$ 线性相关,不妨设 $\boldsymbol{\beta}=k\boldsymbol{\alpha}$,则

$$\begin{aligned}|\langle \boldsymbol{\alpha},\boldsymbol{\beta}\rangle|^2&=\langle \boldsymbol{\alpha},\boldsymbol{\beta}\rangle\langle \boldsymbol{\beta},\boldsymbol{\alpha}\rangle=\langle \boldsymbol{\alpha},k\boldsymbol{\alpha}\rangle\langle k\boldsymbol{\alpha},\boldsymbol{\alpha}\rangle=\bar{k}k\langle \boldsymbol{\alpha},\boldsymbol{\alpha}\rangle\langle \boldsymbol{\alpha},\boldsymbol{\alpha}\rangle\\&=\langle \boldsymbol{\alpha},\boldsymbol{\alpha}\rangle\langle k\boldsymbol{\alpha},k\boldsymbol{\alpha}\rangle=\langle \boldsymbol{\alpha},\boldsymbol{\alpha}\rangle\langle \boldsymbol{\beta},\boldsymbol{\beta}\rangle\end{aligned}$$

反之，若

$$|\langle \boldsymbol{\alpha},\boldsymbol{\beta}\rangle|^2=\langle \boldsymbol{\alpha},\boldsymbol{\alpha}\rangle\langle \boldsymbol{\beta},\boldsymbol{\beta}\rangle,$$

则当 $\boldsymbol{\beta}=\mathbf{0}$ 时，$\boldsymbol{\alpha}$ 与 $\boldsymbol{\beta}$ 线性相关；而当 $\boldsymbol{\beta}\neq 0$ 时，有

$$\begin{aligned}\langle \boldsymbol{\alpha}-\frac{\langle \boldsymbol{\alpha},\boldsymbol{\beta}\rangle}{\langle \boldsymbol{\beta},\boldsymbol{\beta}\rangle}\boldsymbol{\beta},\boldsymbol{\alpha}-\frac{\langle \boldsymbol{\alpha},\boldsymbol{\beta}\rangle}{\langle \boldsymbol{\beta},\boldsymbol{\beta}\rangle}\boldsymbol{\beta}\rangle&=\langle \boldsymbol{\alpha},\boldsymbol{\alpha}\rangle-\frac{\langle \boldsymbol{\alpha},\boldsymbol{\beta}\rangle}{\langle \boldsymbol{\beta},\boldsymbol{\beta}\rangle}\langle \boldsymbol{\beta},\boldsymbol{\alpha}\rangle\\&\quad-\frac{\overline{\langle \boldsymbol{\alpha},\boldsymbol{\beta}\rangle}}{\langle \boldsymbol{\beta},\boldsymbol{\beta}\rangle}\langle \boldsymbol{\alpha},\boldsymbol{\beta}\rangle+\frac{\langle \boldsymbol{\alpha},\boldsymbol{\beta}\rangle\overline{\langle \boldsymbol{\alpha},\boldsymbol{\beta}\rangle}}{\langle \boldsymbol{\beta},\boldsymbol{\beta}\rangle^2}\langle \boldsymbol{\beta},\boldsymbol{\beta}\rangle\\&=\langle \boldsymbol{\alpha},\boldsymbol{\alpha}\rangle-\frac{\langle \boldsymbol{\alpha},\boldsymbol{\beta}\rangle\overline{\langle \boldsymbol{\alpha},\boldsymbol{\beta}\rangle}}{\langle \boldsymbol{\beta},\boldsymbol{\beta}\rangle}=0,\end{aligned}$$

所以

$$\boldsymbol{\alpha}-\frac{\langle \boldsymbol{\alpha},\boldsymbol{\beta}\rangle}{\langle \boldsymbol{\beta},\boldsymbol{\beta}\rangle}\boldsymbol{\beta}=\boldsymbol{\theta},$$

即 $\boldsymbol{\alpha}$ 与 $\boldsymbol{\beta}$ 线性相关.

当 $\boldsymbol{\alpha}$ 与 $\boldsymbol{\beta}$ 线性无关时，对任意 $t\in\mathbf{C}$，有 $\boldsymbol{\alpha}-t\boldsymbol{\beta}\neq\boldsymbol{\theta}$，于是

$$0<\langle \boldsymbol{\alpha}-t\boldsymbol{\beta},\boldsymbol{\alpha}-t\boldsymbol{\beta}\rangle=\langle \boldsymbol{\alpha},\boldsymbol{\alpha}\rangle-\bar{t}\langle \boldsymbol{\alpha},\boldsymbol{\beta}\rangle-t\langle \boldsymbol{\beta},\boldsymbol{\alpha}\rangle+\bar{t}t\langle \boldsymbol{\beta},\boldsymbol{\beta}\rangle.$$

取 $t=\frac{\langle \boldsymbol{\alpha},\boldsymbol{\beta}\rangle}{\langle \boldsymbol{\beta},\boldsymbol{\beta}\rangle}$代入上式，整理得

$$\langle \boldsymbol{\alpha},\boldsymbol{\beta}\rangle\langle \boldsymbol{\beta},\boldsymbol{\alpha}\rangle<\langle \boldsymbol{\alpha},\boldsymbol{\alpha}\rangle\langle \boldsymbol{\beta},\boldsymbol{\beta}\rangle.$$

假定 V 是 n 维酉空间，$\boldsymbol{\alpha}_1,\boldsymbol{\alpha}_2,\cdots,\boldsymbol{\alpha}_n$ 是 V 的一个基，且

$$\boldsymbol{\alpha}=\sum_{i=1}^{n}x_i\boldsymbol{\alpha}_i,$$

$$\boldsymbol{\beta}=\sum_{j=1}^{n}y_j\boldsymbol{\alpha}_j$$

是 V 中任意两个元素. 令

$$a_{ij}=\langle \boldsymbol{\alpha}_i,\boldsymbol{\alpha}_j\rangle(i,j=1,2,\cdots,n),\quad \boldsymbol{A}=(a_{ij})_{n\times n},$$
$$\boldsymbol{x}=(x_1,x_2,\cdots,x_n)^{\mathrm{T}},\quad \boldsymbol{y}=(y_1,y_2,\cdots,y_n)^{\mathrm{T}},$$

则由内积的性质，得

$$\langle \boldsymbol{\alpha},\boldsymbol{\beta}\rangle=\langle\sum_{i=1}^{n}x_i\boldsymbol{\alpha}_i,\sum_{j=1}^{n}y_j\boldsymbol{\alpha}_j\rangle=\sum_{i=1}^{n}\sum_{j=1}^{n}x_i\bar{y}_j\langle \boldsymbol{\alpha}_i,\boldsymbol{\alpha}_j\rangle=\boldsymbol{x}^{\mathrm{T}}\boldsymbol{A}\boldsymbol{y}$$

可见，V 中任意两元素的内积由矩阵 $\boldsymbol{A}$ 唯一确定. 称 $\boldsymbol{A}$ 为 V 对于基 $\boldsymbol{\alpha}_1,\boldsymbol{\alpha}_2,\cdots,\boldsymbol{\alpha}_n$ 的度量矩阵. 显然度量矩阵 $\boldsymbol{A}$ 满足 $\boldsymbol{A}^{\mathrm{H}}=\boldsymbol{A}$.

定义 8.4.2　设 $\boldsymbol{A}\in\mathbf{C}^{n\times n}$，若 $\boldsymbol{A}$ 满足 $\boldsymbol{A}^{\mathrm{H}}=\boldsymbol{A}$，则称 $\boldsymbol{A}$ 为 Hermite 矩阵；若 $\boldsymbol{A}$ 满足 $\boldsymbol{A}^{\mathrm{H}}=-\boldsymbol{A}$，则称 $\boldsymbol{A}$ 为反 Hermite 矩阵.

度量矩阵就是 Hermite 矩阵. 假定 $\boldsymbol{A}$ 是 Hermite 矩阵，因为

$$\overline{\det\boldsymbol{A}}=\det\overline{\boldsymbol{A}}=\det\boldsymbol{A}^{\mathrm{H}}=\det\boldsymbol{A},$$

所以 $\det\boldsymbol{A}$ 是实数. 这时 $\boldsymbol{A}$ 虽然是复矩阵，但 $\det\boldsymbol{A}$ 是实数. 易知，$\boldsymbol{A}$ 是反

Hermite 矩阵的充分必要条件是 $i\boldsymbol{A}$ 是 Hermite 矩阵. Hermite 矩阵和反 Hermite 矩阵是实对称矩阵和实反对称矩阵的推广.

在酉空间中也可以引入元素的长度概念. 由于酉空间内积一般是复数,故元素之间不易定义夹角,但仍可以引入正交等概念.

定义 8.4.3 设 V 是酉空间. 对任意 $\boldsymbol{\alpha}\in V$,称非负实数 $\sqrt{\langle\boldsymbol{\alpha},\boldsymbol{\alpha}\rangle}$ 为 $\boldsymbol{\alpha}$ 长度(或范数),记作 $\|\boldsymbol{\alpha}\|$,即

$$\|\boldsymbol{\alpha}\|=\sqrt{\langle\boldsymbol{\alpha},\boldsymbol{\alpha}\rangle}$$

如果 $\|\boldsymbol{\alpha}\|=1$,则称 $\boldsymbol{\alpha}$ 为单位元素. 对任意 $\boldsymbol{\alpha},\boldsymbol{\beta}\in V$,如果 $\langle\boldsymbol{\alpha},\boldsymbol{\beta}\rangle=0$,则称 $\boldsymbol{\alpha}$ 与 $\boldsymbol{\beta}$ 正交,记为 $\boldsymbol{\alpha}\perp\boldsymbol{\beta}$.

由定义 8.4.3 知,零元素与任意元素正交. 酉空间中元素的长度与欧氏空间中元素的,长度有类似的性质,列出如下:

定理 8.4.2 在酉空间 V 中,对任意元素 $\boldsymbol{\alpha},\boldsymbol{\beta}\in V$ 和 $k\in\mathbf{C}$,有

(1) $\|\boldsymbol{\alpha}\|>0$;当且仅当 $\boldsymbol{\alpha}=\boldsymbol{\theta}$ 时,$\|\boldsymbol{\alpha}\|=0$;

(2) $\|k\boldsymbol{\alpha}\|=|k|\,\|\boldsymbol{\alpha}\|$;

(3) $\|\boldsymbol{\alpha}+\boldsymbol{\beta}\|\leqslant\|\boldsymbol{\alpha}\|+\|\boldsymbol{\beta}\|$;

(4)当 $\boldsymbol{\alpha}\neq\theta$ 时,$\dfrac{1}{\|\boldsymbol{\alpha}\|}\boldsymbol{\alpha}$ 是单位元素,称为把元素 $\boldsymbol{\alpha}$ 单位化;

(5)当 $\boldsymbol{\alpha}\perp\boldsymbol{\beta}$ 时,$\|\boldsymbol{\alpha}+\boldsymbol{\beta}\|^2\leqslant\|\boldsymbol{\alpha}\|^2+\|\boldsymbol{\beta}\|^2$;

(6)两两正交的非零元素组必线性无关.

定理 8.4.2 中(6)表明,在 n 维酉空间中,最多有 n 个两两正交的非零元素.

定义 8.4.4 在 n 维酉空间中,由 n 个两两正交的元素组成的基称为正交基. 由单位元素组成的正交基称为规范正交基或标准正交基.

在酉空间 $\mathbf{C}^n$ 中,$\boldsymbol{e}_1=(1,0,\cdots,0)^{\mathrm{T}}$,$\boldsymbol{e}_2=(0,1,0,\cdots,0)^{\mathrm{T}}$,$\cdots$,$\boldsymbol{e}_n=(0,\cdots,0,1)^{\mathrm{T}}$ 就是一个规范正交基;在酉空间 $\mathbf{C}^{m\times n}$ 中,$\boldsymbol{E}_{ij}$ $(i=1,2,\cdots,m;j=1,2,\cdots,n)$ 就是一个规范正交基.

对于 n 维酉空间 V 的任一个基 $\boldsymbol{\alpha}_1,\boldsymbol{\alpha}_2,\cdots,\boldsymbol{\alpha}_n$,可以通过 Gram-Schmidt 正交化方法构造正交基 $\boldsymbol{\beta}_1,\boldsymbol{\beta}_2,\cdots,\boldsymbol{\beta}_n$,其中

$$\boldsymbol{\beta}_1=\boldsymbol{\alpha}_1,\boldsymbol{\beta}_k=\boldsymbol{\alpha}_k-\sum_{i=1}^{k-1}\frac{\langle\boldsymbol{\alpha}_k,\boldsymbol{\beta}_i\rangle}{\langle\boldsymbol{\beta}_i,\boldsymbol{\beta}_i\rangle}\boldsymbol{\beta}_i\quad(k=2,3,\cdots,n).$$

再将其单位化

$$\gamma_i=\frac{1}{\|\boldsymbol{\beta}_i\|}\boldsymbol{\beta}_i\quad(i-1,2,\cdots,n),$$

即得酉空间的规范正交基. 因此,在有限维酉空间中,可以找到无穷多个规范正交基. 任意一个线性无关的元素可以用 Gram-Schmidt 正交化方法正

交化,并可扩充成规范正交基.

例 8.4.3　已知 $\mathbf{C}^n$ 的基 $\boldsymbol{\alpha}_1=(1,\mathrm{i},0)^{\mathrm{T}},\boldsymbol{\alpha}_2=(1,0,\mathrm{i})^{\mathrm{T}},\boldsymbol{\alpha}_3=(0,0,\mathrm{i})^{\mathrm{T}}$ $\boldsymbol{\alpha}_3=(0,0,\mathrm{i})^{\mathrm{T}}$,试求 $\mathbf{C}^3$ 的一个规范正交基.

解:由 Gram-Schmidt 正交化方法,得

$$\boldsymbol{b}_1=\boldsymbol{a}_1=(1,\mathrm{i},0)^{\mathrm{T}},$$

$$\boldsymbol{b}_2=\boldsymbol{a}_2-\frac{\langle\boldsymbol{a}_2,\boldsymbol{b}_1\rangle}{\langle\boldsymbol{b}_1,\boldsymbol{b}_1\rangle}\boldsymbol{b}_1=(1,0,\mathrm{i})^{\mathrm{T}}-\frac{1}{2}(1,\mathrm{i},0)=\left(\frac{1}{2},-\frac{\mathrm{i}}{2},\mathrm{i}\right)^{\mathrm{T}},$$

$$\begin{aligned}\boldsymbol{b}_3&=\boldsymbol{a}_3-\frac{\langle\boldsymbol{a}_3,\boldsymbol{b}_1\rangle}{\langle\boldsymbol{b}_1,\boldsymbol{b}_1\rangle}\boldsymbol{b}_1-\frac{\langle\boldsymbol{a}_3,\boldsymbol{b}_2\rangle}{\langle\boldsymbol{b}_2,\boldsymbol{b}_2\rangle}\boldsymbol{b}_2\\&=(0,0,1)^{\mathrm{T}}-\frac{0}{2}(1,\mathrm{i},0)^{\mathrm{T}}-\frac{-\mathrm{i}}{\frac{3}{2}}\left(\frac{1}{2},-\frac{\mathrm{i}}{2},\mathrm{i}\right)^{\mathrm{T}}\\&=\left(\frac{\mathrm{i}}{3},\frac{1}{3},\frac{1}{3}\right)^{\mathrm{T}}.\end{aligned}$$

再单位化得 $\mathbf{C}^n$ 的规范正交基

$$\boldsymbol{u}_1=\left(\frac{\mathrm{i}}{\sqrt{2}},\frac{\mathrm{i}}{\sqrt{2}},0\right)^{\mathrm{T}},\boldsymbol{u}_2=\left(\frac{1}{\sqrt{6}},-\frac{\mathrm{i}}{\sqrt{6}},\frac{2\mathrm{i}}{\sqrt{6}}\right),\boldsymbol{u}_3=\left(\frac{\mathrm{i}}{\sqrt{3}},\frac{1}{\sqrt{3}},\frac{1}{\sqrt{3}}\right)^{\mathrm{T}}.$$

在酉空间中,采用规范正交基可以使许多问题简化. 设 $\gamma_1,\gamma_2,\cdots,\gamma_n$ 是 n 维酉空间 V 的规范正交基,则 V 对于基 $\gamma_1,\gamma_2,\cdots,\gamma_n$ 度量矩阵是单位矩阵;任意 $\boldsymbol{\alpha}\in V$ 在基 V 下的坐标为$(\langle\boldsymbol{\alpha},\gamma_1\rangle,\langle\boldsymbol{\alpha},\gamma_2\rangle,\cdots,\langle\boldsymbol{\alpha},\gamma_n\rangle)^{\mathrm{T}}$;
又对 V 的任意元素

$$\boldsymbol{\alpha}=x_1\gamma_1+x_2\gamma_2+\cdots+x_n\gamma_n,$$
$$\boldsymbol{\beta}=y_1\gamma_1+y_2\gamma_2+\cdots+y_n\gamma_n,$$

有

$$\langle\boldsymbol{\alpha},\boldsymbol{\beta}\rangle=x_1\bar{y}_1+x_2\bar{y}_2+\cdots+x_n\bar{y}_n.$$

定义 8.4.5　设 $\boldsymbol{A}\in\mathbf{C}^{m\times n}$,若 $\boldsymbol{A}$ 满足

$$\boldsymbol{A}^{\mathrm{H}}\boldsymbol{A}=\boldsymbol{E}(\text{或 }\boldsymbol{A}^{-1}=\boldsymbol{A}^{\mathrm{H}},\text{或 }\boldsymbol{A}\boldsymbol{A}^{\mathrm{H}}=\boldsymbol{E}),$$

则称 $\boldsymbol{A}$ 为酉矩阵.

显然,实的酉矩阵就是正交矩阵. 如同正交矩一样,酉矩阵具有如下的性质:

定理 8.4.3　设 $\boldsymbol{A},\boldsymbol{B}\in\mathbf{C}^{m\times n}$,则

(1)当 $\boldsymbol{A}$ 是酉矩阵时,$|\det\boldsymbol{A}|=1$;

(2)当 $\boldsymbol{A},\boldsymbol{B}$ 是酉矩阵时,$\boldsymbol{AB}$ 也是酉矩阵;

(3)当 $\boldsymbol{A}$ 是酉矩阵时,$\boldsymbol{A}^{\mathrm{H}}$、$\boldsymbol{A}^{-1}$、$\boldsymbol{A}^*$ 都是酉矩阵;

(4)$\boldsymbol{A}$ 是酉矩阵的充分必要条件是,$\boldsymbol{A}$ 的 n 个列(行) 向量是 $\mathbf{C}^n$ 中两两正交的单位向量;

(5)当 $\boldsymbol{A}$ 是酉矩阵时,对任意 n 维列向量 x 有 $\|\boldsymbol{A}x\|=\|x\|$.

在酉空间中,规范正交基可以通过酉矩阵相联系.

定理 8.4.4 在 n 维酉空间 V 中,由规范正交基到规范正交基的过渡矩阵是酉矩阵;如果两组基之间的过渡矩阵是酉矩阵,则从其中一个基是规范正交基可推出另一个基也是规范正交基.

与欧氏空间类似,在酉空间中也可以定义正交子空间、正交补空间等概念.

8.4.2 酉相似下的标准形

复数域上的 n 阶方阵总能相似于 Jordan 标准形,而 Jordan 标准形本身是一个特殊的上三角矩阵.本节进一步考虑当相似变换是酉矩阵时矩阵的化简问题.下面给出著名的 Schur 定理.

定理 8.4.5 设 $\boldsymbol{A}\in\mathbf{C}^{m\times n}$,则 $\boldsymbol{A}$ 可酉相似于上三角矩阵 $\boldsymbol{T}$,即存在 n 阶酉矩阵 $\boldsymbol{U}$ 使得

$$\boldsymbol{U}^{-1}\boldsymbol{A}\boldsymbol{U}=\boldsymbol{U}^{\mathrm{H}}\boldsymbol{A}\boldsymbol{U}=\boldsymbol{T}$$

其中 $\boldsymbol{T}$ 的对角元素是 $\boldsymbol{A}$ 的全部特征值.

证明:对阶数 n 用归纳法证明.当 $n=1$ 时,$\boldsymbol{A}$ 本身就是一个上三角矩阵,取 $\boldsymbol{U}=1$ 即可知结论成立.假定对 $n-1$ 阶方阵结论成立,下面证明对 n 阶方阵结论也成立.

取 $\boldsymbol{A}$ 的特征值 λ_1 和单位特征向量 $\boldsymbol{u}_1$,即 $\boldsymbol{A}\boldsymbol{u}_1=\lambda_1\boldsymbol{u}_1$,且 $\|\boldsymbol{u}_1\|=1$.以 $\boldsymbol{u}_1$ 为第 1 列构造 n 阶酉矩阵 $\boldsymbol{U}_1=(\boldsymbol{u}_1,\boldsymbol{u}_2,\cdots,\boldsymbol{u}_n)$,则

$$\boldsymbol{U}_1^{\mathrm{H}}\boldsymbol{A}\boldsymbol{U}_1=(\boldsymbol{u}_i^{\mathrm{H}}\boldsymbol{A}\boldsymbol{u}_j)_{n\times n}=\left[\begin{array}{c:ccc}\lambda_1 & * & \cdots & * \\ \hdashline 0 & & & \\ \vdots & & \boldsymbol{A}_1 & \\ 0 & & & \end{array}\right]$$

其中,

$$\boldsymbol{A}_1\in\mathbf{C}^{(n-1)\times(n-1)}.$$

由归纳假设,存在 $n-1$ 阶酉矩阵 $\widetilde{\boldsymbol{U}}_2$,使得

$$\widetilde{\boldsymbol{U}}_2^{-1}\boldsymbol{A}_1\widetilde{\boldsymbol{U}}_2=\widetilde{\boldsymbol{U}}_2^{\mathrm{H}}\boldsymbol{A}_1\widetilde{\boldsymbol{U}}_2=\begin{bmatrix}\lambda_2 & & * \\ & \vdots & \\ & & \lambda_n\end{bmatrix}.$$

记

$$\boldsymbol{U}_2=\begin{bmatrix}1 & \boldsymbol{0}^{\mathrm{T}} \\ \boldsymbol{0} & \widetilde{\boldsymbol{U}}_2\end{bmatrix},\boldsymbol{U}=\boldsymbol{U}_1\boldsymbol{U}_2$$

易知 $\boldsymbol{U}_2$ 是 n 阶酉矩阵，从而 $\boldsymbol{U}$ 是 n 阶酉矩阵，且有

$$\boldsymbol{U}^{-1}\boldsymbol{A}\boldsymbol{U}=\boldsymbol{U}^{\mathrm{H}}\boldsymbol{A}\boldsymbol{U}=\boldsymbol{U}_2^{\mathrm{H}}(\boldsymbol{U}_1^{\mathrm{H}}\boldsymbol{A}\boldsymbol{U}_1)\boldsymbol{U}_2=\left[\begin{array}{c:ccc}\lambda_1 & * & \cdots & \cdots \\ \hdashline 0 & & & \\ \vdots & & \widetilde{\boldsymbol{U}}_2^{\mathrm{H}}\boldsymbol{A}\widetilde{\boldsymbol{U}}_2 & \end{array}\right]$$

$$=\begin{bmatrix}\lambda_1 & * & \cdots & * \\ & \lambda_2 & \ddots & \vdots \\ & & \ddots & * \\ & & & \lambda_n\end{bmatrix}=\boldsymbol{T}.$$

由于相似矩阵有相同的特征值，所以上三角矩阵 $\boldsymbol{T}$ 的对角元素就是 $\boldsymbol{A}$ 的全部特征值.

由 Schur 定理自然会想到什么样的矩阵可以酉相似于对角矩阵呢？

定义 8.4.6　设 $\boldsymbol{A}\in\mathbf{C}^{n\times n}$，若 $\boldsymbol{A}$ 满足

$$\boldsymbol{A}^{\mathrm{H}}\boldsymbol{A}=\boldsymbol{A}\boldsymbol{A}^{\mathrm{H}},$$

则称 $\boldsymbol{A}$ 为正规矩阵.

容易验证：酉矩阵、正交矩阵、Hermite 矩阵、实对称矩阵、反 Hermite 矩阵、实反对称矩阵、对角矩阵等都是正规矩阵. 可见正规矩阵包括了许多常用的矩阵.

定理 8.4.6　设 $\boldsymbol{A}\in\mathbf{C}^{n\times n}$，则 $\boldsymbol{A}$ 酉相似于对角矩阵的充分必要条件是 $\boldsymbol{A}$ 为正规矩阵.

证明：必要性. 设 n 阶酉矩阵 $\boldsymbol{U}$，使得

$$\boldsymbol{U}^{\mathrm{H}}\boldsymbol{A}\boldsymbol{U}=\mathrm{diag}(\lambda_1,\lambda_2,\cdots,\lambda_n)=\boldsymbol{\Lambda}$$

则

$$\begin{aligned}\boldsymbol{A}^{\mathrm{H}}\boldsymbol{A}&=(\boldsymbol{U}\boldsymbol{\Lambda}\boldsymbol{U}^{\mathrm{H}})^{\mathrm{H}}(\boldsymbol{U}\boldsymbol{\Lambda}\boldsymbol{U}^{\mathrm{H}})=\boldsymbol{U}\overline{\boldsymbol{\Lambda}}\boldsymbol{U}^{\mathrm{H}}\boldsymbol{U}\overline{\boldsymbol{\Lambda}}\boldsymbol{U}^{\mathrm{H}}=\boldsymbol{U}\overline{\boldsymbol{\Lambda}}\boldsymbol{\Lambda}\boldsymbol{U}^{\mathrm{H}}\\&=\boldsymbol{U}\boldsymbol{\Lambda}\overline{\boldsymbol{\Lambda}}\boldsymbol{U}^{\mathrm{H}}=(\boldsymbol{U}\boldsymbol{\Lambda}\boldsymbol{U}^{\mathrm{H}})(\boldsymbol{U}\boldsymbol{\Lambda}\boldsymbol{U}^{\mathrm{H}})^{\mathrm{H}}=\boldsymbol{A}\boldsymbol{A}^{\mathrm{H}}\end{aligned}$$

即 $\boldsymbol{A}$ 为正规矩阵.

充分性. 设 $\boldsymbol{A}$ 满足 $\boldsymbol{A}^{\mathrm{H}}\boldsymbol{A}=\boldsymbol{A}\boldsymbol{A}^{\mathrm{H}}$. 由 Schur 定理知，存在 n 阶酉矩阵 $\boldsymbol{U}$，使得 $\boldsymbol{U}^{\mathrm{H}}\boldsymbol{A}\boldsymbol{U}=\boldsymbol{T}$. 其中，$\boldsymbol{T}$ 是上三角矩阵，于是

$$\boldsymbol{T}^{\mathrm{H}}\boldsymbol{T}=(\boldsymbol{U}^{\mathrm{H}}\boldsymbol{A}\boldsymbol{U})^{\mathrm{H}}(\boldsymbol{U}^{\mathrm{H}}\boldsymbol{A}\boldsymbol{U})=\boldsymbol{U}^{\mathrm{H}}\boldsymbol{A}^{\mathrm{H}}\boldsymbol{A}\boldsymbol{U}=\boldsymbol{U}^{\mathrm{H}}\boldsymbol{A}\boldsymbol{A}^{\mathrm{H}}\boldsymbol{U}=\boldsymbol{T}\boldsymbol{T}^{\mathrm{H}}$$

这表明 $\boldsymbol{T}$ 也是正规矩阵.

设

$$\boldsymbol{T}=(t_{ij})_{n\times n}(t_{ij}=0,i>j),$$

代入

$$\boldsymbol{T}^{\mathrm{H}}\boldsymbol{T}=\boldsymbol{T}\boldsymbol{T}^{\mathrm{H}}$$

并比较两边矩阵的对角元素，得

$$\begin{cases} |t_{11}|^2=\sum_{i=1}^{n}|t_{1i}|^2, \\ |t_{12}|^2+|t_{22}|^2=\sum_{i=2}^{n}|t_{2i}|^2, \\ \cdots\cdots \\ \sum_{i=1}^{n}|t_{in}|^2=|t_{nn}|^2, \end{cases}$$

于是

$$t_{ij}=0, i<j$$

即

$$\boldsymbol{T}=\operatorname{diag}(t_{11}, t_{22}, \cdots, t_{nn}).$$

故 $\boldsymbol{A}$ 酉相似于对角矩阵.

由定理 8.4.6 可以得到如下一系列推论.

推论 8.4.1 设 $\boldsymbol{A}\in\mathbf{C}^{n\times n}$ 是正规矩阵，λ 是 $\boldsymbol{A}$ 的特征值，$\boldsymbol{x}$ 是对应 λ 的特征向量，则 $\bar{\lambda}$ 是 $\boldsymbol{A}^{\mathrm{H}}$ 的特征值，对应 $\bar{\lambda}$ 的特征向量仍为 $\boldsymbol{x}$.

证明：由定理 8.4.6，存在 n 阶酉矩阵 $\boldsymbol{U}$，使得

$$\boldsymbol{U}^{\mathrm{H}}\boldsymbol{A}\boldsymbol{U}=\operatorname{diag}(\lambda_1, \lambda_2, \cdots, \lambda_n),$$

于是

$$\boldsymbol{U}^{\mathrm{H}}\boldsymbol{A}^{\mathrm{H}}\boldsymbol{U}=\operatorname{diag}(\bar{\lambda}_1, \bar{\lambda}_2, \cdots, \bar{\lambda}_n).$$

设

$$\boldsymbol{U}=(\boldsymbol{u}_1, \boldsymbol{u}_2, \cdots, \boldsymbol{u}_n),$$

则有

$$\boldsymbol{A}\boldsymbol{u}_j=\lambda_j\boldsymbol{u}_j, \boldsymbol{A}^{\mathrm{H}}\boldsymbol{u}_j=\bar{\lambda}_j\boldsymbol{u}_j. \ j=1,2,\cdots,n$$

可见，若 λ_j 是 $\boldsymbol{A}$ 的特征值且 $\boldsymbol{u}_j$ 是对应 λ_j 的特征向量时，$\bar{\lambda}_j$ 是 $\boldsymbol{A}^{\mathrm{H}}$ 的特征值，而对应 $\bar{\lambda}_j$ 的特征向量仍为 $\boldsymbol{u}_j$.

推论 8.4.2 设 $\boldsymbol{A}\in\mathbf{C}^{n\times n}$ 是正规矩阵，λ, μ 是 $\boldsymbol{A}$ 的特征值，$\boldsymbol{x}, \boldsymbol{y}$ 是对应的特征向量，如果 $\lambda\neq\mu$，则 $\boldsymbol{x}, \boldsymbol{y}$ 正交.

证明：因为

$$\boldsymbol{A}\boldsymbol{x}=\lambda\boldsymbol{x}, \boldsymbol{A}\boldsymbol{y}=\mu\boldsymbol{y},$$

由推论 8.4.1 知

$$\boldsymbol{A}^{\mathrm{H}}\boldsymbol{x}=\bar{\lambda}\boldsymbol{x},$$

从而

$$\bar{\mu}\boldsymbol{y}^{\mathrm{H}}\boldsymbol{x}=(\mu\boldsymbol{y})^{\mathrm{H}}\boldsymbol{x}=(\boldsymbol{A}\boldsymbol{y})^{\mathrm{H}}\boldsymbol{x}=\boldsymbol{y}^{\mathrm{H}}\boldsymbol{A}^{\mathrm{H}}\boldsymbol{x}=\bar{\lambda}\boldsymbol{y}^{\mathrm{H}}\boldsymbol{x},$$

即

$$\overline{(\lambda-\mu)}\boldsymbol{y}^{\mathrm{H}}\boldsymbol{x}=0.$$

由 $\lambda\neq\mu$ 知

$$\langle \boldsymbol{x},\boldsymbol{y}\rangle=\boldsymbol{y}^{\mathrm{H}}\boldsymbol{x}=0,$$

即 $\boldsymbol{x},\boldsymbol{y}$ 正交.

推论 8.4.3 设 $\boldsymbol{A}\in\mathbf{C}^{n\times n}$，则 $\boldsymbol{A}$ 酉相似于实对角矩阵的充分必要条件是 $\boldsymbol{A}$ 为 Hermite 矩阵.

证明:充分性. 当 $\boldsymbol{A}$ 是 Hermite 矩阵对，$\boldsymbol{A}$ 为正规矩阵，于是存在 n 阶酉矩阵 $\boldsymbol{U}$，使得

$$\boldsymbol{U}^{\mathrm{H}}\boldsymbol{A}\boldsymbol{U}=\mathrm{diag}(\lambda_1,\lambda_2,\cdots,\lambda_n)=\boldsymbol{\Lambda},$$

故

$$\boldsymbol{\Lambda}^{\mathrm{H}}=(\boldsymbol{U}^{\mathrm{H}}\boldsymbol{A}\boldsymbol{U})^{\mathrm{H}}=\boldsymbol{U}^{\mathrm{H}}\boldsymbol{A}^{\mathrm{H}}\boldsymbol{U}=\boldsymbol{U}^{\mathrm{H}}\boldsymbol{A}\boldsymbol{U}=\boldsymbol{\Lambda}$$

从而

$$\bar{\lambda}_i=\lambda_i,i=1,2,\cdots,n$$

即 $\lambda_i(i=1,2,\cdots,n)$ 都是实效.

必要性. 存在 n 阶酉矩阵 $\boldsymbol{U}$，使得

$$\boldsymbol{U}^{\mathrm{H}}\boldsymbol{A}\boldsymbol{U}=\mathrm{diag}(\lambda_1,\lambda_2,\cdots,\lambda_n)=\boldsymbol{\Lambda},$$

其中，$\lambda_i(i=1,2,\cdots,n)$ 都是实数. 于是

$$\boldsymbol{A}^{\mathrm{H}}=(\boldsymbol{U}\boldsymbol{\Lambda}\boldsymbol{U}^{\mathrm{H}})^{\mathrm{H}}=\boldsymbol{U}\boldsymbol{\Lambda}^{\mathrm{H}}\boldsymbol{U}^{\mathrm{H}}=\boldsymbol{U}\boldsymbol{\Lambda}\boldsymbol{U}^{\mathrm{H}}=\boldsymbol{A}$$

故 $\boldsymbol{A}$ 是 Hermite 矩阵.

推论 8.4.3 表明了 Hermite 矩阵的特征值都是实数，且除了 Hermite 矩阵外，再没有其他复方阵能酉相似于实对角矩阵了. 与推论 8.4.3 的充分性证明类似，可得

推论 8.4.4 反 Hermite 矩阵的特征值为 0 或纯虚数.

推论 8.4.5 实对称矩阵的特征值都是实数，实反对称矩阵的特征值为 0 或纯虚数.

定理 8.4.6 表明了正规矩阵必可酉相似于对角矩阵，但定理的证明过程并未给出求相应的酉矩阵的方法. 根据推论 8.4.2，可以得到 n 阶正规矩阵 $\boldsymbol{A}$ 酉相似于对角矩阵的具体步骤.

(1)求出 $\boldsymbol{A}$ 的全部特征值. 设 $\lambda_1,\lambda_2,\cdots,\lambda_n$ 是 $\boldsymbol{A}$ 的互不相同的特征值，其重数为 $r_1,r_2,\cdots,r_s$，且 $r_1,r_2,\cdots,r_s=n$;

(2)对于特征值 $\lambda_i(i=1,2,\cdots,s)$，求出对应的 r_i 个线性无关的特征向量 $p_{i1},p_{i2},\cdots,p_{ir_i}(i=1,2,\cdots,s)$;

(3)用 Gram-Schmidt 正交化方法将 $p_{i1},p_{i2},\cdots,p_{ir_i}$ 正交化，再单位化得 $u_{i1},u_{i2},\cdots,u_{ir_i}(i=1,2,\cdots,s)$，则酉矩阵

$$\boldsymbol{U}=(u_{11},\cdots,u_{1r_1},u_{21},\cdots,u_{2r_2},\cdots,u_{s1},\cdots,u_{sr_s}),$$

使得

$$U^{-1}AU=U^{\mathrm{H}}AU=\Lambda,$$

其中

$$\Lambda=\begin{bmatrix}\lambda_1 E_{r_1} & & & \\ & \lambda_2 E_{r_2} & & \\ & & \ddots & \\ & & & \lambda_s E_{r_s}\end{bmatrix}.$$

例 8.4.4 已知

$$A=\begin{bmatrix}-1 & \mathrm{i} & 0\\ -\mathrm{i} & 0 & -\mathrm{i}\\ 0 & \mathrm{i} & -1\end{bmatrix},$$

问 A 是否为正规矩阵？若是，求酉矩阵 U，使得 $U^{-1}AU$ 为对角矩阵.

解：显然 A 满足 $A^{\mathrm{H}}=A$，即 A 是 Hermite 矩阵，从而 A 是正规矩阵. 因为

$$\det(\lambda E-A)=(\lambda-1)(\lambda+1)(\lambda+2),$$

所以 A 的特征值为

$$\lambda_1=1,\quad \lambda_2=-1,\quad \lambda_3=-2.$$

可求得对应的特征向量分别为

$$p_1=\begin{bmatrix}1\\ -2\mathrm{i}\\ 1\end{bmatrix},\ p_2=\begin{bmatrix}-1\\ 0\\ 1\end{bmatrix},\ p_3=\begin{bmatrix}1\\ \mathrm{i}\\ 1\end{bmatrix}.$$

它们应是两两正交的，单位化得

$$u_1=\frac{p_1}{\|p_1\|}=\begin{bmatrix}\frac{1}{\sqrt{6}}\\ -\frac{2\mathrm{i}}{\sqrt{6}}\\ \frac{1}{\sqrt{6}}\end{bmatrix},\ u_2=\frac{p_2}{\|p_2\|}=\begin{bmatrix}\frac{1}{\sqrt{2}}\\ 0\\ \frac{1}{\sqrt{2}}\end{bmatrix},\ u_3=\frac{p_3}{\|p_3\|}=\begin{bmatrix}\frac{1}{\sqrt{3}}\\ \frac{\mathrm{i}}{\sqrt{3}}\\ \frac{1}{\sqrt{3}}\end{bmatrix},$$

于是酉矩阵

$$U=\begin{bmatrix}\frac{1}{\sqrt{6}} & -\frac{1}{\sqrt{2}} & \frac{1}{\sqrt{3}}\\ -\frac{2\mathrm{i}}{\sqrt{6}} & 0 & \frac{\mathrm{i}}{\sqrt{3}}\\ \frac{1}{\sqrt{6}} & \frac{1}{\sqrt{2}} & \frac{1}{\sqrt{3}}\end{bmatrix},$$

使得

$$U^{-1}AU=\begin{bmatrix}1 & 0 & 0\\ 0 & -1 & 0\\ 0 & 0 & -2\end{bmatrix}.$$

需要注意的是，由于实矩阵的特征值可能是复数，因此即使对于实的正规矩阵，也不能保证它正交相似于对角矩阵，但我们可以使之正交相似于简单的实分块对角矩阵.

定理 8.4.7 设 $\boldsymbol{A}\in\mathbf{R}^{n\times n}$ 是正规矩阵，$\lambda_j(j=1,2,\cdots,s)$ 是 $\boldsymbol{A}$ 的实特征值，$a_k\pm \mathrm{i}b_k(k=1,2,\cdots,t)$ 是 $\boldsymbol{A}$ 的复特征值，其中 $a_k,b_k\in\mathbf{R}$ 且 $s+2t=n$，则 $\boldsymbol{A}$ 可正交相似于如下形式的实分块对角矩阵

$$\begin{bmatrix}\lambda_1 & & & & & & & & \\ & \ddots & & & & & & & \\ & & \lambda_s & & & & & & \\ & & & a_1 & -b_1 & & & & \\ & & & b_1 & a_1 & & & & \\ & & & & & \ddots & & & \\ & & & & & & & a_t & -b_t \\ & & & & & & & b_t & a_t\end{bmatrix}.$$

证明：由定理 8.4.6 知，正规矩阵 $\boldsymbol{A}$ 可酉相似于对角矩阵

$$\boldsymbol{\Lambda}=\mathrm{diag}(\lambda_1,\cdots,\lambda_s,\lambda_{s+1},\cdots,\lambda_n),$$

其中

$$\lambda_{s+2k-1}=a_k-\mathrm{i}b_k,\quad \lambda_{s+2k}=a_k+\mathrm{i}b_k(k=1,2,\cdots,t).$$

由于 $\lambda_j(j=1,2,\cdots,s)$ 是 $\boldsymbol{A}$ 的实特征值，且 $\boldsymbol{A}$ 是实阵，所以可求得实的两两正交的单位特征向量 $\boldsymbol{u}_j(j=1,2,\cdots,s)$，使得

$$\boldsymbol{A}\boldsymbol{u}_j=\lambda_j\boldsymbol{u}_j,\ \|\boldsymbol{u}_j\|=1(j=1,2,\cdots,s).$$

又设 $\boldsymbol{u}_{s+2k-1}$ 是 $\boldsymbol{A}$ 的对应特征值 λ_{s+2k-1} 的两两正交的单位特征向量$(k=1,2,\cdots,t)$，即

$$\boldsymbol{A}\boldsymbol{u}_{s+2k-1}=\lambda_{s+2k-1}\boldsymbol{u}_{s+2k-1},\ \|\boldsymbol{u}_{s+2k-1}\|=1\quad(k=1,2,\cdots,t).$$

注意到

$$\overline{\boldsymbol{A}}=\boldsymbol{A}\text{ 和 }\overline{\lambda_{s+2k-1}}=\lambda_{s+2k},$$

从而有

$$\boldsymbol{A}\overline{\boldsymbol{u}_{s+2k-1}}=\lambda_{s+2k}\overline{\boldsymbol{u}_{s+2k-1}}(k=1,2,\cdots,t),$$

可见$\overline{\boldsymbol{u}_{s+2k-1}}$是$\boldsymbol{A}$的对应特征值$\lambda_{s+2k}$的单位特征向量. 记

$$\begin{cases}\boldsymbol{q}_j=u_j, j=1,2,\cdots,s\\ \boldsymbol{q}_{s+2k-1}=\dfrac{1}{\sqrt{2}}(\boldsymbol{u}_{s+2k-1}+\overline{\boldsymbol{u}_{s+2k-1}}), k=1,2,\cdots,t\\ \boldsymbol{q}_{s+2k}=\dfrac{1}{\sqrt{2}\mathrm{i}}(\boldsymbol{u}_{s+2k-1}-\overline{\boldsymbol{u}_{s+2k-1}}), k=1,2,\cdots,t\end{cases}$$

显然,$\boldsymbol{q}_1,\boldsymbol{q}_2,\cdots,\boldsymbol{q}_n$,都是实向量. 又因为$\boldsymbol{u}_{s+2k-1}$和$\overline{\boldsymbol{u}_{s+2k-1}}$是$\boldsymbol{A}$的不同的特征值对应的单位特征向量,由推论8.4.2知,$\boldsymbol{u}_{s+2k-1}$和$\overline{\boldsymbol{u}_{s+2k-1}}$正交,即

$$\boldsymbol{u}_{s+2k-1}^{\mathrm{H}}\overline{\boldsymbol{u}_{s+2k-1}}=0 \text{ 和 } \boldsymbol{u}_{s+2k-1}^{\mathrm{H}}\boldsymbol{u}_{s+2k-1}=0.$$

根据这些性质′容易验证$\boldsymbol{q}_1,\boldsymbol{q}_2,\cdots,\boldsymbol{q}_n$是实的两两正交的单位特征向量,且

$$\boldsymbol{A}\boldsymbol{q}_j=\lambda_j\boldsymbol{q}_j, j=1,2,\cdots,s$$

$$\begin{aligned}\boldsymbol{A}\boldsymbol{q}_{s+2k-1}&=\frac{1}{\sqrt{2}}(\boldsymbol{A}\boldsymbol{u}_{s+2k-1}+\boldsymbol{A}\overline{\boldsymbol{u}_{s+2k-1}})=\frac{1}{\sqrt{2}}(\lambda_{s+2k-1}u_{s+2k-1}+\lambda_{s+2k}\overline{u_{s+2k-1}})\\&=\frac{1}{\sqrt{2}}[(\boldsymbol{a}_k-\mathrm{i}\boldsymbol{b}_k)u_{s+2k-1}+(\boldsymbol{a}_k\mathrm{i}\boldsymbol{b}_k)\overline{u_{s+2k-1}}]\\&=a_k\boldsymbol{q}_{s+2k-1}+b_k\boldsymbol{q}_{s+2k}.\end{aligned}$$

其中,$k=1,2,\cdots,t$,同样

$$\boldsymbol{A}\boldsymbol{q}_{s+2k}=-b_k\boldsymbol{q}_{s+2k-1}+a_k\boldsymbol{q}_{s+2k}(k=1,2,\cdots,t)$$

又记

$$\boldsymbol{Q}=(\boldsymbol{q}_1,\cdots,\boldsymbol{q}_s,\boldsymbol{q}_{s+1},\cdots,\boldsymbol{q}_n),$$

则$\boldsymbol{Q}$是n阶正交矩阵,$\boldsymbol{Q}^{-1}\boldsymbol{A}\boldsymbol{Q}$是形如式(8.4.3)的实分块对角矩阵.

由推论8.4.5和定理8.4.7得

推论8.4.6 实对称矩阵必可正交相似于实对角矩阵.

推论8.4.7 设$\boldsymbol{A}$是n阶实反对称矩阵,$\boldsymbol{A}$有s个特征值0,$2t$个虚特征值$\pm\mathrm{i}b_k(k=1,2,\cdots,t)$,其中$b_k$是实数,且$s+2t=n$,则$\boldsymbol{A}$可以正交相似于如下形式

$$\begin{bmatrix}0&&&&&&&\\&\vdots&&&&&&\\&&0&&&&&\\&&&0&-\boldsymbol{b}_1&&&\\&&&\boldsymbol{b}_1&\boldsymbol{a}_1&&&\\&&&&&\vdots&&\\&&&&&&0&-\boldsymbol{b}_t\\&&&&&&\boldsymbol{b}_t&0\end{bmatrix}\tag{8-4-2}$$

例 8.4.5　已知实反对称矩阵

$$\boldsymbol{A}=\begin{bmatrix}0&1&0\\-1&0&1\\0&-1&0\end{bmatrix},$$

试求正交矩阵 $\boldsymbol{Q}$,使得 $\boldsymbol{Q}^{-1}\boldsymbol{A}\boldsymbol{Q}$ 为形如式(8-4-2)的矩阵.

解:因为

$$\det(\lambda\boldsymbol{E}-\boldsymbol{A})=\lambda(\lambda^2+2),$$

所以 $\boldsymbol{A}$ 的特征值为

$$\lambda_1=0,\quad \lambda_2=-\sqrt{2}\,\mathrm{i},\quad \lambda_3=\sqrt{2}\,\mathrm{i},$$

可求得对应的单位正交特征向量分别为

$$\boldsymbol{u}_1=\begin{bmatrix}\frac{1}{\sqrt{2}}\\0\\\frac{1}{\sqrt{2}}\end{bmatrix},\boldsymbol{u}_2=\begin{bmatrix}\frac{1}{2}\\-\frac{\mathrm{i}}{\sqrt{2}}\\-\frac{1}{2}\end{bmatrix},\boldsymbol{u}_3=\begin{bmatrix}\frac{1}{2}\\\frac{\mathrm{i}}{\sqrt{2}}\\-\frac{1}{2}\end{bmatrix}.$$

取

$$\boldsymbol{q}_1=\boldsymbol{u}_1,\boldsymbol{q}_2=\frac{1}{\sqrt{2}}(\boldsymbol{u}_2+\boldsymbol{u}_3)=\begin{bmatrix}\frac{1}{\sqrt{2}}\\0\\-\frac{1}{\sqrt{2}}\end{bmatrix},\boldsymbol{q}_3=\frac{1}{\sqrt{2}\,\mathrm{i}}(\boldsymbol{u}_2-\boldsymbol{u}_3)=\begin{bmatrix}0\\-1\\0\end{bmatrix},$$

故正交矩阵

$$\boldsymbol{Q}=\begin{bmatrix}\frac{1}{\sqrt{2}}&\frac{1}{\sqrt{2}}&0\\0&0&-1\\\frac{1}{\sqrt{2}}&-\frac{1}{\sqrt{2}}&0\end{bmatrix},$$

使得

$$\boldsymbol{Q}^{-1}\boldsymbol{A}\boldsymbol{Q}=\begin{bmatrix}0&0&0\\0&0&\sqrt{2}\\0&\sqrt{2}&0\end{bmatrix}.$$

8.4.3　酉变换与 Hermite 变换

定义 8.4.7　设 V 是酉空间,T 是 V 上的线性变换.如果对任意 $\boldsymbol{\alpha},\boldsymbol{\beta}\in$

V 都有

$$\langle T(\boldsymbol{\alpha}),T(\boldsymbol{\beta})\rangle=\langle\boldsymbol{\alpha},\boldsymbol{\beta}\rangle,$$

则称 T 为 V 上的一个酉变换.

酉变换与正交变换的结论类似,但一些结论的证法有所不同.

定理 8.4.8 设 T 是酉空间 V 的线性变换,则 T 是酉变换的充分必要条件是,对任意 $\boldsymbol{\alpha}\in V$ 都有

$$\langle T(\boldsymbol{\alpha}),T(\boldsymbol{\beta})\rangle=\langle\boldsymbol{\alpha},\boldsymbol{\alpha}\rangle \tag{8-4-3}$$

证明:必要性.在定义 $\langle T(\boldsymbol{\alpha}),T(\boldsymbol{\beta})\rangle=\langle\boldsymbol{\alpha},\boldsymbol{\beta}\rangle$ 中取 $\boldsymbol{\beta}=\boldsymbol{\alpha}$ 即得.

充分性.因为对任意 $\boldsymbol{\alpha},\boldsymbol{\beta}\in V$ 都有式(8-4-3)成立,于是

$$\langle T(\boldsymbol{\alpha}+\boldsymbol{\beta}),T(\boldsymbol{\alpha}+\boldsymbol{\beta})\rangle=\langle\boldsymbol{\alpha}+\boldsymbol{\beta},\boldsymbol{\alpha}+\boldsymbol{\beta}\rangle$$

利用式(8-4-3),由上式可求得

$$\langle T(\boldsymbol{\alpha}),T(\boldsymbol{\beta})\rangle+\langle T(\boldsymbol{\beta}),T(\boldsymbol{\alpha})\rangle=\langle\boldsymbol{\alpha},\boldsymbol{\beta}\rangle+\langle\boldsymbol{\beta},\boldsymbol{\alpha}\rangle \tag{8-4-4}$$

将 $\boldsymbol{\alpha}$ 换成 $\mathrm{i}\boldsymbol{\alpha}$,得

$$\mathrm{i}\langle T(\boldsymbol{\alpha}),T(\boldsymbol{\beta})\rangle-\mathrm{i}\langle T(\boldsymbol{\beta}),T(\boldsymbol{\alpha})\rangle=\mathrm{i}\langle\boldsymbol{\alpha},\boldsymbol{\beta}\rangle-\mathrm{i}\langle\boldsymbol{\beta},\boldsymbol{\alpha}\rangle,$$

即

$$\langle T(\boldsymbol{\alpha}),T(\boldsymbol{\beta})\rangle-\langle T(\boldsymbol{\beta}),T(\boldsymbol{\alpha})\rangle=\langle\boldsymbol{\alpha},\boldsymbol{\beta}\rangle-\langle\boldsymbol{\beta},\boldsymbol{\alpha}\rangle.$$

与式(8-4-4)联立解得

$$\langle T(\boldsymbol{\alpha}),T(\boldsymbol{\beta})\rangle=\langle\boldsymbol{\alpha},\boldsymbol{\beta}\rangle,$$

故 T 是酉变换.

关于酉变换的特征值有如下结论:

定理 8.4.9 设 T 是酉空间上的酉变换,则 T 的特征值的模都是 1.

证明:若 λ 是 T 的特征值,$\boldsymbol{\alpha}$ 是 T 对应 λ 的特征向量,则有

$$\langle\boldsymbol{\alpha},\boldsymbol{\alpha}\rangle=\langle T(\boldsymbol{\alpha}),T(\boldsymbol{\alpha})\rangle=\langle\lambda\boldsymbol{\alpha},\lambda\boldsymbol{\alpha}\rangle=\lambda\bar{\lambda}\langle\boldsymbol{\alpha},\boldsymbol{\alpha}\rangle.$$

因为

$$\langle\boldsymbol{\alpha},\boldsymbol{\alpha}\rangle>0,$$

所以 $\lambda\bar{\lambda}=1$,即 $|\lambda|=1$.

在有限维酉空间中,酉变换可以通过以下几个等价条件来描述.

定理 8.4.10 设 T 是 n 维酉空间 V 的线性变换,则下列命题等价:

(1)T 是酉变换;

(2)T 把 V 的任一组规范正交基仍变为规范正交基;

(3)在 V 的任一组规范正交基下的矩阵是酉矩阵;

再把欧氏空间中对称变换的概念推广到酉空间.

定义 8.4.8 设 T 是酉空间 V 上的线性变换,如果对任意 $\boldsymbol{\alpha},\boldsymbol{\beta}$ 都有

$$\langle T(\boldsymbol{\alpha}),\boldsymbol{\beta}\rangle=\langle\boldsymbol{\alpha},T(\boldsymbol{\beta})\rangle$$

则称 T 是 V 上的一个 Hermite 变换.

关于 Hermite 变换的特征值与特征向量有如下结果.

定理 8.4.11 设 T 是酉空间上的 Hermite 变换,则 T 的特征值都是实数,T 的不同特征值对应的特征向量正交.

证明:设 λ 是 T 的特征值,$\boldsymbol{\alpha}$ 是 T 的对应 λ 特征向量,则有

$$\lambda\langle\boldsymbol{\alpha},\boldsymbol{\alpha}\rangle=\langle\lambda\boldsymbol{\alpha},\boldsymbol{\alpha}\rangle=\langle T(\boldsymbol{\alpha}),\boldsymbol{\alpha}\rangle=\langle\boldsymbol{\alpha},T(\boldsymbol{\alpha})\rangle=\langle\boldsymbol{\alpha},\lambda\boldsymbol{\alpha}\rangle=\bar{\lambda}\langle\boldsymbol{\alpha},\boldsymbol{\alpha}\rangle.$$

因为

$$\langle\boldsymbol{\alpha},\boldsymbol{\alpha}\rangle>0,$$

所以 $\bar{\lambda}=\lambda$,即 λ 为实数.

又设 μ 是 T 的另一个特征值,$\boldsymbol{\beta}$ 是对应 μ 的特征向量,则有

$$\lambda\langle\boldsymbol{\alpha},\boldsymbol{\beta}\rangle=\langle\lambda\boldsymbol{\alpha},\boldsymbol{\beta}\rangle=\langle T(\boldsymbol{\alpha}),\boldsymbol{\beta}\rangle=\langle\boldsymbol{\alpha},T(\boldsymbol{\beta})\rangle=\langle\boldsymbol{\alpha},\mu\boldsymbol{\beta}\rangle=\mu\langle\boldsymbol{\alpha},\boldsymbol{\beta}\rangle.$$

由 $\lambda\neq\mu$ 知 $\lambda\langle\boldsymbol{\alpha},\boldsymbol{\beta}\rangle=0$,即 $\boldsymbol{\alpha},\boldsymbol{\beta}$ 正交.

有限维酉空间中的 Hermite 变换与有限维欧氏空间中的对称变换有类似的结论,这里不再证明.

定理 8.4.12 n 维酉空间 V 上的线性变换 T 是 Hermite 变换的充分必要条件是,T 在 V 的任一个规范正交基下的矩阵是 Hermite 矩阵.

再由 Hermite 矩阵可酉相似于实对角矩阵的结果和定理 8.4.4,得:

定理 8.4.13 设 T 是 n 维酉空间 V 上的变换,则存在 V 的一个规范正交基,使得 T 在该基下的矩阵为实对角矩阵.

8.4.4 Hermite 二次型

在酉空间中,我们仅对应用较广的 Hermite 二次型进行讨论.

定义 8.4.9 设 $\boldsymbol{A}=(a_{ij})_{n\times n}$ 矩阵 $\boldsymbol{x}=(x_1,x_2,\cdots,x_n)^{\mathrm{T}}$,其中 x_1,$x_2,\cdots,x_n$ 是 n 个复变量,表达式

$$f(x_1,x_2,\cdots,x_n)=\boldsymbol{x}^{\mathrm{H}}\boldsymbol{A}\boldsymbol{x}=\sum_{i=1}^{n}\sum_{j=1}^{n}a_{ij}\bar{x}_i x_j$$

称为 n 元 Hermite 二次型,称 $\boldsymbol{A}$ 为 Hermite 二次垫的矩阵,rank$\boldsymbol{A}$ 为 Hermite 二次型的秩.

由于 $\boldsymbol{A}$ 是 Hermite 矩阵,所以有

$$\overline{\boldsymbol{x}^{\mathrm{H}}\boldsymbol{A}\boldsymbol{x}}=\boldsymbol{x}^{\mathrm{T}}\overline{\boldsymbol{A}}\overline{\boldsymbol{x}}=(\boldsymbol{x}^{\mathrm{T}}\overline{\boldsymbol{A}}\overline{\boldsymbol{x}})^{\mathrm{T}}=\boldsymbol{x}^{\mathrm{H}}\boldsymbol{A}^{\mathrm{H}}\boldsymbol{x}=\boldsymbol{x}^{\mathrm{H}}\boldsymbol{A}\boldsymbol{x}.$$

这表明虽然 x 是复向量,但 $f=\boldsymbol{x}^{\mathrm{H}}\boldsymbol{A}\boldsymbol{x}$ 总是实数.

利用 Hermite 矩阵的有关结果可以得到:

定理 8.4.14 对于 n 元 Hermite 二次型 $f(x_1,x_2,\cdots,x_n)=\boldsymbol{x}^{\mathrm{H}}\boldsymbol{A}\boldsymbol{x}$,存在 $\mathbf{C}^n$ 的酉变换 $x=\boldsymbol{U}y$,其中 $\boldsymbol{U}$ 是 n 阶酉矩阵,$\boldsymbol{y}=(y_1,y_2,\cdots,y_n)^{\mathrm{T}}$,使得

$$f=\lambda_1|y_1|^2+\lambda_2|y_2|^2+\cdots+\lambda_n|y_n|^2.$$

这里 $\lambda_1,\lambda_2,\cdots,\lambda_n$ 是 $\boldsymbol{A}$ 的全部特征值,它们都是实数.

证明:由推论 8.4.3 知,存在 n 阶酉矩阵 $\boldsymbol{U}$,使得

$$\boldsymbol{U}^{\mathrm{H}}\boldsymbol{A}\boldsymbol{U}=\mathrm{diag}(\lambda_1,\lambda_2,\cdots,\lambda_n),$$

其中,$\lambda_1,\lambda_2,\cdots,\lambda_n$ 都是实数,从而

$$\begin{aligned}f&=\boldsymbol{x}^{\mathrm{H}}\boldsymbol{A}\boldsymbol{x}=(\boldsymbol{U}\boldsymbol{y})^{\mathrm{H}}\boldsymbol{A}(\boldsymbol{U}\boldsymbol{y})=\boldsymbol{y}^{\mathrm{H}}(\boldsymbol{U}^{\mathrm{H}}\boldsymbol{A}\boldsymbol{U})\boldsymbol{y}\\&=\lambda_1|y_1|^2+\lambda_2|y_2|^2+\cdots+\lambda_n|y_n|^2.\end{aligned}$$

定义 8.4.10 设 $f=\boldsymbol{x}^{\mathrm{H}}\boldsymbol{A}\boldsymbol{x}$ 是 n 元 Hermite 二次型,如果对任意 $\boldsymbol{x}\in\mathbf{C}^n$ 且 $\boldsymbol{x}\neq\mathbf{0}$ 都有

(1)$f>0$,则称 f 是 Hermite 正定二次型,又称 $\boldsymbol{A}$ 为 Hermite 正定矩阵;

(2)$f<0$,则称 f 是 Hermite 负定二次型,又称 $\boldsymbol{A}$ 为 Hermite 负定矩阵;

(3)$f\geqslant0$,则称 f 是 Hermite 半正定二次型,又称 $\boldsymbol{A}$ 为 Hermite 半正定矩阵;

(4)$f\leqslant0$,则称 f 是 Hermite 半负定二次型,又称 $\boldsymbol{A}$ 为 Hermite 半负定矩阵.

由定义可知,f 是 Hermite 负定(或半负定)二次型的充分必要条件是 $-f$ 是 Hermite 正定(或半正定)二次型. 因此这里只要研究 Hermite 正定(或半正定)二次型就可以了.

下面给出判别 Hermite 正定(或半正定)矩阵的一些充分必要条件.

定理 8.4.15 设 $\boldsymbol{A}\in\mathbf{R}^{n\times n}$ 是 Hermite 矩阵,则下列命题等价:

(1)$\boldsymbol{A}$ 是 Hermite 正定矩阵;

(2)对任意 n 阶可逆矩阵 $\boldsymbol{P}$,有 $\boldsymbol{P}^{\mathrm{H}}\boldsymbol{A}\boldsymbol{P}$ 是 Hermite 正定矩阵;

(3)$\boldsymbol{A}$ 的特征值全大于零;

(4)存在 n 阶可逆矩阵 $\boldsymbol{P}$,使 $\boldsymbol{P}^{\mathrm{H}}\boldsymbol{A}\boldsymbol{P}=\boldsymbol{E}$;

(5)$\boldsymbol{A}=\boldsymbol{Q}^{\mathrm{H}}\boldsymbol{Q}$,其中 $\boldsymbol{Q}$ 是 n 阶可逆矩晬;

(6)$\boldsymbol{A}$ 的所有顺序主子式大于零;

(7)$\boldsymbol{A}$ 的所有主子式大于零.

证明:(1)⇒(2). 因为

$$(\boldsymbol{P}^{\mathrm{H}}\boldsymbol{A}\boldsymbol{P})^{\mathrm{H}}=\boldsymbol{P}^{\mathrm{H}}\boldsymbol{A}^{\mathrm{H}}\boldsymbol{P}=\boldsymbol{P}^{\mathrm{H}}\boldsymbol{A}\boldsymbol{P},$$

所以 $\boldsymbol{P}^{\mathrm{H}}\boldsymbol{A}\boldsymbol{P}$ 是 Hermite 矩阵. 又对任意 $\boldsymbol{x}\in\boldsymbol{C}^n$,且 $\boldsymbol{x}\neq\mathbf{0}$,由 $\boldsymbol{P}$ 可逆知 $\boldsymbol{P}\boldsymbol{x}\neq0$,于是

$$\boldsymbol{x}^{\mathrm{H}}(\boldsymbol{P}^{\mathrm{H}}\boldsymbol{A}\boldsymbol{P})\boldsymbol{x}=(\boldsymbol{P}\boldsymbol{x})^{\mathrm{H}}\boldsymbol{A}(\boldsymbol{P}\boldsymbol{x})>0;$$

故 $\boldsymbol{P}^{\mathrm{H}}\boldsymbol{A}\boldsymbol{P}$ 是 Hermite 正定矩阵;

(2)⇒(3). 由于 $\boldsymbol{A}$ 是 Hermite 矩阵,所以存在酉矩阵 U,使得

$$U^{\mathrm{H}}\boldsymbol{A}U=\mathrm{diag}(\lambda_1,\lambda_2,\cdots,\lambda_n)=\boldsymbol{\Lambda}\tag{8-4-5}$$

其中,λ_i 是 $\boldsymbol{A}$ 的特征值,且都是实数. 于是

$$\lambda_i=\boldsymbol{e}_i^{\mathrm{H}}\boldsymbol{\Lambda}\boldsymbol{e}_i=\boldsymbol{e}_i^{\mathrm{H}}(\boldsymbol{U}^{\mathrm{H}}\boldsymbol{A}\boldsymbol{U})\boldsymbol{e}_i>0\quad(i=1,2,\cdots,n)$$

即 $\boldsymbol{A}$ 的特征值全大于零;

(3)⇒(4). 由于式(8-4-5)成立,令

$$\boldsymbol{Q}=\operatorname{diag}\left\{\sqrt{\lambda_1},\sqrt{\lambda_2},\cdots,\sqrt{\lambda_n}\right\},$$

则

$$\boldsymbol{U}^{\mathrm{H}}\boldsymbol{A}\boldsymbol{U}=\boldsymbol{Q}^2,$$

于是

$$\boldsymbol{Q}^{-1}\boldsymbol{U}^{\mathrm{H}}\boldsymbol{A}\boldsymbol{U}\boldsymbol{Q}^{-1}=\boldsymbol{E}.$$

再令

$$\boldsymbol{P}=\boldsymbol{U}\boldsymbol{Q}^{-1}$$

则

$$\boldsymbol{P}^{\mathrm{H}}=(\boldsymbol{U}\boldsymbol{Q}^{-1})^{\mathrm{H}}=\boldsymbol{Q}^{-1}\boldsymbol{U}^{\mathrm{H}},$$

故

$$\boldsymbol{P}^{\mathrm{H}}\boldsymbol{A}\boldsymbol{P}=\boldsymbol{E};$$

(4)⇒(5). 由假设

$$\boldsymbol{P}^{\mathrm{H}}\boldsymbol{A}\boldsymbol{P}=\boldsymbol{E},$$

于是

$$\boldsymbol{A}=(\boldsymbol{P}^{\mathrm{H}})^{-1}\boldsymbol{P}^{-1}.$$

令

$$\boldsymbol{Q}=\boldsymbol{P}^{-1},$$

则

$$\boldsymbol{A}=\boldsymbol{Q}^{\mathrm{H}}\boldsymbol{Q};$$

(5)⇒(1). 任取 $\boldsymbol{x}\in\mathbf{C}^n$,且 $\boldsymbol{x}\neq 0$,由 $\boldsymbol{Q}$ 可逆知 $\boldsymbol{Qx}\neq\mathbf{0}$,于是

$$x^{\mathrm{H}}\boldsymbol{A}x=x^{\mathrm{H}}\boldsymbol{Q}^{\mathrm{H}}\boldsymbol{Q}x=(\boldsymbol{Q}x)^{\mathrm{H}}(\boldsymbol{Q}x)=\langle\boldsymbol{Q}x,\boldsymbol{Q}x\rangle>0,$$

故 $\boldsymbol{A}$ 是 Hermite 正定矩阵;

(1)⇒(6). 设

$$\boldsymbol{A}_k=\begin{bmatrix}a_{11}&\cdots&a_{1k}\\ \vdots&&\vdots\\ a_{k1}&\cdots&a_{kk}\end{bmatrix},\Delta_k=\det\boldsymbol{A}_k\quad(k=1,2,\cdots,n),$$

则 $\boldsymbol{A}_k$ 都是 Hermite 矩阵,且

$$\boldsymbol{A}=\begin{bmatrix}\boldsymbol{A}_k&\boldsymbol{A}_{12}\\ \boldsymbol{A}_{12}^{\mathrm{H}}&\boldsymbol{A}_{22}\end{bmatrix}.$$

对任意 $\boldsymbol{x}\in\mathbf{C}^k$ 且 $\boldsymbol{x}\neq 0$,有

$$x^{\mathrm{H}}\boldsymbol{A}_k x=\begin{bmatrix} x \\ \boldsymbol{0} \end{bmatrix}^{\mathrm{H}} \boldsymbol{A} \begin{bmatrix} x \\ \boldsymbol{0} \end{bmatrix}>0,$$

所以 $\boldsymbol{A}_k=(k=1,2,\cdots,n)$ 都是 Hermite 正定矩阵. 再由(5),存在 k 阶可逆矩阵 $\boldsymbol{Q}_k$,使得 $\boldsymbol{A}_k=\boldsymbol{Q}_k^{\mathrm{H}}\boldsymbol{Q}_k$,因此

$$\Delta_k=\det\boldsymbol{A}_k=\det\boldsymbol{Q}_k^{\mathrm{H}}\det\boldsymbol{Q}_k=\det\overline{\boldsymbol{Q}_k}\det\boldsymbol{Q}_k>0 \quad (k=1,2,\cdots,n).$$

(6)⇒(1). 对阶数 n 用数学归纳法证明. 当 $n=1$ 时,由 $\boldsymbol{a}_{11}=\det\boldsymbol{A}_1>0$ 知结论成立. 假设结论对 $n-1$ 阶 Hermite 矩阵成立.

下面来证 n 阶 Hermite 矩阵的情形.

将 n 阶 Hermite 矩阵 $\boldsymbol{A}$ 分块为

$$\boldsymbol{A}=\begin{bmatrix} \boldsymbol{A}_{n-1} & \boldsymbol{u} \\ \boldsymbol{u}^{\mathrm{H}} & \boldsymbol{a}_{nn} \end{bmatrix}$$

由于 $\boldsymbol{A}$ 的 $n-1$ 个顺序主子式 $\Delta_k=\det\boldsymbol{A}_k(k=1,2,\cdots,n-1)$ 也是 $\boldsymbol{A}_{n-1}$ 的 $n-1$ 个顺序主子式,由归纳假设知 $\boldsymbol{A}_{n-1}$ 是 Hermite 正定矩阵. 又因为

$$\begin{bmatrix} \boldsymbol{E}_{n-1} & -\boldsymbol{A}_{n-1}^{-1}\boldsymbol{u} \\ \boldsymbol{0}^{\mathrm{T}} & 1 \end{bmatrix}^{\mathrm{H}} \begin{bmatrix} \boldsymbol{A}_{n-1} & \boldsymbol{u} \\ \boldsymbol{u}^{\mathrm{H}} & a_{nn} \end{bmatrix} \begin{bmatrix} \boldsymbol{E}_{n-1} & -\boldsymbol{A}_{n-1}^{-1}\boldsymbol{u} \\ \boldsymbol{0}^{\mathrm{T}} & 1 \end{bmatrix}=\begin{bmatrix} \boldsymbol{A}_{n-1} & 0 \\ 0^{\mathrm{T}} & \boldsymbol{a}_{nn}-\boldsymbol{u}^{\mathrm{H}}\boldsymbol{A}_{n-1}^{-1}\boldsymbol{u} \end{bmatrix}, \tag{8-4-6}$$

两边取行列式,得

$$\det\boldsymbol{A}=(\det\boldsymbol{A}_{n-1})(\boldsymbol{a}_{nn}-\boldsymbol{u}^{\mathrm{H}}\boldsymbol{A}_{n-1}^{-1}\boldsymbol{u}).$$

再由 $\Delta_n=\det\boldsymbol{A}>0$ 和 $\Delta_{n-1}=\det\boldsymbol{A}_{n-1}>0$ 知 $a_{nn}-\boldsymbol{u}^{\mathrm{H}}\boldsymbol{A}_{n-1}^{-1}\boldsymbol{u}>0$. 由于式(8-4-6)右边矩阵的特征值由 $\boldsymbol{A}_{n-1}$ 的特征值和正实数 $\boldsymbol{a}_{nn}-\boldsymbol{u}^{\mathrm{H}}\boldsymbol{A}_{n-1}^{-1}\boldsymbol{u}$ 构成,而 $\boldsymbol{A}_{n-1}$ 的特征值全大于零,故由(3)知式(8-4-6)右边的矩阵是 Hermite 正定矩阵. 再由(2)知 $\boldsymbol{A}$ 是 Hermite 正定矩阵.

(7)⇒(6). 显然.

(1)⇒(7). 对于 $\boldsymbol{A}$ 的任一由 $i_1,i_2,\cdots,i_k$ 行和列构成的 k 阶主子式 Δ 存在 n 阶置换矩阵 $\boldsymbol{P}$,使得 $\boldsymbol{P}^{\mathrm{H}}\boldsymbol{A}\boldsymbol{P}$ 的前 k 和前 k 列构成的主子式为 Δ. 由于 $\boldsymbol{A}$ 是 Hermite 正定矩阵,所以 $\boldsymbol{P}^{\mathrm{H}}\boldsymbol{A}\boldsymbol{P}$ 也是正定矩砗,由(6)知 $\Delta>0$.

对于 Hermite 半正定矩阵,有如下的一些充分必要条件.

定理 8.4.16 设 $\boldsymbol{A}\in\boldsymbol{C}^{n\times n}$ 是 Hermite 矩阵,则下列命题等价:

(1) $\boldsymbol{A}$ 是 Hermite 半正定矩阵;

(2)对任意 $\boldsymbol{P}\in\mathbf{C}^{n\times n}$ 有,$\boldsymbol{P}^{\mathrm{H}}\boldsymbol{A}\boldsymbol{P}$ 是 Hermite 半主定矩阵;

(3) $\boldsymbol{A}$ 的特征值全为非负实数;

(4) $\boldsymbol{A}=\boldsymbol{Q}^{\mathrm{H}}\boldsymbol{Q}$,其中 $\boldsymbol{Q}\in\mathbf{C}^{n\times n}$;

(5) $\boldsymbol{A}$ 的所有主子式为非负实数.

需要指出的是,仅有所有顺序主子式非负未能保证 Hermite 矩阵是半

正定的. 比如 $A=\begin{bmatrix}0&0\\0&-1\end{bmatrix}$的顺序主子式都是 0,但 A 不是半正定的.

例 8.4.6 设 $A\in C^{m\times n}$. 证明 A^HA 和 AA^H 是 Hermite 半正定矩阵;当 $\mathrm{rank}A=m$ 时,AA^H 是 Hermite 正定矩阵;而当 $\mathrm{rank}A=n$ 时,A^HA 是 Hermite 正定矩阵.

证明:因为

$$(A^HA)^H=A^HA,$$

所以 A^HA 是 Hermite 矩阵. 对任意 $x\in C^n$ 且 $x\neq 0$,有

$$x^H(A^HA)x=(Ax)^H(Ax)=\langle Ax,Ax\rangle\geqslant 0,$$

故 A^HA 是 Hermite 半正定矩阵. 当 $\mathrm{rank}A=n$ 时,由 $x\neq 0$ 知 $Ax\neq 0$,于是 $x^H(A^HA)x>0$,即 A^HA 是 Hermite 正定矩砗.

同理可证 AA^H 的有关结论.

8.4.5 奇异值分解

Schur 定理表明,任意方阵均可酉相似于上三角矩阵. 之所以要研究这中特殊的相似,是因为酉矩阵比一般可逆矩阵有更多的优点,如酉矩阵的逆等于它的共轭转置;其列向量构成酉空间 C^n 的规范正交基;在标准内积下,其作用到 C^n 的任一向量上不改变该向量的长度等. 因此在酉相似下考虑问题更加深入. 但对上三角矩阵的研究仍不能像对角矩阵那样方便. 我们自然要问,是否能用酉矩阵体化简一般方阵(不一定是酉相似),使之成为一个对角矩阵?对一般的 $m\times n$ 矩阵是否也可进行类似的化简?本节即研究这一问题.

引理 8.4.1 设 $A\in C^{m\times n}$,则

(1)$\mathrm{rank}(A^HA)=\mathrm{rank}(AA^H)$;

(2)A^HA 和 AA^H 的正特征值相同.

证明:(1)如果 $Ax=0$,则有 $A^HAx=0$. 反之,若 $A^HAx=0$,则

$$0=x^HA^HAx=(Ax)^H(Ax)=\langle Ax,Ax\rangle,$$

于是 $Ax=0$. 这表明齐次线性方程组 $Ax=0$ 与 $A^HAx=0$ 同解,从而其基础解系所含解向量的个数相同,即

$$n-\mathrm{rank}A=n-\mathrm{rank}(A^HA),$$

故

$$\mathrm{rank}(A^HA)=\mathrm{rank}A.$$

又有

$$\mathrm{rank}(AA^H)=\mathrm{rank}A^H=\mathrm{rank}A.$$

(2)由于 A^HA 和 AA^H 都是 Hermite 半正定矩阵,所以其特征值都是非负实数.设 $A^HAx=\lambda x$,其中 $\lambda>0,x\neq 0$,则 $y=Ax\neq\mathbf{0}$,且有

$$AA^Hy=AA^HAx=A(\lambda x)=\lambda y,$$

即当 $\lambda>0$ 是 A^HA 的特征值时,它也是 AA^H 的特征值.

同理可证 AA^H 的正特征值也是 A^HA 的特征值.

定义 8.4.11 设 $A\in\mathbf{C}^{m\times n}$,且 $\mathrm{rank}A=r(>0)$.又设 A^HA 的特征值为

$$\lambda_1\geqslant\lambda_2\geqslant\cdots\geqslant\lambda_r\geqslant\lambda_{r+1}=\cdots=\lambda_n=0, \tag{8-4-7}$$

则称 $\sigma_i=\sqrt{\lambda_i}\,(i=1,2,\cdots,n)$ 为 A 的奇异值.

由引理知,A 的正奇异值的个数恰等于 $\mathrm{rank}A$,且 A 与 A^H 有相同的正奇异值.

定理 8.4.17 设 $A\in\mathbf{C}^{m\times n}$,且 $\mathrm{rank}A=r(>0)$,则存在 m 阶酉矩阵 U 和 n 阶酉矩阵 V,使得

$$U^HAV=\begin{bmatrix}\Sigma & O\\ O & O\end{bmatrix}, \tag{8-4-8}$$

其中

$$\sum=\mathrm{diag}(\sigma_1,\sigma_2,\cdots,\sigma_r).$$

而 $\sigma_i(1,2,\cdots,r)$ 为 A 的正奇异值.将式(8-4-8)改写为

$$A=U\begin{bmatrix}\sum & O\\ O & O\end{bmatrix}V^H, \tag{8-4-9}$$

称之为 A 的奇异值分解.

证明:记 A^HA 的特征值如式(8-4-7),由于 A^HA 是 Hermite 矩阵,所以存在 n 阶酉矩阵 V,使得

$$V^HA^HAV=\mathrm{diag}(\lambda_1,\lambda_2,\cdots,\lambda_n)=\begin{bmatrix}\Sigma^2 & O\\ O & O\end{bmatrix}, \tag{8-4-10}$$

将 V 分块为

$$V=(V_1\quad V_2)\quad(V_1\in\mathbf{C}^{n\times r},V_2\in\mathbf{C}^{n\times(n-r)})$$

代入式(8-4-10),得

$$V_1^HA^HAV_1=\Sigma^2,\quad V_2^HA^HAV_2=O.$$

于是有

$$\Sigma^{-1}V_1^HA^HAV_1\Sigma^{-1}=E_r,AV_2=O.$$

记

$$U_1=AV_1\Sigma^{-1},$$

由上式知

$$U_1^HU_1=E_r,$$

即 $\boldsymbol{U}_1$ 的 r 个列向量是两两正交的单位向量，取 $\boldsymbol{U}_2 \in \mathbf{C}^{m\times(m-r)}$，使得 $\boldsymbol{U}=(\boldsymbol{U}_1 \quad \boldsymbol{U}_2)$ 为 m 阶酉矩阵，即有

$$\boldsymbol{U}_2^{\mathrm{H}}\boldsymbol{U}_1=O,\boldsymbol{U}_2^{\mathrm{H}}\boldsymbol{U}_2=\boldsymbol{E}_{m-r},$$

则有

$$\boldsymbol{U}^{\mathrm{H}}\boldsymbol{A}\boldsymbol{V}=\begin{bmatrix}\boldsymbol{U}_1^{\mathrm{H}}\boldsymbol{A}\boldsymbol{V}_1 & \boldsymbol{U}_1^{\mathrm{H}}\boldsymbol{A}\boldsymbol{V}_2\\ \boldsymbol{U}_2^{\mathrm{H}}\boldsymbol{A}\boldsymbol{V}_1 & \boldsymbol{U}_1^{\mathrm{H}}\boldsymbol{A}\boldsymbol{V}_2\end{bmatrix}=\begin{bmatrix}\boldsymbol{U}_1^{\mathrm{H}}\boldsymbol{U}_1\Sigma & \boldsymbol{O}\\ \boldsymbol{U}_2^{\mathrm{H}}\boldsymbol{U}_1\Sigma & \boldsymbol{O}\end{bmatrix}=\begin{bmatrix}\Sigma & \boldsymbol{O}\\ \boldsymbol{O} & \boldsymbol{O}\end{bmatrix}.$$

定理的证明过程给出了求奇异值分解的一种方法. 注意，当 $\boldsymbol{A}$ 是实矩阵时，式(8-4-8)和式(8-4-9)中的 $\boldsymbol{U}$ 和 $\boldsymbol{V}$ 均为正交矩阵.

例 8.4.7　求矩阵

$$\boldsymbol{A}=\begin{bmatrix}1 & 0 & 1\\ 0 & 1 & 1\\ 0 & 0 & 0\end{bmatrix}$$

的奇异值分解.

解:可求得

$$\boldsymbol{A}^{\mathrm{T}}\boldsymbol{A}=\begin{bmatrix}1 & 0 & 1\\ 0 & 1 & 1\\ 1 & 1 & 2\end{bmatrix}$$

的特征值为

$$\lambda_1=3,\quad \lambda_2=1,\quad \lambda_3=0,$$

对应的特征向量值分别为

$$\boldsymbol{p}_1=(1,1,2)^{\mathrm{T}},\boldsymbol{p}_2=(-1,1,0)^{\mathrm{T}},\boldsymbol{p}_3=(-1,-1,1)^{\mathrm{T}},$$

故正交矩阵

$$\boldsymbol{V}=\begin{bmatrix}\frac{1}{\sqrt{6}} & -\frac{1}{\sqrt{2}} & -\frac{1}{\sqrt{3}}\\ \frac{1}{\sqrt{6}} & \frac{1}{\sqrt{2}} & -\frac{1}{\sqrt{3}}\\ \frac{2}{\sqrt{6}} & 0 & \frac{1}{\sqrt{3}}\end{bmatrix},$$

使得

$$\boldsymbol{V}^{\mathrm{T}}\boldsymbol{A}^{\mathrm{T}}\boldsymbol{A}\boldsymbol{V}=\begin{bmatrix}3 & 0 & 0\\ 0 & 1 & 0\\ 0 & 0 & 0\end{bmatrix}.$$

计算

$$U_1=AV_1\Sigma^{-1}=\begin{bmatrix}1&0&1\\0&1&1\\0&0&0\end{bmatrix}\begin{bmatrix}\frac{1}{\sqrt{6}}&-\frac{1}{\sqrt{2}}\\\frac{1}{\sqrt{6}}&\frac{1}{\sqrt{2}}\\\frac{2}{\sqrt{6}}&0\end{bmatrix}\begin{bmatrix}\frac{1}{\sqrt{3}}&0\\0&1\end{bmatrix}=\begin{bmatrix}\frac{1}{\sqrt{2}}&-\frac{1}{\sqrt{2}}\\\frac{1}{\sqrt{2}}&\frac{1}{\sqrt{2}}\\0&0\end{bmatrix}.$$

取

$$U_2=(0,0,1)^{\mathrm{T}},$$

则

$$U=(U_1\quad U_2)$$

正交矩阵，故 A 的奇异值分解为

$$A=\begin{bmatrix}\frac{1}{\sqrt{2}}&-\frac{1}{\sqrt{2}}&0\\\frac{1}{\sqrt{2}}&\frac{1}{\sqrt{2}}&0\\0&0&1\end{bmatrix}\begin{bmatrix}\sqrt{3}&0&0\\0&1&0\\0&0&0\end{bmatrix}\begin{bmatrix}\frac{1}{\sqrt{6}}&\frac{1}{\sqrt{6}}&\frac{2}{\sqrt{6}}\\-\frac{1}{\sqrt{2}}&\frac{1}{\sqrt{2}}&0\\-\frac{1}{\sqrt{3}}&-\frac{1}{\sqrt{3}}&\frac{1}{\sqrt{3}}\end{bmatrix}.$$

由式(8-4-7)可以得到

$$AA^{\mathrm{H}}U=U(U^{\mathrm{H}}AV)(U^{\mathrm{H}}AV)^{\mathrm{H}}=U\begin{bmatrix}\Sigma^2&O\\O&O\end{bmatrix},$$

$$A^{\mathrm{H}}AV=V(U^{\mathrm{H}}AV)(U^{\mathrm{H}}AV)^{\mathrm{H}}=V\begin{bmatrix}\Sigma^2&O\\O&O\end{bmatrix}.$$

可见 U 的列向量是 AA^{H} 的单位正交特征向量，而 V 的列向量是 $A^{\mathrm{H}}A$ 的单位正交特征向量. 这就给出了确定奇异值分解中酉矩阵的另一种方法. 但所得结果需进行检验.

对于例 8.4.7 的矩阵 A 有

$$AA^{\mathrm{T}}=\begin{bmatrix}2&1&0\\1&2&0\\0&0&0\end{bmatrix}.$$

可求得 AA^{T} 的对应特征值 $\lambda_1=3,\lambda_2=1,\lambda_3=0$(与 $A^{\mathrm{T}}A$ 的正特征值排法相同)的特征向量分别为

$$q_1=(1,1,0)^{\mathrm{T}},q_2=(-1,1,0)^{\mathrm{T}},q_3=(0,0,1)^{\mathrm{T}},$$

故正交矩阵

$$U=\begin{bmatrix}\frac{1}{\sqrt{2}} & -\frac{1}{\sqrt{2}} & 0\\ \frac{1}{\sqrt{2}} & \frac{1}{\sqrt{2}} & 0\\ 0 & 0 & 1\end{bmatrix},$$

使得

$$U^{T}AA^{T}U=\begin{bmatrix}3 & 0 & 0\\ 0 & 1 & 0\\ 0 & 0 & 0\end{bmatrix}.$$

这里所求的正交矩阵 U 与例 8.4.7 的相同，从而 A 的奇异值分解也相同.

若取

$$U=\begin{bmatrix}\frac{1}{\sqrt{2}} & \frac{1}{\sqrt{2}} & 0\\ \frac{1}{\sqrt{2}} & -\frac{1}{\sqrt{2}} & 0\\ 0 & 0 & 1\end{bmatrix},$$

也有

$$U^{T}AA^{T}U=\begin{bmatrix}3 & 0 & 0\\ 0 & 1 & 0\\ 0 & 0 & 0\end{bmatrix}.$$

但此时

$$A\neq U\begin{bmatrix}\sqrt{3} & 0 & 0\\ 0 & 1 & 0\\ 0 & 0 & 0\end{bmatrix}V^{T}.$$

由奇异值分解可以得到以下一些结论.

定理 8.4.18　设 $A\in C^{n\times n''}$，则存在 n 阶酉矩阵 Q 和 n 阶 Hermite 半正定矩阵 B 与 C，使得

$$A=BQ=QC, \tag{8-4-11}$$

称之为矩阵 A 的极分解.

证明：由 A 的奇异值分解式(8-4-9)，得

$$A=U\begin{bmatrix}\Sigma & O\\ O & O\end{bmatrix}V^{H}=\begin{bmatrix}\Sigma & O\\ O & O\end{bmatrix}U^{H}(UV^{H})=(UV^{H})V\begin{bmatrix}\Sigma & O\\ O & O\end{bmatrix}V^{H}.$$

记

$$B=U\begin{bmatrix}\Sigma & O\\ O & O\end{bmatrix}U^{H},\ C=V\begin{bmatrix}\Sigma & O\\ O & O\end{bmatrix}V^{H},Q=UV^{H},$$

则有

$$A=BQ=QC.$$

且易知 B 和 C 为 n 阶 Hermite 半正定矩阵(当 A 可逆时,B 和 C 是 Hermite 正定矩阵),而 Q 为 n 阶酉矩阵.

当 $n=1$ 时,由于一阶酉矩阵形如($e^{i\theta}$),其中 θ 为实数,而一阶 Hermite 半正定矩阵形如(r),其中 r 是非负实数,于是式(8-4-11)表明:任一复数可以分解为

$$z=re^{i\theta}\quad (r>0,\theta\ 为实数).$$

这是复数 z 在复平面的极坐标系中的表达式,这也是称式(8-4-11)为 A 的极分解的原因.

下例给出了奇异值分解在求解矛盾方程组的极小范数最小二乘解中的应用.

例 8.4.8 设 $A\in C^{m\times n}$,$b\in C^{m}$,且 $\text{rank}A=r$,A 的奇异值分解如式(8-4-9),证明

$$x^{(0)}=V\begin{bmatrix}\Sigma^{-1} & O\\ O & O\end{bmatrix}U^{H}b \tag{8-4-12}$$

是矛盾方程组 $Ax=b$ 的极小范数最小二乘解.

证明: 令

$$y=V^{H}x,\quad c=U^{H}b,$$

将其分块为

$$y=\begin{bmatrix}y_1\\ y_2\end{bmatrix},\quad c=\begin{bmatrix}c_1\\ c_2\end{bmatrix}(y_1,c_1\in C^{r})$$

由定理 8.4.3 中(5),得

$$\begin{aligned}\|Ax-b\|^2&=\|U^{H}(Ax-b)\|^2=\|(U^{H}AV)(V^{H}x)-(U^{H}b)\|^2\\&=\left\|\begin{bmatrix}\Sigma & O\\ O & O\end{bmatrix}y-c\right\|^2=\left\|\begin{bmatrix}\Sigma y_1-c_1\\ -c_2\end{bmatrix}\right\|\\&=\|\Sigma y_1-c_1\|^2+\|c_2\|^2\geqslant\|c_2\|^2\end{aligned}$$

这表明对任意 $x\in C^{n}$,$\|Ax-b\|$ 有下界 $\|c_2\|$. 如果取 $y_1=\Sigma^{-1}c_1$,y_2 任意时,$\|Ax-b\|$ 可以达到这个下界,故

$$x=Vy=V\begin{bmatrix}\Sigma^{-1}c_1\\ y_2\end{bmatrix}\quad (y_2\in C^{n-r}\ 任意)$$

是 $Ax-b$ 的最小二乘解. 取 $y_2=0$,得

$$x^{(0)}=V\begin{bmatrix}\Sigma^{-1}c_1\\ 0\end{bmatrix}=V\begin{bmatrix}\Sigma^{-1} & O\\ O & O\end{bmatrix}\begin{bmatrix}c_1\\ c_2\end{bmatrix}=V\begin{bmatrix}\Sigma^{-1} & O\\ O & O\end{bmatrix}U^{H}b.$$

显然 $x^{(0)}$ 是最小二乘解中具有最小长度者. 故 $x^{(0)}$ 是的极小范数最小二乘解.

由式(8-4-12)可知

$$A^{+}=V\begin{bmatrix}\Sigma^{-1} & O\\ O & O\end{bmatrix}U^{H}.$$

该式给出了利用奇异值分解求矩阵的 Moore-Penrose 逆 A^{+} 的方法.

8.5　谱定理

定理 8.5.1(三角化引理)　对任意 $A\in M_n(C)$ 存在酉矩阵 B 使得 $B^{-1}AB$ 为三角矩阵,则此时对角线元恰好为矩阵 A 的全部特征根(计重数).

证明:设 $\lambda_1\in \mathrm{Spec}(A)$(矩阵 A 的所有互异的特征根的集合)和 $X_1\neq 0$ 且 $X_1\in E_{\lambda_1}(A)$(矩阵 A 的属于特征根 λ_1 的特征子空间).

设 $D_1=X_1/|X_1|$,其为单位长的特征向量. 易知,存在酉矩阵 D,且其第一列为 D_1,从而有

$$D^{-1}AD=\begin{bmatrix}\lambda_1 & * & \cdots & *\\ 0 & b_{22} & \cdots & b_{2n}\\ \vdots & \vdots & & \vdots\\ 0 & b_{n2} & \cdots & b_{nn}\end{bmatrix},$$

根据表归纳法,则存在 $n-1$ 阶酉矩阵 C 使得

$$C^{-1}\begin{bmatrix}b_{22} & \cdots & b_{2n}\\ \vdots & & \vdots\\ b_{n2} & \cdots & b_{nn}\end{bmatrix}C=\begin{bmatrix}\lambda_2 & \cdots & *\\ & \ddots & \vdots\\ & & \lambda_n\end{bmatrix}.$$

设 $B=D\begin{bmatrix}1 & \\ & C\end{bmatrix}$,那么 B 为酉矩阵使得

$$B^{-1}AB=\begin{bmatrix}\lambda_1 & * & \cdots & *\\ & \lambda_2 & \cdots & *\\ & & \ddots & \vdots\\ & & & \lambda_n\end{bmatrix}.$$

因此有

$$\det(\lambda E-A)=\det(\lambda E-B^{-1}AB)$$

$$=(\lambda-\lambda_1)(\lambda-\lambda_2)\cdots(\lambda-\lambda_n),$$

即 $\lambda_1,\lambda_2,\cdots,\lambda_n$ 为矩阵 $\boldsymbol{A}$ 的全部特征根(计重数).

推论 8.5.1 若 $\boldsymbol{A}$ 为实矩阵并且 $\mathrm{Spec}(\mathbf{A})\subseteq\mathbf{R}$,故有正交矩阵 $\boldsymbol{B}$ 使得 $\boldsymbol{B}^{-1}\boldsymbol{AB}$ 为三角矩阵,此时对角线元恰好为 $\boldsymbol{A}$ 的全部特征根(计重数).

引理 8.5.1 若正规矩阵 N 为三角矩阵,那么 N 为对角矩阵.

证明:设

$$\boldsymbol{N}=\begin{bmatrix} a_{11} & a_{12} & \cdots & a_{1n} \\ & a_{22} & \cdots & a_{2n} \\ & & \ddots & \vdots \\ & & & a_{nn} \end{bmatrix},$$

则有

$$\overline{\boldsymbol{N}}^{\mathrm{T}}=\begin{bmatrix} \overline{a}_{11} & & & \\ \overline{a}_{12} & \overline{a}_{12} & & \\ \vdots & \vdots & \vdots & \\ \overline{a}_{1n} & \overline{a}_{2n} & \cdots & \overline{a}_{nn} \end{bmatrix};$$

比较 $\boldsymbol{N}\cdot\overline{\boldsymbol{N}}^{\mathrm{T}}=\overline{\boldsymbol{N}}^{\mathrm{T}}\cdot\boldsymbol{N}$ 的(1,1)位置,可知

$$a_{11}\overline{a}_{11}+a_{12}\overline{a}_{12}+\cdots+a_{1n}\overline{a}_{1n}=a_{11}\overline{a}_{11}.$$

由于每个 $a_{1t}\overline{a}_{1t}$ 为非负实数,所以

$$a_{12}=\cdots=a_{1n}=0.$$

所以有

$$\boldsymbol{N}=\begin{bmatrix} a_{11} & & & \\ & a_{22} & \cdots & a_{2n} \\ & & \ddots & \vdots \\ & & & a_{nn} \end{bmatrix}.$$

易知

$$\boldsymbol{N}_1=\begin{bmatrix} \boldsymbol{a}_{22} & \cdots & \boldsymbol{a}_{2n} \\ & \ddots & \vdots \\ & & \boldsymbol{a}_{nn} \end{bmatrix}$$

仍为正规矩阵.根据归纳法,其为对角矩阵,因此正规矩阵 $\boldsymbol{N}$ 为对角矩阵.

定理 8.5.2(谱定理) 设矩阵 $\boldsymbol{N}$ 为正规矩阵.那么存在酉矩阵 $\boldsymbol{B}$ 使得

$$\boldsymbol{B}^{-1}\boldsymbol{NB}=\mathrm{diag}(\lambda_1,\cdots,\lambda_n),$$

且其对角元 $\lambda_1,\cdots,\lambda_n$ 恰好为矩阵 $\boldsymbol{N}$ 的全部特征根(计重数),并且 $\boldsymbol{B}$ 的第 k 列 $\boldsymbol{B}_k$ 为属于特征根 λ_k 的特征向量,$k=1,\cdots,n$.

证明:根据定理 8.5.1,存在矩阵 $\boldsymbol{B}$ 使得 $\boldsymbol{B}^{-1}\boldsymbol{NB}$ 为三角矩阵.然而

$\boldsymbol{B}^{-1}\boldsymbol{NB}$ 仍为正规矩阵，则根据引理 8.5.1 可知其为对角矩阵，即有

$$\boldsymbol{B}^{-1}\boldsymbol{NB}=\mathrm{diag}(\lambda_1,\cdots,\lambda_n).$$

后一结论十分显然，在这里不再加以证明.

也可证如下：

将矩阵 $\boldsymbol{B}$ 按照列分块 $\boldsymbol{B}=(\boldsymbol{B}_1,\cdots,\boldsymbol{B}_n)$，从而有

$$\begin{aligned}(\boldsymbol{NB}_1,\cdots,\boldsymbol{NB}_n)&=\boldsymbol{N}(\boldsymbol{B}_1,\cdots,\boldsymbol{B}_n)\\&=(\boldsymbol{B}_1,\cdots,\boldsymbol{B}_n)\begin{bmatrix}\lambda_1&&\\&\ddots&\\&&\lambda_n\end{bmatrix}\\&=(\lambda_1\boldsymbol{B}_1,\cdots,\lambda_n\boldsymbol{B}_n);\end{aligned}$$

即，$\boldsymbol{NB}_k=\lambda_k\boldsymbol{B}_k$，$k=1,\cdots,n$.

推论 8.5.2　若 $\boldsymbol{N}$ 为实正规矩阵并且 $\mathrm{Spec}(\boldsymbol{A})\subseteq\mathbf{R}$，那么存在正交矩阵 $\boldsymbol{B}$ 使得 $\boldsymbol{B}^{-1}N\boldsymbol{B}=\mathrm{diag}(\lambda_1,\cdots,\lambda_n)$，其对角元 $\lambda_1,\cdots,\lambda_n$ 恰好为矩阵 $\boldsymbol{N}$ 的全部特征根(计重数)；且 $\boldsymbol{B}$ 的第 k 列 $\boldsymbol{B}_k$ 为属于特征根 λ_k 的特征向量，$k=1,\cdots,n$.

推论 8.5.3　对于任意的 $\lambda_s\neq\lambda_t\in\mathrm{Spec}(\boldsymbol{N})$，其特征子空间彼此正交：

$$\boldsymbol{E}_{\lambda_s}(\boldsymbol{N})\perp\boldsymbol{E}_{\lambda_t}(\boldsymbol{N}).$$

正规矩阵酉相似对角化操作程序：

步骤 1. 求矩阵 $\boldsymbol{N}$ 的谱，即全部相异特征根 $\lambda_1,\cdots,\lambda_k$.

做法：计算求解特征多项式 $\Delta_N(\lambda)$.

步骤 2. 求各特征子空间 $\boldsymbol{E}_{\lambda_i}(\boldsymbol{N})$ 的标准正交基 $\boldsymbol{Y}_{i1},\cdots,\boldsymbol{Y}_{id_i}$.

做法：解齐次线性方程组 $(\lambda_i\boldsymbol{E}-\boldsymbol{N})\boldsymbol{X}=\boldsymbol{0}$，求基础解系 $\boldsymbol{X}_{i1},\cdots,\boldsymbol{X}_{id_i}$；将 $\boldsymbol{X}_{i1},\cdots,\boldsymbol{X}_{id_i}$ 标准正交化为标准正交组 $\boldsymbol{Y}_{i1},\cdots,\boldsymbol{Y}_{id_i}$.

步骤 3. 完成正交对角化.

做法：以向量组

$$\boldsymbol{Y}_{11},\cdots,\boldsymbol{Y}_{1d_1},\cdots,\boldsymbol{Y}_{k1},\cdots,\boldsymbol{Y}_{kd_k}$$

为列向量作矩阵

$$\boldsymbol{B}=(\boldsymbol{Y}_{11},\cdots,\boldsymbol{Y}_{1d_1},\cdots,\boldsymbol{Y}_{k1},\cdots,\boldsymbol{Y}_{kd_k}),$$

那么 $\boldsymbol{B}$ 为酉矩阵并且

$$\boldsymbol{B}^{-1}\boldsymbol{AB}=\mathrm{diag}(\underbrace{\lambda_1,\cdots,\lambda_1}_{d_1},\cdots,\underbrace{\lambda_k,\cdots,\lambda_k}_{d_k}).$$

例 8.5.1　证明 $\boldsymbol{A}=\begin{bmatrix}0&-1\\1&0\end{bmatrix}$ 为正规矩阵，求酉矩阵 $\boldsymbol{B}$ 使得 $\boldsymbol{B}^{-1}\boldsymbol{AB}$ 为对角矩阵.

$$\text{解}: \boldsymbol{A}\boldsymbol{A}^{\mathrm{T}} = \begin{bmatrix} 0 & -1 \\ 1 & 0 \end{bmatrix}\begin{bmatrix} 0 & 1 \\ -1 & 0 \end{bmatrix} = \boldsymbol{E}$$

$$= \begin{bmatrix} 0 & 1 \\ -1 & 0 \end{bmatrix}\begin{bmatrix} 0 & -1 \\ 1 & 0 \end{bmatrix}$$

$$= \boldsymbol{A}^{\mathrm{T}}\boldsymbol{A},$$

所以 $\boldsymbol{A}=\begin{bmatrix} 0 & -1 \\ 1 & 0 \end{bmatrix}$为正规矩阵.

下面我们用 i 表示虚数单位 $\sqrt{-1}$.

步骤 1. 矩阵 $\boldsymbol{A}$ 的特征多项式

$$\Delta_{\boldsymbol{A}}(\lambda)=\lambda^2+1,$$

所以特征根为

$$\lambda_1=\mathrm{i}, \lambda_2=-\mathrm{i}.$$

步骤 2. 解线性方程组

$$(\mathrm{i}\boldsymbol{E}-\boldsymbol{A})=\boldsymbol{0},$$

可得基础解系为

$$\boldsymbol{X}_1=(\mathrm{i},1)^{\mathrm{T}},$$

标准化

$$\boldsymbol{Y}_1=\frac{\boldsymbol{X}_1}{|\boldsymbol{X}_1|},$$

因为

$$|\boldsymbol{X}_1|=\sqrt{\mathrm{i}\cdot\mathrm{i}+1\cdot 1}=\sqrt{2};$$

所以

$$\boldsymbol{Y}_1=\frac{1}{\sqrt{2}}(\mathrm{i},1)^{\mathrm{T}}.$$

解线性方程组

$$(-\mathrm{i}\boldsymbol{E}-\boldsymbol{A})=\boldsymbol{0},$$

可得基础解系为

$$\boldsymbol{X}_2=(-\mathrm{i},1)^{\mathrm{T}},$$

标准化

$$\boldsymbol{Y}_2=\frac{\boldsymbol{X}_2}{|\boldsymbol{X}_2|}=\frac{1}{\sqrt{2}}(-\mathrm{i},1)^{\mathrm{T}}.$$

步骤 3. 以 $\boldsymbol{Y}_1,\boldsymbol{Y}_2$ 为列向量构作矩阵

$$\boldsymbol{B}=\frac{1}{\sqrt{2}}\begin{bmatrix} \mathrm{i} & -\mathrm{i} \\ 1 & 1 \end{bmatrix},$$

则 $\boldsymbol{B}$ 为酉矩阵，并且满足

$$\boldsymbol{B}^{-1}\boldsymbol{A}\boldsymbol{B}=\frac{1}{\sqrt{2}}\begin{bmatrix}-\mathrm{i} & 1\\ \mathrm{i} & 1\end{bmatrix}\begin{bmatrix}0 & -1\\ 1 & 0\end{bmatrix}\frac{1}{\sqrt{2}}\begin{bmatrix}\mathrm{i} & -\mathrm{i}\\ 1 & 1\end{bmatrix}=\begin{bmatrix}\mathrm{i} & 0\\ 0 & -\mathrm{i}\end{bmatrix}.$$

8.6　正交矩阵的实标准形

定义 8.6.1　设 $\boldsymbol{A}$ 为 n 阶实矩阵，若满足

$$\boldsymbol{A}^{\mathrm{T}}\boldsymbol{A}=\boldsymbol{A}\boldsymbol{A}^{\mathrm{T}}=\boldsymbol{E},$$

则矩阵 $\boldsymbol{A}$ 称为正交矩阵.

根据定义可知正交矩阵具有如下性质：

(1) $\boldsymbol{A}^{-1}=\boldsymbol{A}^{\mathrm{T}}$；

(2) $|\boldsymbol{A}|=\pm 1$；

(3)如果 $\boldsymbol{A},\boldsymbol{B}$ 均为正交矩阵，那么 $\boldsymbol{AB}$ 也为正交矩阵.

设 $\boldsymbol{A}$ 为 n 阶实矩阵，现将 $\boldsymbol{A}$ 进行分块，则

$$\boldsymbol{A}=(\boldsymbol{\alpha}_1,\boldsymbol{\alpha}_2,\cdots,\boldsymbol{\alpha}_n),\boldsymbol{A}^{\mathrm{T}}=\begin{bmatrix}\boldsymbol{\alpha}_1^{\mathrm{T}}\\ \boldsymbol{\alpha}_2^{\mathrm{T}}\\ \vdots\\ \boldsymbol{\alpha}_n^{\mathrm{T}}\end{bmatrix}.$$

所以

$$\boldsymbol{A}\boldsymbol{A}^{\mathrm{T}}=\begin{bmatrix}\boldsymbol{\alpha}_1^{\mathrm{T}}\\ \boldsymbol{\alpha}_2^{\mathrm{T}}\\ \vdots\\ \boldsymbol{\alpha}_n^{\mathrm{T}}\end{bmatrix}(\boldsymbol{\alpha}_1,\boldsymbol{\alpha}_2,\cdots,\boldsymbol{\alpha}_n)=\begin{bmatrix}\boldsymbol{\alpha}_1^{\mathrm{T}}\boldsymbol{\alpha}_1 & \boldsymbol{\alpha}_1^{\mathrm{T}}\boldsymbol{\alpha}_2 & \cdots & \boldsymbol{\alpha}_1^{\mathrm{T}}\boldsymbol{\alpha}_n\\ \boldsymbol{\alpha}_2^{\mathrm{T}}\boldsymbol{\alpha}_1 & \boldsymbol{\alpha}_2^{\mathrm{T}}\boldsymbol{\alpha}_2 & \cdots & \boldsymbol{\alpha}_2^{\mathrm{T}}\boldsymbol{\alpha}_n\\ \vdots & \vdots & & \vdots\\ \boldsymbol{\alpha}_n^{\mathrm{T}}\boldsymbol{\alpha}_1 & \boldsymbol{\alpha}_n^{\mathrm{T}}\boldsymbol{\alpha}_2 & \cdots & \boldsymbol{\alpha}_n^{\mathrm{T}}\boldsymbol{\alpha}_n\end{bmatrix}$$

$$=\begin{bmatrix}(\boldsymbol{\alpha}_1,\boldsymbol{\alpha}_1) & (\boldsymbol{\alpha}_1,\boldsymbol{\alpha}_2) & \cdots & (\boldsymbol{\alpha}_1,\boldsymbol{\alpha}_n)\\ (\boldsymbol{\alpha}_2,\boldsymbol{\alpha}_1) & (\boldsymbol{\alpha}_2,\boldsymbol{\alpha}_2) & \cdots & (\boldsymbol{\alpha}_2,\boldsymbol{\alpha}_n)\\ & \cdots\cdots & & \\ (\boldsymbol{\alpha}_n,\boldsymbol{\alpha}_1) & (\boldsymbol{\alpha}_n,\boldsymbol{\alpha}_2) & \cdots & (\boldsymbol{\alpha}_n,\boldsymbol{\alpha}_n)\end{bmatrix}.$$

若 $\boldsymbol{A}$ 为正交矩阵，则 $\boldsymbol{A}\boldsymbol{A}^{\mathrm{T}}=\boldsymbol{E}$，即有

$$(\boldsymbol{\alpha}_i,\boldsymbol{\alpha}_j)=\boldsymbol{\alpha}_i^{\mathrm{T}}\boldsymbol{\alpha}_j=\begin{cases}1, & i=j\\ 0, & i\neq j\end{cases}.$$

从而说明，矩阵 $\boldsymbol{A}$ 的列向量 $\boldsymbol{\alpha}_1,\boldsymbol{\alpha}_2,\cdots,\boldsymbol{\alpha}_n$ 为标准正交向量组. 反之，若矩阵 $\boldsymbol{A}$ 的列向量组 $\boldsymbol{\alpha}_1,\boldsymbol{\alpha}_2,\cdots,\boldsymbol{\alpha}_n$ 为标准正交向量组，即有

$$(\boldsymbol{\alpha}_i,\boldsymbol{\alpha}_j)=\begin{cases}1, & i=j\\ 0, & i\neq j\end{cases},$$

所以有

$$AA^{\mathrm{T}}=E$$

则矩阵 A 为正交矩阵. 因为 $AA^{\mathrm{T}}=E$ 与 $AA^{\mathrm{T}}=E$ 等价,所以上述结论对矩阵 A 的行向量组同样成立.

定理 8.6.1 n 阶实矩阵 A 为正交矩阵的充分必要条件为 A 的列向量组或者行向量组为标准正交向量组.

例 8.6.1 设 x 为 n 维实列向量,并且

$$x^{\mathrm{T}}x=1,H=E-2xx^{\mathrm{T}}.$$

证明矩阵 H 为对称的正交矩阵.

证明:由于 x 为 n 维实列向量,所以 $H=E-2xx^{\mathrm{T}}$ 为 n 阶实矩阵. 又因为

$$\begin{aligned}H^{\mathrm{T}}&=(E-2xx^{\mathrm{T}})=E^{\mathrm{T}}-2(xx^{\mathrm{T}})^{\mathrm{T}}\\&=E-2xx^{\mathrm{T}}\\&=H,\end{aligned}$$

即 H 为实对称矩阵,而

$$\begin{aligned}H^{\mathrm{T}}H&=(E-2xx^{\mathrm{T}})(E-2xx^{\mathrm{T}})\\&=E-4xx^{\mathrm{T}}+4xx^{\mathrm{T}}xx^{\mathrm{T}}\\&=E-4xx^{\mathrm{T}}+4x(x^{\mathrm{T}}x)x^{\mathrm{T}}\\&=E-4xx^{\mathrm{T}}+4xx^{\mathrm{T}}\\&=E,\end{aligned}$$

所以 H 为正交矩阵.

例 8.6.2 设

$$A=\begin{bmatrix}\frac{1}{3}&\frac{2}{3}&\frac{2}{3}\\\frac{2}{3}&\frac{1}{3}&-\frac{2}{3}\\\frac{2}{3}&-\frac{2}{3}&\frac{1}{3}\end{bmatrix},B=\begin{bmatrix}2&0&0\\0&\frac{1}{\sqrt{2}}&\frac{1}{\sqrt{2}}\\\frac{2}{3}&\frac{1}{\sqrt{2}}&\frac{1}{-\sqrt{2}}\end{bmatrix},$$

那么矩阵 A 的每个列(行)向量都为单位向量,并且两两正交,因此 A 为正交矩阵. B 的各列(行)虽然两两正交,但是 B 的第一列 $\begin{bmatrix}2\\0\\0\end{bmatrix}$ 不是单位向量,因此矩阵 B 不是正交矩阵.

例 8.6.3 设 A 为 n 阶方阵,并且

$$|A|=-1,A^{\mathrm{T}}=A^{-1}.$$

试证 $A+E$ 不可逆.

证明:由于

$$\begin{aligned}\boldsymbol{A}+\boldsymbol{E}&=\boldsymbol{A}+\boldsymbol{A}\boldsymbol{A}^{\mathrm{T}}=\boldsymbol{A}(\boldsymbol{E}+\boldsymbol{A}^{\mathrm{T}})\\&=\boldsymbol{A}(\boldsymbol{A}^{\mathrm{T}}+\boldsymbol{E}^{\mathrm{T}})\\&=\boldsymbol{A}(\boldsymbol{A}+\boldsymbol{E})^{\mathrm{T}},\end{aligned}$$

则有

$$\begin{aligned}|\boldsymbol{A}+\boldsymbol{E}|&=|\boldsymbol{A}(\boldsymbol{A}+\boldsymbol{E})^{\mathrm{T}}|\\&=|\boldsymbol{A}||\boldsymbol{A}+\boldsymbol{E}|\\&=-|\boldsymbol{A}+\boldsymbol{E}|,\end{aligned}$$

从而有

$$|\boldsymbol{A}+\boldsymbol{E}|=0,$$

即 $\boldsymbol{A}+\boldsymbol{E}$ 不可逆.

8.7 最小二乘法及其应用实例分析

最小二乘法是欧氏空间的一个应用,它使得线性方程组的理论更加完美.设实系数线性方程组

$$\begin{cases}\boldsymbol{a}_{11}x_1+\boldsymbol{a}_{12}x_2+\cdots+\boldsymbol{a}_{1s}x_s=\boldsymbol{b}_1,\\\boldsymbol{a}_{21}x_1+\boldsymbol{a}_{22}x_2+\cdots+\boldsymbol{a}_{2s}x_s=\boldsymbol{b}_2,\\\cdots\cdots\cdots\cdots\cdots\\\boldsymbol{a}_{n1}x_1+\boldsymbol{a}_{n2}x_2+\cdots+\boldsymbol{a}_{ns}x_s=\boldsymbol{b}_n.\end{cases}\tag{8-7-1}$$

无解,即无论 $x_1,x_2,\cdots,x_s$ 取什么实数值,s 元实函数

$$\sum_{i=1}^{n}(\boldsymbol{a}_{i1}x_1+\boldsymbol{a}_{i2}x_2+\cdots+\boldsymbol{a}_{is}x_s-\boldsymbol{b}_i)^2\tag{8-7-2}$$

的值都大于零.设法找 $\boldsymbol{c}_1,\boldsymbol{c}_2,\cdots,\boldsymbol{c}_s$,使当 $x_1=\boldsymbol{c}_1,x_2=\boldsymbol{c}_2,\cdots,x_s=\boldsymbol{c}_s$ 时,式(8-7-2)的值最小,这样的 $\boldsymbol{c}_1,\boldsymbol{c}_2,\cdots,\boldsymbol{c}_s$ 成为方程组(8-7-1)的最小二乘解,这种问题就称为最小二乘法问题.

下面我们将通过定义、定理及具体实例给出具体的最小二乘解及其确定方法.

定义 8.7.1 设 W 是欧氏空间 V 的子空间,$\forall\boldsymbol{\alpha}\in V$,定义

$$d(\boldsymbol{\alpha},\boldsymbol{W})=\min_{\boldsymbol{\beta}\in W}d(\boldsymbol{\alpha},\boldsymbol{\beta})=\min_{\boldsymbol{\beta}\in W}|\boldsymbol{\alpha}-\boldsymbol{\beta}|,$$

并称其为向量 $\boldsymbol{\alpha}$ 到子空间 W 的距离.

欧氏空间也同几何空间一样,平面外一点到平面上点的距离以垂线段最短.

定理 8.7.1 设 W 是欧氏空间 V 的子空间,$\boldsymbol{\beta}\notin W$ 是 V 中的固定向量.$\boldsymbol{\gamma}\in W$ 是 $\boldsymbol{\beta}$ 关于 W 的投影向量,即$(\boldsymbol{\beta}-\boldsymbol{\gamma})\perp W$,则 $\forall\boldsymbol{\alpha}\in W$,总有

$$d(\boldsymbol{\beta},\boldsymbol{\gamma})\leqslant d(\boldsymbol{\beta},\boldsymbol{\alpha}),$$

即 $d(\boldsymbol{\beta},W)=d(\boldsymbol{\beta},\boldsymbol{\gamma})$.

证明:由假设,向量 $\boldsymbol{\beta},\boldsymbol{\gamma},\boldsymbol{\alpha}$ 与子空间 W 的几何直观,如图 8-7-1 所示.

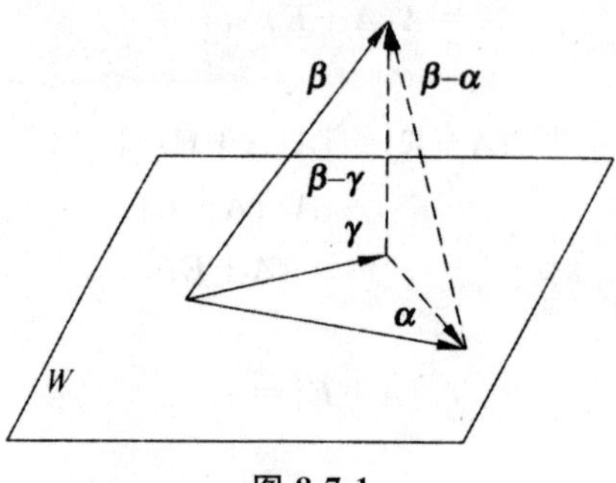

图 8-7-1

由 $(\boldsymbol{\beta}-\boldsymbol{\gamma})\perp W,\boldsymbol{\gamma}\in W,\forall\,\boldsymbol{\alpha}\in W$,有 $\boldsymbol{\alpha}-\boldsymbol{\gamma}\in W$,得到

$$(\boldsymbol{\beta}-\boldsymbol{\gamma})\perp(\boldsymbol{\alpha}-\boldsymbol{\gamma}),$$

对

$$\boldsymbol{\beta}-\boldsymbol{\alpha}=(\boldsymbol{\beta}-\boldsymbol{\gamma})+(\boldsymbol{\gamma}-\boldsymbol{\alpha}),$$

由勾股定理得

$$|\boldsymbol{\beta}-\boldsymbol{\gamma}|^2+|\boldsymbol{\gamma}-\boldsymbol{\alpha}|^2=|\boldsymbol{\beta}-\boldsymbol{\alpha}|^2,$$

因此

$$|\boldsymbol{\beta}-\boldsymbol{\gamma}|\leqslant|\boldsymbol{\beta}-\boldsymbol{\alpha}|,$$

即

$$d(\boldsymbol{\beta},\boldsymbol{\gamma})\leqslant d(\boldsymbol{\beta},\boldsymbol{\alpha}).$$

这样就有 $d(\boldsymbol{\beta},W)=d(\boldsymbol{\beta},\boldsymbol{\gamma})$,即向量 $\boldsymbol{\beta}$ 到子空间 W 的距离 $d(\boldsymbol{\beta},W)$ 等于 $\boldsymbol{\beta}$ 关于 W 的投影向量 $\boldsymbol{\gamma}$ 与 $\boldsymbol{\beta}$ 之间的距离 $d(\boldsymbol{\beta},\boldsymbol{\gamma})$,从而证明了垂线 $\boldsymbol{\beta}-\boldsymbol{\gamma}$ 的长度最短.

例 8.7.1 某上市公司的股票价格 y 与该公司的经济指标 x 密切相关.下面表格中给出了对应的数据:

y	**1.00**	**0.90**	**0.90**	**0.81**	**0.60**	**0.56**	**0.35**
x	4.20	4.10	4.00	3.90	3.80	3.70	3.6

试给出 y 对 x 的一个模拟公式.

解:通过对数据表进行分析,股票价格随经济指标“直线上升”.假设

$$y\approx ax+b, \tag{8-7-3}$$

则应该有

$$ax_i+b=y_i,\quad i=1,2,\cdots,7, \tag{8-7-4}$$

其中 x_i, y_i 为所给数据表中的对应数据.将式(8-7-4)看做 a, b 的线性方程组,它通常是无解的.但可以通过寻找 a, b 使得

$$\min\sum_{i=1}^{7}(ax_i+b-y_i)^2,$$

即用误差平方和达到最小的 a, b 代入式(8-7-3),作为要求的近似公式.这就是最小二乘法的基本思想.

设

$$\boldsymbol{A}=(a_{ij})_{s\times n}, \boldsymbol{x}=(x_1, x_2, \cdots, x_n)^{\mathrm{T}}, \boldsymbol{b}=(b_1, b_2, \cdots, b_s)^{\mathrm{T}},$$

当线性方程组

$$\boldsymbol{Ax}=\boldsymbol{b} \tag{8-7-5}$$

无解时,满足

$$\min_{x\in\mathbf{R}^n}\sum_{i=1}^{s}(a_{i1}x_1+a_{i2}x_2+\cdots+a_{in}x_n-b_i)^2$$

的 $\boldsymbol{x}_0=(x_{10}, x_{20}, \cdots, x_{n0})^{\mathrm{T}}$ 称为线性方程组(8-7-5)的最小二乘解.

定理 8.7.2　线性方程组(8-7-5)的最小二乘解存在,并且线性方程组

$$\boldsymbol{A}^{\mathrm{T}}\boldsymbol{Ax}=\boldsymbol{A}^{\mathrm{T}}\boldsymbol{b} \tag{8-7-6}$$

的解就是式(8-7-5)的最小二乘解.

证明:用线性方程组(8-7-5)中的矩阵 $\boldsymbol{A}$ 构造线性变换:

$$\boldsymbol{y}=\boldsymbol{Ax}. \tag{8-7-7}$$

把 $\boldsymbol{y}, \boldsymbol{b}$ 看作 $\mathbf{R}^s$ 中的列向量,集合

$$\boldsymbol{W}_a=\{\boldsymbol{y}\,|\,\boldsymbol{y}=\boldsymbol{Ax},\quad \forall\, \boldsymbol{x}\in\mathbf{R}^n\}$$

构成线性空间?^{s} 的子空间.由于式(8-7-5)无解,因此 $\boldsymbol{b}\notin W_a$.

若记

$$\boldsymbol{A}=(\boldsymbol{\alpha}_1, \boldsymbol{\alpha}_2, \cdots, \boldsymbol{\alpha}_n),$$

则式(8-7-7)可表示为

$$\boldsymbol{y}=(\boldsymbol{\alpha}_1, \boldsymbol{\alpha}_2, \cdots, \boldsymbol{\alpha}_n)\boldsymbol{x}=x_1\boldsymbol{\alpha}_1, x_2\boldsymbol{\alpha}_2, \cdots, x_n\boldsymbol{\alpha}_n,$$

所以 $W_a=L(\boldsymbol{\alpha}_1, \boldsymbol{\alpha}_2, \cdots, \boldsymbol{\alpha}_n)$.于是存在向量 $\boldsymbol{y}_0\in W_a$,使得

$$(\boldsymbol{y}_0-\boldsymbol{b})\perp W_A, d(\boldsymbol{b}, W_A)=|\boldsymbol{y}_0-\boldsymbol{b}|\leqslant|\boldsymbol{y}-\boldsymbol{b}|, \forall\, \boldsymbol{y}\in\mathbf{R}^s.$$

由$(\boldsymbol{y}_0-\boldsymbol{b})\perp W_A$ 可以推出

$$(\boldsymbol{y}_0-\boldsymbol{b})\perp\boldsymbol{\alpha}_i\Rightarrow\boldsymbol{\alpha}_i^{\mathrm{T}}(\boldsymbol{y}_0-\boldsymbol{b})=0,\quad i=1,2,\cdots,n,$$

于是得到 $\boldsymbol{A}^{\mathrm{T}}\boldsymbol{y}_0=\boldsymbol{A}^{\mathrm{T}}\boldsymbol{b}$.由于 $\boldsymbol{y}_0\in W_A$,因而存在 $\boldsymbol{x}_0\in\mathbf{R}^n$,使得 $\boldsymbol{y}_0=\boldsymbol{Ax}_0$,因此有 $\boldsymbol{A}^{\mathrm{T}}\boldsymbol{Ax}=\boldsymbol{A}^{\mathrm{T}}\boldsymbol{b}$.表明线性方程组(8-7-6)有解 $\boldsymbol{x}_0$,且满足

$$d(\boldsymbol{b}, W)=|\boldsymbol{Ax}_0-\boldsymbol{b}|\leqslant|\boldsymbol{Ax}-\boldsymbol{b}|, \forall\, \boldsymbol{x}\in\mathbf{R}^n,$$

即

$$\begin{aligned}d(\boldsymbol{b},W_A)^2&=|\boldsymbol{A}\boldsymbol{x}_0-\boldsymbol{b}|^2\\&=\min_{x\in\mathbf{R}^n}|\boldsymbol{A}\boldsymbol{x}-\boldsymbol{b}|^2=\min_{x\in\mathbf{R}^n}(\boldsymbol{A}\boldsymbol{x}-\boldsymbol{b})^{\mathrm{T}}(\boldsymbol{A}\boldsymbol{x}-\boldsymbol{b})\\&=\min_{x\in\mathbf{R}^n}\sum_{i=1}^{s}(a_{i1}x_1+a_{i2}x_2+\cdots+a_{in}x_n-b_i)^2,\end{aligned}$$

由此,$\boldsymbol{x}_0$ 为式(8-7-5)的最小二乘解.

例 8.7.2 求下列方程的最小二乘解

$$\begin{cases}0.13x_1+0.29x_2=0.22,\\0.55x_1+1.72x_2=-0.78,\\1.23x_1-0.79x_2=0.74,\\0.37x_1+0.48x_2=-0.23.\end{cases}$$

令

$$\boldsymbol{A}=\begin{bmatrix}0.13&-0.29\\0.55&1.72\\1.23&-0.79\\0.37&0.48\end{bmatrix},\boldsymbol{b}=\begin{bmatrix}0.22\\-0.78\\0.74\\-0.23\end{bmatrix}.$$

则原方程组可以表示为

$$\boldsymbol{AX}=\boldsymbol{B}.$$

因为

$$\boldsymbol{A}^{\mathrm{T}}\boldsymbol{A}=\begin{bmatrix}1.97&0.11\\0.11&3.90\end{bmatrix},\boldsymbol{A}^{\mathrm{T}}\boldsymbol{B}=\begin{bmatrix}0.42\\-2.10\end{bmatrix}.$$

解线性方程组

$$\begin{cases}1.97x_1+0.11x_2=0.42,\\0.11x_1+3.90x_2=-2.10.\end{cases}$$

得到

$$x_1=0.24,x_2=-0.55.$$

因此,原方程组的最小二乘解为

$$x_1=0.24,x_2=-0.55.$$

例 8.7.3 对于例 8.7.1 中的数据,可以得到

$$\boldsymbol{A}=\begin{bmatrix}4.2&1\\4.1&1\\4.0&1\\3.9&1\\3.8&1\\3.7&1\\3.6&1\end{bmatrix}\in\mathbf{R}^{7\times2},\boldsymbol{b}=\begin{bmatrix}1\\0.9\\0.9\\0.81\\0.60\\0.56\\0.35\end{bmatrix}\in\mathbf{R}^7,x=(a,b)^{\mathrm{T}}\in\mathbf{R}^2,$$

于是式(8-7-1)对应的方程组为

$$\begin{bmatrix} 106.75 & 27.3 \\ 27.3 & 7 \end{bmatrix}\begin{bmatrix} a \\ b \end{bmatrix}=\begin{bmatrix} 20.261 \\ 5.12 \end{bmatrix},$$

求解得到

$$a=1.04643, b=-3.34964,$$

因此该上市公司的股票价格 y 对该公司经济指标 x 的一个模拟公式为

$$y\approx 1.04643x-3.34964.$$

第 9 章　线性、对偶与双线性函数

为了进一步整合线性代数的内容，利用线性函数揭示双线性函数的结构，本章探讨了线性、对偶与双线性函数，这极大地丰富了线性函数的理论.

9.1　线性函数

定义 9.1.1　设 V 是数域 $\mathbf{P}$ 上的线性空间，f 是 V 到数域 $\mathbf{P}$ 的映射，如果 f 满足

(1) $\forall \boldsymbol{\alpha},\boldsymbol{\beta}\in V, f(\boldsymbol{\alpha}+\boldsymbol{\beta})=f(\boldsymbol{\alpha})+f(\boldsymbol{\beta})$；

(2) $\forall k\in \mathbf{P},\boldsymbol{\alpha}\in V, f(k\boldsymbol{\alpha})=kf(\boldsymbol{\alpha})$，

则称 f 是 V 上的线性函数.

数域 $\mathbf{P}$ 上线性空间上的线性函数的集合记为 $L(V,\mathbf{P})$ 或 V^*.

性质 9.1.1　设 f 是数域 $\mathbf{P}$ 上的线性空间 V 的线性函数，则

(1) $f(\mathbf{0})=0, f(-\boldsymbol{\alpha})=-f(\boldsymbol{\alpha})$；

(2) $f(k_1\boldsymbol{\alpha}_1+k_2\boldsymbol{\alpha}_2+\cdots+k_s\boldsymbol{\alpha}_s)=k_1f(\boldsymbol{\alpha}_1)+k_2f(\boldsymbol{\alpha}_2)+\cdots+k_sf(\boldsymbol{\alpha}_s)$.

定理 9.1.1　设 V 是数域 $\mathbf{P}$ 上的线性空间，$\boldsymbol{\varepsilon}_1,\boldsymbol{\varepsilon}_2,\cdots,\boldsymbol{\varepsilon}_n$ 是 V 的一个基，对于 $\mathbf{P}$ 中任意 n 个数 ε，$a_1+a_2+\cdots+a_n$，V 上存在唯一的线性函数 f，使得

$$f(\boldsymbol{\varepsilon}_i)=a_i, i=1,2,\cdots,n$$

定理 9.1.2　设 V 是数域 $\mathbf{P}$ 上的 n 维线性空间，f 是 V 上的线性函数，则 f 的核

$$f^{-1}(0)=\{\boldsymbol{\alpha}\in V \mid f(\boldsymbol{\alpha})=0\}$$

是 V 的子空间，且

(1) $f=0$ 时，$\dim f^{-1}(0)=n$；

(2) $f\neq 0$ 时，$\dim f^{-1}(0)=n-1$.

证明：　这里仅证(2). 取 V 的基 $\boldsymbol{\varepsilon}_1,\boldsymbol{\varepsilon}_2,\cdots,\boldsymbol{\varepsilon}_n$，$\forall \boldsymbol{\alpha}\in V$，设 $\boldsymbol{\alpha}=a_1\boldsymbol{\varepsilon}_1+a_2\boldsymbol{\varepsilon}_2+\cdots+a_n\boldsymbol{\varepsilon}_n$，于是 $\boldsymbol{\alpha}\in f^{-1}(0)\Leftrightarrow f(\boldsymbol{\alpha})=0\Leftrightarrow a_1f(\boldsymbol{\varepsilon}_1)+a_2f(\boldsymbol{\varepsilon}_2)+\cdots+a_nf(\boldsymbol{\varepsilon}_n)=0\Leftrightarrow\boldsymbol{\alpha}$ 在基 $\boldsymbol{\varepsilon}_1,\boldsymbol{\varepsilon}_2,\cdots,\boldsymbol{\varepsilon}_n$ 的坐标是齐次线性方程组

$$x_1f(\boldsymbol{\varepsilon}_1)+x_2f(\boldsymbol{\varepsilon}_2)+\cdots+x_nf(\boldsymbol{\varepsilon}_n)=0 \tag{9-1-1}$$

的解空间的解向量.

注意到 $f\neq 0$，于是 $f(\boldsymbol{\varepsilon}_1),f(\boldsymbol{\varepsilon}_2),\cdots,f(\boldsymbol{\varepsilon}_n)$ 不全为零，因而式(9-1-1)的系数矩阵的秩为 1，故解空间为 $n-1$ 维，$\dim f^{-1}(0)=n-1$.

例 9.1.1　设 V 是 n 维欧几里得空间，$f(\boldsymbol{x})$ 是 V 上的线性函数，则存在向量 $\boldsymbol{\alpha}\in V$，使得

$$f(\boldsymbol{x})=(\boldsymbol{x},\boldsymbol{\alpha})$$

分析：关键是构造向量 $\boldsymbol{\alpha}$，满足结论 $f(x)=(x,\boldsymbol{\alpha})$. 为此取 V 的标准正交基，

$$\boldsymbol{\varepsilon}_1,\boldsymbol{\varepsilon}_2,\cdots,\boldsymbol{\varepsilon}_n$$

记

$$f(\boldsymbol{\varepsilon}_i)=\boldsymbol{\alpha}_i,$$

设

$$\boldsymbol{\alpha}=x_1\boldsymbol{\varepsilon}_1+x_2\boldsymbol{\varepsilon}_2+\cdots+x_n\boldsymbol{\varepsilon}_n$$

为所求. 只要算出 x_i.

$$x_i=(x_1\boldsymbol{\varepsilon}_1+x_2\boldsymbol{\varepsilon}_2+\cdots+x_n\boldsymbol{\varepsilon}_n,\boldsymbol{\varepsilon}_i)=(\boldsymbol{\alpha},\boldsymbol{\varepsilon}_i)\overset{\text{结论}}{=}f(\boldsymbol{\varepsilon}_i)=\boldsymbol{\alpha}_i$$

取 $\boldsymbol{\alpha}=a_1\boldsymbol{\varepsilon}_1+a_2\boldsymbol{\varepsilon}_2+\cdots+a_n\boldsymbol{\varepsilon}_n$ 即可.

n 维欧几里得空间 V 上的每一个线性函数都可以表示为内积，这对于无限维欧几里得空间结论是不成立的.

例 9.1.2　设 V 为复 n 阶矩阵所成线性空间到复数域 $\mathbf{C}$ 的线性函数，且 $\forall \boldsymbol{A},\boldsymbol{B}\in\mathbf{C}^{n\times n}$，有

$$f(\boldsymbol{AB})=f(\boldsymbol{BA})$$

试证，必有复数 a，$\forall \boldsymbol{G}=g(g_{ij})\in\mathbf{C}^{n\times n}$，有 $f(G)=a\sum\limits_{j=1}^{n}g_{ij}$.

分析：$\boldsymbol{E}_{ij}$ 是线性空间 $\mathrm{C}^{n\times n}$ 常用的基，关键是计算基向量的函数值，从而给出 a.

证明：$\boldsymbol{E}_{ij}$ 表示(i,j)元为 1，其余元为 0 的 n 阶矩阵，$i,j=1,2,\cdots,n$.

当 $i=j$ 时，

$$f(\boldsymbol{E}_{ij})=f(\boldsymbol{E}_{ij}\boldsymbol{E}_{jj})=f(\boldsymbol{E}_{jj}\boldsymbol{E}_{ij})=f(\mathbf{0})=0.$$

当 $i\neq j$ 时，

$$f(\boldsymbol{E}_{ii})=f(\boldsymbol{E}_{i1}\boldsymbol{E}_{1i})=f(\boldsymbol{E}_{1i}\boldsymbol{E}_{i1})=f(\boldsymbol{E}_{11})\triangleq a.$$

于是

$$f(\boldsymbol{G})=f(\sum_{i,j=1}^{n}g_{ij}\boldsymbol{E}_{ij})=\sum_{i,j=1}^{n}g_{ij}f(\boldsymbol{E}_{ij})=\sum_{j=1}^{n}g_{jj}f(\boldsymbol{E}_{jj})=a\sum_{j=1}^{n}g_{jj}$$

例 9.1.3　在 $\mathbf{P}^3$ 中给出两个基

$$\begin{cases}\boldsymbol{\alpha}_1=(1,0,0)\\ \boldsymbol{\alpha}_2=(0,1,0)\\ \boldsymbol{\alpha}_3=(0,0,1)\end{cases}\quad \begin{cases}\boldsymbol{\beta}_1=(1,1,-1)\\ \boldsymbol{\beta}_2=(1,1,0)\\ \boldsymbol{\beta}_3=(1,0,0)\end{cases}$$

试求它们各自的对偶基作用在 $\mathbf{P}^3$ 中任意向量 $\boldsymbol{\alpha}=(x_1,x_2,x_3)$ 的表达式.

解:设 $\boldsymbol{\alpha}_1,\boldsymbol{\alpha}_2,\boldsymbol{\alpha}_3$ 与 $\boldsymbol{\beta}_1,\boldsymbol{\beta}_2,\boldsymbol{\beta}_3$ 的对偶基分别是 $f_1,f_2,\cdots,f_n$ 与 $g_1,g_2,\cdots,g_n$ 于是

$$f_1(x_1,x_2,x_3)=f_1(\boldsymbol{\alpha}_1,\boldsymbol{\alpha}_2,\boldsymbol{\alpha}_3)\begin{bmatrix}x_1\\x_2\\x_3\end{bmatrix}=(1,0,0)\begin{bmatrix}x_1\\x_2\\x_3\end{bmatrix}=x_1.$$

类似可得

$$f_2(x_1,x_2,x_3)=x_2,f_3(x_1,x_2,x_3)=x_3.$$

由已知得

$$(\boldsymbol{\beta}_1,\boldsymbol{\beta}_2,\boldsymbol{\beta}_3)=(\boldsymbol{\alpha}_1,\boldsymbol{\alpha}_2,\boldsymbol{\alpha}_3)\mathbf{A},$$

其中

$$\mathbf{A}=\begin{bmatrix}1&1&1\\1&1&0\\-1&0&0\end{bmatrix},$$

则

$$\mathbf{A}^{-1}=\begin{bmatrix}0&0&-1\\0&1&1\\1&-1&0\end{bmatrix},$$

于是

$$g_1(x_1,x_2,x_3)=g_1(\boldsymbol{\alpha}_1,\boldsymbol{\alpha}_2,\boldsymbol{\alpha}_3)\begin{bmatrix}x_1\\x_2\\x_3\end{bmatrix}=g_1(\boldsymbol{\beta}_1,\boldsymbol{\beta}_2,\boldsymbol{\beta}_3)\mathbf{A}^{-1}\begin{bmatrix}x_1\\x_2\\x_3\end{bmatrix}=-x_3$$

类似可得

$$g_2(x_1,x_2,x_3)=x_2+x_3,g_3(x_1,x_2,x_3)=x_1-x_2.$$

例 9.1.4 求证 n 维欧几里得空间 V 上的每一个线性函数都可以表示为内积,并说明该结论对无限维欧几里得空间结论是不成立.

证明:令 $V=\boldsymbol{R}[x]$,内积定义为

$$(f(x),g(x))=\int_0^1 f(x)g(x)\mathrm{d}x,$$

令

$$\varphi(f(x))=f(0),$$

则 φ 是 V 上的线性函数.若存在

$$g_0(x)\in\mathbf{R}[x],$$

使

$$\varphi(f(x))=(f(0),g_0(x))=\int_0^1 f(x)g_0(x)\mathrm{d}x$$

取

$$f(x)=xg_0(x),$$

则

$$\varphi(xg_0(x))=0=(xg_0(x),g_0(x))=\int_0^1 xg_0^2(x)\mathrm{d}x$$

因而

$$g_0(x)\equiv 0.$$

取

$$f(x)=1,$$

则

$$\varphi(f(x))=(f(0),g_0(x))=(1,0)=0,\varphi(f(x))=f(0)=1$$

矛盾.

例 9.1.5 设 V 是数域 $\mathbf{P}$ 上的线性空间，$\boldsymbol{\varepsilon}_1,\boldsymbol{\varepsilon}_2,\boldsymbol{\varepsilon}_3$ 是它的一个基，f 是 V 上的线性函数，已知

$$f(\boldsymbol{\varepsilon}_1+\boldsymbol{\varepsilon}_3)=1,f(\boldsymbol{\varepsilon}_2+2\boldsymbol{\varepsilon}_3)=-1,f(\boldsymbol{\varepsilon}_1+\boldsymbol{\varepsilon}_2)=-3$$

求 $f(x_1\boldsymbol{\varepsilon}_1+x_2\boldsymbol{\varepsilon}_2+x_3\boldsymbol{\varepsilon}_3)$.

解：

方法 1：由已知得方程组

$$\begin{cases} f(\boldsymbol{\varepsilon}_1)+f(\boldsymbol{\varepsilon}_3)=1 \\ f(\boldsymbol{\varepsilon}_2)+2f(\boldsymbol{\varepsilon}_3)=-1 \\ f(\boldsymbol{\varepsilon}_1)+f(\boldsymbol{\varepsilon}_2)=1 \end{cases}$$

解得

$$f(\boldsymbol{\varepsilon}_1)=4,f(\boldsymbol{\varepsilon}_2)=-7,f(\boldsymbol{\varepsilon}_3)=-3,$$

于是

$$f(x_1\boldsymbol{\varepsilon}_1+x_2\boldsymbol{\varepsilon}_2+x_3\boldsymbol{\varepsilon}_3)=4x_1-7x_2-3x_3$$

方法 2：令

$$\boldsymbol{\alpha}_1=\boldsymbol{\varepsilon}_1+\boldsymbol{\varepsilon}_3,\boldsymbol{\alpha}_2=\boldsymbol{\varepsilon}_2+2\boldsymbol{\varepsilon}_3,\boldsymbol{\alpha}_3=\boldsymbol{\varepsilon}_1+\boldsymbol{\varepsilon}_2,\mathbf{A}=\begin{bmatrix}1&0&1\\0&1&1\\1&-2&0\end{bmatrix}$$

则

$$(\boldsymbol{\alpha}_1,\boldsymbol{\alpha}_2,\boldsymbol{\alpha}_3)=(\boldsymbol{\varepsilon}_1,\boldsymbol{\varepsilon}_2,\boldsymbol{\varepsilon}_3)\mathbf{A}.$$

于是

$$f(x_1\boldsymbol{\varepsilon}_1+x_2\boldsymbol{\varepsilon}_2+x_3\boldsymbol{\varepsilon}_3)=f(\boldsymbol{\varepsilon}_1,\boldsymbol{\varepsilon}_2,\boldsymbol{\varepsilon}_3)\begin{bmatrix}x_1\\x_2\\x_3\end{bmatrix}=f(\boldsymbol{\alpha}_1,\boldsymbol{\alpha}_2,\boldsymbol{\alpha}_3)\boldsymbol{A}^{-1}\begin{bmatrix}x_1\\x_2\\x_3\end{bmatrix}$$

$$=(f(\boldsymbol{\alpha}_1),f(\boldsymbol{\alpha}_2),f(\boldsymbol{\alpha}_3))\boldsymbol{A}^{-1}\begin{bmatrix}x_1\\x_2\\x_3\end{bmatrix}$$

$$=4x_1-7x_2-3x_3.$$

9.2 对偶函数及对偶空间

设 V 是数域 $\mathbf{P}$ 上的线性空间,$L(V,\mathbf{P})$ 对于如下定义的向量加法和数量乘法

$$(f+g)(\boldsymbol{\alpha})=f(\boldsymbol{\alpha})+g(\boldsymbol{\alpha}),(kf)(\boldsymbol{\alpha})=k(f(\boldsymbol{\alpha}))$$

构成数域 $\mathbf{P}$ 上的线性空间,称为 V 的对偶空间,常用 V^* 表示.

设 $\boldsymbol{\varepsilon}_1,\boldsymbol{\varepsilon}_2,\cdots,\boldsymbol{\varepsilon}_n$ 是 V 的一个基,若 V 上的线性函数 $f_1,f_2,\cdots,f_n$ 满足

$$f_i(\boldsymbol{\varepsilon}_j)=\begin{cases}1, & i=j\\0, & i\neq j\end{cases}\quad i,j=1,2,\cdots,n$$

则 $f_1,f_2,\cdots,f_n$ 是 V 的基,称为 $\boldsymbol{\varepsilon}_1,\boldsymbol{\varepsilon}_2,\cdots,\boldsymbol{\varepsilon}_n$ 的对偶基.

定理 9.2.1 设 $\boldsymbol{\varepsilon}_1,\boldsymbol{\varepsilon}_2,\cdots,\boldsymbol{\varepsilon}_n$ 是数域 $\mathbf{P}$ 上线性空间 V 的基 $\boldsymbol{\eta}_1,\boldsymbol{\eta}_2,\cdots,\boldsymbol{\eta}_n$ 是它的对偶基,则

(1) $\forall\boldsymbol{\alpha}\in V$,有 $\boldsymbol{\alpha}=f_1(\boldsymbol{\alpha})\varepsilon_1+f_2(\boldsymbol{\alpha})\varepsilon_2+\cdots+f_n(\boldsymbol{\alpha})\boldsymbol{\varepsilon}_n$;

(2) $\forall f\in V^*$,有 $f=f(\boldsymbol{\varepsilon}_1)f_1+f(\boldsymbol{\varepsilon}_2)f_2+\cdots+f(\boldsymbol{\varepsilon}_n)f_n$.

定理 9.2.2 设 $\boldsymbol{\varepsilon}_1,\boldsymbol{\varepsilon}_2,\cdots,\boldsymbol{\varepsilon}_n$ 和 $\boldsymbol{\eta}_1,\boldsymbol{\eta}_2,\cdots,\boldsymbol{\eta}_n$ 是线性空间 V 的两个基,它们的对偶基分别是 $f_1,f_2,\cdots,f_n$ 和 $g_1,g_2,\cdots,g_n$,如果$(\boldsymbol{\eta}_1,\boldsymbol{\eta}_2,\cdots,\boldsymbol{\eta}_n)=(\boldsymbol{\varepsilon}_1,\boldsymbol{\varepsilon}_2,\cdots,\boldsymbol{\varepsilon}_n)\mathbf{A}$ 则

$$(g_1,g_2,\cdots,g_n)=(f_1,f_2,\cdots,f_n)(\mathbf{A}')^{-1}$$

定理 9.2.3 设 V 是线性空间,V^{**} 是 V 的对偶空间的对偶空间,则映射

$$\varphi:V\to V^{**},x\to x^{**},\text{其中 } x^{**}(f)=f(x)$$

是线性空间的同构映射.

例 9.2.1 设 $\boldsymbol{\varepsilon}_1,\boldsymbol{\varepsilon}_2,\boldsymbol{\varepsilon}_3$ 是数域 $\mathbf{P}$ 上线性空间 V 的一组基,f_1,f_2,f_3 是 $\boldsymbol{\varepsilon}_1,\boldsymbol{\varepsilon}_2,\boldsymbol{\varepsilon}_3$ 的对偶基,令

$$\boldsymbol{\alpha}_1=\boldsymbol{\varepsilon}_1+\boldsymbol{\varepsilon}_2+\boldsymbol{\varepsilon}_3,\boldsymbol{\alpha}_2=\boldsymbol{\varepsilon}_2+\boldsymbol{\varepsilon}_3,\boldsymbol{\alpha}_3=\boldsymbol{\varepsilon}_3$$

(1)证明:$\boldsymbol{\alpha}_1,\boldsymbol{\alpha}_2,\boldsymbol{\alpha}_3$ 是 V 的基;

(2)求 $\boldsymbol{\alpha}_1,\boldsymbol{\alpha}_2,\boldsymbol{\alpha}_3$ 的对偶基,并用 f_1,f_2,f_3 表示 $\boldsymbol{\alpha}_1,\boldsymbol{\alpha}_2,\boldsymbol{\alpha}_3$ 的对偶基.

证明:(1)设

$$\boldsymbol{A}=\begin{bmatrix}1 & 0 & 0\\ 1 & 1 & 0\\ 1 & 1 & 1\end{bmatrix}$$

则

$$(\boldsymbol{\alpha}_1,\boldsymbol{\alpha}_2,\boldsymbol{\alpha}_3)=(\boldsymbol{\varepsilon}_1,\boldsymbol{\varepsilon}_2,\boldsymbol{\varepsilon}_3)\boldsymbol{A},$$

由 $|\boldsymbol{A}|\neq 0$,$\boldsymbol{\varepsilon}_1,\boldsymbol{\varepsilon}_2,\boldsymbol{\varepsilon}_3$ 是 V 的基,故 $\boldsymbol{\alpha}_1,\boldsymbol{\alpha}_2,\boldsymbol{\alpha}_3$ 也是 V 的基.

(2)设 g_1,g_2,g_3 是 $\boldsymbol{\alpha}_1,\boldsymbol{\alpha}_2,\boldsymbol{\alpha}_3$ 的对偶基,由

$$(\boldsymbol{\alpha}_1,\boldsymbol{\alpha}_2,\boldsymbol{\alpha}_3)=(\boldsymbol{\varepsilon}_1,\boldsymbol{\varepsilon}_2,\boldsymbol{\varepsilon}_3)\boldsymbol{A},$$

则

$$(g_1,g_2,g_3)=(f_1,f_2,f_3)(\boldsymbol{A}^{-1})'=(f_1,f_2,f_3)\begin{bmatrix}1 & -1 & 0\\ 0 & 1 & -1\\ 0 & 0 & 1\end{bmatrix}$$

于是 $\boldsymbol{\alpha}_1,\boldsymbol{\alpha}_2,\boldsymbol{\alpha}_3$ 的对偶基为

$$g_1=f_1,g_2=f_2-f_1,g_3=f_3-f_2.$$

注　求对偶基的常用方法有两种:一是用定义求对偶基;二是用过渡矩阵求对偶基.

例 9.2.2　设线性空间 $V=\mathbf{R}[x]_4$,这里

$$V=\mathbf{R}[x]_4=\{a_0+a_1x+a_2x^2+a_3x^3\mid a_0,a_1,a_2,a_3\in\mathbf{R}\}$$

对于任意取定 4 个不同实数 b_1,b_2,b_3,b_4,令

$$p_i(x)=\frac{(x-b_1)\cdots(x-b_{i-1})(x-b_{i+1})\cdots(x-b_4)}{(b_i-b_1)\cdots(b_i-b_{i-1})(b_i-b_{i+1})\cdots(b_i-b_4)},i=1,2,3,4$$

证明:$p_1(x),p_2(x),p_3(x),p_4(x)$ 构成 V 的一组基,并求 $p_1(x),p_2(x),p_3(x),p_4(x)$的对偶基.

证明:设

$$k_1p_1(x)+k_2p_2(x)+k_3p_3(x)+k_4p_4(x)=0$$

将 b_i 代入上式,注意到

$$p_j(b_i)=\begin{cases}1, & i=j\\ 0, & i\neq j\end{cases}\qquad i,j=1,2,3,4$$

得

$$k_ip_i(b_i)=0\Rightarrow k_i=0,i=1,2,3,4,$$

故 $p_1(x),p_2(x),p_3(x),p_4(x)$线性无关. 由 $\dim V=4$,故 $p_1(x),p_2(x),p_3(x),p_4(x)$是 V 的基.

设 L_i 为 V^* 在 b_i 点的取值函数：

$$L_i(p(x))=p(b_i),i=1,2,3,4,p(x)\in V$$

则线性函数 L_i 满足

$$L_i(p_j(x))=p_j(b_i)=\begin{cases}1, & i=j\\0, & i\neq j\end{cases}\qquad i,j=1,2,3,4$$

故 L_1,L_2,L_3,L_4 是 $p_1(x),p_2(x),p_3(x),p_4(x)$的对偶基.

例 9.2.3 设 V 是数域 P 上的，n 维线性空间，V^* 是 V 的对偶空间，$\boldsymbol{\alpha}$ 是 V 中固定的非零向量，令

$$W=\{f|f\in V^*,f(\boldsymbol{\alpha})=0\}.$$

证明：W 是 V^* 的子空间，并求 W 的维数.

证明：显然 W 是 V^* 的非空子集，$\forall f,g\in W,ab\in\mathbf{P}$，有

$$(af+bg)(\boldsymbol{\alpha})=af(\boldsymbol{\alpha})+bg(\boldsymbol{\alpha})=0+0=0,$$

则 $af+bg\in W$，故 W 是 V^* 的子空间.

将 $\boldsymbol{\alpha}=\boldsymbol{\alpha}_1$. 扩充成 V 的基 $\boldsymbol{\alpha}_1,\boldsymbol{\alpha}_2,\cdots,\boldsymbol{\alpha}_n$，设 $f_1,f_2,\cdots,f_n$ 是它的对偶基，由

$$(\boldsymbol{\alpha}_1)=\begin{cases}1, & i=1\\0, & i=2,3,\cdots,n\end{cases}$$

故 $f_2,\cdots,f_n\in W,f_1\notin W$. 注意到 $f_2,\cdots,f_n$ 线性无关，故 $\dim W=n-1$.

9.3 双线性函数与对称双线性函数

9.3.1 双线性函数

定义 9.3.1 V 是数域 $\mathbf{P}$ 上一个线性空间，$f(\boldsymbol{\alpha},\boldsymbol{\beta})$是 V 上一个二元函数，即对 V 中任意两个向量 $\boldsymbol{\alpha},\boldsymbol{\beta}$ 都按照某一法则 f 对应于 P 中唯一确定的一个数 $f(\boldsymbol{\alpha},\boldsymbol{\beta})$.

如果 $f(\boldsymbol{\alpha},\boldsymbol{\beta})$有下列性质：

(1) $f(\boldsymbol{\alpha},k_1\boldsymbol{\beta}_1+k_2\boldsymbol{\beta}_2)=k_1f(\boldsymbol{\alpha},\boldsymbol{\beta}_1)+k_2f(\boldsymbol{\alpha},\boldsymbol{\beta}_2)$；

(2) $f(\boldsymbol{\alpha},\boldsymbol{\beta}_2)f(k_1\boldsymbol{\alpha}_1+k_2\boldsymbol{\alpha}_2,\boldsymbol{\beta})=k_1f(\boldsymbol{\alpha}_1,\boldsymbol{\beta})+k_2f(\boldsymbol{\alpha}_2,\boldsymbol{\beta})$.

其中，$\boldsymbol{\alpha},\boldsymbol{\alpha}_1,\boldsymbol{\alpha}_2,\boldsymbol{\beta},\boldsymbol{\beta}_1,\boldsymbol{\beta}_2$ 是 V 中任意向量，k_1,k_2 是 P 中任意数，则称 $f(\boldsymbol{\alpha},\boldsymbol{\beta})$为 V 上的一个双线性函数.

易知：若令 $\boldsymbol{\beta}$ 保持不变，则 $f(\boldsymbol{\alpha},\boldsymbol{\beta})$是 $\boldsymbol{\alpha}$ 的线性函数；若令 $\boldsymbol{\alpha}$ 保持不变，则 $f(\boldsymbol{\alpha},\boldsymbol{\beta})$是 $\boldsymbol{\beta}$ 的线性函数.

例 9.3.1 证明 $\mathbf{P}^{n\times n}$ 上的二元函数 $f(\boldsymbol{X},\boldsymbol{Y})=\mathrm{tr}(\boldsymbol{XY})$（任意 $\boldsymbol{X},\boldsymbol{Y}\in$

$\mathbf{P}^{n\times n}$)是 $\mathbf{P}^{n\times n}$ 上的双线性函数.

证明:任意 $\boldsymbol{X},\boldsymbol{X}_1,\boldsymbol{X}_2,\boldsymbol{Y},\boldsymbol{Y}_1,\boldsymbol{Y}_2\in\mathbf{P}^{n\times n}$,则

$$f(\boldsymbol{X},k_1\boldsymbol{Y}_1+k_2\boldsymbol{Y}_2)=\mathrm{tr}(\boldsymbol{X}(k_1\boldsymbol{Y}_1+k_2\boldsymbol{Y}_2))=k_1\mathrm{tr}(\boldsymbol{X}\boldsymbol{Y}_1)+k_2\mathrm{tr}(\boldsymbol{X}\boldsymbol{Y}_2)$$
$$=k_1 f(\boldsymbol{X},\boldsymbol{Y}_1)+k_2 f(\boldsymbol{X},\boldsymbol{Y}_2).$$

同理可证

$$f(k_1\boldsymbol{X}_1+k_2\boldsymbol{X}_2,\boldsymbol{Y})=k_1 f(\boldsymbol{X}_1,\boldsymbol{Y})+k_2 f(\boldsymbol{X}_2,\boldsymbol{Y}),$$

所以,

$$f(\boldsymbol{X},\boldsymbol{Y})=\mathrm{tr}(\boldsymbol{X}\boldsymbol{Y})$$

是 $\mathbf{P}^{n\times n}$ 上的双线性函数.

例 9.3.2　证明欧氏空间 V 的内积是 V 上的双线性函数.

证明:因为$(\boldsymbol{\alpha},\boldsymbol{\beta})$是 V 上的一个二元函数,且对任意理,$\boldsymbol{\alpha},\boldsymbol{\beta}_1,\boldsymbol{\beta}_2\in V$,任意 $k_1,k_2\in\mathbf{R}$ 有

$$(\boldsymbol{\alpha},k_1\boldsymbol{\beta}_1+k_2\boldsymbol{\beta}_2)=k_1(\boldsymbol{\alpha},\boldsymbol{\beta}_1)+k_2(\boldsymbol{\alpha},\boldsymbol{\beta}_2),(k_1\boldsymbol{\beta}_1+k_2\boldsymbol{\beta}_2,\boldsymbol{\alpha})$$
$$=k_1(\boldsymbol{\beta}_1,\boldsymbol{\alpha})+k_2(\boldsymbol{\beta}_2,\boldsymbol{\alpha}),$$

所以,$(\boldsymbol{\alpha},\boldsymbol{\beta})$是 V 上的双线性函数.

例 9.3.3　设 $\mathbf{P}^n$ 是数域 $\mathbf{P}$ 上 n 维列向量构成的线性空间. $\boldsymbol{X},\boldsymbol{Y}\in\mathbf{P}^n$,设 $\boldsymbol{A}$ 是 $\mathbf{P}$ 上的 n 阶方阵. 令

$$f(\boldsymbol{X},\boldsymbol{Y})=\boldsymbol{X}'\boldsymbol{A}\boldsymbol{Y},\tag{9-3-1}$$

则 $f(\boldsymbol{X},\boldsymbol{Y})$是 $\mathbf{P}^n$ 上的一个双线性函数.

如果设

$$\boldsymbol{X}'=(x_1,x_2,\cdots,x_n),\boldsymbol{Y}'=(y_1,y_2,\cdots,y_n),$$

并设

$$\boldsymbol{A}=\begin{bmatrix}a_{11}&a_{12}&\cdots&a_{1n}\\a_{11}&a_{22}&\cdots&a_{2n}\\\vdots&\vdots&&\vdots\\a_{n1}&a_{n2}&\cdots&a_{nn}\end{bmatrix},$$

则

$$f(\boldsymbol{X},\boldsymbol{Y})=\sum_{i=1}^{n}\sum_{j=1}^{n}a_{ij}x_iy_j.\tag{9-3-2}$$

式(9-3-1)或式(9-3-2)实际上是数域 $\mathbf{P}$ 上任意 n 维线性空间 V 上的双线性函数 $f(\boldsymbol{\alpha},\boldsymbol{\beta})$的一般形式. 事实上,取 V 的一组基 $\boldsymbol{\varepsilon}_1,\boldsymbol{\varepsilon}_2,\cdots,\boldsymbol{\varepsilon}_n$,设

$$\boldsymbol{\alpha}=(\boldsymbol{\varepsilon}_1,\boldsymbol{\varepsilon}_2,\cdots,\boldsymbol{\varepsilon}_n)=\begin{bmatrix}x_1\\x_2\\\vdots\\x_n\end{bmatrix}=(\boldsymbol{\varepsilon}_1,\boldsymbol{\varepsilon}_2,\cdots,\boldsymbol{\varepsilon}_n)\boldsymbol{X},$$

$$\boldsymbol{\beta}=(\boldsymbol{\varepsilon}_1,\boldsymbol{\varepsilon}_2,\cdots,\boldsymbol{\varepsilon}_n)=\begin{bmatrix}y_1\\y_2\\\vdots\\y_n\end{bmatrix}=(\boldsymbol{\varepsilon}_1,\boldsymbol{\varepsilon}_2,\cdots,\boldsymbol{\varepsilon}_n)\boldsymbol{Y},$$

则

$$f(\boldsymbol{\alpha},\boldsymbol{\beta})=f(\sum_{i=1}^{n}x_i\boldsymbol{\varepsilon}_i,\sum_{j=1}^{n}y_j\boldsymbol{\varepsilon}_j)=\sum_{i=1}^{n}\sum_{j=1}^{n}f(\boldsymbol{\varepsilon}_i,\boldsymbol{\varepsilon}_j)x_iy_j.\quad(9\text{-}3\text{-}3)$$

令

$$a_{ij}=f(\boldsymbol{\varepsilon}_i,\boldsymbol{\varepsilon}_j),\quad i,j=1,2,\cdots,n$$

$$\boldsymbol{A}=\begin{bmatrix}a_{11}&a_{12}&\cdots&a_{1n}\\a_{11}&a_{22}&\cdots&a_{2n}\\\vdots&\vdots&&\vdots\\a_{n1}&a_{n2}&\cdots&a_{nn}\end{bmatrix},$$

则式(9-3-3)就成为式(9-3-2)或式(9-3-1).

定义 9.3.2 设 $f(\boldsymbol{\alpha},\boldsymbol{\beta})$是数域 $\mathbf{P}$ 上 n 维线性空间 V 上的一个双线性函数. $\boldsymbol{\varepsilon}_1,\boldsymbol{\varepsilon}_2,\cdots,\boldsymbol{\varepsilon}_n$ 是 V 的一组基,则矩阵

$$\boldsymbol{A}=\begin{bmatrix}f(\boldsymbol{\varepsilon}_1,\boldsymbol{\varepsilon}_1)&f(\boldsymbol{\varepsilon}_1,\boldsymbol{\varepsilon}_2)&\cdots&f(\boldsymbol{\varepsilon}_1,\boldsymbol{\varepsilon}_n)\\f(\boldsymbol{\varepsilon}_2,\boldsymbol{\varepsilon}_1)&f(\boldsymbol{\varepsilon}_2,\boldsymbol{\varepsilon}_2)&\cdots&f(\boldsymbol{\varepsilon}_2,\boldsymbol{\varepsilon}_n)\\\vdots&\vdots&&\vdots\\f(\boldsymbol{\varepsilon}_n,\boldsymbol{\varepsilon}_1)&f(\boldsymbol{\varepsilon}_n,\boldsymbol{\varepsilon}_2)&\cdots&f(\boldsymbol{\varepsilon}_n,\boldsymbol{\varepsilon}_n)\end{bmatrix}\quad(9\text{-}3\text{-}4)$$

称为 $f(\boldsymbol{\alpha},\boldsymbol{\beta})$在 $\boldsymbol{\varepsilon}_1,\boldsymbol{\varepsilon}_2,\cdots,\boldsymbol{\varepsilon}_n$ 下的度量矩阵.

以上说明,取定 V 的一组基 $\boldsymbol{\varepsilon}_1,\boldsymbol{\varepsilon}_2,\cdots,\boldsymbol{\varepsilon}_n$ 后,每个双线性函数都对应于一个 n 阶矩阵,就是这个双线性函数在基 $\boldsymbol{\varepsilon}_1,\boldsymbol{\varepsilon}_2,\cdots,\boldsymbol{\varepsilon}_n$ 下的度量矩阵. 度量矩阵被双线性函数及基唯一确定. 而且不同的双线性函数在同一基下的度量矩阵是不同的.

反之,任给数域 $\mathbf{P}$ 上一个 n 阶矩阵

$$\boldsymbol{A}=\begin{bmatrix}a_{11}&a_{12}&\cdots&a_{1n}\\a_{11}&a_{22}&\cdots&a_{2n}\\\vdots&\vdots&&\vdots\\a_{n1}&a_{n2}&\cdots&a_{nn}\end{bmatrix}$$

对 V 中任意向量

$$\boldsymbol{\alpha}=(\boldsymbol{\varepsilon}_1,\boldsymbol{\varepsilon}_2,\cdots,\boldsymbol{\varepsilon}_n)\boldsymbol{X},\boldsymbol{\beta}=(\boldsymbol{\varepsilon}_1,\boldsymbol{\varepsilon}_2,\cdots,\boldsymbol{\varepsilon}_n)\boldsymbol{Y},$$

其中

$$\boldsymbol{X}'=(x_1,x_2,\cdots,x_n),\boldsymbol{Y}'=(y_1,y_2,\cdots,y_n),$$

用

$$f(\boldsymbol{\alpha},\boldsymbol{\beta})=\boldsymbol{X}'\boldsymbol{A}\boldsymbol{Y}=(\boldsymbol{C}\boldsymbol{X}_1)'\boldsymbol{A}(\boldsymbol{C}\boldsymbol{Y}_1)=\boldsymbol{X}_1'(\boldsymbol{C}'\boldsymbol{A}\boldsymbol{C})\boldsymbol{Y}_1$$

定义的函数是 V 上一个双线性函数. 容易计算出 $f(\boldsymbol{\alpha},\boldsymbol{\beta})$ 在 $\boldsymbol{\varepsilon}_1,\boldsymbol{\varepsilon}_2,\cdots,\boldsymbol{\varepsilon}_n$ 下的度量矩阵就是 $\boldsymbol{A}$.

因此,在给定的基下,V 上全体双线性函数与 $\mathbf{P}$ 上全体二阶矩阵之间有一个双射.

下面讨论双线性函数在不同基下矩阵之间的相互关系.

设 $\boldsymbol{\varepsilon}_1,\boldsymbol{\varepsilon}_2,\cdots,\boldsymbol{\varepsilon}_n$ 及 $\boldsymbol{\eta}_1,\boldsymbol{\eta}_2,\cdots,\boldsymbol{\eta}_n$ 是线性空间 y 的两组基.

$$(\boldsymbol{\eta}_1,\boldsymbol{\eta}_2,\cdots,\boldsymbol{\eta}_n)=(\boldsymbol{\varepsilon}_1,\boldsymbol{\varepsilon}_2,\cdots,\boldsymbol{\varepsilon}_n)\boldsymbol{C},$$

$\boldsymbol{\alpha},\boldsymbol{\beta}$ 是 V 中的两个向量

$$\boldsymbol{\alpha}=(\boldsymbol{\varepsilon}_1,\boldsymbol{\varepsilon}_2,\cdots,\boldsymbol{\varepsilon}_n)\boldsymbol{X}=(\boldsymbol{\eta}_1,\boldsymbol{\eta}_2,\cdots,\boldsymbol{\eta}_n)\boldsymbol{X}_1,$$

$$\boldsymbol{\beta}=(\boldsymbol{\varepsilon}_1,\boldsymbol{\varepsilon}_2,\cdots,\boldsymbol{\varepsilon}_n)\boldsymbol{Y}=(\boldsymbol{\eta}_1,\boldsymbol{\eta}_2,\cdots,\boldsymbol{\eta}_n)\boldsymbol{Y}_1,$$

那么

$$\boldsymbol{X}=\boldsymbol{C}\boldsymbol{X}_1,\boldsymbol{Y}=\boldsymbol{C}\boldsymbol{Y}_1.$$

如果双线性函数 $f(\boldsymbol{\alpha},\boldsymbol{\beta})$ 在 $\boldsymbol{\varepsilon}_1,\boldsymbol{\varepsilon}_2,\cdots,\boldsymbol{\varepsilon}_n$ 及 $\boldsymbol{\eta}_1,\boldsymbol{\eta}_2,\cdots,\boldsymbol{\eta}_n$ 下的度量矩阵分别为 A,B,则有

$$f(\boldsymbol{\alpha},\boldsymbol{\beta})=\boldsymbol{X}'\boldsymbol{A}\boldsymbol{Y}=(\boldsymbol{C}\boldsymbol{X}_1)'\boldsymbol{A}(\boldsymbol{C}\boldsymbol{Y}_1)=\boldsymbol{X}_1'(\boldsymbol{C}'\boldsymbol{A}\boldsymbol{C})\boldsymbol{Y}_1.$$

又

$$f(\boldsymbol{\alpha},\boldsymbol{\beta})=\boldsymbol{X}_1'\boldsymbol{B}\boldsymbol{Y}_1,$$

因此

$$\boldsymbol{B}=\boldsymbol{C}'\boldsymbol{A}\boldsymbol{C}.$$

这说明同一个双线性函数在不同基下的度量矩阵是合同的. 由于互相合同的矩阵秩相同,可以得到如下定义.

定义 9.3.3　设 $f(\boldsymbol{\alpha},\boldsymbol{\beta})$ 是 n 维线性空间 V 上的一个双线性函数,该函数在某一组基下的矩阵 $\mathbf{A}$ 的秩 $r(\mathbf{A})$ 称为 $f(\boldsymbol{\alpha},\boldsymbol{\beta})$ 的秩. 如果 $\mathbf{A}$ 是满秩的,即 $r(\mathbf{A})=n$,则 $f(\boldsymbol{\alpha},\boldsymbol{\beta})$ 是满秩双线性函数(或称非退化双线性函数).

9.3.2　对称双线性函数

定义 9.3.4　设 $f(\boldsymbol{\alpha},\boldsymbol{\beta})$ 是线性空间 V 上的一个双线性函数,如果对 V 上任意两个向量 $\boldsymbol{\alpha},\boldsymbol{\beta}$ 都有

$$f(\boldsymbol{\alpha},\boldsymbol{\beta})=f(\boldsymbol{\beta},\boldsymbol{\alpha}),$$

则称 $f(\boldsymbol{\alpha},\boldsymbol{\beta})$ 为对称双线性函数. 如果对 V 中任意两个向量 $\boldsymbol{\alpha},\boldsymbol{\beta}$ 都有

$$f(\boldsymbol{\alpha},\boldsymbol{\beta})=-f(\boldsymbol{\beta},\boldsymbol{\alpha})$$

则称 $f(\boldsymbol{\alpha},\boldsymbol{\beta})$ 为反对称双线性函数.

设 $f(\boldsymbol{\alpha},\boldsymbol{\beta})$ 是线性空间 V 上的一个对称双线性函数,对 y 的任一组基

$\boldsymbol{\varepsilon}_1,\boldsymbol{\varepsilon}_2,\cdots,\boldsymbol{\varepsilon}_n$，由于

$$f(\boldsymbol{\varepsilon}_i,\boldsymbol{\varepsilon}_j)=f(\boldsymbol{\varepsilon}_j,\boldsymbol{\varepsilon}_i).$$

故其度量矩阵是对称的，另一方面，如果双线性函数 $f(\boldsymbol{\alpha},\boldsymbol{\beta})$ 在 $\boldsymbol{\varepsilon}_1,\boldsymbol{\varepsilon}_2,\cdots,\boldsymbol{\varepsilon}_n$ 下的度量矩阵是对称的，那么对 V 中任意两个向量 $\boldsymbol{\alpha}=(\boldsymbol{\varepsilon}_1,\boldsymbol{\varepsilon}_2,\cdots,\boldsymbol{\varepsilon}_n)\boldsymbol{X}$ 及 $\boldsymbol{\beta}=(\boldsymbol{\varepsilon}_1,\boldsymbol{\varepsilon}_2,\cdots,\boldsymbol{\varepsilon}_n)\boldsymbol{Y}$ 都有

$$f(\boldsymbol{\alpha},\boldsymbol{\beta})=\boldsymbol{X}'\boldsymbol{A}\boldsymbol{Y}=\boldsymbol{Y}'\boldsymbol{A}'\boldsymbol{X}=\boldsymbol{Y}'\boldsymbol{A}\boldsymbol{X}=f(\boldsymbol{\beta},\boldsymbol{\alpha}),$$

因此 $f(\boldsymbol{\beta},\boldsymbol{\alpha})$ 是对称的，这就是说，双线性函数是对称的，当且仅当该函数在任一组基下的度量矩阵是对称的.

同样的，双线性函数是反对称的充要条件是该函数在任一组基下的度量矩阵是反对称矩阵.

我们知道，欧氏空间的内积不仅是对称双线性函数，而且其内积在任一基下的度量矩阵是正交矩阵.

根据二次型的相关知识中对称矩阵在合同变换下的标准型理论，可以得到如下定理.

定理 9.3.1 设 V 是数域 $\mathbf{P}$ 上的 n 维线性空间，$f(\boldsymbol{\alpha},\boldsymbol{\beta})$ 是 V 上对称双线性函数，则存在 V 的一组基 $\boldsymbol{\varepsilon}_1,\boldsymbol{\varepsilon}_2,\cdots,\boldsymbol{\varepsilon}_n$，使 $f(\boldsymbol{\alpha},\boldsymbol{\beta})$ 在这组基下的度量矩阵为对角矩阵.

证明：对 V 的维数 n 作数学归纳法.

当 $n=1$ 时定理显然成立. 设对 $n-1$ 维线性空间成立，证明对 n 维线性空间也成立.

如果对 V 中一切 $\boldsymbol{\alpha},\boldsymbol{\beta}$ 都有 $f(\boldsymbol{\alpha},\boldsymbol{\beta})=0$，则结论成立.

如果 $f(\boldsymbol{\alpha},\boldsymbol{\beta})$ 不全为零，先证必有 $\boldsymbol{\varepsilon}_1$ 使 $f(\boldsymbol{\varepsilon}_1,\boldsymbol{\varepsilon}_1)\neq 0$. 否则，若对于所有 $\boldsymbol{\alpha}\in V$ 都有 $f(\boldsymbol{\alpha},\boldsymbol{\alpha})=0$，那么对任意 $\boldsymbol{\alpha},\boldsymbol{\beta}\in V$，有

$$f(\boldsymbol{\alpha},\boldsymbol{\beta})=\frac{1}{2}\{f(\boldsymbol{\alpha}+\boldsymbol{\beta},\boldsymbol{\alpha}+\boldsymbol{\beta})-f(\boldsymbol{\alpha},\boldsymbol{\alpha})-f(\boldsymbol{\beta},\boldsymbol{\beta})\}=0$$

矛盾，所以这样的 $\boldsymbol{\varepsilon}_1$ 是存在的. 将 $\boldsymbol{\varepsilon}_1$ 扩充成 V 的一组基 $\boldsymbol{\varepsilon}_1,\boldsymbol{\eta}_2,\cdots,\boldsymbol{\eta}_n$ 令

$$\boldsymbol{\varepsilon}_1'=\eta_i-\frac{f(\boldsymbol{\varepsilon}_1,\boldsymbol{\eta}_i)}{f(\boldsymbol{\varepsilon}_1,\boldsymbol{\varepsilon}_1)}\boldsymbol{\varepsilon}_1,\quad i=1,2,\cdots,n$$

容易验证 $\boldsymbol{\varepsilon}_1,\boldsymbol{\varepsilon}_2',\cdots,\boldsymbol{\varepsilon}_n'$ 仍是 V 的一个基，考察由 $\boldsymbol{\varepsilon}_2',\boldsymbol{\varepsilon}_3',\cdots,\boldsymbol{\varepsilon}_n'$ 生成的线性子空间 $L(\boldsymbol{\varepsilon}_2',\boldsymbol{\varepsilon}_3',\cdots,\boldsymbol{\varepsilon}_n')$，其中每个向量 $\boldsymbol{\alpha}$ 都满足，$f(\boldsymbol{\varepsilon}_1,\boldsymbol{\alpha})=0$，而且

$$V=L(\boldsymbol{\varepsilon}_1)\oplus L(\boldsymbol{\varepsilon}_2',\boldsymbol{\varepsilon}_3{}',\cdots,\boldsymbol{\varepsilon}_n').$$

把 $f(\boldsymbol{\alpha},\boldsymbol{\beta})$ 看成 $L(\boldsymbol{\varepsilon}_2',\boldsymbol{\varepsilon}_3',\cdots,\boldsymbol{\varepsilon}_n')$ 上的双线性函数，仍是对称的，但是 $L(\boldsymbol{\varepsilon}_2',\boldsymbol{\varepsilon}_3',\cdots,\boldsymbol{\varepsilon}_n{}')$ 的维数小于 n，由归纳法假设，$L(\boldsymbol{\varepsilon}_2',\boldsymbol{\varepsilon}_3',\cdots,\boldsymbol{\varepsilon}_n')$ 有一组基 $\boldsymbol{\varepsilon}_1,\boldsymbol{\varepsilon}_2,\cdots,\boldsymbol{\varepsilon}_n$ 满足

$$f(\boldsymbol{\varepsilon}_i,\boldsymbol{\varepsilon}_j)=0,\quad i,j=1,2,\cdots,n,\quad i\neq j$$

由于 $V=L(\boldsymbol{\varepsilon}_1)\oplus L(\boldsymbol{\varepsilon}_2',\boldsymbol{\varepsilon}_3',\cdots,\boldsymbol{\varepsilon}_n')$，故 $\boldsymbol{\varepsilon}_1,\boldsymbol{\varepsilon}_2,\cdots,\boldsymbol{\varepsilon}_n$ 是 V 的一组基，且满足上述要求.

如果 $f(\boldsymbol{\alpha},\boldsymbol{\beta})$ 在 $\boldsymbol{\varepsilon}_1,\boldsymbol{\varepsilon}_2,\cdots,\boldsymbol{\varepsilon}_n$ 下的度量矩阵为对角矩阵，那么对 $\boldsymbol{\alpha}=\sum\limits_{i=1}^{n}x_i\boldsymbol{\varepsilon}_i,\boldsymbol{\beta}=\sum\limits_{i=1}^{n}y_i\boldsymbol{\varepsilon}_i$，$f(\boldsymbol{\alpha},\boldsymbol{\beta})$ 有表示式

$$f(\boldsymbol{\alpha},\boldsymbol{\beta})=d_1x_1y_1+d_2x_2y_2+\cdots+d_nx_ny_n$$

这个表示式也是 $f(\boldsymbol{\alpha},\boldsymbol{\beta})$ 在 $\boldsymbol{\varepsilon}_1,\boldsymbol{\varepsilon}_2,\cdots,\boldsymbol{\varepsilon}_n$ 下的度量矩阵为对角形的充分条件.

推论 9.3.1　设 V 是复数域上的 n 维线性空间，$f(\boldsymbol{\alpha},\boldsymbol{\beta})$ 是 V 上的对称双线性函数，则存在 V 的一组基 $\boldsymbol{\varepsilon}_1,\boldsymbol{\varepsilon}_2,\cdots,\boldsymbol{\varepsilon}_n$，对 V 中任意向 $\boldsymbol{\alpha}=\sum\limits_{i=1}^{n}x_i\boldsymbol{\varepsilon}_i$，$\boldsymbol{\beta}=\sum\limits_{i=1}^{n}y_i\boldsymbol{\varepsilon}_i$，有

$$f(\boldsymbol{\alpha},\boldsymbol{\beta})=x_1y_1+x_2y_2+\cdots+x_ry_r(0\leqslant r\leqslant n).$$

推论 9.3.2　设 V 是实数域上的 n 维线性空间，$f(\boldsymbol{\alpha},\boldsymbol{\beta})$ 是 V 上的对称双线性函数，则存在 V 的一组基 $\boldsymbol{\varepsilon}_1,\boldsymbol{\varepsilon}_2,\cdots,\boldsymbol{\varepsilon}_n$，对 V 中任意向量积

$$\boldsymbol{\alpha}=\sum_{i=1}^{n}x_i\boldsymbol{\varepsilon}_i,\boldsymbol{\beta}=\sum_{i=1}^{n}y_i\boldsymbol{\varepsilon}_i,$$

有

$$f(\boldsymbol{\alpha},\boldsymbol{\beta})=x_1y_1+\cdots+x_py_p-x_{p+1}y_{p+1}-\cdots-x_ry_r.$$

定义 9.3.5　设 V 是数域 **P** 上的线性空间，$f(\boldsymbol{\alpha},\boldsymbol{\beta})$ 是 V 上的双线性函数. 当 $\boldsymbol{\alpha}=\boldsymbol{\beta}$ 时，V 上的函数 $f(\boldsymbol{\alpha},\boldsymbol{\alpha})$ 称为与 $f(\boldsymbol{\alpha},\boldsymbol{\beta})$ 对应的二次齐次函数.

给定 V 上的一组基 $\boldsymbol{\varepsilon}_1,\boldsymbol{\varepsilon}_2,\cdots,\boldsymbol{\varepsilon}_n$，设 $f(\boldsymbol{\alpha},\boldsymbol{\beta})$ 的度量矩阵为 $\boldsymbol{A}=(a_{ij})_{n\times n}$. 对 V 中任意向量 $\boldsymbol{\alpha}=\sum\limits_{i=1}^{n}x_i\boldsymbol{\varepsilon}_i$ 有

$$f(\boldsymbol{\alpha},\boldsymbol{\alpha})=\sum_{i=1}^{n}\sum_{j=1}^{n}a_{ij}x_iy_j \tag{9-3-5}$$

式中，x_iy_j 的系数为 $a_{ij}+a_{ji}$. 因此如果两个双线性函数的度量矩阵分别为

$$\boldsymbol{A}=(a_{ij})_{n\times n}\text{及}\boldsymbol{B}=(b_{ij})_{n\times n},$$

只要

$$a_{ij}+a_{ji}=b_{ij}+b_{ji},\quad i,j=1,2,\cdots,n$$

那么 $\boldsymbol{A},\boldsymbol{B}$ 对应的二次齐次函数就相同，因此有许多双线性函数对应于同一个二次齐次函数，但是如果要求 $\boldsymbol{A}$ 为对称矩阵，即要求双线性函数为对称的，那么一个二次齐次函数只对应一个对称双线性函数. 从式(9-3-5)可以看出二次齐次函数的坐标表达式就是以前学过的二次型. 该二次型与对称矩阵是一一对应的，而这个对称矩阵就是唯一的与这个二次齐次函数对应

的对称双线性函数的度量矩阵.

从定理 9.3.1 可知,V 上的对称双线性函数 $f(\boldsymbol{\alpha},\boldsymbol{\beta})$ 如果是非退化的,则有 V 的一组基 $\boldsymbol{\varepsilon}_1,\boldsymbol{\varepsilon}_2,\cdots,\boldsymbol{\varepsilon}_n$ 满足

$$\begin{cases} f(\boldsymbol{\varepsilon}_i,\boldsymbol{\varepsilon}_i)\neq 0 & i=1,2,\cdots,n \\ f(\boldsymbol{\varepsilon}_i,\boldsymbol{\varepsilon}_j)=0 & j\neq i \end{cases}$$

前面的不等式是非退化条件保证的,这样的基称为 V 的对于 $f(\boldsymbol{\alpha},\boldsymbol{\beta})$ 的正交基.

定义 9.3.6 设 V 是数域 $\mathbf{P}$ 上的线性空间,在 V 上定义一个非退化线性函数,则 V 称为一个双线性度量空间. 当 f 是非退化对称双线性函数时,V 称为 $\mathbf{P}$ 上的正交空间;当 V 是 n 维实线性空间,f 是非退化对称双线性函数时,V 称为准欧氏空间;当 f 是非退化反对称双线性函数时,V 称为辛空间.

例 9.3.4 证明如果数域 $\mathbf{P}$ 上,n 维线性空间 V 上的对称双线性函数,能分解为两个线性函数之积:

$$f(\boldsymbol{\alpha},\boldsymbol{\beta})=f_1(\boldsymbol{\alpha})f_2(\boldsymbol{\beta}),\forall\,\boldsymbol{\alpha},\boldsymbol{\beta}\in V$$

则存在非零数 k 及线性函数 g,使

$$f(\boldsymbol{\alpha},\boldsymbol{\beta})=kg(\boldsymbol{\alpha})g(\boldsymbol{\beta}).$$

证明:设 $\boldsymbol{\varepsilon}_1,\boldsymbol{\varepsilon}_2,\cdots,\boldsymbol{\varepsilon}_n$ 是 V 的一组基,对任意 $\boldsymbol{\alpha},\boldsymbol{\beta}\in V$ 有

$$\boldsymbol{\alpha}=x_1\boldsymbol{\varepsilon}_1+x_2\boldsymbol{\varepsilon}_2+\cdots+x_n\boldsymbol{\varepsilon}_n,$$
$$\boldsymbol{\beta}=y_1\boldsymbol{\varepsilon}_1+y_2\boldsymbol{\varepsilon}_2+\cdots+y_n\boldsymbol{\varepsilon}_n,$$

又设

$$f_1(\boldsymbol{\alpha})=a_1x_1+a_2x_2+\cdots+a_nx_n,$$
$$f_2(\boldsymbol{\beta})=b_1y_1+b_2y_2+\cdots+b_ny_n,$$

这里 $a_i,b_i\in P(i=1,2,\cdots,n)$,则

$$f(\boldsymbol{\alpha},\boldsymbol{\beta})=(a_1x_1+a_2x_2+\cdots+a_nx_n)(b_1y_1+b_2y_2+\cdots+b_ny_n).$$

由于 f 是对称的,所以

$$(a_1x_1+a_2x_2+\cdots+a_nx_n)(b_1y_1+b_2y_2+\cdots+b_ny_n)$$
$$=(a_1y_1+\cdots+a_ny_n)(b_1x_1+\cdots+b_nx_n).$$

因为 $x_1,x_2,\cdots,x_n$ 及 $y_1,y_2,\cdots,y_n$ 可以;独立地自由取值,考虑上式两边 x_iy_j 的系数,得

$$a_ib_j=a_jb_i.\ i,j=1,2,\cdots,n$$

这说明$(a_1,a_2,\cdots,a_n)$与$(b_1,b_2,\cdots,b_n)$成比例. 设 $f_1\neq 0$,令 $g=f_1$,则存在 $k\in P$,使 $f_2=kg$. 于是

$$f(\boldsymbol{\alpha},\boldsymbol{\beta})=kg(\boldsymbol{\alpha})g(\boldsymbol{\beta}).$$

例 9.3.5 设 V 是数域 $\mathbf{P}$ 上的 n 维线性空间,则 V 上的一个对称双线

性函数 $f(\boldsymbol{\alpha},\boldsymbol{\beta})$ 由与它对应的二次齐次函数 $q(\boldsymbol{\alpha})$ 完全确定，但非对称双线性函数不能由它对应的二次齐次函数唯一确定.

证明：设 $\boldsymbol{\alpha},\boldsymbol{\beta}\in V$，则利用，$f(\boldsymbol{\alpha},\boldsymbol{\beta})$ 是对称双线性函数，有

$$\begin{aligned} q(\boldsymbol{\alpha}+\boldsymbol{\beta}) &= f(\boldsymbol{\alpha}+\boldsymbol{\beta},\boldsymbol{\alpha}+\boldsymbol{\beta}) \\ &= f(\boldsymbol{\alpha},\boldsymbol{\alpha})-f(\boldsymbol{\alpha},\boldsymbol{\beta})+f(\boldsymbol{\beta},\boldsymbol{\alpha})+f(\boldsymbol{\beta},\boldsymbol{\beta}) \\ &= f(\boldsymbol{\alpha},\boldsymbol{\alpha})-2f(\boldsymbol{\alpha},\boldsymbol{\beta})+f(\boldsymbol{\beta},\boldsymbol{\beta}), \end{aligned}$$

而

$$\begin{aligned} q(\boldsymbol{\alpha}-\boldsymbol{\beta}) &= f(\boldsymbol{\alpha}-\boldsymbol{\beta},\boldsymbol{\alpha}-\boldsymbol{\beta}) \\ &= f(\boldsymbol{\alpha},\boldsymbol{\alpha})-f(\boldsymbol{\alpha},\boldsymbol{\beta})-f(\boldsymbol{\beta},\boldsymbol{\alpha})+f(\boldsymbol{\beta},\boldsymbol{\beta}) \\ &= f(\boldsymbol{\alpha},\boldsymbol{\alpha})-2f(\boldsymbol{\alpha},\boldsymbol{\beta})+f(\boldsymbol{\beta},\boldsymbol{\beta}), \end{aligned}$$

两式相减，得

$$f(\boldsymbol{\alpha},\boldsymbol{\beta})=\frac{1}{4}q(\boldsymbol{\alpha}+\boldsymbol{\beta})-\frac{1}{4}q(\boldsymbol{\alpha}-\boldsymbol{\beta}),$$

可见 $f(\boldsymbol{\alpha},\boldsymbol{\beta})$ 可由它对应的二次齐次函数完全确定.

在向量空间 P^2 中任取两个向量 $\boldsymbol{\alpha}=(x_1,x_2)$ 和 $\boldsymbol{\beta}=(y_1,y_2)$，规定

$$f_1(\boldsymbol{\alpha},\boldsymbol{\beta})=x_1y_1+2x_1y_2+x_2y_2,$$

$$f_2(\boldsymbol{\alpha},\boldsymbol{\beta})=x_1y_1+x_1y_2+x_2y_1+x_2y_2.$$

容易验证，f_1,f_2 都是 P^2 上的双线性函数，与它们对应的二次齐次函数都是

$$q(\boldsymbol{\alpha})=x_1^2+2x_1x_2+x_2^2.$$

但 $f_1\neq f_2$.

参考文献

[1]毛纲源.线性代数解题方法技巧归纳[M].武汉:华中科技大学出版社,2017.

[2]唐再良,赵甫荣,江跃勇,等.高等代数[M].北京:中国水利水电出版社,2016.

[3]潘伟云,杜小英,焦美艳.高等代数思想方法与问题分析[M].长春:吉林大学出版社,2013.

[4]卢博,田亮,张佳.高等代数思想方法及应用[M].北京:科学出版社,2016.

[5]左连翠.高等代数[M].北京:科学出版社,2016.

[6]郭先龙,黄茂来,刘秀.高等代数思想方法解析[M].成都:四川大学出版社,2012.

[7]刘振宇.高等代数的思想与方法[M].济南:山东大学出版社,2009.

[8]张宝善,沈雁,蒋永泉.高等代数与符号运算[M].北京:清华大学出版社,2011.

[9]刘仲奎,杨永保,程辉等.高等代数[M].北京:高等教育出版社,2003.

[10]钱吉林.高等代数解题精粹[M].北京:中央民族大学出版社,2002.

[11]马传渔等.线性代数解题方法与技巧[M].南京:南京大学育出版社,2014.

[12]樊恽,郑延履,刘合同.线性代数学习指导[M].北京:科学出版社,2003.

[13]姚慕生,吴泉水.高等代数学[M].2版.上海:复旦大学出版社,2008.

[14]李慧陵.高等代数[M].北京:高等教育出版社,2009.

[15]曹重光,张显,唐孝敏.高等代数方法选讲[M].北京:科学出版社,2020.

[16]胡万宝,汪志华,陈素根,等.高等代数[M].合肥:中国科学技术大学出版社,2009.

[17]胡万宝,舒阿秀,蔡改香,等.高等代数[M].2版.合肥:中国科学技术大学出版社,2013.

[18]史俊贤,滕勇,梁希泉.数学考研题集[M].沈阳:东北大学出版

社,2003.

[19]张之正,刘麦学,张光辉.高等代数问题求解的多向思维[M].北京:科学出版社,2020.

[20]樊恽,郑延履.线性代数与几何引论[M].北京:科学出版社,2004.

[21]张学元.线性代数能力试题题解[M].武汉:华中科技大学出版社,2000.

[22]卜长江,罗跃生.矩阵论[M].哈尔滨:哈尔滨工程大学出版社,2003.

[23]李志慧,李永明.高等代数中的典型问题与方法论[M].2版.北京:科学出版社,2019.

[24]宋光艾,刘玉凤,姚光同,陈卫星.高等代数[M].北京:清华大学出版社,2012.

[25]罗文强,赵晶,彭放,苗秀花,刘智慧.高等代数[M].武汉:武汉大学出版社,2009.

[26]陈跃,裴玉峰.高等代数与解析几何(上下册)[M].北京:科学出版社,2019.

[27]张贤科,许甫华.高等代数学[M].2版.北京:清华大学出版社,2004.

[28]朱富海,陈智奇.高等代数与解析几何[M].北京:科学出版社,2019.

[29]陈志杰.高等代数与解析几何[M].北京:高等教育出版社、施普林格出版社,2000.

[30]王晓翊,姜权.高等代数基础与数学分析原理探究[M].北京:中国原子能出版社,2019.

[31]王珍萍,于希山,罗福林.线性代数与解析几何理论及应用研究[M].上海:上海交通大学出版社,2018.

[32]张爱萍.高等代数核心理论剖析与典型问题解法探究[M].成都:电子科技大学出版社,2018.

[33]孙珍.高等代数解题思想及问题解析[M].北京 :北京工业大学出版社,2017.

[34]丛国华,肖程河,范洪霞.线性代数[M].北京:中国商业出版社,2017.

[35]蒙惠芳,魏裕博,王美丽.高等代数[M].长春:吉林大学出版社,2017.

[36]纪小玲.线性代数与空间解析几何方法解析及其应用[M].北京:中国原子能出版社,2016.

[37]关丽杰,潘伟.高等代数理论与思想方法解析[M].北京:新华出版社,2014.

[38]包树新,黄兆霞,吴志军.高等代数与解析几何理论及应用研究[M].长春:吉林大学出版社,2014.

[39]郭芳,白星华,杨育红.线性代数与解析几何方法解析[M].长春:吉林大学出版社,2013.

[40]李宏伟,李星,李志明.工程高等代数[M].2版.北京:科学出版社,2019.

[41]谭瑞梅,郭晓丽.线性代数与空间解析几何[M].北京:科学出版社,2019.

[42]王文省,赵建立,于增海,王廷明.高等代数[M].济南:山东大学出版社,2004.

[43]徐德余.高等代数[M].2版.成都:四川大学出版社,2002.

[44]施武杰,戴桂生.高等代数[M].2版.北京:高等教育出版社,2009.

[45]姜同松.高等代数方法与技巧[M].济南:山东出版社集团;山东人民出版社,2012.

[46]胡适耕,刘先忠.高等代数定理·问题·方法[M].北京:科学出版社,2007.

[47]刘丽.高等代数[M].成都:西南财经大学出版社,2008.

[48]王萼芳.高等代数[M].北京:高等教育出版社,2009.

[49]郑宝东.线性代数与空间解析几何[M].3版.北京:高等教育出版社,2008.